돔(Dome) · 아레나(Arena) 건축의 음향설계

김 남 돈(金 南 暾)

돔(Dome) · 아레나(Arena) 건축의 음향설계

초판 1쇄	2019년 09월 27일
지은이	김남돈
발행인	김재홍
발행처	도서출판 지식공감
등록번호	제396-2012-000018호
주소	경기도 고양시 일산동구 견달산로225번길 112
전화	02-3141-2700
팩스	02-322-3089
홈페이지	www.bookdaum.com
가격	30,000원
ISBN	979-11-5622-468-6 [13540]
CIP제어번호	CIP2019033786

이 도서의 국립중앙도서관 출판예정도서목록(CIP)은 서지정보유통지원시스템 홈페이지(http://seoji.nl.go.kr)와 국가자료종합목록시스템(http://www.nl.go.kr/kolisnet)에서 이용하실 수 있습니다

돔·아레나 건축의 음향설계

| 김남돈 지음 |

도서출판 지식공감

머리말

여름엔
햇볕에 춤추는 하얀 빨래처럼
깨끗한 기쁨을 맛보고 싶다
영혼의 속까지 태울 듯한 태양 아래
나를 빨아 널고 싶다
여름엔
햇볕에 잘 익은 포도송이처럼
향기로운 매일을 가꾸며
향기로운 땀을 흘리고 싶다
땀방울마저도 노래가 될 수 있도록
뜨겁게 살고 싶다
여름엔
꼭 한 번 바다에 가고 싶다
바다에 가서
오랜 세월 파도에 시달려 온
섬 이야기를 듣고 싶다
침묵으로 엎디어 기도하는 그에게서
살아가는 법을 배워 오고 싶다

–여름일기– 이해인

여름입니다. 작열(灼熱)하는 태양은 그대로의 제모습을 더하는 계절(季節)이 왔습니다. 올 여름은 마음을 열고, 이 여름을 맞이하려 합니다.

저 타는 듯, 제 모습을 자랑하는 태양의 정성(精誠)을 받아주고 싶습니다.

뜨거움 속에서, 또 다른 모습으로 자신(自身)을 더하는 그런 여름이었으면 하는 마음입니다.

그간에 돔과 아레나 건축에 관하여 수집한 자료(資料)를 정리하여, 한 권의 책으로 편집(編輯)하였습니다. 이제 우리도 대규모 인원(人員)을 수용하여, 실내공간에서 스포츠, 공연, 집회 등의 목적에 대응이 가능한 돔(Dome) 건축(建築)의 시대가 왔음을 느끼고 있습니다.

돔(Dome)은 둥글고 완만한 지붕을 가진 반구형(半球形)의 건축 구조물. 서구(西歐)에서 즐겨 사용하였으며, 성당이나 궁전, 국회의사당 등 격식(格式)이 높은 건축물에 많이 사용되었으며, 현대에는 넓고 높은 공간(空間)을 만들기 적정하여 대부분의 실내운동경기장과 같은 대규모의 인원(人員)이 모이는 장소에 이 형식을 적용하고 있습니다.

우리나라는 동절기(冬節期)에 기후로 인한 제약(制約)으로 12월, 1월, 2월은 축구 경기를 비롯한 각종 스포츠 행사와 대형 공연 등의 개최가 불가능하지만, 돔구장이 생긴다면 한겨울에도 모든 경기와 행사가 가능하게 됩니다. 이런 기후조건뿐만 아니라, 대규모 인원이 모이는 실내 공간의 필요성이 점차 필연적(必然的)으로 대두되게 되는 시점(時點)이 지금이라고 생각됩니다.

필요는 행동을 시작(始作)하게 한다고… 용기(勇氣)를 가지고 자료를 정리하여 『돔·아레나 건축의 음향설계』를 발간하려 합니다. 이와 함께 이 책이 여러분의 가슴에 새로운 여름을 가득 머물게 하는 첫걸음이 되었음을 하는 바람을 함께 담습니다.

항상 새로운 건, 우리에게 희망(希望)이 함께하고 있다는 생각을 간직하고… 무모(無謀)할지도 모르는 일이지만 또 시작을 합니다. 스스로를 위안하며…

2019. 08

金南暾

목 차

제1장

돔(Dome) · 아레나(Arena) 건축의 음향설계(音響設計)

1. 개요

돔(Dome)은 둥글고 완만한 지붕을 가진 반구형(半球形)의 건축 구조물로 서구(西歐)에서 즐겨 사용하였으며, 성당이나 궁전, 국회의사당 등 격식(格式)이 높은 건축물에 많이 사용되었다.

현대에는 넓고 높은 공간(空間)을 만들기 적정하여 대부분의 실내운동 경기장과 같은 대규모의 인원(人員)이 모이는 장소에 이 형식을 적용하고 있다.

돔의 기원(起源)은 원시시대(原始時代)의 수목 텐트의 주거형태에서 비롯되었다고 볼 수 있다. 오늘날에도 에스키모의 얼음집, 아프리카 원주민의 벌집형 주택 등에서 원시적 형태의 돔을 볼 수 있다. 조적식(組積式) 구조로서의 돔의 기원은 고대의 근동(近東)과 인도, 지중해 연안에서 시작되었다고 할 수 있으나, 역사적으로는 돔을 대규모로 완성한 것은 고대 로마 시대 이후부터 사용되었다.

가장 대표적인 건물은 판테온으로, 이후 동로마 제국의 건축가들은 이러한 돔의 구조를 대기둥 위에 돔을 올려놓고, 채광(採光)과 사방(四方)으로의 연결이 가능한 방법을 고안하였다. 이러한 동로마 돔의 특징은 정사각형 평면 위에 원형 돔을 얹을 때 그 접합부에 4개의 펜덴티브(Pendentive)를 이루게 하여 구조적인 해결을 한 데 있다. 정육면체의 외접원(外接圓)이 이루는 돔에서 4변의 원호(圓弧)를 잘라 정사각형 평면이 되게 하면, 각 변의 절단부는 아치를 이루고, 이들 아치들은 4개의 기둥에 의해 지지(支持)된다. 그 뒤 외접원의 돔 위에 내접원의 돔을 얹어 동로마 양식의 돔이 완성되며 이를 펜덴티브라고 한다. 이러한 건축 구조의 대표적인 예로는 이스탄불의 하기아 소피아(Hagia Sophia)이며 베네치아의 산 마르코 대성당 또한 동로마 양식으로 만들어진 것이다.

이러한 동로마 건축양식의 돔은 러시아와 이슬람 건축에도 큰 영향을 끼쳤다. 러시아 건축의 경우 돔이 슬라브 화하면서 더욱 발전했다. 이슬람은 주로 페르시아의 영향으로 매우 화려한 돔으로 창조되었는데 양쪽의 돔은 반원이라기보다는 원형에 가까운 편이었다.

서유럽에선 서로마 제국이 멸망하면서 돔의 발전이 전무(全無)하다가 1453년 동로마 제국의 멸망 후 이탈리아 반도로 이주(移住)한 동로마인들의 영향으로 르네상스 시기 이후부터 널리 쓰이게 되는데, 이전과 달리 외관을 강조하기 위한 방법으로 돔의 길이를 높이기 위해 돔 아래에 채광용 창이 설치된 드럼이란 원통형의 벽을 얹으면서 반구(半球) 이상으로 길쭉하게 만들거나 내부의 돔을 벽화(壁畵)로 장식하는 방식이 나타났는데 대표적인 예로는 피렌체의 산타 마리아 델 피오레 대성당과 로마의 성 베드로 대성당이 있다.

이후 근세에 들어서 돔의 내구성(耐久性)을 높이기 위해 이슬람 건축의 이중각 공법을 도입하였고 더 나아가 런던의 세인트 폴 대성당처럼 벽돌조 돔의 천장 위에 목조 돔의 지붕, 그리고 그 위에 세운 채광탑을 지탱하기 위한 벽돌조의 절두원추형의 볼트를 만들어 돔 전체를 삼중각의 구조의 공법이 나타나는 등 전반적으로 돔을 건설하는 기술이 나날이 향상(向上)되기도 했으며 일부에는 파리의 판테옹이나 베를린의 베를린 대성당처럼 내측의 돔 상부를 꿰뚫어서 그 위에 조그만 채광창(採光窓)을 만들었던 것도 있다.

근대에 이르러서는 철골 트러스구조와 철근콘크리트 아치구조, 콘크리트 셸구조 등 3종류가 나타났으며, 그 곡면형식이나 평면형식이 아주 자유로워져서 가벼운 구조체로 넓은 공간을 덮을 수 있게 되었다. 근래에는 구조체, 그 자체의 응력(應力)을 분산시킨 삼각형이나, 다각형면의 기하학적 돔도 나타나고 있으며, 공기압(空氣壓)을 이용하여 돔을 지탱하는 구조법도 개발되어, 돔의 평면 역시 원(圓)에 한정하지 않고 새롭게 구성되고 있다.

동양에서는 서양에 비해 건축에 활발히 사용되지는 않았지만, 석굴암(石窟庵)과 같이 돔 구조를 활용한 건축물은 존재한다. 이누이트(Innuit)의 이글루는 돔 건축과 구조 역학적으로 동일하다.

돔 경기장(競技場) – 돔 형태로 지어진 경기장. 야외(野外) 경기장으로써 지붕이 존재하는 경기장을 말한다. 1965년 건립된 세계 최초(最初)의 돔경기장 애스트로돔(Astrodome)의 지붕을 비롯 초창기의 대형실내경기장의 지붕이 돔 구조의 형태였는데, 현재는 지붕이 돔 구조인 것과 관계없이 지붕이 있는 대형 실내경기장을 통칭(統稱)한다.

돔 경기장은 야구, 축구 등 넓은 공간을 필요로 하는 스포츠계에서는 그야말로 꿈의 경기장으로 여겨지고 있다. 그러나 축구 같은 경우는 애매하다. 경기장에 뚜껑을 덮으면 태양광을 못 받기 때문에 잔디 생장(生長)에 치명적인 문제가 생긴다. 열어도 그라운드에 반드시 음영(陰影) 지역이 생기기 때문에 어떻게 할 방법이 없고 그래서 경기장 캐노피도 잔디 생장을 위해 관중석을 전부 덮는 형태로 짓지 않는다. 한국은 동절기(冬節期)에 기후로 인한 문제로 인하여 12월, 1월, 2월, 3월은 축구 경기를 비롯한 각종 스포츠 행사와 대형 공연 등의 개최가 불가하지만 돔구장이 생긴다면 한겨울에도 모든 경기와 행사가 가능해진다.

실내 시설 중에는 관객 수용량(受容量)이 이만큼 큰 규모가 없다 보니 공연장으로도 활용성이 매우 높다. 특히 일본의 도쿄돔 콘서트는 그 자체가 화제(話題)이다.

1년에 절반 가까이는 야구 시즌을 치르기 때문에 안정적인 경기 운영을 위해 돔구장이 필요하다는 주장(主張)을 많이 하지만, 단순히 야구 단 한 종목을 위해 돔구장이 필요한 것은 아니며 다양한 목적이 있다. 미국의 이런 대형경기장의 정식적인 명칭은 Multi Purpose Stadium 이다.

돔구장이 생겨난 초창기 시절인 1960년대 중반부터 경기장을 운영하는 미국의 시(市) 당국에서는 되도록 많은 인원을 수용(收用)할 수 있고 여러 종목을 치를 수 있는 종합경기장 내지는 다목적 경기장을 짓기 시작했다. 특히 야구와 미식축구 구단이 동시에 있는 도시에서는 이런 성향(性向)이 두드러지게 보였다. 휴스턴의 애스트로돔, 시애틀의 킹돔, 미네소타의 메모리얼돔이 여기에 포함된다. 돔구장과는 별개로 피츠버그, 신시내티, 세인트루이스, 필라델피아, 오클랜드, 샌디에이고 등에 지어졌던 쿠키커터형 다목적 구장도 이때 지어진 것이다.

그리고 재해대피용(災害待避用) 민간시설로도 꽤나 유용(有用)하다. 2005년 뉴올리언스를 덮친 카트리나 때도 10만 명의 이재민들을 수용한 시설이 뉴올리언스 세인츠의 홈구장 루이지애나 슈퍼돔(현 메르세데스-벤츠 슈퍼돔)이었고, 태풍 아이크로 텍사스가 큰 피해를 입을 때 이재민들을 수용한 시설 역시 휴스턴에 있는 릴라이언트 애스트로돔(현 NRG 스타디움)이다.

또한 엄청난 수용인원을 바탕으로 각종 대형 콘서트를 비롯해 대형 이벤트를 열 수 있는 이점(利點) 또한 있다.

미국의 휴스턴 애스트로돔의 경우 1992년 공화당 전당대회로 휴스턴 애스트로스가 장기간 죽음의 원정경기를 갖기도 했다. 일본의 경우 5개 돔 투어를 해 본 가수는 큰 티케팅 파워가 있는 것으로 인식을 할 정도. 한국 역시 고척스카이 돔 건설 이후 초대형 팬덤의 가수들이나 해외 가수 내한(來韓) 콘서트를 할 때 사용된 사례가 있다.

아레나(Arena)는 스탠드 등을 설치하여 중앙(中央)을 볼 수 있게 해놓은 경기장, 공연장 등을 말한다. 주로 1만석~2만석 규모의 실내 원형 경기장을 아레나급이라 하며, 1만석 미만은 '홀'급, 3만석 정도는 슈퍼아레나(사이타마 슈퍼아레나)급, 그 이상은 스타디움급이라고 한다. 아레나는 스포츠 경기장 형 아레나와 공연에 최적화된 공연장형 아레나가 있다. 라틴어 '아레나'(harena)는 원래 모래라는 뜻으로, 검투사(劍鬪士)들이 싸우면서 흘리는 피를 흡수(吸收)가 좋도록 모래를 깔아놓는 데에서 지금의 뜻으로 발전했다

대형 돔 경기장으로는, 1965년에 미국에서 철골구조의 ASTRO DOME이 세계 최초로 건설되었다. 그 후, 북미(北美)에서 공기막구조, 철골구조, 콘크리트구조 등의 다목적 용도에 대응한 많은 돔이 건설되어 왔다. 일본에서도 1988년에 준공한 공기막(空氣膜) 구조의 도쿄 돔을 시작으로, 후쿠오카, 나고야, 오사카, 삿포로 등에 다양한 구조형식의 대형 돔이 건설되었다.

이러한 돔, 아레나 시설의 필요성은 우리에게도 당면한 과제로 대형 돔 시설 등의 대공간의 음향설계(音響設計)의 기본적인 개념, 설계 목표값의 설정방법, 주요 검토사항과 음향특성(音響特性) 등에 대한 사항은 다음과 같다.

2. 대공간의 음향적 문제

일반적으로 돔과 아레나 등의 대공간은, 주요 용도에 따라 결정되는 건물의 내부 형상(內部形狀)이나 내장재의 사양 때문에, 평면적으로도 단면적으로도 음향상으로 바람직하지 못한 공간이 되어, 건축적인 음향처리로는 충분한 처리가 어려운 경우가 많다.

더불어, 실용적(室容積)이 100만㎥이 넘는 대공간에서는 잔향시간이 매우 길어지고, 또한 롱패스에코도 발생하기 쉽기 때문에, 명료도가 현저하게 저하되는 공간이 된다.

따라서 음향설계에서는 여러 이벤트에 대해, 확성음이 얼마나 명료하게 들리는지가 음향성능을 확보하는 데 가장 중요한 검토과제가 된다.

따라서 상설 스피커시스템에 의한 확성 및 반입에 의한 음악 이벤트에 대해서도, 음상이 정위된 에코가 없는 명료도가 높은 확성음을 제공할 수 있도록 건축음향과 전기음향을 융합(融合)시킨 음향설계가 중요해진다.

또, 대형 공간에서는, 수용되는 관객 수가 수만 명이 되기 때문에, 공간 내에서 발생하는 환성(歡聲)이나 응원(應援), 대음량의 음악 이벤트 등에 대한 차음대책에도 충분하게 배려(配慮)할 필요가 있다.

3. 다목적 돔의 현황

미국에서 1970년대에 대형 돔이 몇몇 건설되었다. 구조기술의 발전과 새로운 재료에 의해 스팬 200m급의 야구, 풋볼경기 대응의 규모로 다목적으로 사용되어 그 거대함은 많은 이벤트로 집객(集客), 지역의 발전과 활성화의 핵심(核心)으로서 자리매김 되고 있다.

[표1] 미국의 돔 현황

명칭	장소	건설년도	면적 ㎡	수용 인원	구조	건설 목적
Astro dome	휴스턴	1965	3.8만	7만명	철골조	프로야구유치, 도시의 이미지업, 꿈
King dome	시애틀	1976	3.9만	7만명	콘크리트조	재개발의 핵심, 야구, 풋볼의 홈팀 신설
Silver dome	폰티액	1976	4.2만	8만명	막구조	풋볼프랜차이즈, 동계스포츠, 디트로이트에 대한 대항
Super dome	뉴올리언스	1975	8.2만	6~10만명	철골조	기념비, 재개발, 멧세회장 부족, Astro dome에 대한 대항
Metro dome	미네아폴리스	1982	4.0만	7만명	막구조	재개발의 핵심, 舊 구장의 노후화, 대집회도시
BC Stadium	벤쿠버	1983	4.0만	6만명	막구조	도시재개발의 기간기설, 만국박람회의 중심시설
Hoosier dome	인디애나폴리스	1984	3.8만	6만명	막구조	국제회의장도 병설, 종합 콤플렉스, 도시의 발전
Olympic Park Stadium	몬트리올	1988	4.5만	6만명	막구조 개폐	올림픽 메인 스타디움으로서 시의 이미지향상, 개폐지붕, 겨울철 추위
Sky dome	토론토	1989	3.5만	6만명	철골조 개폐	도시재개발, 舊 구장의 노후화, 도시의 기념비
Suncoast Dome	세인트피터즈버그	1990	3.4만	6만명	막구조	지방도시의 활성화를 위한 야구 대리그 유치
Georgia Dome	애틀랜타	1992	3.7만	6만명	막구조	올림픽시설, 다목적 신구장

동시에 지역에 밀착된 중규모 돔의 건설도 진행되어 비, 추위, 더위로부터 해방된 스포츠경기장을 가지는 것이 그 지역의 중요한 요소가 되어 간다.

이와 같은 경향은 일본에서도 적용되어 도쿄돔이 1988년에 완공, 돔의 개막이 시작되었다. 거대한 지붕 아래에서 야구가 진행되고 각종 이벤트를 기획, 대공간의 새로운 용도가 만들어졌다. 또 각 지역에서도 돔 계획이 이루어지기 시작하였다. 1988년, 아키타현의 스카이 돔이 설계경기의 최초이기도 하다. 돔이 디자인의 대상이 되고, 상징성을 갖게 됨에 따라 돔 건설이 시작되었다.

■ 대규모 돔

대도시권에서 계획되는 대규모의 돔은 수만 명을 수용하는 돔이 상정(想定)된다. 현재 일본에는 도쿄 돔, 후쿠오카 돔, 오사카 돔, 나고야 돔, 사이타마의 돔이 뒤를 잇는다. 현재 축구의 인기가 높아지고 있는데, 천연잔디라는 조건이 지붕이 달린 돔으로 계획하는 것을 방해한다. 미국의 실버 돔에서 시도했듯이, 천연잔디를 경기 시에 붙이고, 축구에 대응(對應)하는 방식은 도쿄 돔에서도 요코하마 스타디움에서도 시도(試圖)되었다.

현재는, 지붕이 달린 돔과 축구용 스타디움은 별개로 여겨지고 있지만, 네덜란드에서 개폐지붕 돔은 천연잔디를 사용해, 축구 이외에도 용도를 확대(擴大)하는 새로운 돔이 된다.

세계적으로 지붕이 달린 스타디움 돔이 대세인 가운데, 스포츠는 어디까지나, 천연잔디와 창공(푸른 하늘)이라는 테마로, 지붕이 없는 천연잔디의 스타디움으로 하는 방향을 제시한 사례가 미국에 있다. 온난(溫暖)한 지역의 스타디움이다.

한편, 미국에서도, 북부의 스타디움은 거의 지붕이 달린 것으로, 겨울철의 추위로부터 스포츠와 그 관전을 가능하게 하고 있다. 또, 미국의 남부의 스타디움의 경우는, 여름철의 더위, 비로부터 관전(觀戰), 이벤트를 가능하게 하고 있다.

기존의 스타디움에도 지붕을 설치하고자 하는 움직임도 미국에서는 볼 수 있지만, 이 경우, 지붕을 설치했을 때의 내부의 냉난방(冷煖房)의 문제가 클로즈업되고 있다.

■ 중규모 돔

15,000㎡ 전후의 중규모 돔의 계획이 지방공공단체 중에 많다. 주로 스포츠 경기장으로서의 자리매김으로, 각지에서 건설이 이루어지고 있다.

공식 야구는 불가능한 크기이지만, 연식야구, 연습야구 정도, 또 축구를 할 수 있는 정도의 규모로, 그라운드도 인공잔디 혹은 점토(clay)로 하는 사례가 많다.

관객석은 약간 있고, 지역주민이 스포츠를 하는 것이 주체(主體)가 된다.

지붕이 없는 통상적인 그라운드에서는 겨울철, 눈과 추위 때문에 사용할 수 없다. 이와 같은 장소의 체육관은, 예약(豫約)을 하는 것이 어려운 것이 현 상황으로, 필요성이 높은 시설이기도 하다. 그러나 스포츠로 생각해 보면, 사용하는 사람 수는 적고, 지방자치단체의 건물로서는 사용하지 않는 사람이 압도적(壓倒的)으로 많기 때문에, 그 시설은 반대한다는 의견도 있다.

어떻게 이와 같은 돔을 사용해 나갈 것인지, 앞으로의 문제도 많다. 또 이와 같은 돔을 민간에서 건설하더라도, 수지(收支)가 맞지 않아, 아무래도 도(道)나 광역시(廣域市)에서 건설이 이루어진다.

미국에서는 대학의 부속시설(附屬施設)로서 자주 돔이 건설된다. 이 경우, 세법상의 우대조치가 있어, 주로, 기부금에 의해 건설된다. 이 시설은 지역의 주민도 자유롭게 사용할 수 있도록 되어 있어 지역과 대학이 일체화(一體化)되고 있다.

■ 소규모 돔

10,000㎡ 이하의 돔으로, 목적은 중규모 돔과 같지만, 가능한 스포츠는 한정(限定)된다. 눈이 많이 오는 지방의 소도시에서는, 겨울철, 시민의 이용이 많아, 예약하기 어려운 케이스도 있다. 통상의 체육관이라도 좋지만, 돔으로서 설비를 갖춘 이용하기 편리한 공간을 설정하게 된다. 소규모로, 건설비, 유지관리도 쉽고, 소도시 레벨에서는 다루기 쉽다. 지금까지의 체육관은, 바닥은 플로어링이지만, 이 돔에서는 인공잔디, 점토가 되는 사례가 많다. 특히, 눈이 많이 오는 지방에서 주민을 위한 스포츠 경기장으로서 고안되며, 테니스, 게이트볼, 스케이트, 소프트볼, 각종 육상경기용 등이 된다.

4. 돔의 디자인

돔이라 하면 지금까지의 선입관(先入觀)으로 보자면 거대한 구면으로 디자인할 여지가 없는 것처럼도 느껴졌다. 확실히 미국에서 볼 수 있는 돔에는 그러한 경향(傾向)이 많다. 옛날, 돔이라 불렸던 유럽의 건축은 로마시대부터 돔의 디자인이 고안되고 있다. 돔의 디자인은 어려운 점도 있을 것이다. 안전(安全)과 경제성(經濟性)이라는 대명제 하에, 큰 제약(制約)이 뒤따른다.

린제이파크스포츠센터(Lindsay Park Sports Centre, 캐나다)에서 볼 수 있는 돔의 새로운 디자인의 방향은 아키타 스카이 돔, 이즈모 돔 등에서 처음 디자인된 돔이며 돔 디자인은 더 진화되어 오사카 돔, 구마모토 실내운동광장 돔, 고마쓰 돔, 오다테 돔 등에 새로운 돔의 디자인이 적용되었다.

린제이파크 스포츠센터

현재 건축가는 돔의 디자인에 어떻게 대응하는 게 좋을지 곤혹스러워 하고 있지만, 향후 적극적으로 건축가의 돔 디자인에 대한 참여가 요구되고 있다. 단순히 구조적인 구면을 만드는 것이 아니라, 구조에서 해방된 돔으로서의 조형에 대해 오피스빌딩과 같은 디자인의 대상으로서 건축가가 다루었으면 한다. 이를 위해서는 건축가와 구조전문가의 긴밀한 협의가 필수적이다. 구조를 먼저 이해해야만 대명제인 경제성, 안정성을 확보할 수 있기 때문이다.

4.1. 돔의 구조 기술

스팬 100m가 넘는 돔의 구조에는 여러 구조법이 있다. 예전에는, 콘크리트에 의한 쉘 구조도 고안되었지만, 현재는 거의 사용되지 않는다. 시공이 어려운 점, 채광(採光)이 어려운 점 등을 그 이유로 꼽을 수 있다.

골조 구조 재료로는 강철재(鋼鐵材), 목재가 주류로, 특수한 재료로서 복합 케이블구조가 있다. 강철 구조는 가장 일반적으로, 트러스를 사이에 두고 공간을 구성한다. 혹은 대형 아치를 설치한다. 철골에 대한 보수 · 유지관리가 필요하며, 도장(塗裝)이 불가결하다. 그러한 점에서, 알루미늄 합금(合金)에 의한 구조라면 녹스는 점 등은 상당히 개선(改善)되지만, 대공간 구조로는 상당한 기술 개발을 필요로 하고 공사비도 높다.

복합 케이블 구조는 케이블과 동자 기둥재(束材)로 구성된 매력있는 구조방식으로, 대공간의 지붕으로서 철골조로 볼 수 있는 천장면의 시각적인 까다로움이 없고, 경쾌하지만, 어려운 구조이다.

집성재에 의한 가구(架構)는 목질의 부드러움을 보완하기 위해 케이블과 복합되는 사례가 많다. 강철구조, 목조 모두, 그 부재의 레이아웃은 디자인과도 관계하여, 다양한 제안이 있다.

■ 돔 지붕 재료

골조에 의한 구성으로 공간을 구성하는데, 그 구성에 지붕재를 설치하게 된다. 상식적으로는 단열(斷熱)을 위한, 단열재를 두고, 거기에 금속판을 설치하게 되는데, 대공간 내부는 주간(昼間)공간을 모색하는 과정으로, 지붕에 투광성이 있는 재료를 설치하는 케이스가 늘고 있다.

[표2] 돔 구조의 일람

구조방식	구조개요	특징	실례
에어 돔	지붕을 막면으로 하고, 그 닫힌 공간의 내부에 상시 공기를 유입하고, 내압을 외압보다 약간 높게 하여, 지붕면을 부풀림으로서, 강성을 주고, 안정시킨다.	가장 경제적인 구조. 출입은 회전문이 된다. 창문을 만들 수 없고, 통풍이 불가능하다.	도쿄 돔
철골조	가장 일반적인 구조. 철골트러스가 된다.	개폐지붕구조에 적합하다. 지붕재는 임의.	Astro dome
콘크리트 쉘	철근콘크리트를 껍질모양(殼狀)으로 한 곡면	내부는 어둡다. 내화적, 내구적. 시공이 어렵다.	King dome
케이블 돔	케이블재와 동자기둥재로 돔을 만드는 새로운 막구조	내부는 명쾌. 시공성도 좋다.	Suncoast Dome
목조	집성목재를 골조로 하여 돔을 만든다.	목재의 재질감이 좋다. 지붕마감은 무엇이든 좋다.	Tacoma dome
서스펜션 구조	지붕을 타워로부터 매단다.	타워가 높아진다.	montreal stadium

King dome

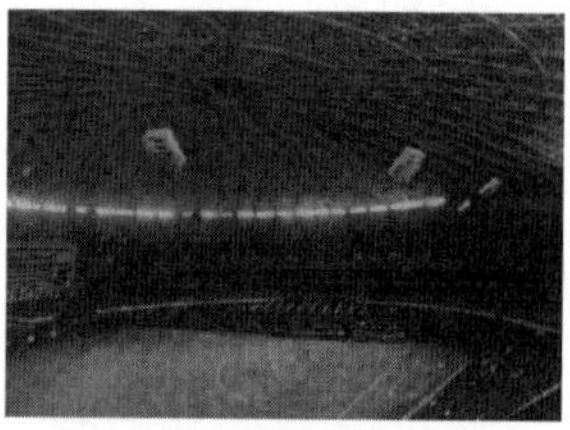
Astro dome

Suncoast Dome

Tacoma dome

montreal stadium

Silver dome

또, 유리와 같은 투명성(透明性)이 있는 재료로는 내부는 매우 밝아지는데 내부열 문제, 균열(龜裂)의 문제가 발생한다.

막 재료는 약 20%의 광선 투과율을 가지고 내부는 밝고 열도 어느 정도 차단할 수 있다. 재료적으로도 균열도 없고, 불연성(不燃性)이며 강도적으로 설치를 위한 조밀한 2차 부재를 필요로 하지 않는다는 점 등의 장점을 가지고 있다. 그러나 차음(遮音)하는 것이 어렵다.

[표3] 돔 지붕재료 일람

플라스틱	반투명성, 패널로 되기 때문에 설치를 위한 2차 부재를 요한다.	
	폴리카보네이트, 아크릴 수지	반투명성, 내구성 불연재료가 되지 않는다
유리	소형스팬 2차 부재 사이에 설치	투명성, 내구성, 균열 문제, flashing 문제, 중량 문제
금속판	판으로서 각종 사용방법이 가능하다.	
	스테인리스 스틸 티탄	내구성, 불연성, 고내구성, 불연성, 고가
막 재료	강도가 있어 상당한 스팬을 띄울 수 있다. 설치에 2차 부재가 필요없다. 투광성, 곡면성, flashing(빗물방지)이 좋다	
	테플론코팅유리 섬유 염화비닐코팅 합성섬유	내구성, 오염에 강하다, 불연성, 강도, 경제적인 재료, 색상이 풍부

■ 개폐지붕

날씨가 좋은 날에는 야외에서 스포츠를 하고 싶어 하며 관전 또한 야외에서 하고 싶어진다. 이벤트는 실내에서 개최하고 싶어한다. 개폐지붕은 이러한 요구에서 탄생(誕生)되어, 현재 각지에서 계획되고 있다. 소규모 시설은 세계적으로도 많고, 일본에서도 200동(棟)이 넘는다.

그러나 1만㎡이 넘는 돔에서의 개폐지붕은 아직 적다. 공사비가 든다는 점, 유지 관리를 필요로 한다는 점 등에서 사용되기 어려운 면도 있을 것이다.

돔을 계획할 때, 최초로 이 개폐지붕 계획이 이루어지는데, 계획을 상세히 가는 단계에서, 공사비 면에서 고정 지붕으로 변경되는 케이스가 많았다. 개폐 기구에 대한 연구개발이 진행된 현재, 상당한 경제성이 있는 개폐지붕이 가능해졌다. 앞으로, 개폐지붕은 점차 실현되는 방향으로 향하고 있다고 판단된다.

■ 천장 개폐

지붕의 개폐가 아니라, 천장면의 개폐도 계획되고 있다. 다목적 돔으로서, 스포츠공간으로서는 주간(晝間)은 자연광이 들어오는 밝은 공간으로 만들고 싶다. 그리고 이벤트 공간으로서는 내부를 어둡게 해서 조명공간(照明空間)으로서 이벤트를 열고 싶다. 또한 이벤트의 소음에 대해 차음하고 소리를 밖으로 내보내고 싶지 않다.

이와 같은 요구를 지붕은 투광성이 있는 재료를 사용한 고정 지붕으로 하고, 천장면을 개폐로 해결하고자 하는 움직임도 있다. 이 개폐 천장은, 차광성(遮光性)이 있는 재료와 차음성이 있는 재료를 사용한다. 천장면만 있는 개폐의 경우, 하중은 자중(自重)만을 상정하면 되고 외부에 노출되지 않으므로 내구성(耐久性)에 대한 염려도 없다. 공사비 면에서도 경제적이다.

개폐지붕 돔 (피츠버그 시빅 아레나)

■ 막구조 공간

막구조는 테플론을 코팅한 유리섬유직물을 지붕재로 사용한다. 이 재료가 가지는 강도, 내구성, 불연성 그리고 투광성이라는 특징이 있는 것으로, 이 재료를 지붕에 사용한 도쿄 돔 외, 각지에서 돔 구조에 채용(採用)된다.

지금까지의 체육관의 이미지를 일신(一新)시키는, 이와 같은 막구조 공간으로서의 돔, 아레나의 탄생이 잇따르고 있다. 이들은 겨울의 적설기에도 지붕면에 적설이 없는, 내부가 밝은 공간을 가진 시설로서 고안되어 있다.

지금까지의 금속판(金屬板)에 의해 구성되어, 국부적(局部的)으로 유리에 의한 내부 채광 공간과는 달리, 내부는 일률적으로 밝고 석양(夕陽)은 지붕면에 비치어 지붕면을 붉게 물들이고 어스레해지기 시작하면 지붕면은 보라색으로 물든다. 날아가는 새들도 지붕면에 그림자가 비친다. 투광성과 열 부하(負荷)의 접점을 구하고 있는 구조이기도 하다.

막구조 공간

4.2. 돔에서의 소리. 열. 빛

돔은 대공간을 얻기 위해, 구형(球形)으로 구조체를 구성하면 구조적으로 유리해진다. 부재에 발생하는 휨 응력은 적고, 축력이 주가 된다. 한편, 내부공간은 구형이면, 내부 소리의 반사가 중앙으로 집중(集中)되어, 음장(音場)으로서 매우 나쁜 결과가 된다.

내부에 반사판, 흡음판 등을 설치하고 소리의 반사방향을 바꾸는 방법 등을 취할 수 있는데, 특히 내부에 자연광을 도입하려고 하는 경우에는 그들에게도 제한(制限)이 생긴다. 따라서 돔에서의 음환경(音環境)은 그리 좋아지지 않는다.

잔향시간은 길고 이벤트공간으로서 클래식콘서트 등은 부적합하다. 돔에서 이와 같은 소리를 중요시하는 이벤트에서는, 건축음향분야(建築音響分野)의 검토가 선행되어야 한다.

돔에 자연광을 도입하기 위해서는 지붕재로서 유리, 막재 혹은 플라스틱재가 필요한데, 빛을 넣을 수 있다는 것은 열도 그대로 들어온다는 것이다. 겨울철, 이 온실(溫室)과 같은 성질이 메리트가 되기도 하지만, 여름철에는 내부의 통풍을 충분히 취하는 것이 중요해진다. 폐쇄형의 돔에서는 냉방장치가 필요하다.

그러나 대공간의 냉방은 비용면에서 상당히 무리가 있어 통풍(通風)에 의존할 수밖에 없다.

또, 겨울철 난기는 상부에 체류(滯留)하기 때문에 스포츠 공간으로서도 북쪽 지역에서는 그라운드면에 난방이 필요한 경우도 있다.

설비설계의 입장에서 보면 돔 지붕, 천장은 빛을 통과시키지 않아 지붕면, 천장면에 단열재, 흡음재, 반사판 등을 풍부하게 사용하여 소리, 열의 순환(循環)을 좋게 하는 방향으로 나아간다. 투광성이 있는 재료에 의한 지붕면에서는, 내부 환경에 자신 없어 한다고 한다. 또, 이를 위해 사용하는 에너지량을 계산하여, 그 불경제성(不經濟性)을 강조한다.

조명계획에서는 내부를 어둡게 하고 조명 공간으로 한 공간의 설계가 더 어필성이 있다고 한다. 그러나 자연광(自然光)과 자연 바람이, 스포츠 돔에는 필요한 것이다.

4.3. 돔과 눈

눈이 많이 오는 지역에서 돔이 많이 계획되는데, 겨울철, 시민을 위한 시설로서, 겨울철의 적설기(積雪期)에도 스포츠가 가능한 공간의 확보는 중요할 것이다.

눈이 많이 오는 지역에서의 적설 하중은 450㎏/㎡(적설 150㎝) 정도, 또는 이 이상이 된다. 구조적으로도 이 쌓인 눈의 하중을 견딜 수 있게 하기 위해서는, 대형 돔에서는 어렵다. 구조적으로 말하면 돔 상부에 어떠한 적설 모드가 될지, 어느 정도의 편측 적설이 될지는 설질(雪質), 바람, 지붕 형상 등에 영향을 받아, 일률적으로 판단하기 어렵다. 따라서 구조상 안전축의 설정을 하는데, 돔이 커지면 커질수록 안전축(安全軸)의 설정이 커, 비용에 영향을 미치게 된다. 이와 같은 하중에 견딜 수 있는 설계에서는, 철골은 매우 조밀(稠密)해진다.

적설량은 각 지역에서 그 양을 결정하고, 비교적 발생 확률은 높다. 따라서 정해진 적설량은 고려되어야 하지만, 실제 돔에서 적설을 조사, 실험해 보면, 건축기준법에 정해진 구배에 의한 적설량보다 상당히 적은 각도로 활설(滑雪)한다. 물론 지붕으로서 적설이 떨어지기 쉽도록 설계되어, 도중에 눈이 미끌어 떨어지는 것을 멈추는 디테일을 포함하지 않는다. 또, 조금이라도 해설시키면 눈은 미끌어 떨어지기 쉬워진다. 어떻게 해설(解雪)하느냐는 현재 많은 곳에서 실험이 이루어지고 있다.

지금까지 막구조 지붕에서 구배 저감을 크게 취한 사례가 있다. 눈 하중은, 해설장치를 두더라도 0으로 할 수 없겠지만 상당히 저감시키는 것은 가능하다. 하중으로서의 눈과는 별개로 돔에 적설이 있으면 자연광을 들이는 데 방해되므로, 아키타 스카이 돔의 경우는, 하중(荷重)으로서는 규정한 하중에 따라 구조는 설계되고 있지만, 해설장치를 갖추고 있어, 돔의 상부는 적설이 없도록 관리되고 있다. 돔에서의 적설이 미끌어 떨어지는 양은 크기 때문에 덩어리로 지붕면에 떨어뜨려 구배로 속도를 늘려 지상으로는 꽤 멀리까지 날아간다. 또 그 양도 많아이 눈의 제설도 힘들다. 구면 돔 형태에서는 적설은 거의 꼭대기에만 체류(滯留)한다.

꼭대기는 구배도 완만하여 활설하기 어렵다. 해설하더라도 잘 녹지 않는다. 따라서 설계상 꼭대기 부분을 어떻게 설계할지, 어떠한 형태로 적설의 체류를 없애 가느냐는 큰 문제가 된다.

적설이 없는 돔(도야마 스포츠 돔)

꼭대기에 적설을 남기면, 내부의 자연광 환경을 악화(惡化)시킨다. 내부에 자연광을 넣어, 쾌적하고 밝은 공간으로 하기 위해서는, 꼭대기 부분에서 차광되면 스포츠공간으로서 큰 마이너스가 된다.

돔으로 막 구조의 경우, 내부온도와 외부에서 평균 풍속 5m/s의 바람이 불고 있는 상태로, 실내온도는 외부보다 2.1℃ 높아진다. 주위를 폐쇄하여 사용하기 때문에, 계절풍에 의한 바람이 들어오지 않는 환경을 얻을 수 있다.

여름철은 동일하게 2도 높아지지만, 통풍 계획으로 외기 온도를 동등하게 맞춰 간다. 막 구조라면 맑고, 구름이 낀 날씨면 평균 750lx, 꼭대기에 적설이 있더라도, 평균 500lx가 되어, 통상의 스포츠의 경우는 인공조명(人工照明)이 필요 없다. 또, 우천, 강설 시에는 전체 실내 조도는 평균 200lx로 계산되어 인공조명에 의존하게 된다.

4.4. 돔의 향후

돔이 현재 각지에 계획되어 건설되고 있다. 이미 완성되어 있는 돔의 이용 상황은 자치체가 만든 시민을 위한 시설이면 사용률(使用率)은 높아, 충분히 기능하고 있다. 향후, 이러한 방향에서의 돔 계획은 계속될 거라고 생각된다.

돔 건설이 진행될수록 그 구조, 디자인과 함께 진보(進步)하여 모두 그 지역의 중심적인 시설로서 다양한 아이디어가 적용된다. 향후의 방향은, 대규모 돔과 중규모 돔에서 달라질 것이다. 대규모 돔은 수만 명의 수용을 고려해, 보여주는 스포츠로서, 프로야구, 프로축구가 동일한 돔에서 가능하도록 한다. 축구용 천연잔디는 그때 심는다.

혹은 계획에 이미 있듯이 2단의 플로어로 하여 천연잔디와 인공잔디를 자유롭게 가변(可變)할 수 있도록 한다. 축구의 관전에서 비와 추위, 더위로부터 해방된다. 이와 같은 돔은 세계적으로 계획되고 있으며 향후, 건설되는 사례(事例)가 있을 거라고 예상된다.

어떠한 돔으로 할지, 지금까지의 기성 개념(既成 槪念)에서 벗어나, 새로운 돔을 찾기 시작하고 있다. 중규모 돔은 주로 지방 공공 단체가 지역 주민을 위해, 혹은 그 지역의 활성화를 위해 만들어진다. 그 지역의 기념비가 되기도 하고, 주민의 공유재산이 되어 간다. 이와 같은 돔은 앞으로 지역의 필수품(必需品)으로 여겨져 많은 지방자치단체에서 계획되고 있다. 현재, 돔은 단순히 큰 상자를 지칭(指稱)하는 것이 아니라 그 사용방식, 새로운 용도가 상정되어 그에 따른 설비를 가지고, 보다 충실한 지역주민의 공간으로서 자리매김해 간다.

5. 일본 대형 돔의 개요

[표4]에 일본의 주요 대형 돔의 개요를 나타낸다. 공기막 구조로 이루어진 도쿄 돔 이외는, 지붕이 철골구조인데, 모두 100만㎥ 이상의 실용적과 4만 명 이상의 관객을 수용할 수 있는 규모를 가지고, 가동석(可動席) 및 개폐(開閉) 지붕, 차광 · 투광장치 등의 각종 가동 · 가변장치에 의해 스포츠이벤트부터 전시회, 집회, 콘서트까지 다목적 용도에 대응(對應)할 수 있는 시설이다.

대규모 돔 건설의 배경(背景)에는 다음과 같은 내용을 생각할 수 있다.

(1) 쾌적한 실내환경 속에서 스포츠 관전을 하고 싶다는 기대감의 고조(高潮).

(2) 혹독한 기후를 가지는 지역에서는 혹한기(酷寒期)에도 스포츠를 하고 싶다는 욕구의 고조.

(3) 지역의 상징으로서 대규모 돔을 가지고 싶다는 지역주민의 희망 고조.

(4) 컴퓨터 사용으로 복잡한 대규모 돔이라도 구조 해석이 용이하고 대규모 돔을 실현하기 위한 공법 및 재료기술이 발전한 점.

[표4] 일본 주요 대형 돔의 개요

일본의 100만㎥가 넘는 돔의 지붕구조, 가변 · 가동기구의 개요 및 상세한 제원을 나타낸 것이다.

항목	도쿄 돔	후쿠오카 Yahoo Japan 돔	나고야 돔	오사카 돔	삿포로 돔	오이타현 종합경기장
지붕구조	공기막 (2층식)	철골 2층	철골 단층	철골 2층	철골 2층	철골 단층
지붕 · 천장기구	–	개폐식	차광 · 투광	차광 · 투광 공간 가변	차광 · 투광	개폐식 개폐지붕 : 투광성 막
용도	야구 각종 이벤트	야구 각종 이벤트	야구 각종 이벤트	야구 각종 이벤트	야구, 축구 각종 이벤트	육상경기 축구 각종 이벤트
실용적V(㎥)	1,240,000	1,760,000	1,250,360	1,200,000	1,577,360	1,796,310
표면적S(㎡)	84,160	139,440	120,770	92,135	136,470	107,570

수용인원 P(명)	56,000	52,000	40,620	45,000	43,000	43,084
최고높이(m)	56.2	83.7	65.0	83.1	68.3	57.5
V/S	14.7	12.6	10.4	13.0	11.6	16.7
V/P	22.1	33.8	30.8	26.7	36.7	41.7

[표5] 일본의 돔 구조 일람

명칭	현	구조	돔 면적	용도
도쿄 돔	도쿄	에어돔 막구조	46,000	다목적 스타디움
아키타스카이 돔	아키타	철골가구 막구조	12,000	실내경기장
아오모리 선 돔	아오모리	철골가구 막구조	7,800	실내경기장
이즈모 돔	시마네	집성목재가구 막구조	16,000	실내경기장
나가하마 돔	시가	철골트러스조 스테인리스	16,000	실내경기장
후쿠오카 돔	후쿠오카	철골가구 개폐티탄	40,000	다목적 스타디움
오션 돔	미야자키	지붕철골가구 막개폐	36,000	풀(수영장)
글로벌 돔	마쓰모토	집성목재 스테인리스	9,500	실내경기장

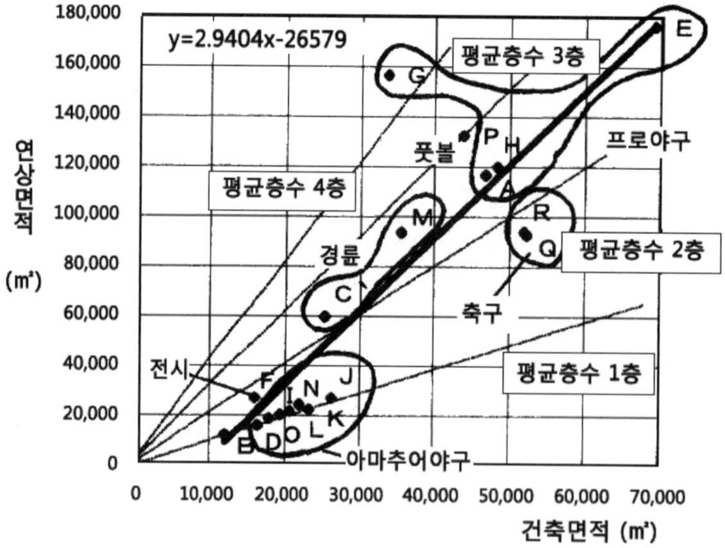

그림6 평균층고

6. 건축음향 · 전기음향설비 계획

대공간의 음향설계는 그림8의 흐름에 따라 진행되고 있다. 건축 음향적으로는 잔향을 억제한 공간을 구축함과 동시에 내부 소음의 저감을 검토하여, 건축음향과 전기음향설비의 기본적인 검토가 종료된 시점에, 스피커 시스템에 의한 확성음의 명료도를 평가하기 위해 기하음향 시뮬레이션(음선법)을 실시하고 있다.

최종적인 건축음향 및 전기음향설비의 사양은, 시뮬레이션의 결과를 이용한 음장합성 장치에 의한 시청(視聽)결과를 바탕으로 한, 주관적(主觀的)인 명료도 평가로 결정하고 있다.

6.1 잔향시간의 설정과 내장계획

도쿄 돔의 설계 시점(時點)에서는, 대공간의 잔향시간 데이터가 적어, 북미의 공기막 구조 돔을 실측하여, 설계 목표값의 설정에 반영하였는데, 그 후, 일본 및 미국에서 많은 대공간 시설이 건설되어, 음향특성이 발표되어 왔다. 그림7은 이들 데이터로부터 500㎐의 잔향시간과 실용적의 관계를 나타낸 자료이다.

대공간의 잔향시간 설계 목표값의 설정에 있어서 기준이 될 것으로 판단된다. 잔향시간의 계산은, 내장면을 약 2,500개의 면으로 분할(分割)해서 컴퓨터에 형상 입력을 한 후, 실용적과 각 부위의 면적을 산출함과 동시에, 잔향실법흡음률 측정결과를 베이스로 해서 각 부위의 흡음률을 설정하고, 공기흡수를 고려한 Eyring-Knudsen의 잔향식을 통해 산출하고 있다.

내장계획에 대해서는, 잔향시간 목표값의 확보와 확성음 및 환성음에 의한 유해반사음이나 흐릿한 소리를 저감시키기 위해, 객석 후부의 벽면, 발코니석 하부의 천장면, 콩코스 천장 및 광고 간판 등의 흡음처리가 중요하다. 또, 대규모 면적의 천장면의 흡음처리는 잔향저감(殘響低減) 면에서 매우 유효하다.

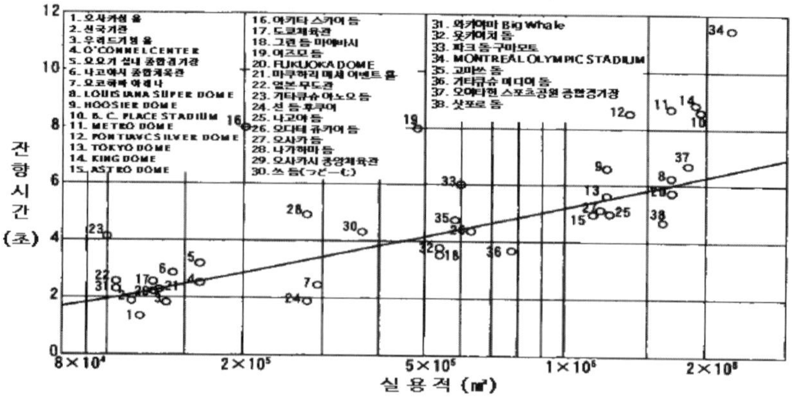

그림7 다목적 대공간 건물의 잔향시간(500Hz)

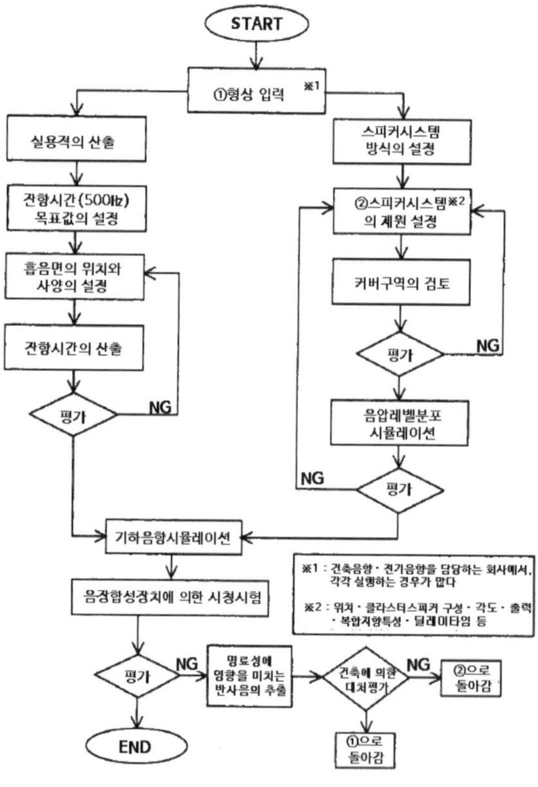

그림8 음향설계의 흐름

대공간의 음향설계에 관해, 건축음향과 전기음향의 기본적인 사양 설정의 흐름 및 컴퓨터 시뮬레이션과 그 결과를 이용해 음장합성장치에 의한 시청 실험을 실시하여 최종적인 사양 결정에 이르는 흐름을 나타낸 것이다.

6.2 전기음향설비계획

잔향이 많은 대공간에서 최대한 확성음의 명료도를 확보하기 위해서는 설비적인 면에서 아래의 두 가지 사항에 유의(留意)하는 것이 우선 중요하다.

1) 확성 대상역에 대해 충분한 직접음을 공급하고, 그 외의 장소에 잔향의 성분이나 에코의 성분이 되는 소리를 공급하지 않는다.

2) 거리가 있는 두 스피커(메인 클라스터와 새틀라이트 클라스터)로부터 동일점에 도달하는 직접음에 극단적인 시간차(時間差)를 주지 않는다.

또, 기능적인 면에서는 상설 설비로 스포츠, 전시회, 집회 등의 다목적 용도에 대응할 수 있도록 확성 패턴의 순간교체와 이벤트에 대응한 최적 확성을 쉽게 할 수 있는 시스템으로 하는 것이 중요하다. 구체적인 스피커시스템의 배치 방법으로는 크게 구분하여 집중방식, 분산방식 및 집중 분산 겸용 방식의 3가지 방식(方式)이 있다. 이들 방식의 어느 것을 채용할지는, 공간의 크기 및 대응해야 하는 이벤트의 형태에 따라 결정되는데 일본 및 미국의 대형 돔에서는 대부분의 시설에서 집중 분산 겸용 방식이 채용되고 있다.

집중 스피커 시스템은 메인 클러스터로서 다수의 우퍼와 혼으로 구성되며 분산 스피커 시스템은 우퍼와 복수(複數)의 혼으로 구성되는 경우가 많다.

스피커 시스템의 배치방식을 결정한 후, 커버 구역과 음압레벨 분포의 시뮬레이션을 통해 스피커시스템의 기본사양을 결정한다. 사례로서, 그림9에 오이타현(大分県) 스포츠공원 종합경기장의 메인 클라스터 스피커의 모습도 그림10에 커버 구역, 그림11에 음압레벨분포의 시뮬레이션 결과를 나타낸다.

6.3 컴퓨터 시뮬레이션

컴퓨터시뮬레이션에서는, 음원입력 조건의 간략화와 계산시간의 단축화를 도모하기 위해, 클러스터 스피커를 1개의 음원으로 해서, 구성되는 개개의 스피커의 지향특성 데이터로부터, 이하의 방법으로 합성된 지향특성(복합지향특성)을 산출하고, 파워, 딜레이타임 및 지향 각도와 함께 음원 측의 정보로서 입력하고 있다.

1) 클러스터 내의 각 스피커의 지향각도 설정과 출력 레벨을 설정한다.

2) 클러스터 내의 각 스피커의 기준이 되는 위치는 동일점으로 하고, 각 스피커의 지향특성

데이터를 토대로 데시벨 합성에 의해, 단일 음원으로 한 경우의 복합지향특성 데이터를 작성한다.

3) 크로스오버 주파수 이하는 우퍼의 지향특성, 크로스오버 주파수 이상은혼의 지향특성, 크로스오버 주파수에 대해서는 양자의 지향특성을 합성하여 산출한다.

4) 설정한 복합지향특성을 이용해 음압레벨의 시뮬레이션을 실시하고, 클러스터 내의 각 스피커에 의한 결과와 동일한 결과가 얻어지고 있는지 확인한다.

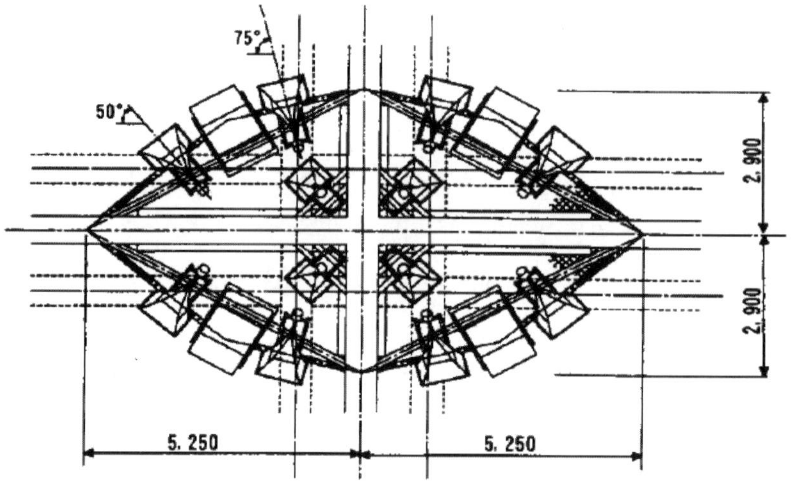

그림9 오이타현 스포츠공원 종합경기장의 메인 클러스터 스피커의 모습도

대공간의 메인 클러스터 스피커는 많은 우퍼와 혼으로 구성되는데, 사례로서, 오이타현 스포츠공원 종합경기장의 메인클러스터 스피커를 나타낸 것이다. 그림에서 4개의 우퍼와 12개의 혼이 설치되어 있는 것을 알 수 있다.

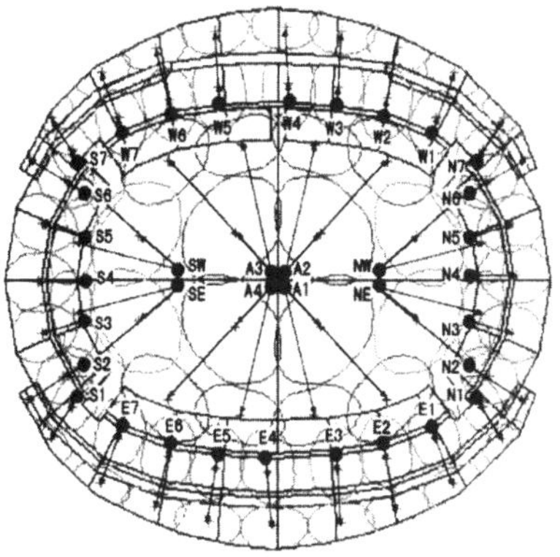

스피커 커버구역 고음역(2㎑)
[아이소바콘타 -3㏈]

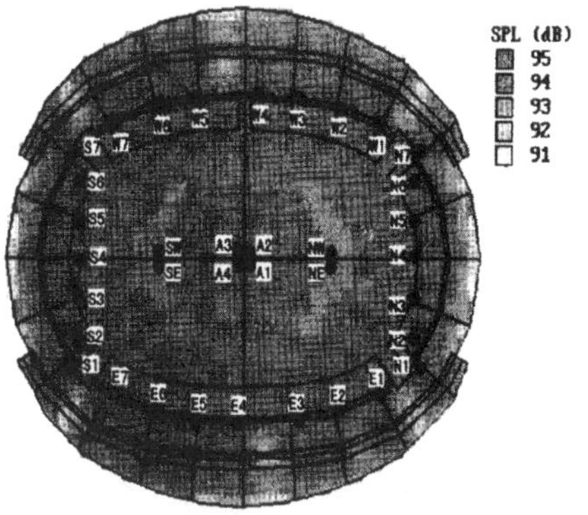

직접음 고음역(2㎑ : 1/1 옥타브밴드)

그림10 오이타현 스포츠공원 종합경기장의
커버 구역 시뮬레이션 결과 :

스피커 시스템의 설치 개소와 스피커 구성을 결정하는 경우의 기본적인 검토 결과의 예를 나타낸 것이다. -3dB의 Isobar contours가 나타나고 있는데, 필드의 일부를 제외하고 스피커 시스템을 통해, 확성 영역이 충분히 커버되고 있음을 알 수 있다.

그림11 오이타현 스포츠공원 종합경기장의
음압레벨분포 시뮬레이션 결과 :

커버구역의 검토 후에 실시한 음압레벨분포의 시뮬레이션 결과를 나타낸 것이다. 그림5에서 나타낸 커버되고 있지 않은 필드 내의 일부와 관객석 후방에, 일부, 음압이 낮은 영역이 확인되고 있지만, 전체적으로는 양호한 음압분포를 보이고 있는 것을 알 수 있다.

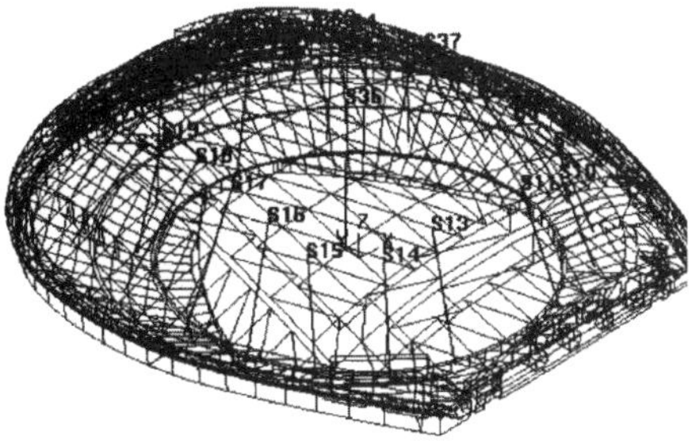

그림12 삿포로 돔의 실형상도와
스피커 시스템 위치도

컴퓨터에 넣은, 분할된 면으로 구성된 돔의
내장형상과 스피커 시스템 위치를 나타낸 것이다.
그림속의 스피커 시스템을 기점으로 한 선은, 스피커
시스템의 지향각의 방향을 나타낸 것으로,
시각적으로도 스피커 시스템에 관한 입력 조건의
확인을 할 수 있다.

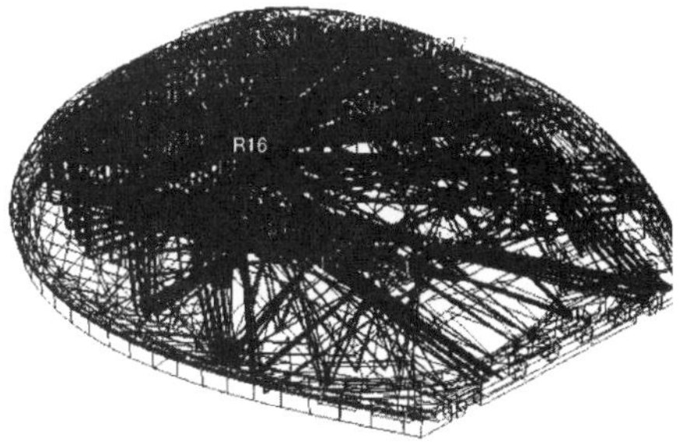

그림13 삿포로 돔의 반사음선도

스피커 시스템의 수가 많기 때문에, 잘 알기
어렵지만 각 스피커 시스템으로부터 방사된 음선이
R16의 수음점에 도달하는 경로를 비주얼로 확인할 수
있다.

그림14 시청실험 내용

컴퓨터시뮬레이션과 그 결과를 이용해 음장합성장치에 의한 시청실험의 사진을 나타낸 것이다. 수음점으로부터 본 돔 내관을 CG로 스크린에 투영하여 임장감 있는 시청평가실험을 실시할 수 있다.

복합지향특성의 입력방법에 대해서는 전체 공간에 대해 등입체각으로 방사되는 음선 하나씩 지향특성의 중요도를 부여(附與)하는 것이 가능하다. 그러나 3차원의 지향특성 데이터의 입력은 번잡하고 입력 시간도 걸리므로 입력 조건의 간략화를 목적으로, 설정한 복합지향특성으로부터 축선(軸線)을 포함하는 수평 단면과 수직 단면의 일정 각도별 데이터를 입력하여 각 평면 내의 각도별 값을 스무딩(Smoothing)하면서 보완함과 동시에, 축을 중심으로 한 회전 방향(回轉 方向)의 보완도 함으로써 3차원 지향특성(指向特性)을 얻을 수 있도록 하고 있다.

사례로서, 그림12에 삿포로 돔의 실형상도와 스피커 시스템의 위치도, 그림13에 반사음선도, 그림14에 시청 실험 내용을 나타낸다.

7. 소음방지계획

이벤트 개최 시에는 돔 내의 소음이 직접 투과(透過)하는 거대한 면적의 지붕면, 콩코스 주변의 벽면이나 개구부 및 옥외 설비 기기, 지붕면 등에 설치된 급·배기구가 소음원이 된다. 축적된 각종 이벤트 시의 발생음 데이터를 토대로 옥외 전반 소음을 예측(豫測)하고, 건설지역 주변의 소음 규제값을 고려하여 각 부위의 차음사양을 설정하고 있다. 사례로서, 그림15에 나고야 돔의 지붕 단면 사양과 차음성능, 그림16에 옥외 소음 전반 예측 결과를 나타낸다.

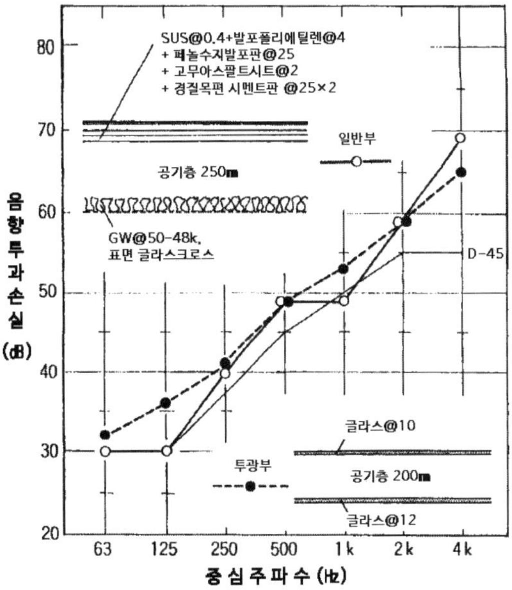

그림15 나고야 돔의 지붕 단면 사양과 차음성능 :

나고야 돔의 지붕의 단면 사양과 음향투과손실 측정결과를 나타낸 것이다. 투광부 및 일반부 모두 D-45 상당의 차음성능을 가지 있음을 알 수 있다.

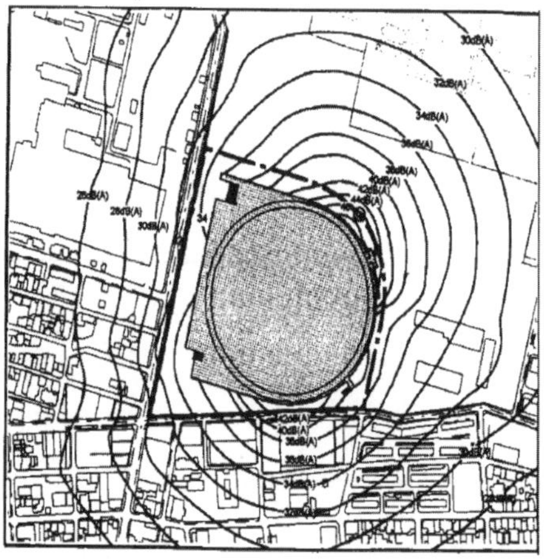

그림16 나고야 돔의 야구 경기시의 옥외 전반 소음 예측결과 :

거리감쇠, 회절, 반사, 지표면 및 공기흡수를 고려한 옥외소음전반 예측 시스템에 의한 지표면 근방의 시뮬레이션 결과를 나타낸 것이다. 돔의 우측 사선 위 방향은 옥외 설비기기로부터의 전반소음, 돔의 아랫방향은 콩코스에서의 투과음의 영향이 확인된다.

7.1. 차음계획

돔의 지붕은 경량화(輕量化) 혹은 자연환기 · 채광 등의 환경 요소 때문에 차음성능이 낮은 사양이 되는 경우가 많아 그 용도에 적합한 차음계획 · 대책(對策)이 필요하다.

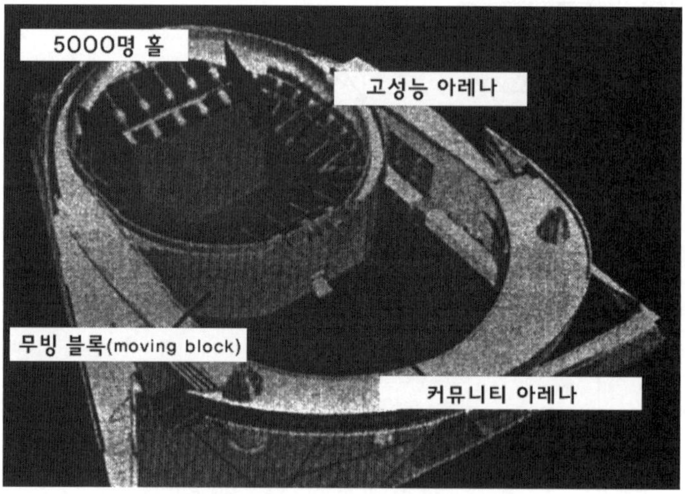

그림18 사이타마 슈퍼 아레나의 가동 공간

예를 들어, TSUDOME에서는 그림19과 같이 인접 비행장에서의 헬리콥터 호버링(hovering) 시의 발생음에 대한 차음대책이 큰 과제(課題)였다.

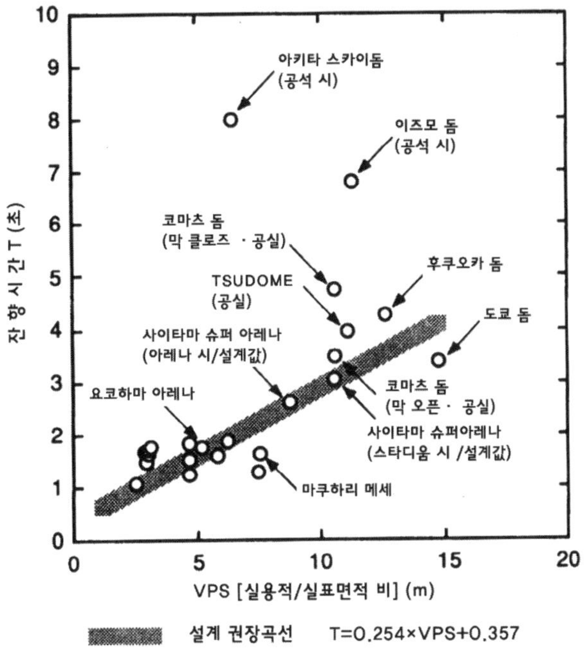

그림17 기존의 대공간 VPS와 잔향시간(500Hz)의 대응

여기서는 활주로(滑走路) 측에 큰 벽을 배치함으로써 소리를 차폐시킨다는 방침하에, 그림20에서 나타내는 바와 같이 활주로상에서 호버링 하는 헬리콥터에서의 소음전반 시뮬레이션에 의한 케이스 스터디를 통해, 차음벽의 높이, 방향을 결정하였다. 한편, 돔 내의 실내소음 목표값 설정에 있어서는, 헬리콥터의 호버링음에 대해, 들리지만 신경이 쓰이지 않는 정도라고 판단하여, 체육관의 공조소음 목표값을, NC-50 정도를 목표로 하였다.

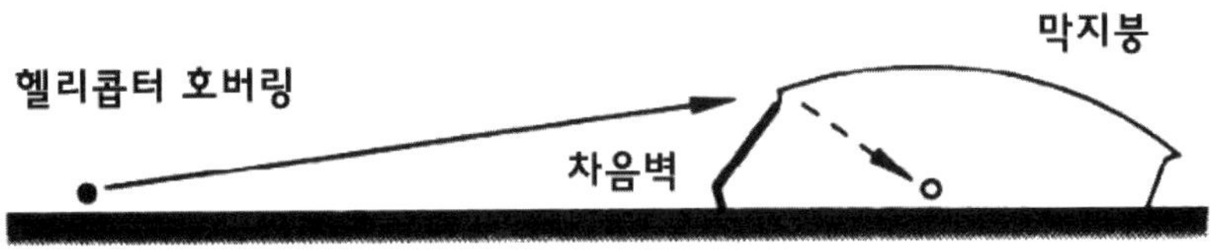

그림20 차음벽에 의한 소음제어

그림21의 준공 시 실내소음 측정결과에서 알 수 있듯이, 목표값을 만족한다는 것을 확인할

그림19 TSUDOME과 인접 비행장

수 있었다.

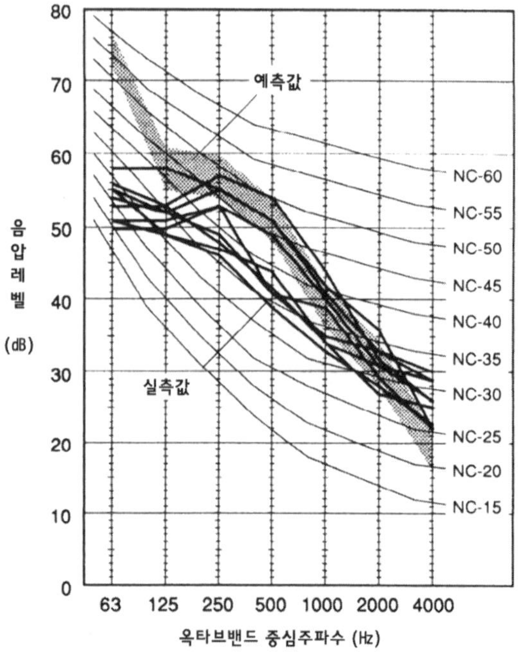

그림21 돔 내의 헬리콥터 소음측정결과

한편, 사이타마 슈퍼아레나에서는 고성능 아레나와 커뮤니티 아레나의 연동 이용을 실현하기 위한 무빙 블록의 차음성능이 문제가 된다. 커뮤니티 아레나 측의 발생음 레벨을 그 용도로부터 상정하여, 그림22에서 나타내듯이 고성능 아레나와 커뮤니티 아레나 간의 실내음압레벨 차 D-60을 목표차음성능으로 정하고, 각 부위의 차음구조를 결정하였다.

특히, 아레나 모드 시의 무빙 블록과 고정부와의 취합부분에 대해서는, 틈새가 생기지 않는 구조와 더불어, 가진 시의 큰 상관 변위에도 추수(追随)할 수 있는 구조로서, 솔리드고무와 스펀지고무로 구성되는 암수형(雄雌型) 차음 조인트를 채용하여, 그림23에서 나타내듯이 이중으로 설치하는 사양을 선택하였다. 또 무빙 블록 외주벽 하단부 및 수평부의 바닥·벽과의 틈새는, 슬라이딩 월에 채용되고 있는 승강식 차음기구를 적용함으로써 대처(對處)하고 있다.

경량화가 요구되는 무빙 블록 지붕에 대해서는, 그림24와 같은 스틸 W 절판과 보드를 방진 고무를 끼운 지지부품으로 고정하고 있다.

차음 조인트, 무빙 블록 지붕의 음향투과손실 측정결과는 그림25에서 나타내는 바와 같이 각각 목표성능 TLD—30(차음조인트 단체), TLD—50을 거의 만족시키고 있다.

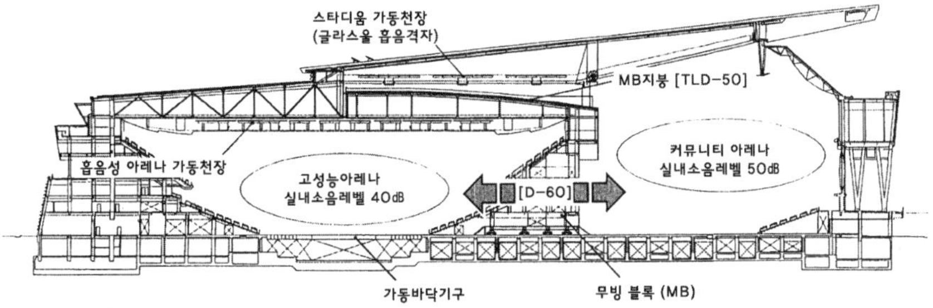

그림22 사이타마 슈퍼아레나의 음향계획

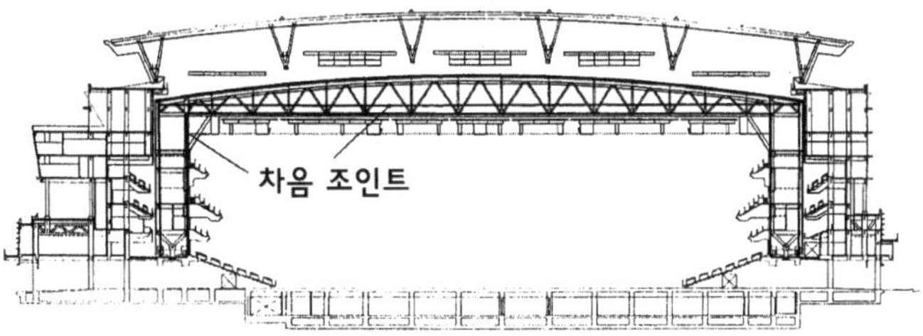

그림23 차음 조인트 배치

7.2. 소음 전반 방지계획

한편, 돔에서는 스포츠이벤트뿐 아니라, 록 콘서트 등 대음량을 동반하는 이벤트에 대해, 근린의 환경보전이라는 관점에서, 발생음의 근린에 대한 소음전반 방지 대책도 불가결(不可缺)하다.

특히 많은 인원을 수용하는 돔에서는, 대스팬 구조이기 때문에 지붕구조의 경량화가 필수이고, 또 각소에 배연, 환기를 위한 개구 및 익스펜션 조인트 등, 충분한 차음성능을 기대할 수 없는 부위(部位)도 많다.

록 콘서트의 발생음 실측조사에 따르면, 공연공간내의 평균 음압레벨은 105㏈(L_{eq})에 달한다는 점에서, 록 콘서트 발생음 및 환성 등 주변지역에 대한 소음전반 예측 시뮬레이션에 따른 차음결함의 상황 파악도 불가결(不可缺)하다.

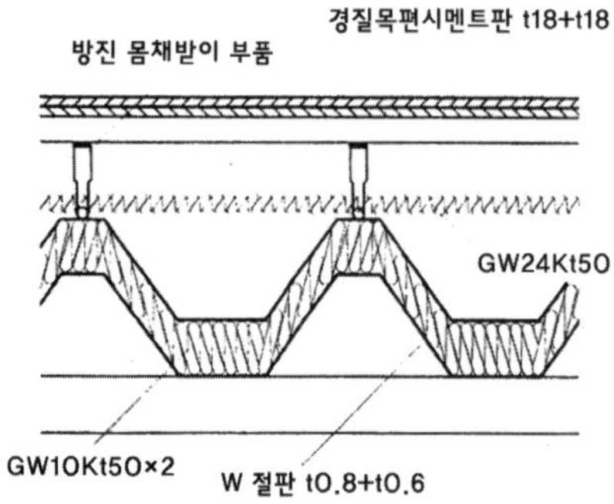

그림24 무빙 블록 지붕 구조

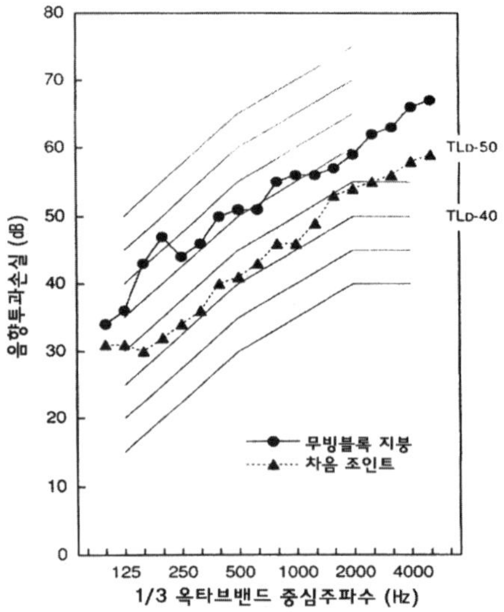

그림25 차음 조인트와 무빙블록 지붕의
음향투과손실 측정결과

8. 음향특성

8.1 잔향시간

북미의 돔을 포함해 그림26에 잔향시간의 비교, 그림27에 대표사례로서 후쿠오카 Yahoo! Japan 돔의 예측 결과와 실측 결과의 비교를 나타낸다.

막 구조의 대공간에서는 저음역의 소리는 막 지붕으로부터 투과되고 고음역의 소리는 대공간에서는 공기흡수에 의해 크게 감쇠(減衰)하므로, 중음역의 잔향시간이 긴 것이 특징이다. 도쿄 돔도 이런 특유의 잔향시간주파수특성을 가지고 있지만, 북미의 100만㎥급의 공기막 구조 돔에 비해 가장 짧은 잔향시간을 나타내고 있다. 철골계통의 돔에 관해서는, 고음역은 마찬가지로 공기흡수(空氣吸收)에 의해 잔향시간이 결정되지만, 저음역은 통상(通常)의 홀과 마찬가지로 잔향시간이 길어진다.

어느 돔이든 모두 500㎐의 잔향시간은 6.0초 이하이고, 125㎐의 잔향시간은 일반적인 다목적(多目的) 홀과 같이 500㎐의 잔향시간의 1.5배 정도에 머무르고 있어, 대공간(大空間)으로서는 양호(良好)한 잔향시간 주파수특성을 가지고 있다.

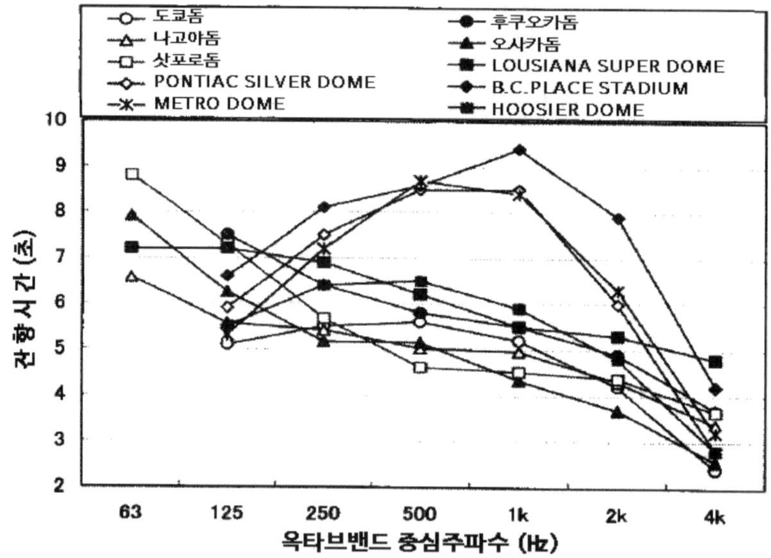

그림26 대형 돔의 잔향시간 비교

일본외 5개의 돔의 잔향시간 측정결과를 나타낸 것이다.

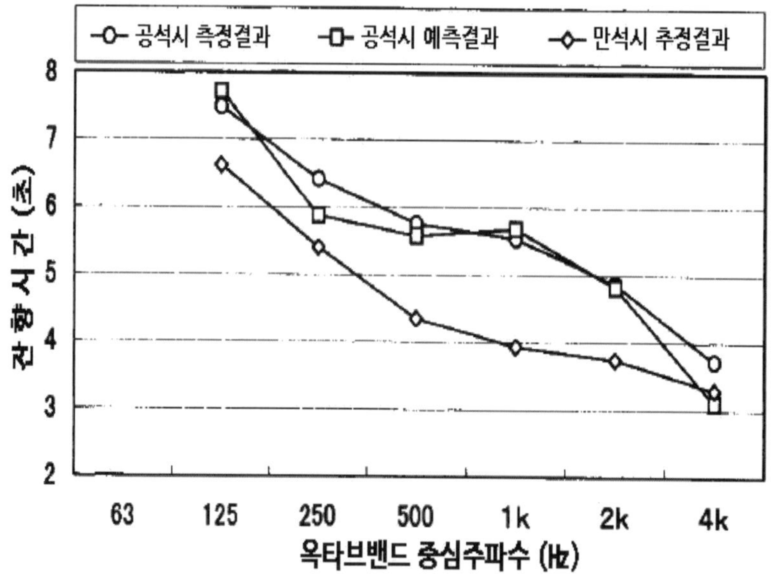

그림27 후쿠오카 Yahoo! Japan 돔의 잔향시간 예측결과와 실측결과의 비교

250Hz 및 4kHz에서 예측결과와 실측결과에 차이가 확인되지만, 다른 주파수에서는 양자는 양호한 대응을 보여주고 있는 것을 확인할 수 있다.

8.2 리플렉트그램

그림28에 대표사례로서 삿포로 돔의 컴퓨터시뮬레이션 결과(상단과 중단)와 준공 시의 측정 결과(하단)의 비교 예를 나타낸다.

그림에는 스피커 시스템을 무지향성으로 한 경우의 시뮬레이션 결과를 함께 나타내고 있는데, 무지향성으로 한 경우는 당연히 많은 반사음이 수음점에 도래하고 있고, 리플렉트그램에서 스피커시스템으로부터의 확성음이 가득 찬 느낌으로 심지어 큰 에코가 발생할 것으로 추측(推測)된다.

한편, 지향성을 고려한 최종 사양조건에서의 시뮬레이션 결과에서는 앞에서 설명한 기본적인 조건에 합치(合致)한 호가성 대상영역에 대해 충분한 직접음이 공급되어, 잔향시간의 성분 및 에코의 성분이 되는 반사음이 크게 저감(低減)하고 있다는 것을 알 수 있다. 또, 직접음 이후의 반사음의 도달 상황에 대해서도 실측 결과는 시뮬레이션 결과와 비교적 잘 대응하고 있다는 것을 확인할 수 있다.

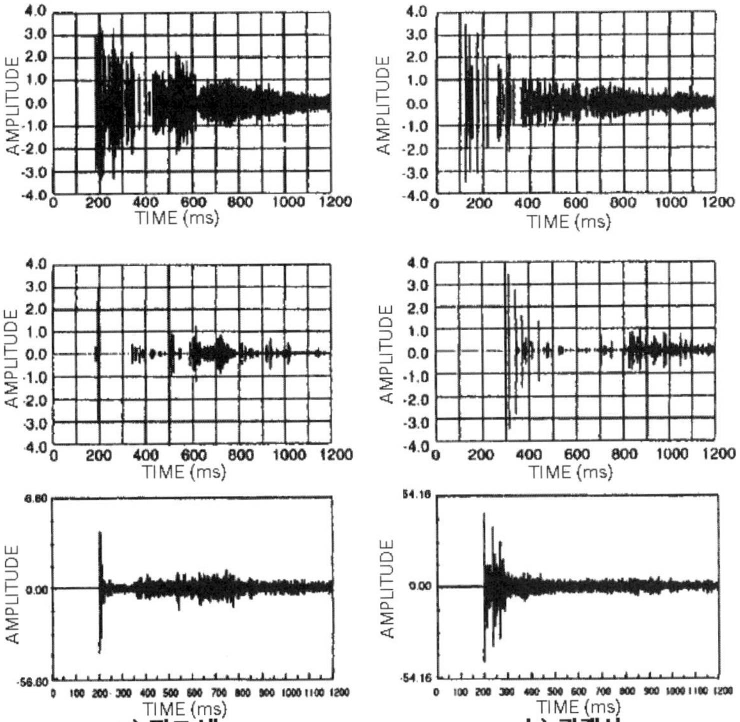

a) 필드 내 **b) 관객석**

상단 : 무지향성음원 중단 : 지향성음원 하단 : 실측결과

그림28 삿포로 돔의 리플렉토그램 시뮬레이션 결과와 실측결과의 비교(1KHz)

8.3 RASTI

표6에 각 돔의 측정결과의 비교를 나타낸다. 막 구조 돔의 관객석 평균은 0.5 정도, 그 외의 돔에서 0.55 정도, RASTI의 평가 기준으로는 Fair의 평가를 나타내고 있다.

북미에 있는 돔의 측정에서, 돔 PA를 통해 아나운스멘트 음원 소스를 이용해 확성음의 명료성을 평가(評價)하였는데 이들 돔의 준공 시에도 동일한 음원 소스로 확성음의 명료성을 확인하고 있다.

[표6] RASTI의 측정결과

100만㎥가 넘는 돔의 RASTI의 측정결과를 나타낸 것이다.

돔 명		도쿄 돔	후쿠오카 Yahoo! Japan 돔	나고야 돔	삿포로 돔	오이타현 스포츠공원 종합경기장
필드	최소/최대	0.32/0.49	0.40/0.52	0.42/0.60	0.43/0.54	0.43/0.68
	평균값	0.39	0.46	0.50	0.49	0.53
관객석	최소/최대	0.39/0.66	0.41/0.66	0.50/0.72	0.46/0.63	0.43/0.68
	평균값	0.50	0..53	0.59	0.56	0.54

이상, 대형 돔 시설의 음향설계와 음향특성을 중심으로 검토하였는데, 대공간의 음향설계에서는 건축음향과 전기음향을 융합(融合)한 컴퓨터시뮬레이션과 실음 청취(聽取)에 의한 평가가 중요하다.

이들 기술적 검토는 고도의 음질평가에는 앞으로도 연구 · 개발과제가 남아 있지만, 전기음향설비의 사양설정을 포함해 명료도의 평가에 관해서는 유효한 툴이라 말할 수 있다. 마지막으로, 100만㎥이 넘는 대공간의 음향계획, 소음방지계획에 관해 내부소음을 포함하여 정리해 보면 아래와 같은 점이 목표값 설정에 관한 유의점(有意點)이라고 생각할 수 있다.

1) 잔향시간은, 공석 시 500㎐에서 6.0초 이하를 목표로 설계함과 동시에, 저주파수 대역의 잔향시간을 제한(制限)하는 것이 중요하다.
2) 내장 계획에서는, 거대한 면적이 되는 천장, 관객석 후벽, 단상 하부 천장 및 콩코스 천장을 중심으로 흡음처리를 하는 것이 바람직하다.
3) 상설 스피커시스템에 의한 확성음의 명료성에 관해서는, RASTI 0.5~0.6이라면, 실용상, 전혀 문제가 없는 확성음의 명료성을 확보할 수 있다.

4) 이벤트 개최 시의 옥외 전반소음 저감을 위해서는, 큰 소음 투과면이 되는 지붕의 차음성능이, 차음등급에서 D-35 이상이 되는 단면 사양을 적용할 필요가 있다.
5) 이벤트 개최 시에 공조소음에 의한 문제가 발생하지 않도록 하기 위해서는, NC-45 이하를 목표로 하는 것이 적정(適正)하다.
6) 알아듣기 쉽고, 명료한 실내음장의 실현하기 위하여 음향장애(에코, 잔향 과다 등)의 방지와 명료성, 청취의 용이성(容易性) 확보가 필요하다.
7) 조용한 공간의 확보를 위하여 외부 소음원인 철도 및 항공기 등에 대한 차음대책과 건물 내 기계실 등으로부터의 소음 · 고체음(固體音) 방지등을 고려 하여야 한다.
8) 실내발생음의 인근(隣近)으로의 소음전반 방지대책으로 록 콘서트, 환성(歡聲) 등의 소음전반 방지대책을 수립하여야 한다.

9. 사례 분석을 통한 일본의 돔. 아레나 특징

사례를 토대로 대규모 돔의 건축계획상의 특징을 확인하고 돔의 계획상의 기준 및 참고데이터를 정리, 분석하여 돔을 유형화하여 각 타입별 특징을 확인하는 것을 목적으로 한다. 조사의 대상은 1988년 준공한 도쿄 돔 이후 준공한 돔으로 단변 방향 스팬이 100m 이상, 다목적 이용을 목적으로 한 돔 전체로, 표7에 나타내는 18건이며. 조사 내용은 다음과 같다.

(1) 평면형태 (2) 아레나 형태 (3) 스팬 길이 (4) 건축면적 (5) 연면적(延面積) (6) 아레나 면적 (7) 건물 최고높이 (8) 천장 최고높이 (9) 체적(體積)

[표7] 조사대상 돔 평면계획 제원

명칭 (준공년월)	주용도	평면 형태	아레나 형태 (기본형)	스팬 장변 (m)	스팬 단변 (m)	건축 면적 (㎡)	연면적 (㎡)	아레나 면적 (㎡)
A.도쿄돔 (88/3)	프로 야구	정방형 의 변형	구장형 (球場型)	201.0	201.0	46,755	116,463	13,000
B.아키타스카이 돔(90/5)	소프트 볼	타원형	타원형	122.0	101.0	12,124	12,158	8,721
C.그린돔마에바 시(90/1)	경륜	타원형	타원형	167.0	122.0	25,385	59,832	11,700 **
D.이즈모 돔 (92/3)	건식 야구	원형	구장형	140.7	140.7	16,277	15,742	11,140
E.후쿠오카 돔 (93/3)	프로 야구	원형	구장형	222.0	222.0	69,130	176,048	13,500
F.선 돔 후쿠이 (95/3)	생산 전시	원형	원형	116.0	116.0	15,968	27,088	5,752
G.오사카 돔 (97/2)	프로 야구	원형	구장형	166.5	166.5	33,766	156,409	14,000
H.나고야 돔	프로	원형	구장형	187.2	187.2	48,304	119,707	13,400

(97/2)	야구							
I.삿포로커뮤니티 돔(97/3)	소년 야구	원형	구장형	132.0	132.0	17,865	18,882	11,484
J.파크 돔구마모토(97/3)	소프트볼	원형	구장형	125.0	125.0	26,317	26,958	11,254
K.고마쓰 돔 (97/4)	건식 야구	타원형	구장형	162.0	148.0	23,394	22,343	14,300
L.오다테주카이 돔(97/6)	아마추어 야구	난형 (卵形)	구장형	175.0	153.0	22,050	24,310	12,915
M.기타큐슈 미디어 돔 (98/9)	경륜	타원형	타원형	208.0	145.0	35,686	93,391	14,500 **
N.다지마 돔 (98/10)	건식 야구	반원형+ 안행형 (雁行)	구장형	160.3	150.0	20,737	21,813	14,000
O.센다이 돔(99)	건식 야구	원형의 변형	구장형	170.0	150.0	19,391	20,194	13,564
P.사이타마 아레나(99/3)	미식 축구	타원형	장방형	198.4	130.0	43,730	132,310	14,600
Q.오이타 스타디움(00/)*	축구	원형	타원형	274.0	274.0	52,235	92,779	20,800
R.삿포로 돔 (01/)	축구	타원형의 변형	타원형	229.0	218.0	52,013	93,880	14,549

* 정식으로는 오이타현 스포츠공원 메인 스타디움
** 경륜주행코스를 포함한다. 뱅크를 제외한 아레나면적은 그린돔마에바시 5,000㎡, 기타큐슈 미 디어돔 6,000㎡이다.

9.1 평면계획

■ 주용도와 아레나 형태 및 평면형태(표8)

아레나 형태는 주용도의 특징이 반영되는데, 가장 많은 것이 「구장형(球場型)」 11건, 「타원형」 5건, 「원형」, 「장방형」 각각 1건이다.

아레나를 덮는 지붕의 평면형태로 가장 많은 것이 「원형」 9건, 「타원형」 6건, 그 외 「난형(卵形)」, 「타원형+안행형(雁行型)」, 「변형 정방형」이 각각 1건이다. 아레나와 평면의 형태 조합으로 가장 많은 것은, 아레나가 「구장형」이고 평면이 「원형」이 7건, 아레나, 평면 모두 「타원형」이 4건이다. 원, 장원(타원)과 같은 기본형이 많은데, 특이한 평면형태의 돔이 소규모인 경우를 몇몇 볼 수 있다.

[표8] 주용도와 아레나형태 및 평면형태

<table>
<tr><td></td><td></td><td colspan="3">평면형태</td></tr>
<tr><td></td><td></td><td>원형 (9건)</td><td>타원형 (6건)</td><td>그 외 (3건)</td></tr>
<tr><td rowspan="7">아레나
형태</td><td rowspan="4">구장형
11건</td><td>이즈모 돔
삿포로커뮤니티 돔
파크 돔 구마모토
센다이 돔</td><td>고마쓰 돔</td><td>오다테주카이 돔(난형)
다지마 돔
(반원형+안행형)</td></tr>
<tr><td colspan="3">↳ 주용도 : 아마추어 야구</td></tr>
<tr><td>후쿠오카 돔
오사카 돔
나고야 돔</td><td></td><td>도쿄 돔 (변형정방형)</td></tr>
<tr><td colspan="3">↳ 주용도 : 프로야구</td></tr>
<tr><td rowspan="2">타원형
5
건</td><td>오이타 스타디움</td><td>아키타스카이 돔
→ 주용도:실내운동장
그린 돔 마에바시
기타큐슈미디어 돔
↳ 주용도 : 경륜
삿포로 돔</td><td rowspan="2">없음</td></tr>
<tr><td colspan="2">↳ 주용도 : 축구</td></tr>
<tr><td>그 외
2건</td><td>선 돔 후쿠이(원형)
↳ 주용도 : 전시</td><td>사이타마 아레나
(아레나 : 장방형
평면 : 타원형)
↳ 주용도 : 풋볼</td><td>없음</td></tr>
</table>

■ 단변과 장변의 길이(그림29)

단변의 길이로 보면, 가장 짧은 것은 101m, 가장 긴 것은 274m로, 분산되어 있다. 10m급으로 보면 가장 많은 것은 140과 150m대의 3건씩이다. 장변의 길이로 보면, 가장 짧은 것은 122m, 가장 긴 것은 274m로, 단변과 마찬가지로 분산되어 있다. 10m급으로 보면 가장 많은 것은 160m대의 4건이다.

용도별로 보면, 프로야구의 4건은 단·장변 길이 동일하고(원형 3건, 변형 정방형 1건) 평균 194.2m, 그중 오사카 돔이 최소로 166.5m, 최대는 후쿠오카 돔 222m이다. 축구의 2건은, 단변 방향 스팬은 삿포로 돔 218m, 오이타 스타디움 274m이다. 경륜의 2건은, 그린 돔 마에바시 122m, 기타큐슈미디어 돔 145m이다. 그림1 단·장변 비에서 보면, 18건 중 1:1이 9건이다. 1:1이 아닌 것이 9건 있고, 그 평균값은 1:1.22로, 평균값보다 높은 돔은 3건 있는데, 그중 2건은 경륜을 주용도, 1건은 풋볼을 하는 것이고, 또 평균값보다 낮은 것은 야구를 비롯해 스포츠 전반을 주용도(主用度)로 하는 것이다.

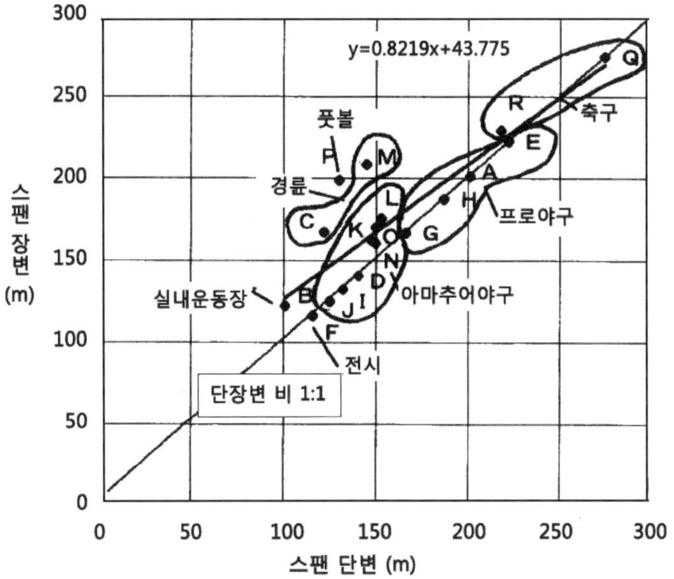

그림29 스팬 단장변 비

■ 건축면적

건축면적의 최대는 후쿠오카 돔 69,130㎡, 최소는 아키타 스카이 돔 12,124㎡로 폭이 크다. 용도별로 보면 프로야구 타입(4건)의 평균값 49,489㎡, 최대는 69,130㎡, 최소는 33,766㎡, 축구, 풋볼 타입(3건)의 평균값은 49,326㎡, 경륜(競輪) 타입의 평균값은 30,536㎡이다.

아레나 면적의 최대는 오이타 스타디움 20,800㎡, 최소는 후쿠이 돔 5,752㎡이다. 아레나 면적은 표8에 따르면 건축면적과 관계없이, 10,000㎡부터 15,000㎡에 15건이 포함된다. 용도별로 보면 프로야구 타입의 평균값 13,475㎡, 축구의 평균값 17,675㎡, 경륜 타입의 평균값 13,100㎡, 아마추어야구 7건의 평균값 12,665㎡이다.

건축면적과 아레나 점유 비율을 구하면, 프로야구 타입 4건의 평균값 29.1%, 최대는 오사카 돔 41.5%, 최소는 후쿠오카 돔 19.5%, 축구, 풋볼 타입 3건의 평균값 33.7%, 경륜 타입의 평균값 43.4%, 아마추어 스포츠 타입의 평균값 63.1%, 전시 타입은 1건뿐이지만 36.0%이다.

■ 연면적

연면적의 최대는 후쿠오카 돔으로 176,048㎡, 최소는 아키타 스카이 돔 12,158㎡이다. 분포

(分布)를 살펴보면 3만 ㎡대 미만의 9건과 9만 ㎡ 이상 8건으로 크게 두 집단으로 나눌 수 있다. 5만㎡대가 1건 있다. 연면적을 1만㎡ 계급별로 살펴보면, 1만㎡ 대는 3건, 2만㎡ 대는 6건, 3만㎡ 대 미만은 총 9건이다. 5만㎡대가 1건, 9만㎡ 대가 3건, 11만㎡ 대가 2건, 13만㎡ 대가 1건, 15만㎡ 대가 1건, 17만㎡ 대 1건이다. 연면적을 용도별로 살펴보면, 프로야구 타입 4건의 평균값 142,157㎡, 축구 · 풋볼 타입의 평균값 106,323㎡, 경륜타입의 평균값 76,612㎡, 아마추어 스포츠 타입의 평균값 20,300㎡, 전시 타입은 1건이지만 27,088㎡이다. 연면적이 큰 경우, 레스토랑, 박물관, 리조트시설 등이 포함되며, 다양한 기능이 복합(複合)되어 있다. 또, 참고로 각 돔의 구성방식과 계획 · 의장(意匠) 상의 의도를 표9에 나타낸다. 가구 방식은 다양(多様)하다.

[표9] 돔의 구성방식과 계획 · 의장 상의 의도

명칭	구성방식	계획 · 의장 상의 의도
A.도쿄돔	공기막	저(低)라이즈, 밝은 천장
B.아키타 스카이 돔	비렌딜 아치 RC조+ 강관아치 S조	천장을 깨끗이 보여주고, 구조내력 향상
C.그린돔 마에바시	장현보 S조	경쾌하게 보여줌
D.이즈모 돔	입체 장현아치 집성재	36개의 목조방사형상 아치를 보여줌
E.후쿠오카 돔	할구(割球)형 라메라트러스 S조	개폐지붕
F.선 돔 후쿠이	스페이스프레임 S조	구조와 경제의 합리성에서 구형상 돔
G.오사카 돔	라메라트러스 S조	전체 돔 하중을 균등하게 퍼뜨림
H.나고야 돔	단층 라티스 S조	단순화
I.삿포로 커뮤니티 돔	스페이스아치 S조	활설(滑雪)성의 V자 단면
J.파크 돔 구마모토	하이브리드 이중 공기막(케이블(S조)+공기막)	부운(浮雲) 이미지
K.고마쓰 돔	킬트러스+트러스아치 S조	개폐형
L.오다테 주카이 돔	입체 아치트러스 집성재	공의 비행궤도에 따른 난형(卵型)
M.기타큐슈 미디어 돔	시스템트러스(축력 돔) S조	부재의 동일화에 의한 단순화
N.다지마 돔	평행현트러스(고정지붕), 장현트러스(개폐지붕) S조	고정지붕은 정적 이미지, 이동지붕은 활설(滑雪)성의 V자 단면
O.센다이 돔	비렌딜 S조	측벽과 일체가 된 개폐지붕
P.사이타마 아레나	킬거터 S조	경사원추곡면의 형성
Q.오이타 스타디움	트러스아치 S조	개폐형
R.삿포로 돔	직교 2방향 아치트러스 S조 + 쉘	경쾌한 이미지

9.2 단면계획(표10)

■ 건물높이

건물 최고높이에서 가장 높은 돔은 후쿠오카 돔의 84.0m, 가장 낮은 돔은 아키타 스카이 돔의 32.2m로, 평균값은 56.7m이다. 10m 단계별로 보면 80m대 2건, 60m대 3건, 50m대 7건, 40m대 5건, 30m대 1건이다.

■ 천장 최고높이

용도별로 보면, 프로야구 타입 4건의 평균값 70.0m, 축구 타입 2건은 62.4m, 경륜 타입 2건은 44.8m, 아마추어 스포츠 타입 8건은 46m, 풋볼 타입 1건은 42.0m, 전시장 타입 1건은 40.0m이다.

■ 체적(體積)

최대는 오이타 돔의 185만㎥, 최소는 아키타 스카이 돔의 201,600㎥이다. 용도별로 보면, 프로야구 타입 4건의 평균값 136.3만㎥, 축구 타입 2건은 180.0만㎥, 경륜타입 2건은 65.3만㎥, 아마추어스포츠 타입 8건은 49.3만㎥이다.

그림30에 의하면 건축면적에 대한 체적의 평균값은 23.9㎥/㎡이다. 용도별로 보면, 프로야구 타입 4건의 평균값 28.4㎥/㎡, 축구 타입 2건은 34.5㎥/㎡, 경륜타입 2건은 21.3㎥/㎡, 아마추어스포츠 타입 8건은 24.6㎥/㎡, 풋볼 타입 1건은 17.7㎥/㎡, 전시장 타입 1건은 16.9㎥/㎡이다.

■ 연면적/건축면적(평균 층수)

연면적 3만㎡ 미만으로 아마추어스포츠 타입의 경우는 평균 층수 1.02층 즉 그라운드에 대지붕을 걸친 돔이다. 연상면적 5만㎡ 이상의 돔 9건의 평균 층수는 2.64층이다. 용도별로 보면, 프로야구 타입 4건의 평균값 3.04층, 경륜 타입의 평균값 2.49층, 축구 타입의 평균값 1.79층이다. 특히 오사카 돔은 4.63층, 사이타마 아레나는 3.03층으로, 기능의 고도화, 다양한 시설이 부가되어 있다.

[표10] 조사대상 돔 단면계획 제원

명칭	건물최고높이(m)	천장최고높이(m)	체적(㎥)	체적/건축면적(㎥/㎡)	평균 층수(층)
A.도쿄 돔	56.2	55.2	1,240,000	26.5	2.49
B.아키타 스카이 돔	32.2	30	201,600	16.6	1.00
C.그린 돔 마에바시	41.2	39.5	520,000	20.5	2.36
D.이즈모 돔	48.9	46	477,000	29.3	0.97
E.후쿠오카 돔	84	79	1,760,000	25.5	2.55
F.선 돔 후쿠이	45	40	270,000	16..9	1.70
G.오사카 돔	83	76	1,200,000	35.5	4.63
H.나고야 돔	66.9	64.3	1,250,000	25.9	2.48
I.삿포로 커뮤니티 돔	43	39.5	374,000	20.9	1.06
J.파크 돔 구마모토	44.2	32	600,000	22.8	1.02
K.고마쓰 돔	59.6	56	589,000	25.2	0.96
L.오다테 주카이 돔	52	46	700,000	31.7	1.10
M.기타큐슈 미디어 돔	53.8	50	786,000	22.0	2.62
N.다지마 돔	59.8	59.2	500,000	24.1	1.05
O.센다이 돔	58.2	50	505,300	26.1	1.04
P.사이타마 아레나	66	42	773,000	17.7	3.03
Q.오이타 스타디움	57.4	61	1,850,000	35.4	1.78
R.삿포로 돔	68.5	68.5	1,740,000	33.5	1.80

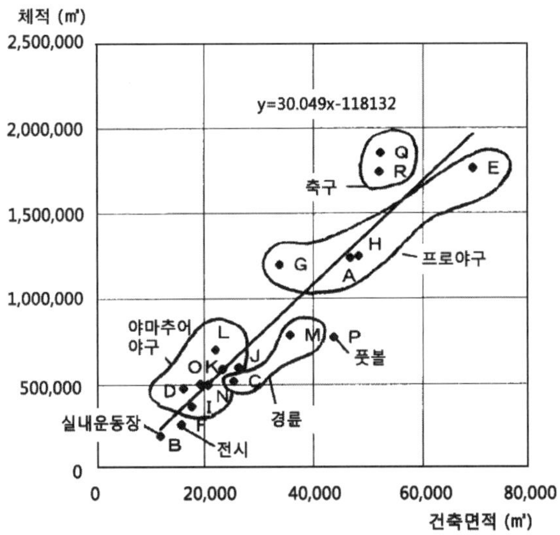

그림30 체적과 건축면적

9.3. 요약(要約)

분석 결과를 요약하면 다음과 같다.

[표11] 규모별 · 용도별 각 지표평균값

연상 면적*	주용도	아레나 면적(㎡)	스팬 단변 (m)	단장변 비	아레나 점유비율 (/건축면적)	천장최 고높이 (m)	체적/ 건축면적 (㎥/㎡)	평균 층수
5만 ㎡ 이상	프로야구 (4건)	13,475	194	1:1.00	29.1%	68.6	28.3	3.0
	경륜 (2건)	13,100	134	1:1.40	43.4%	44.8	21.3	2.5
	축구 (2건)	17,675	246	1:1.03	33.9%	62.4	34.4	1.8
	풋볼 (1건)	14,600	130	1:1.53	33.4%	42.0	17.7	3.0
3만 ㎡ 미만	아마추어 야구 (7건)	12,665	143	1:1.06	61.8%	47.0	25.7	1.0
	실내운동장 (1건)	8,721	101	1:1.21	71.9%	30.0	16.6	1.0
	전시 (1건)	5,752	116	1:1.00	36.0%	40.0	16.9	1.7

* 연면적 3만㎡ 이상 5만㎡ 미만의 사례는 없다.

▷ 지방도시(地方都市)에서는, 주용도가 아마추어스포츠 대응의 아레나에 지붕을 걸친 연면적 3만㎡ 미만의 돔이 많다. 대도시에서는, 주용도가 프로스포츠 대응의 아레나에 지붕을 설치한, 연면적 5만㎡ 이상의 돔이 많다.

▷ 아레나 형태는 구장형(球場形)이 많고, 그 외 타원형, 원형, 장방형이 있다. 아레나를 덮는 대구성의 평면형태는 아레나와 동일한 것이 많다. 일부에 「난형(卵型)」, 「반원형+안행(雁行)형」의 변형 타입도 있다.

▷ 각 지표의 특징을 보면, 연면적 5만㎡ 이상의 경우 주용도 별로 프로야구, 경륜(競輪), 축구, 풋볼의 4타입이고, 3만㎡ 미만의 경우는 아마추어야구와 전시(展示)의 2타입으로 나뉜다.

▷ 건축면적은 주용도가 프로야구, 축구, 경륜 등의 경우 4만~7만㎡, 아마추어스포츠의 경우 2만㎡이다. 연면적은 전자의 경우는 9만~18만㎡, 후자의 경우는 2만㎡이다.

▷ 연면적 5만㎡ 이상의 경우, 주용도별 지표(指標)의 특징을 살펴보면, 주용도가 프로야구의 경우, 타구의 관계로 천장 최고높이가 68.6m, 아레나 점유비율 29.1%(스탠드의 면적이 넓다), 평균층수 3.0층의 수치가 다른 용도에 비해 눈에 띈다. 아레나 면적 13,475㎡, 단변스팬 194m, 단장변 비 1:1, 단위당 체적 28.3㎥/㎡이다.

▷ 축구의 경우는, 아레나 면적 17,675㎡, 단변스팬 246m, 천장높이 62.4m, 단위당 체적 34.4㎥/㎡의 수치가 다른 경우에 비해 눈에 띈다.

▷ 경륜의 경우는, 주행로(走行路)의 형태를 반영하여, 단장변 비가 1:1.40으로 눈에 띈다. 아레나면적 13,100㎡, 단변 스팬 134m, 아레나 점유비율 43.4%, 천장최고높이 44.8m, 단위당 체적 21.3㎥/㎡, 평균층수 2.5층이다.

▷ 풋볼의 경우는, 단장변 비 1:1.53, 천장최고높이 42.0m, 단위당 체적1 7.7㎥/㎡, 평균층수 3.0층의 수치이다. 아레나면적 14,600㎡, 단변스팬 130m, 아레나 점유비율 33.4%이다.

▷ 연면적 3만㎡ 미만의 경우, 주용도별 지표의 특징을 살펴보면, 주용도가 아마추어야구에서는, 아레나 면적 12,665㎡, 단변스팬 143m, 단장변 비1:1.06, 아레나 점유비율 61.8%(스탠드 면적은 거의 없다), 천장최고높이47.0m, 단위당 체적 25.7㎥/㎡, 평균층수 1.0층이다. 프로야구에 비해 아레나면적, 단장변 비와 단위당 체적의 차이는 적다. 단변 스팬길이, 아레나 점유비율, 천장 최고높이, 평균층수의 차이가 눈에 띈다.

제2장

일본의 돔. 아레나 건축 사례(事例)

1. 오사카 돔 [大阪ドーム(京セラドーム大阪)]
2. 나고야 돔 [ナゴヤドーム]
3. 후쿠오카 돔 [福岡ドーム(福岡 ヤフオク!ドーム)]
4. 도쿄 돔 [東京ドーム]
5. 사이타마 슈퍼 아레나 [さいたまスーパーアリーナ]
6. 다카사키 아레나 [高崎アリーナ]
7. 요코하마 아레나 [横浜アリーナ]
8. 세이부 돔 [西武ドーム(メットライフドーム)]
9. 파크 돔 구마모토 [パークドーム熊本]
10. 욧카이치 돔 [四日市ドーム]
11. 니프로 하치코 돔(구(舊) 오다테 주카이 돔)
[ニプロハチ公ドーム(大館樹海ドーム)]
12. 아마기 돔(구(舊) 신아마기돔) [天城ドーム]
13. 고마쓰 돔 [こまつドーム]
14. 오사카시 중앙 체육관 [大阪市中央体育館]
15. 도와약품 RACTAB 돔(구(舊) 나미하야 돔) [東和薬品RACTABドーム]
16. 선 돔 후쿠이 [サンドーム福井]
17. 야마비코 돔 [やまびこドーム]
18. 나가하마 바이오대학 돔(구(舊) 나가하마 돔)
[Nagahama Institute of Bio-Science and Technology Dome]
19. 이즈모 돔 [出雲ドーム]
20. 야마다 그린 돔 마에바시 [ヤマダグリーンドーム前橋]
21. 아키타 스카이 돔 [あきたスカイドーム]
22. 마쿠하리 이벤트 홀 [幕張イベントホール(Makuhari Messe)]
23. 삿포로 돔 [札幌ドーム]

1. 오사카 돔 [大阪ドーム(京セラドーム大阪)]

[Osaka Dome(Kyocera Dome Osaka)]

■ 건축 개요

① 소재지	오사카후 오사카시 니시구 치요자키 3-2-1 (大阪府大阪市西区千代崎3-2-1)
② 건축 면적	33,765㎡
③ 건축 규모	스타디움 외경 210m, 돔 직경 166m, 높이 83.09m
④ 구조 형식	돔 : 철골조 라메라 트러스, 구체 : 철골 철근 콘크리트조
⑤ 발주자	(주)오사카 시티 돔
⑥ 설계 · 감리	디자인 · 구조 : 닛켄설계 설계협력 : 타케나카 공무점, 오바야시구미, Dentsu(電通)
⑦ 시공자	오사카 돔 건설공동 기업체 연합(오바야시구미, 타케나카공무점)
⑧ 시공기간	1994년 7월~1997년 2월
⑨ 참고 자료	디자인 : 대규모의 공간 가변장치(可變裝置)를 갖추어, 프로야구, 콘서트, 전시회 등 다양한 종류의 이벤트 개최가 가능한 최대 55,000명 수용의 일본 최초의 멀티 돔으로, 메인 아레나와 함께 운영하는 상업 시설을 병설(併設)하여, 집객력(集客力)의 유지를 목표로 하는 슈퍼콤플렉스 돔이다. 구조 : 오사카 돔은 특징 있는 외관 디자인과 어울리는 합리적인 구조로 구성되었으며, 부지(敷地)를 가득 채운 건물로 인하여, 필요한 아레나 공간을 확보하기 위해, 구조체가 필연적(必然的)으로 얇아지게 되어, 소요 내력과 강성(剛性)을 가지는 구조를 실현하는 것이 과제였다. 시공 : 압도적인 물량과 난도(難度)가 높은 공사에 주어진 조건의 엄격함을, 620만 시간의 무재해(無災害) 안전관리로 구현한 공사로 높은 평가를 받고 있다.

■ 위치

Kyocera Dome Osaka
Japan Post
大阪中央市場内郵便局
우체국
니시쿠조
西九条
Sakuyakonohana Junior & Senior HS
Kohnan PRO
Aji River
Kujo-kita ES
Osaka Loop Line
POWERARTS
니시구
西区
Matsushima Park
松島公園
Awaza
阿波座
Osaka Nishihonmachi Post Office
大阪西本町郵便局
가와구치
川口
구조
九条
요시카와 병원
吉川病院
오사카시립 니시중학교
大阪市立西中
Osaka Furitsu Minato HS
Osakashiritsubenten ES
벤텐
弁天
Tane General Hospital
多根総合病院
Osaka Shiritsu Ichioka JHS
Minamiichioka ES
Minato Police Station
Ichioka ES
Konan JHS
Taishobashi Park
Tatebacho Park
다이쇼
大正
Onami-dori
Shirinashi River
타이쇼 우체국
타이쇼 병원
大正病院
아시하라 공원
芦原公園
Osaka Taisho HS
Izuo Park
난바 Hatch
JR난바
JR難波
KOHYO
나니와구
浪速区
니시오하시
西大橋
니시나가호리
西長堀
요쓰바시
四ツ橋
호리에 공원
堀江公園
사쿠라가와
桜川
아시하라바시
芦原橋
大阪環状線
Zepp

오사카돔은 일본의 오사카부 오사카시 니시구(大阪府大阪市西区)에 있는 다목적 돔구장 겸 복합 레저 시설이다. 프로야구 · 퍼시픽 리그의 오릭스 · 버팔로즈가 전용구장(본거지)으로 사용하고 있다. 시설 명명권의 매각으로, 2006년 7월 1일부터 호칭을「교세라 돔 오사카(京セラドーム大阪)」로 하고 있다.

오사카시가 퍼시픽리그의 오사카 긴테쓰(大阪近鉄) 버팔로즈를 유치하여, 그 전용구장으로서 오사카시 주체의 제3 섹터 Osaka City Dome에 의해 건설된 다목적 돔이다. 나중에 오사카 긴테쓰를 사실상 흡수 합병한 오릭스 버팔로즈가 이곳을 본거지로 사용하고 있다. 오사카시에 의한 경영은 성공적이지 못하여, 후에 시설은 오릭스부동산(オリックス不動産)에 매각되어, Osaka City Dome은 오릭스부동산 등이 출자하는 관리운영회사로 변경되었다.

■ 긴테쓰의 본거지로서 개장

오사카 정재계의 건설을 요구하는 목소리에 부응하는 형태로 오사카 시티 돔이 설립되어 돔의 건설이 시작되어 1997년 2월 20일 오사카가스의 공장 부지에 완성, 도쿄 돔, 후쿠오카 돔에 이어 일본의 3번째 돔 구장으로서 3월 1일에 개장하여, 퍼시픽 리그의 오사카 긴테쓰 버팔로즈의 본거지가 되었다. 설계는 오바야시구미(大林組)와 다케나카공무점(竹中工務店), 건설에는 양사를 포함하는 10社 이상의 기업이 참가하였다.

호수 위에서 본 모양

상공(上空)에서 조망한 돔

JR의 고가 건너편에서 본 모양

■ 사람을 모으는 여러 가지 장치(裝置)

직경 202m, 높이 83m의 다목적 돔이다. 주택과 상점, 빌딩 등이 혼재하는 지구의 재개발 중핵시설로서 건설되었다.

대규모의 집객 시설에 필수적인 광장이나 피난공간을 부지 내에 설치하는 것이 불가능했기 때문에, 외주도로 위에 인공 지반을 가설하여 옆 건물의 공간과 합친 모양으로 광장을 확보하고 있다.

보통은 통용할 수 없는 방식이지만, 장래에 주변의 개발이 진행될 때 인공지반이 보행자 네트워크의 중심이 된다는 판단에서 실현되었다. 1년 내내 집객을 목표로 하여 프로야구를 비롯해 각종 스포츠, 전시회, 콘서트 등 다양한 행사의 개최를 예상하고 있다. 공간 관리· 운영이 단시간에 용이하게 이뤄질 수 있도록 모양이 변하는 천정, 중간 칸막이, 대형 인공 잔디용 두루마리 장치, 2분할해서 회전하는 관객석 등을 도입했다. 행사가 없는 경우에도 사람들을 유인(誘引)하는 시설로는 다양한 상점, 레스토랑, 미니 테마파크와 같은 것이 있다.

스탠드 부분은 SPC구조로 그 위에 철골의 돔 지붕이 올라간다. 구면(球面)의 꼭대기 부분에서부터 주변부에 걸쳐서 나선상의 철골이 이어진 라메라 돔이라는 구조로 되어 있다. 지붕의 직경은 167m, 높이는 42m로, 순(純) 중량이 7,000톤이다.

アリーナ
Panasonic
DUSKIN
Panasonic
DAIHATSU
SANYO

Y자형의 철골 모양의 하단(下端)은 핀으로 접합(接合)했으며. 이 부분들은 원주방향으로 연결되어 있다. 지붕의 시공은 지면(地面)에서 조립한 철골을 들어 올리는 방법을 사용했으며 지붕의 중량은 5,500톤이다. 600톤의 기중력(起重力)을 가진 유압식 기중기 18대를 사용하여 50m의 높이까지 들어올렸다. 1시간당 6.0m의 속도(速度)로 들어 올려 작업은 하루에 끝났다.

건설에 있어서는 기획, 설계, 시공 부분에 있어 제안 공모전(公募展)을 실시했다. 단독기업 6社, 공공 기업체 10社가 응모하여 참가 기업 수는 해외 기업 7社를 포함한 62社였다. 2단계의 심사 결과 타케나카 공무점 그룹과 닛켄 건설이 당선되었다. 후자가 제안한 건물의 기본 구성이나 외관 디자인과 전자가 제안한 가동식의 아리나 천정을 합친 형태로 설계가 진행되었다. 사업 계획으로는 행사로 인해 연간 입장하는 관객 수는 550만 명으로 가동률(稼動率)은 80%, 행사 이외에 들어오는 사람 수는 50만 명을 예상하였다.

■ 천정: 상하(上下) 이동하는 거대한 링

지붕면으로부터 매달린 6개의 거대한 링이 천정 위치를 상하로 움직임으로써 음향특성을 조정하거나 지붕 위에서부터 채광(採光)의 변화를 가져올 수 있다. 가장 큰 가동링은 직경 100m, 중량이 110톤이다. 상하 움직임에 의해 와이어가 잘리지 않도록 연결점(連結點)에 고무 면진 장치를 설치했으며. 링의 단부에는 음이나 빛을 차단하기 위해 실리콘 고무를 사용하고 있다. 가동천장의 뒤쪽에는 조명기구나 영상장치를 설치한 52m x 16m의 평면 트러스가 설치되어 있고, 이들 사이에 칸막이막 등을 설치할 수 있게 되어 있다.

천정의 링을 연 상태

관객석

천정의 링을 닫은 상태

■ 시설 개요

기본구조는 요코하마 스타디움이나 후쿠오카 돔과 같은 원형구장인데, 가동석은 외야 스탠드와 외야 펜스를 분할함으로써 독자의 방식을 채용하고 있다.

일본 최대급의 아레나 공간을 자랑하는 교세라 돔 오사카. 스포츠, 콘서트는 물론이고, 전시회, 식전 등 여러 이벤트에 최적의 음향공간 및 빛 공간을 연출, 최고의 품질과 발군의 퍼포먼스를 제공한다.

▸ 시설 데이터

명칭	교세라 돔 오사카(KYOCERA DOME OSAKA)
건설개요	구조 : 지상 9층, 지하 1층, 높이 83m 천장 높이 : 36~72m(현재는 60m로 고정) 건축면적 : 33,800㎡ 연면적 : 156,400㎡ 아레나 : 면적 13,200㎡(양익 100m, 중견 122m) 콩코스 일주 거리 : 약 600m 최대 수용인원 : 55,000명 프로야구 개최 시 관전 최대 좌석 수 : 36,220석 (2019년 공식전부터 변경) 아레나 용적 : 약 120만㎥ 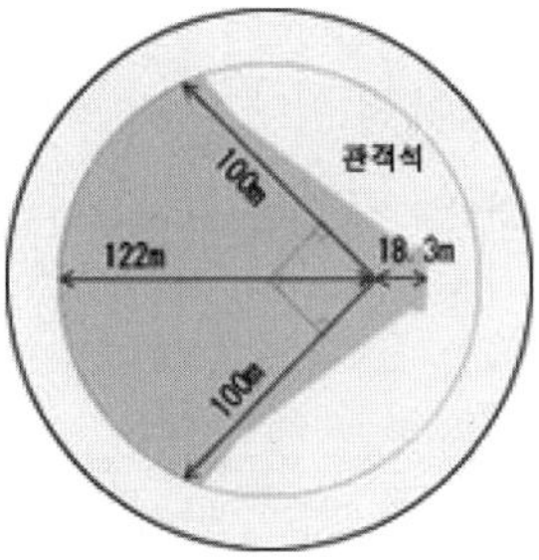
건축개요	돔 외관 : 총 연장 100m의 에스컬레이터 및 시스루 엘리베이터의 설치로, 활기를 창출하는 동시에, 주위에 압박감이 느껴지지 않는 약동감 넘치는 외관으로 하고 있다. 지붕부 : 고정식이면서 자연광을 넣을 수 있도록, 직경 76m의 범위에 폴리카보네이트를 사용하고 있다. 배치 설계 : 돔 주변에 덱을 정비, 보차(步車) 분리에 의한 교통의 원활화를 도모한다. 단면설계 : 이벤트 공간과 관객석의 거리를 최단화 하여, 임장감과 일체감을 양성하고

	있다. 방재계획 : 방연 · 방화구획을 충분히 설계하여, 안전성을 확보하고 있다. 긴급 시에는 덱을 이용해 직접 실외로 피난할 수 있다. 구조계획 : 지붕부는 철골트러스트 상호를 주강(鑄鋼)조인트로 기하학 모양으로 구성된 구면 본체부와, 그것을 지탱하는 강성이 높은 Y자형 철골로 구성하여, 직경 166.5m, 라이즈 42m의 철골 돔으로 하고 있다.
필드 데이터	야구전용 인공잔디(미즈노社제 MS Craft Baseball Turf)
스탠드	내외야 2층식
전광게시판	4기

■ 오사카돔만의 설비 및 기능의 특징

▸ 인공잔디

미즈노 주식회사가 세키스이주시(積水樹脂) 주식회사와 공동 개발한, 야구전용 인공잔디 「MS Craft Baseball Turf」를 2018년 시즌부터 사용하고 있다. 파일(잔디잎)을 천연 잔디에 가까운 형상으로 특수 가공함으로써 충격흡수성이 뛰어나, 선수에게 발의 부담을 경감시키는 천연잔디에 가까운 인공잔디이다.

▸ 좌석 공조 시스템

백네트 뒤 하단 관객석에는, 각각의 공조의 방향을 조정할 수 있는 퍼스널 공조를 설치. 또 아레나의 분할 이용이나 이벤트별 사용 패턴을 고려해, 쾌적성, 에너지 절약성, 경제성이 뛰어난 최신 공조시스템을 채용하고 있다. 예를 들어, 좌석 각각의 단상부에서 전방의 좌석 등받이를 따라 공조 공기가 방출되는 「좌석 공조 시스템」 및 착좌 부분에 공기를 보내는 「국소 공조」 등, 에너지 절약화를 실현하고 있다.

▸ 자연환기방식

교세라 돔 오사카는 오사카만에서 약 5㎞의 하구부에 위치하기 때문에, 강한 해풍(海風)이 부는 입지조건에 있다. 이 해풍을 이용해, 돔 지붕의 정상부 환기구(에어무버)를 설치하고, 풍향에 따라 개구 위치를 변경, 바람의 흡인효과로 아레나의 자연환기를 하고 있다.

▸ 빗물의 재이용

돔 지붕면은 약 31,400㎡로, 오염이 적은 양질의 빗물을 대량으로 흡수할 수 있다. 따라서 수자원의 유효이용을 도모하기 위해, 지하 1층의 바닥 밑 피트 내에 빗물 저류조 1,700㎥를 설치하여, 염소주입 등의 빗물처리를 거쳐, 화장실이나 식재수에 이용하는 설비를 설치하고 있다. 이에 의해, 연간 물 사용량의 약 20%를 충당하고 있다.

▸ 주요 용도

프로야구(오릭스 버팔로즈의 본거지), 각종 스포츠경기, 콘서트, 전시회, 견본시, 판매행사, 식전, 집회 등의 용도로 사용된다.

18~33列
18~33列

■ 스카이 홀(Sky Hall) : 교세라 돔 오사카, 다목적 프리 공간

전시회 · 판매회 등 다양한 행사에 활용할 수 있는, 「교세라 돔 오사카 스카이 홀」. 그라운드를 둘러싸는 링 형상의 홀로 돔 최상층인 9층에 위치하고, 이벤트 공간의 배리에이션도 충실하다. 대기실 등의 부대설비도 사용할 수 있어, 다양한 행사에 유연하게 대응할 수 있다.

▸ 특징

9층의 전체 둘레 600m를 6블록으로 분할. 블록별 이용은 물론이고, 홀 전주(全周) 반주(半周) 이용 등, 조합은 자유이다. 오사카의 도심에 가까워, 신사이바시역(心斎橋駅)에서 3역, 약 5분거리에 위치하여 접근성이 편리하다. 또 교세라 돔 오사카 안에 있기 때문에, 알기 쉬운 점도 특징이다.

▸ 각 블록 스펙

명칭	면적	블록 내 부대설비	조명설비
A 블록	1,435㎡	대기실(1), 대기실(2), 다목적 공간(39㎡), 블록 내 방송설비	1000w×36灯
B 블록	1,370㎡	대기실(3), 블록 내 방송설비	1000w×36灯
C 블록	298㎡		1000w×18灯
D 블록	373㎡		1000w×18灯
E 블록	420㎡	수도(급배수)설비 〈인프라〉, 가스설비〈인프라〉	1000w×18灯
F 블록	416㎡	수도(급배수)설비 〈인프라〉	1000w×18灯

▸ 반입용 엘리베이터

위치	적재량	정원	박스 사이즈	출입구 사이즈
A 블록 내	2,800㎏	43명	폭 3.3m×안길이 1.7m×높이 2.6m	폭 2.2m×높이 2.2m

시스루 에스컬레이터(방문자용 입장구)

■ 각층 개요

▸ 지하 1층과 1층

지하 1층에는 주차장, 다목적 야드, 화물처리장 등이 있고 1층에는 아레나, 그라운드, 관계자용 공간이 있다.

▸ 2층

스타디엄 몰, 입장무료인 쇼핑몰로 되어 있고, 버팔로즈 오피셜 숍「Bs SHOP」도 이곳에 소재한다. 다만 개업 당초의 점포가 퇴거하여 빈 상태의 공간도 많다. 음식점을 중심으로 남아 있는 점포도 있는데, 런치타임에만 영업 및 이벤트 개최 시에만 영업하는 곳도 많다. 2014년 3월 4일부터는, 수형(手形)컬렉션 공간 부근에, 오릭스 버팔로즈의 역사에 관한 전시 공간「B's SQUARE」를 오픈. 동 구단 주최시합의 개최일에 한하여, 시합개시 예정시각의 3시간 전부터 시합 종료 30분 후까지 개방하고 있다.

▸ 3층

장외에 시설의 외주를 일주하는 보행자 전용 덱이 설치되어 있어, 장내 콩코스의 입장 게이트, 9층「스카이홀」 직통 에스컬레이터, 비스타룸(VISTA ROOM)으로의 입구 등이 있다. 덱은 ÆON MALL OSAKA-DOMECITY의 2층과 직결하고 있어, 우천 시에는 돔 앞 지요사키역에서 ÆON MALL 점내를 빠져나가면 우산을 쓰지 않고도 돔에 도착할 수 있다. 장내 콩코스에는 관객을 대상으로 한 음식매점과 하단 스탠드와 아레나(야구 시에는 폐쇄)로 향하는 입장구가 있다. 입장 게이트는 1게이트부터 14게이트까지 있고, 개최 내용에 따라 사용 게이트가 다르다.

▸ 4층

하단 스탠드 최상단에 있고, 아레나가 보이는 콩코스와 휠체어석으로 되어 있는데, 백네트 뒤 부근은「오픈 덱」이라 불리는 음식 구역으로 되어 있어, 오릭스의 주최시합에서는 백네트 구역의 관객을 대상으로 개방하고 있다.

▸ 5층

일주할 수 있는 장내 콩코스가 있어, 관객을 대상으로 한 음식매점과 상단 스탠드로 향하는 입장구가 있다.

▸ 6 · 7 · 8층

비스타 룸이라 불리는 발코니석이 달린 특별관람석으로, 기업을 대상으로 판매가 이루어져 입구도 따로 마련되어 있다. 6층의 백네트 뒤는 보도관계자 · 기자석과 실황 부스로 구성되어 있다(대부분은 스탠드 내에 위치). 6층의 실황 부스는 타구장과 비교하면 높은 위치에 있기 때문에 눈으로 구종 등을 판별하기 어렵고, 대부분은 모니터를 보면서 실황을 하는 형태로 되어 있다.

▸ 9층

예전에는 「페스타 몰」이라 불렸다. 현재는 다목적 공간 「스카이 홀」로서 전시회 등에 이용되고 있다.

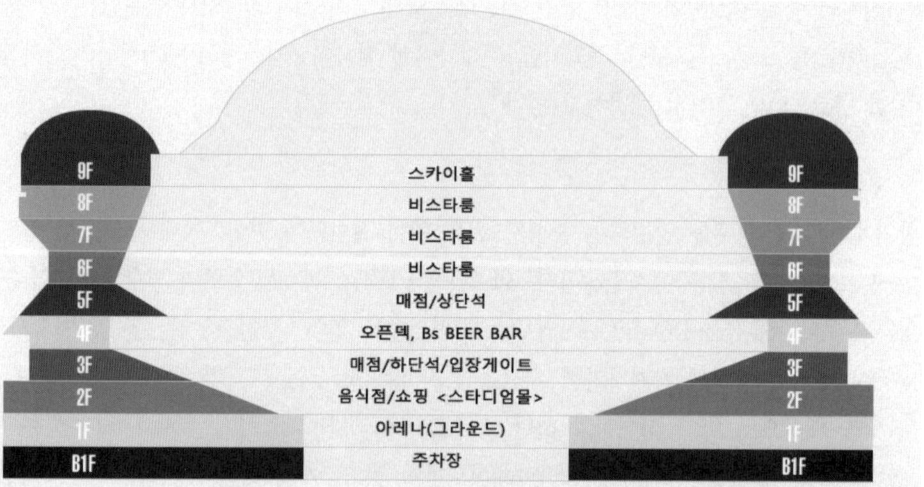

4층 레스토랑

2층 레스토랑

9층의 오락시설

KYOCERA DOME OSAKA
HOME STADIUM

SKY HALL
4
KYOCERA DOME OSAKA

TOTO

보 모델(1/25000)

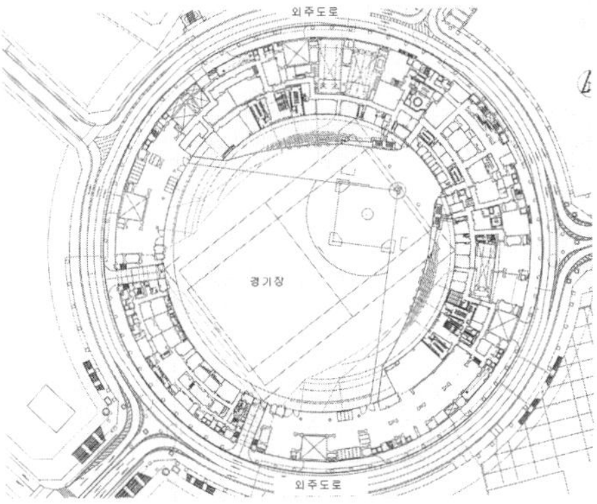

1층 평면도

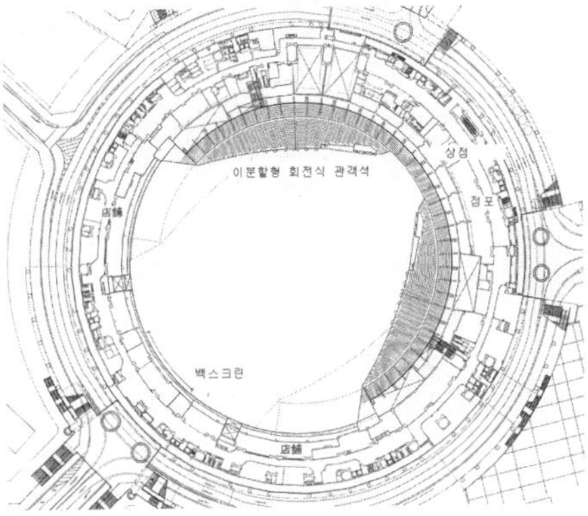

2층 평면도

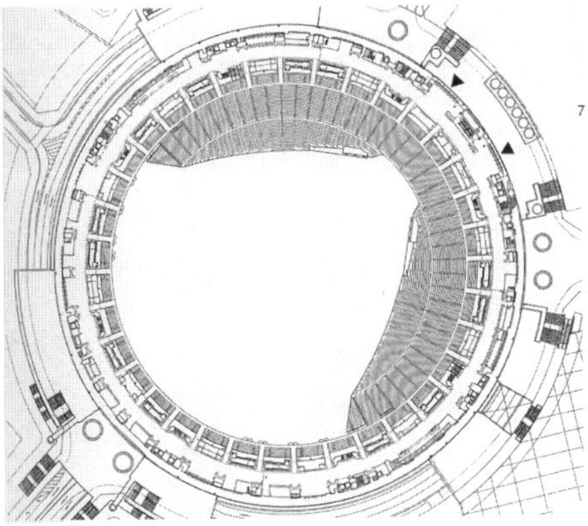

3층 평면도

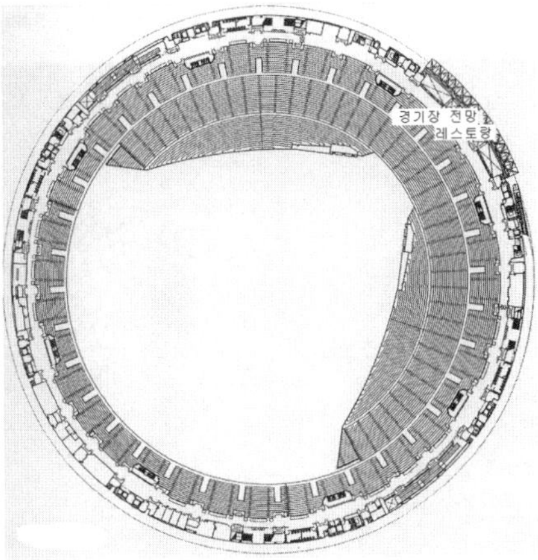

4층 평면도

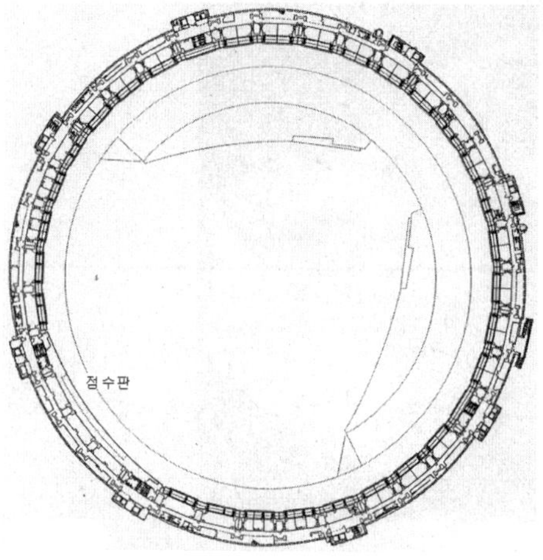

7층 평면도

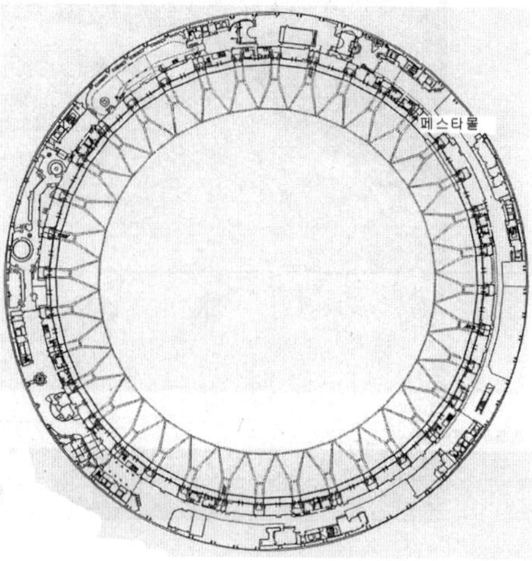

9층 평면도

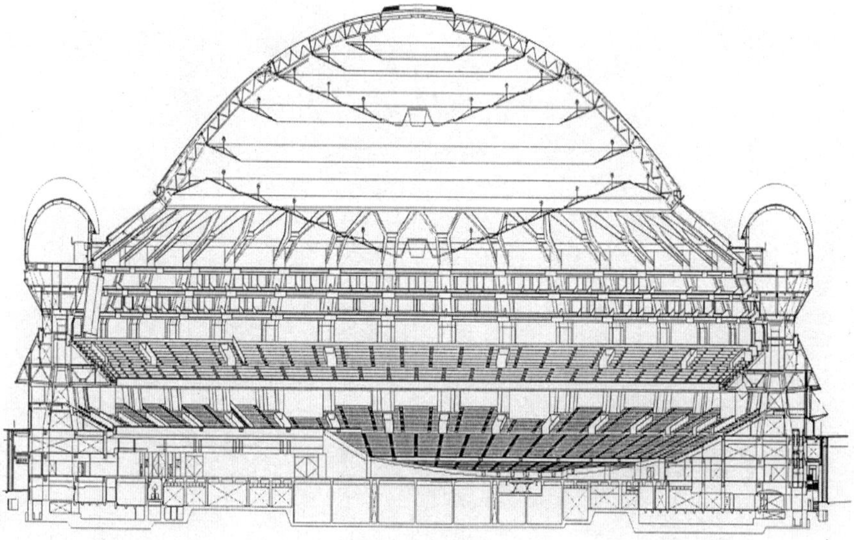

단면도

2. 나고야 돔 [ナゴヤドーム][Nagoya Dome]

■ 건축 개요

① 소재지	나고야시 히가시구 다이코미나미 1-1-1(名古屋市東区大幸南1-1-1)
② 건축 면적	48,304㎡
③ 건축 규모	직경 223m, 최고높이 66.9m
④ 구조 형식	지붕구조 : 철골조 단층 래티스 돔(lattice dome)구조 하부구조 : RC조, SRC조, S조
⑤ 발주자	(주)나고야 돔
⑥ 설계 · 감리	디자인. 구조 : 타케나카 공무점
⑦ 시공자	타케나카 공무점 · 미츠비시중공업 공동기업체
⑧ 시공기간	1994년 8월 8일~1997년 2월 28일
⑨ 참고 자료	디자인 : 나고야 돔은, 신세대 돔의 창출 및 장소성에 대한 적응 등을 배려하여, 단층 래티스 돔 구조의 고정지붕형식으로 하였다. 그리고 구체를 도려낸 외관의 형태는, 인근의 마을 풍경과 연속성을 형성하여, 친환경적인 디자인으로 되어 있다. 구조 : 나고야 돔은 주재료로 650ϕ의 강관을 이용하여, 단층 래티스 돔으로서는 스팬 187.2m로 세계최대의 규모이다. 또 복층형식에 비해 음향효과 향상, 이벤트용 매달기 구조체에 대한 대응, 공조유지 비용 저감(低減) 등의 점에서 우수성을 나타낸다. 시공 : 시공 시(時)에도, 주변 환경 및 사람에게 친화적인 돔을 지향하여, 지붕의 리프트 업, 복합화, 공장화 시공, 자재 리사이클의 추진등에 따라, 공사 중에 발생하는 환경(環境)에 대한 영향을 가능한 최소화 하였다.

■ 돔 개요

부지면적	104,447㎡(31,596평)
층 수	지상 6층(일부 중2층)
높 이	지상 66.9m(천장높이 64.3m)
직 경	183.6m(지붕 lattice 부분)
아레나 용적	1,700,000㎥(필드+스탠드) ※「나고야 돔 ●개분」이라고 표현하는 경우의 용적(체적)
필드 면적	13,200㎡(※ 2015년까지는 13,400㎡)
규격(크기)	양익(両翼)(야구 시) 100m 중견(中堅)(야구 시) 122m 외야 펜스 높이 4.8m
객석 수	36,627석(2019년 야구 시. ※ 2018년은 36,650석)
수용인원	49,684명(2019년 아레나 사용 시 최대)

■ 위치

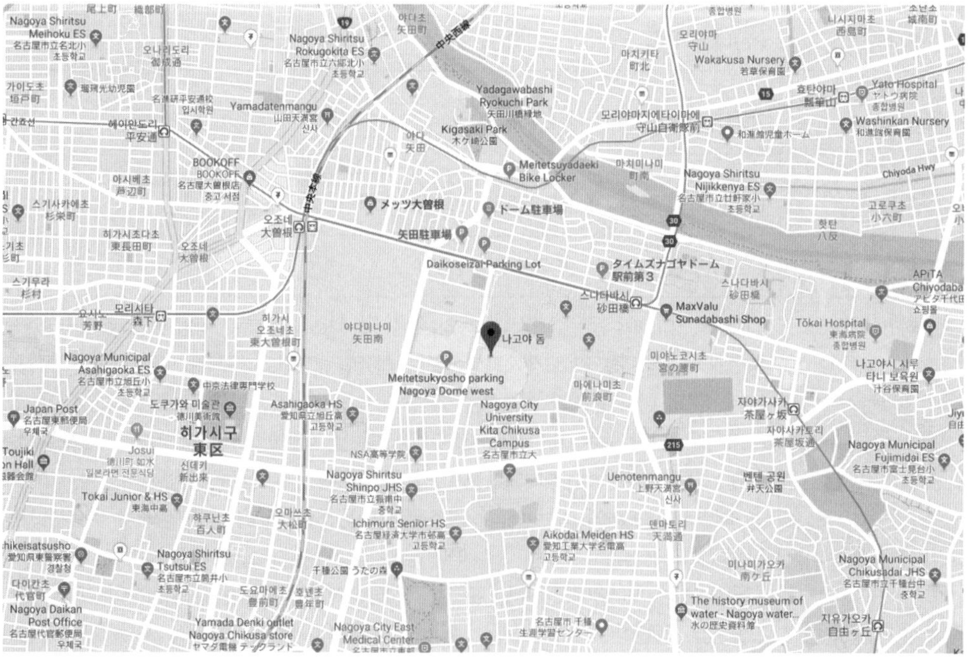

■ 3색의 의미

홈페이지를 비롯해 나고야 돔의 여러 장소 및 물건에 붙어 있는 나고야 돔의 상징마크. NAGOYA DOME의 머릿글자 「N」과 「D」를 나고야 돔의 외관을 흉내 내서 본뜨고 있다. 청색은 「약동」, 녹색은 「환경과의 공생」, 적색은 「감동과 정열」을 의미하고 있다. 심플하고 우미한 곡선이 부드럽고, 손글씨를 연상시키는 굵직한 글씨 모양이 인간성의 따뜻함을, 그리고 튀어오르는 「N」 글자의 필치가 끓어오르는 감동을 표현하고 있다.

■ 나고야 돔(ナゴヤドーム)이 가타카나인 이유

나고야 돔의 전신, 나고야구장에서, '나고야(ナゴヤ)'는 가타가타명. 여기에는 가타카타로 나고야를 쓰면 8획이 되어 기운이 좋기 때문이라는 이유와 어린아이들부터 어른까지 폭넓은 연대의 사람들에게 친숙함을 주었으면 하는 바람이 담겨 있다.

외관

필드

남서쪽에서 본 원경

오픈 데크 주변

돔의 내부

객석 중단에 있는 2인 좌석 지역

■ 자연지붕의 채광

자연의 빛을 넣을 수 있도록, 지붕 중앙부가 이중글라스로 되어 있다. 스카이롤을 닫아 암전하는 것도 가능하다.

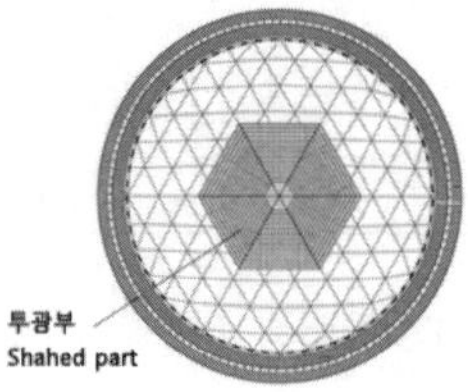

■ 스카이 롤

컴퓨터제어를 통해, 전개(全開)·전폐(全閉)뿐만 아니라, 다양한 개폐 패턴을 연출할 수 있다.

■ 음향

천장 부분에 필드용 메인 클러스터(스피커) 1기를, 객석용의 새틀라이트 클러스터(스피커) 18기를 배치하고 있다.

■ 조명

2018년의 오픈전 개막을 위해, 나고야 돔이 개장한 1997년 이래 처음으로 조명장치를 갱신하였다. 모든 조명을 LED(발광 다이오드)조명으로 변경하고, 설치대수도 삭감. 총수 690등의 내역은, 필드를 비추는 570등, 공간을 비추는 48등, 관객석을 비추는 24등, 정전 시의 보조조명이 48등이다.

밝기는 지금까지와 마찬가지로, 배터리 간 2,500ℓx, 내야 2,000ℓx, 외야 1,650ℓx.

또 순시 점등 및 소등, 빛 양의 조정 등, LED의 특성을 살리는 다채로운 연출이 가능해졌다. 한편, 환경에도 배려하고 있어, 소비전력 및 이산화탄소 배출량의 약 60%를 삭감할 수 있을 것으로 예상된다(2017년까지는「고연색 메탈핼라이드램프(metal halide lamp)」를 사용).

더불어, 풀컬러 LED 투광기를 102등 도입하였다. 아레나 조명과 맞춰 다채로운 조명 연출을 실현하여, 보다 드라마틱하고 긴장감이 있는 공간을 창출. 106 비전의 영상 및 음향과도 연동시켜, 이벤트 및 세리머니 등의 연출조명으로서 활용할 수 있다.

■ 106 비전

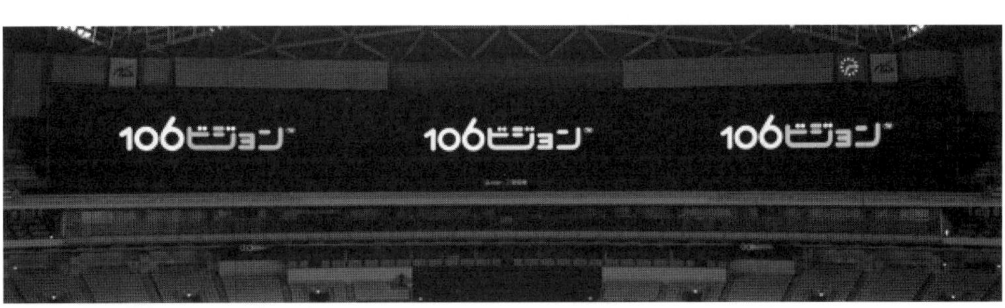

센터 측의 대형 비전을 2017년에 증설하여, 3면 합계의 총 길이(가로)가 106.56m인「106

비전」으로 다시 태어났다. 기존의 비전은 세로 10.08m×가로 35.52m, 그 사이드의 조명 측, 레프트 측의 비전은 세로 9.92m×가로 35.52m로 되어 있다. 홈 측의 서브 비전은 세로 4.16 m, 가로 14.72m. 모두 하이비전 영상을 선명하게 비추어낸다.

■ 승강식 투수 마운드

야구 이외에는 투수 마운드를 지하에 격납하고, 평면을 유지하도록「승강식 피처스 마운드」가 도입되어 있다.

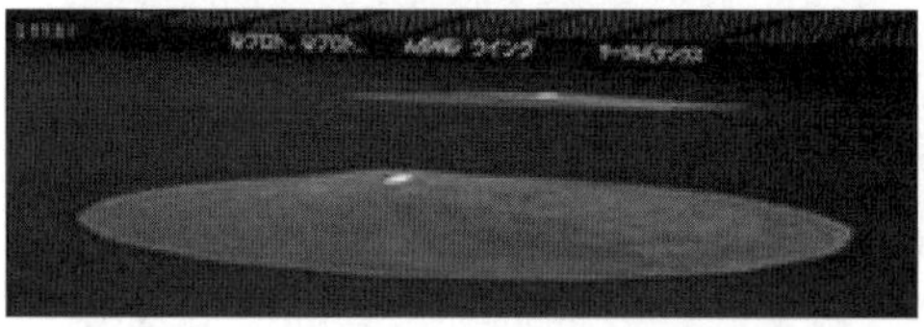

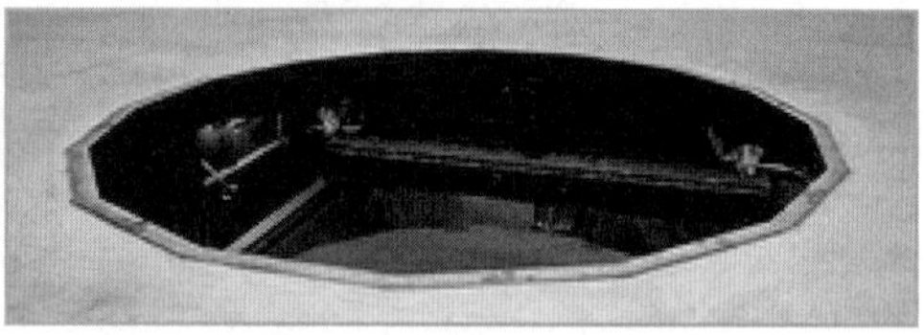

■ 인공 잔디

보다 천연잔디에 가까운 성능을 갖춘 최신 인공잔디이다. 콘서트 및 전시회 등 인공잔디가 필요한 이벤트 시에는, 인공잔디 전용의 권부기(巻敷機)로 감아 빼낸다.

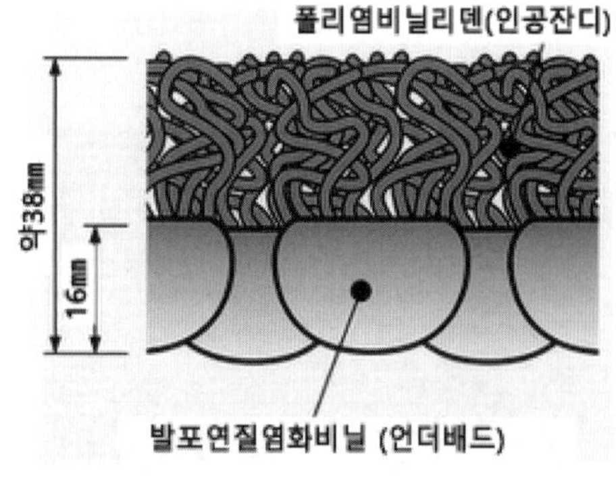

■ 내진설계

「新내진설계법」(1981년 시행)에 근거해, 건물이 파손되더라도 파괴에 의한 인명의 손상이 없도록, 최근 도카이(東海)지구에서 발생이 상정되고 있는 지진규모의 1.5배 이상이나 견딜 수 있는 설계로 되어 있다.

■ 높이를 제한(制限)한 단층(單層) 돔

프로야구의 공식경기 외에 콘서트나 각종 행사에도 대응하는 다목적 돔이다. 스텐레스 소재의 지붕은 직경 290m의 구체로부터 잘려나간 것 같은 형상을 하고 있다. 윗부분에는 투광성의 소재를 사용해서 자연광(自然光)을 가까이 접하는 것이 가능하다. 부지 주변에는 공장 이외에 학교나 병원, 주택 등이 늘어서 있기 때문에 중압감(重壓感)을 주지 않는 디자인을 적용하였다.

돔의 외주(外周) 부분으로부터 천정까지의 높이가 낮고 구조체(構造體)가 단층으로서 천정부분도 낮기 때문에 그라운드의 천정높이 64m를 확보하면서 외부의 최고높이를 67m로 제한하였다.

음향 면에서는 콘서트 공연 시, 음 명료도(明瞭度)를 높이기 위해 공석 시의 잔향시간을 5.0초 이내로 제한했다. 천정이나 벽면을 흡음재로 한 것 이외에 광고 간판도 통기성(通氣性)이 있는 천으로 해서 배면에 유리벽을 설치하였다. 트러스는 말끔하게 마무리되어 있다. 캐트 워크에는 조명부분만 설치하고 그 이외의 부분은 구조체를 따라 움직이는 곤돌라로 관리한다. 행사 시의 서리 장식물품은 트러스 상에 포함된 센타링으로 지지(支持)한다.

철골량이 적은 단층 격자(Lattice) 스팬은 187m. 철골의 단층 격자(Lattice) 돔 구조로서는 세계 최대의 규모로 정삼각형에 가까운 이등변 삼각형을 망과 같이 조합해 놓은 형상을 하고 있다. 입체 트러스에 비교해서 철골 중량이 3분의 2, 부재수가 3분의 1로 감소(減少)한다. 그 때문에 조인트도 적어져 공기의 단축으로 연결된다. 돔 부분은 직경 650mm, 길이 10m의 강관 약 1,200봉이 주철재의 목으로 연결되어 있다. 가장 외주부에 있는 텐션링에는 1,800t의 장력이 걸린다. 단층 격자(Lattice) 구조는 시공 오차가 커지면 외부 변형을 일으켜 내력(耐力)이 저하하는 문제점이 있기 때문에 고난도의 시공기술이 필요하다. 돔 지붕의 중량(重量)은 1만 3천 톤으로 1시간당 2m의 속도로 2일간 들어올렸다.

삼각형의 롤러 스크린에서 돔의 윗부분, 약 5,000㎡의 범위에서 특수한 주광 필름을 이용한 복층 유리를 시작으로 자연광을 색칠해 넣은 것처럼 했다. 그것은 아리나 내부를 개방적인 분위기로 하는 동시에 조명 에너지 절약을 겨냥한 것이다. 프로야구의 큰 경기 시에는 경기를 보다 관전하기 쉽게 할 필요가 있었다.

이렇게 하여 개발한 것이 롤식의 스크린이다. 이것은 대형 판넬 방식이나 회전루버 방식과 비교해서 부품이 적고 신뢰성이 높아 그 방식을 채용했다. 한 변의 길이가 10m인 삼각형 유닛에 샤프트(Shaft)에 감긴 삼각형의 차광막을 모터로 당겨 조립되어 있다. 스크린을 열었을 때의 투과율은 20%로 설정하고 있다. 우천 시 필터 중앙 부분은 1,200룩스 정도가 되어 아마추어 스포츠 등은 인공조명 없이도 사용할 수 있다. 채광부의 샷시에는 유리와 열팽창률이 비슷한 재질을 사용하며, 비틀림의 발생을 방지하는 설계가 되어 있다. 나고야 돔 4층에는 블록으로 구획화(區劃化)된 여러 가지 타입의 관객석이 사용되고 있다. 2인 단위(單位)의 관객석이나 4인 단위의 박스석 외에도 30㎡의 단체실과 발코니석이 세트가 된 10인 단위의 관객석 등이 있다.

■ 자연채광의 적극 이용

조명에너지 저감을 위해, 지붕 투광부에서 자연의 빛을 도입하고 있다. 지붕의 총면적 약 29,000㎡의 17.2%에 해당하는 상단부 약 5,000㎡가 이중글라스로 되어 있어, 외부의 빛을 부드럽고 균질한 밝기로 채택하고 있다.

돔의 외주 부분에 있는 레스토랑

4명 단위의 박스석

천정 윗부분

차광막을 개별적으로 조작해서 여러 가지
패턴을 만드는 것이 가능함.

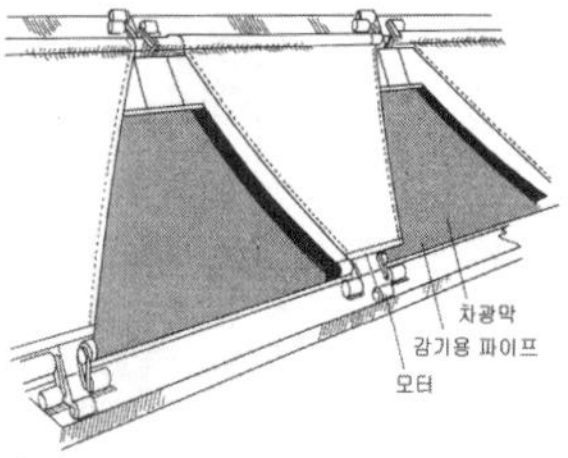

차광 장치의 모식도

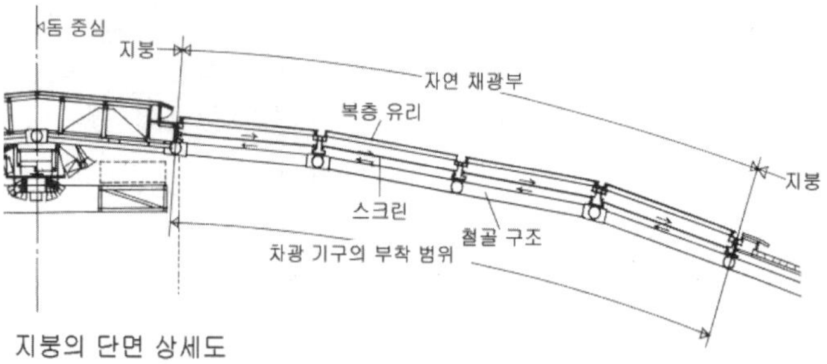

지붕의 단면 상세도

■ 자연환기의 적극 이용

냉방용의 에너지 소비를 억제하기 위해, 천장 유리 주위에 설치된 창문과 2층에 설치된 창문을 조작함으로써, 자연환기를 실시하고 있다.

닫혀 있는 상태

열린 상태

가까이서 본 모습

■ 주강(鑄鋼) 노드

나고야 돔의 천장을 보면, 나고야 돔의 지붕은, 「단층 래티스돔 구조」. 삼각형의 격자모양으로 단층에 조합시킨 구조이다. 나고야 돔의 지붕은, 직경 65㎝, 길이 10m의 강관 1,224개로 이루어진 삼각형 유닛 792장을, 소쿠리처럼 조합하고 있다. 그 강관을 연결하고 있는 것이 사진의 「주강(鑄鋼) 노드」라 불리는 것이다. 스탠드에서 보면 매우 작게 보이지만, 직경 1.45m나 된다.

■ 순환류 팬

순환류 팬은 길이가 3.6m, 하단석의 위에 10대 설치되어 있다.

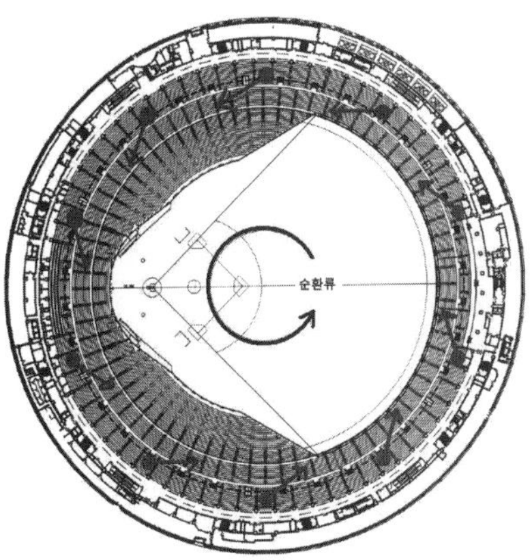

좌측 위 사진의 팬이 10대, 관객석을 따라 풍속 0.5~1m의 인공적인 바람을 발생시키고 있다.
참고로, 사람이 느끼는 온도는 풍속 0.8m의 미풍이 있으면, 실온보다 약 2℃ 낮게 느껴져, 에너지절약이 된다.

■ 태양광 발전

나고야 돔은 돔 형태의 야구장 지붕으로는 세계 최초인 「태양광발전 설비」를 설치하고 있다. 연간 발전량은 약 6만 2,000kwh. 이 설치에 따라, 삼림면적 환산으로 약 9만 1,000㎡(나고야 돔의 부지 전체를 삼림으로 한 경우와 동등)의 CO2삭감효과를 기대할 수 있다. 태양광 발전 설비 설치의 개요는 이하와 같다.

1. 설치 장수: 1,152장(W 570㎜×L 2,748㎜) 중량 약 3㎏/㎡
2. 사양: 시트형 아모르파스실리콘 태양전지
3. 공사기간: 2014년 6월 4일(착공)~2016년 12월 14일(완공)
4. 연간 발전량: 약 62,000kwh
5. 삼림면적 환산 CO2삭감효과: 액 91,000㎡(약 27,500평)

■ 천장에서 들려오는 목소리

프로야구 등으로 관전하고 있을 때의 장내방송이나 BGM 등은, 주로 돔의 천장 중앙에 설치되어 있는 메인 클러스터(사진 왼쪽) 1개소와 그것을 둘러싸듯 설치되어 있는 새틀라이트 클러스터 18개소로부터 들려온다.

메인 클러스터는 총 33대의 스피커로 구성되어 있고, 지상 61m~35m의 상하 이동이 가능하여, 프로야구 · 콘서트 · 전시회 등 이용 목적에 따라 최적의 장소로 이동한다. 새틀라이트 클러스터는 합계 51대의 스피커로 구성되어 있고, 1개소당 3대의 스피커가 각각 상당 · 중단 · 하단으로 최적의 소리를 제공한다.

대공간에서 일어나기 쉬운 소리의 반동에 의한 지연이나 잘 들리지 않는 문제에 대한 대책으로서, 천장이나 벽면에는 흡음재를 이용하고, 스탠드 선단의 난간벽 등에는 약간의 경사를 주고 있다. 메인 클러스터는 2016년, 새틀라이트 클러스터는 2019년에 갱신하여, 보다 임장감 있고 잘 들리는 소리를 체감할 수 있는 환경이 되었다.

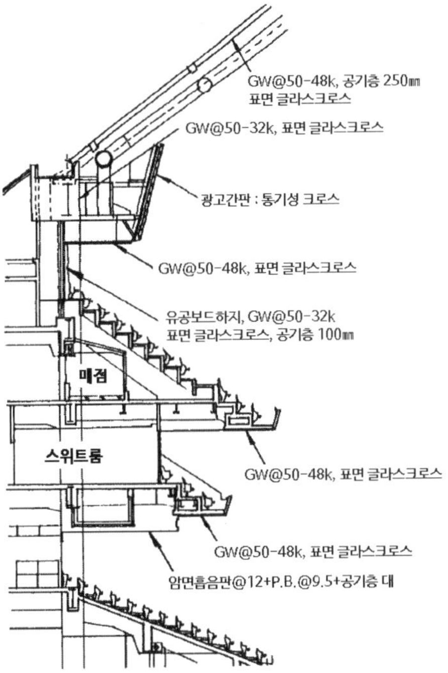

▸ 나고야 돔의 내장 사양:
대공간의 내장계획 사례로서 나고야 돔의 천장, 관객석 후벽, 발코니석 하부의 천장 및 광고 간판 등의 흡음(吸音)사양을 나타낸 것이다.

이벤트 개최 시에는, 돔 내의 소음이 직접 투과(透過)하는 방대한 면적의 지붕면, 콩코스 주변의 벽면이나 개구부 및 옥외 설비 기기, 지붕면 등에 설치된 공 · 배급기구가 소음원(騷音原)이 된다.

축적(縮積)된 각종 이벤트 시의 발생음 데이터를 토대로 옥외 전반 소음을 예측하고, 건설지역 주변의 소음 규제값을 고려하여 각 부위의 차음사양을 설정하고 있다. 아래 그림은 나고야 돔의 지붕 단면 사양과 차음성능, 소음 전반 예측 결과를 나타낸다.

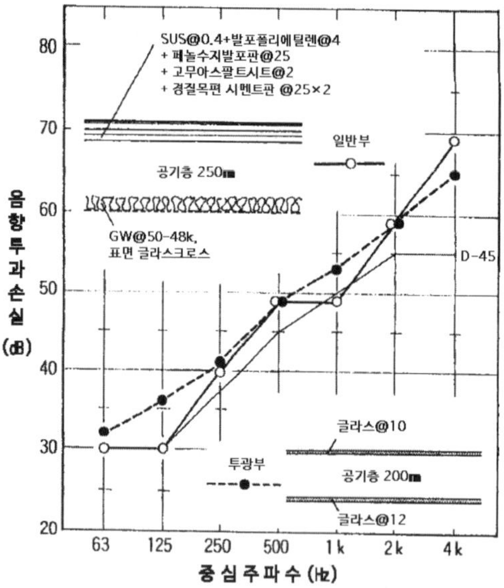

▸나고야 돔의 지붕 단면 사양과 차음성능 :
나고야 돔의 지붕의 단면 사양과 음향투과손실 측정결과를 나타낸 것이다. 투광부 및 일반부 모두 D-45 상당의 차음성능을 가지 있음을 알 수 있다.

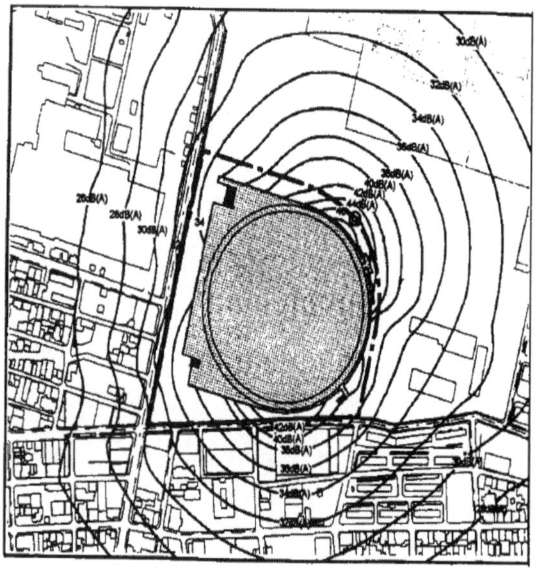

▸나고야 돔의 야구 개최 시의 옥외 전반 소음 예측결과 :
거리감쇠, 회절, 반사, 지표면 및 공기흡수를 고려한 옥외소음전반 예측 시스템에 의한 지표면 근방의 시뮬레이션 결과를 나타낸 것이다. 돔의 우측 사선 위 방향은 옥외 설비기기로부터의 전반소음, 돔의 아랫방향은 콩코스에서의 투과음의 영향이 확인된다.

■ 아레나의 파수꾼

만약 아레나에 화재가 발생한다면… 내측이 직경 약 190m, 높이 64m로 매우 큰 나고야 돔은, 현행 법규에서 정해진 연기감지기 및 스프링클러 설비만으로는 대응할 수 없다. 그래서

「적외선 화재 검출기」와 「방수총」을 설치하였다. 「검출기」는 4기 설치. 화재와 함께 발생하는 적외선을 캐치한다. 최대 감시거리는 230m나 된다. 「방수총」은 4대 설치. 최대 방수 거리 90m로, 아레나의 어디서 화재가 발생하더라도 닿도록 되어 있다. 「방수총」에서 방수되는 수량은, 1분간에 3,600ℓ이다.

■ 1周 700m의 터벅터벅 코스

2002년 3월 1일, 2층 오픈 데크의 기둥에, 거리표시판을 붙였다. 표시판에는, 1周의 거리뿐만 아니라, 「도요하시(豊橋)까지 93周」, 「기후(岐阜)까지 43周」, 「쓰(津)까지 93周」 등, 도카이 지구(東海地区)의 주요 도시를 명시하고 있다.

돔에서는, 1둘레 700m인 이 코스를 「돔 터벅터벅 코스(ドームてくてくコース)」라고 명명하였다. 많은 사람들이 조깅, 워킹을 즐겼으면 하는 바람이 있다. 참고로 이 코스에는, 가로 약 5m의 처마가 있기 때문에, 비가 와도 비에 젖을 걱정이 없다.

■ 예전에 사용되었던, 나고야 돔의 가동석

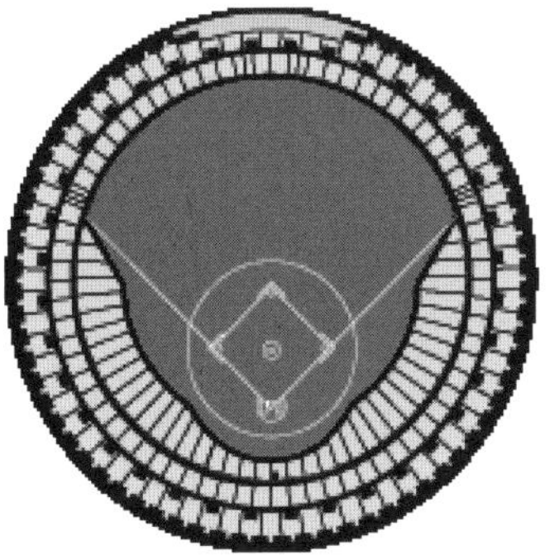

야구장은 선형(부채꼴), 축구·미식추구 등의 경기장은 장방형이라는 것이 일반적이다. 따라서 나고야 돔에서는, 선형의 야구장을 장방형으로 바꿀 수 있는 「가동석 시스템」이 사용되고 있었다. 필드에는, 좌우에는 초승달 형태의 객석(약 3,300석×2)과 백네트 뒤 객석(약 800석)을 설치하고 있고, 이 부분을 최대 120석까지 회전시켜, 야구형(선형)에서 축구·미식축구형(세로형 장방형) 및 전시회형(가로형 장방형)의 3가지 스타일로 바꿀 수 있었다.

완전히 둥근 그라운드면에는 3개의 레일이 동심원 모양으로 배치되고, 이 위를 강철제 차륜을 가진 가동객석이 움직여 소정의 위치에 록 된다. 축구나 미식축구에서 사용되는 경우에도, 귀빈석이나 보도석이 회장의 정면이 되도록 이동하는 것이 나고야 돔의 가동석 시스템의 특징이다.

■ 돔 여름의 풍물시(風物詩), 자연 커튼

여름이 되면, 레스토랑 공간 부근에는 나팔꽃, 7·8게이트 부근에는 나팔꽃과 여주꽃으로 구성되는 자연 커튼을 설치한다. 나팔꽃은 낮까지 꽃을 피우고, 가을까지 꽃을 즐길 수 있는 품종이다.

나팔꽃

여주꽃

■ 커다란 푸른 벽

외야수의 뒤에 세워진 크고 푸른 외야 펜스. 이 펜스를 넘어가는 홈런을 많이 봤으면 한다. 외야 펜스의 높이는 4.8m. 프로야구 12구단의 홈그라운 중에서 4번째 높이이다. 선수의 플레이 중 안전성을 높이기 위해, 이 외야 펜스를 포함한 그라운드 내 전체 펜스를 2016년에 개수하였다. 종래(두께 50㎜의 고무제 러버 펜스)에 비해, 더 높은 쿠션성을 갖춘 두께 120㎜의 우레탄제 소프트 러버 펜스로 변경. 선수의 안전성을 확보함으로써, 지금까지 이상으로 다이내믹한 플레이를 기대할 수 있다. 또, 외야 펜스 위에는, 더 부드러운 쿠션재로 이루어진 펜스를 설치하고 있다. 이 펜스에 홈런볼이 닿으면, 타구의 기세가 흡수되어 필드에 나오지 않아, 홈런과 직접 펜스에 닿은 타구의 판정을 하기 쉬워진다.

■ 비어있는 552석

프로야구 개최 중, 만원을 이룬 관개석 중에서 일부분 비어 있는 좌석이 있다. 센터 후방의 백스크린 부분(552석)이다. "좌석이 비어 있다니, 아깝다"고 생각하실지도 모르지만, 백스크린은 타자와 투수의 연장선상에 있어, 이 부분에 관객이 들어서면, 타자와 심판은 투수가 던진 공이 잘 보이지 않게 된다. 때문에 관객을 넣지 않으려고 하고 있다(야구 이외에는 통상의 좌석처럼 사용되기도 한다).

나고야 돔의 좌석은 전석 등받이가 부착되어 있다. 또 내야석에는 팔걸이도 부착되어 있다. 또 2012년 리뉴얼로 컵홀더를 전 좌석에 설치하였다. 하단석 약 26,000석, 중단석 약 2,200석, 상단석 약 8,500석, 그 외 좌석을 포함해 야구 시에 최대 36,627석(2019년 시점)을 사용할 수 있다.

■ 사라지는 마운드

전시회 · 콘서트 등이 개최되는 경우, 피처스 마운드(투수석)가 방해가 되는 경우가 있다. 따라서 「승강식 피처스 마운드」를 도입하여, 이 문제를 해결하였다. 피처스 마운드는 직경 5.8m의 원형(정확히는 정16각형), 높이는 공인야구 규칙인 10인치(약 25.4m). 이 마운드는 4개소에서 지탱되고 있어, 야구 시에는 지하에서 들어올려져 고정되고, 수납할 때에는 마운드를 지하에 내리고 슬라이드식의 바닥으로 개구부를 덮어 플랫하게 만든다.

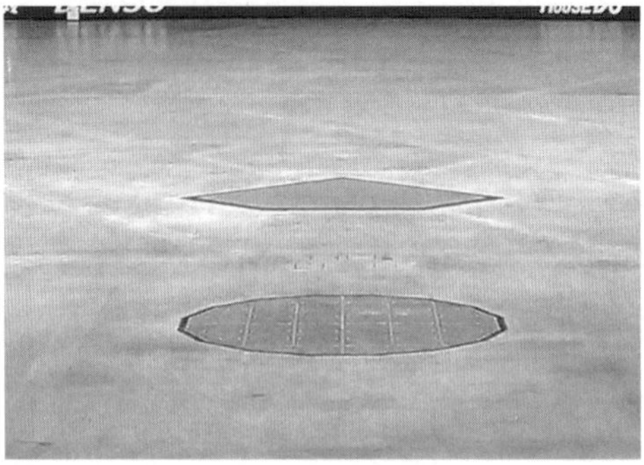

■ 세계 최초의 아이디어

안전하게 야구 관전을 할 수 있도록 설치되어 있는 백네트인데, 야구 이외의 이벤트에서는 시야를 방해하게 된다. 그래서 세계 최초의 「승강식 백네트」를 채용하였다. 2016년에는 시인성 · 안전성의 향상을 목적으로 해서 개수. 네트 자체를 가늘게, 색상은 브라운으로 변경하는 동시에, 모든 네트(사이드 네트를 포함)를 천장에서 매달아 내리는 방식으로 하였다. 개수 후의 백네트는 세로 11.2m, 가로 28.6m, 무게 약 35㎏의 수지제 네트로, 굵기는 1.8㎜이다.

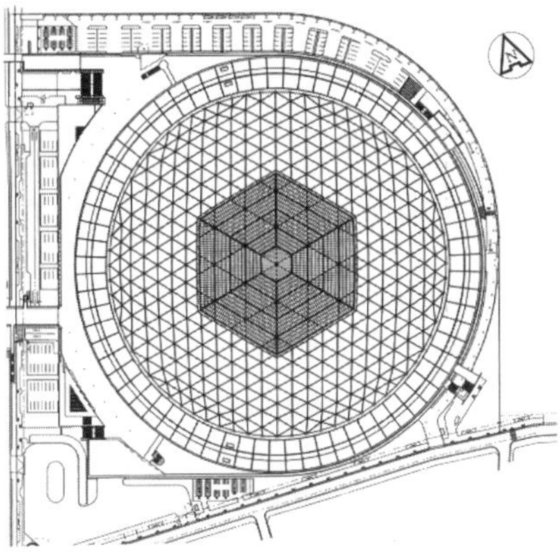

배치도

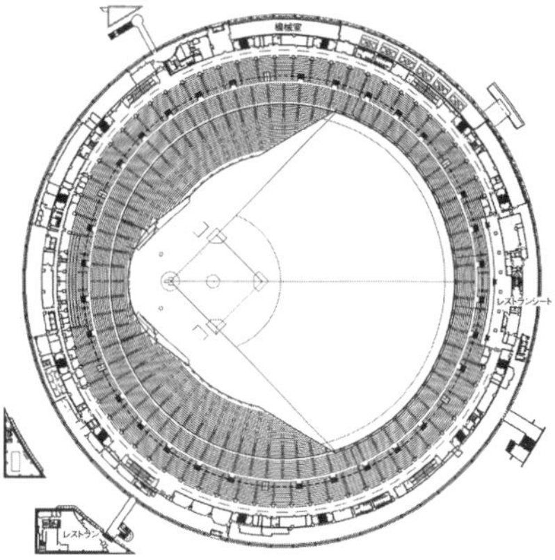

3층 평면도

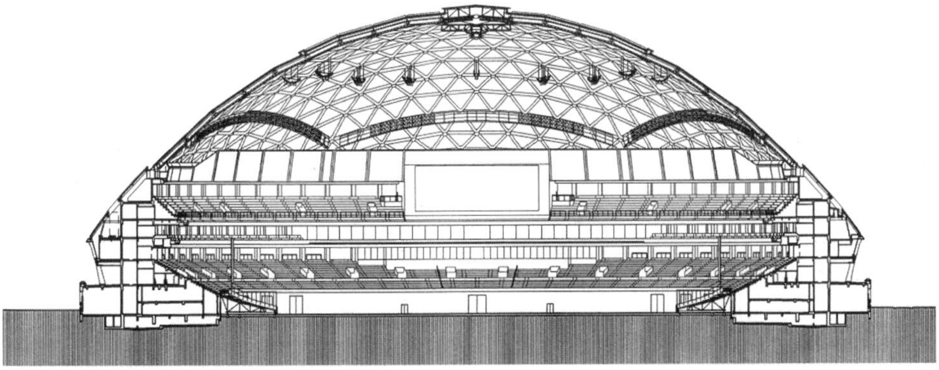

단면도(1/5000)

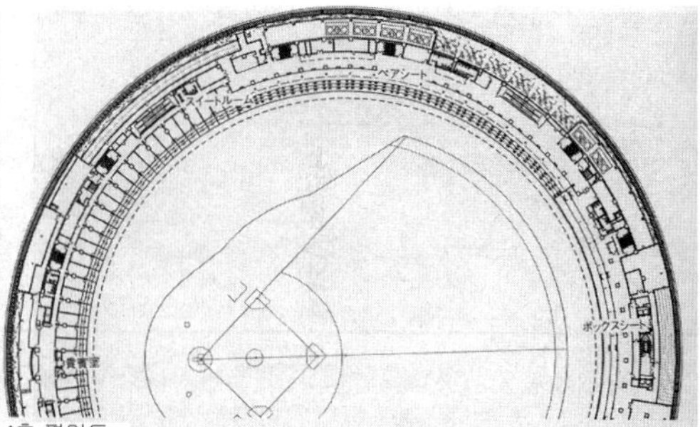

4층 평면도

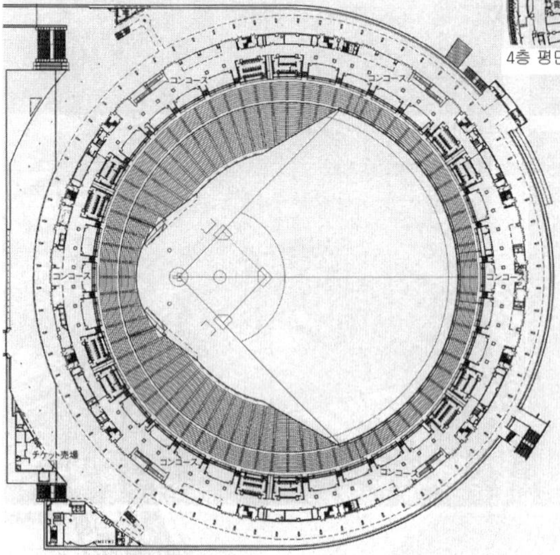

2층 평면도

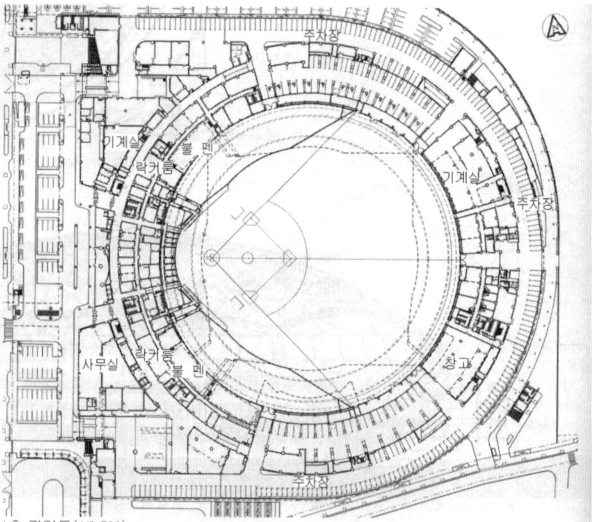

1층 평면도(1/2,500)

3. 후쿠오카 돔 [福岡ドーム(福岡 ヤフオク!ドーム)]

[Fukuoka Dome(Fukuoka Yahuoku! DOME)]

■ 건축 개요

① 소재지	후쿠오카시 츄오구 지교하마 2-2-2(福岡県福岡市中央区地行浜2-2-2)
② 건축 면적	69,130㎡
③ 건축 규모	외주기둥 심간 직경 222m, 최고높이 83.96m
④ 구조 형식	지붕구조 : 할구(割球)형 S조 라메라 트러스 구조 하부구조 : 철골 철근 콘크리트 조, 철근 콘크리트 조
⑤ 발주자	(주)후쿠오카 다이에 리얼 에스테이트
⑥ 설계 · 감리	디자인 · 구조 · 설비 : 타케나카 공무점, 마에다건설공업 (개폐지붕 컨설턴트 : P.B.K., W.Z.M.H.)
⑦ 시공자	타케나카공무점, 마에다건설공업
⑧ 시공기간	1991년 4월~1993년 3월
⑨ 참고 자료	디자인 : 실내와 옥외의 두 환경에 대응하는 대공간을 합리적으로 구성하는 것이 과제(課題)였다. 방재계획에서는 지붕의 개 · 폐 양방의 상태에서의 연기(煙氣) 제어에 고심하고, 빛 환경에서 지붕 개방 시, 볼(ball)의 시인성 확보를 위해 구장(球場)의 방향과 지붕 패널의 형태에 고심(苦心)하였다. 구조 : 1장에 4,000t이나 되는 지붕의 선회이동(旋回移動)에 따른 구조 전체의 응력과 변형의 변동, 그 전체의 변동 및 주행 레일의 시공 정도가 구동계에 미치는 영향, 지붕을 움직이기 위한 기계 요소와 건물계 요소와의 정합, 이들을 확실히 예측해서 평가하여 원활하고 안전한 지붕 주행(走行)을 실현시켰다. 시공 : 지붕 개폐를 위한 높은 시공도와 2년이라는 초단기 공사기간을 요구받아, 3중 지붕의 시공과 잭다운, 지붕주행레일의 설치 정도 확보 등의 많은 과제를 초대형 복합화 공법, 시공 시 해석, 계측관리 시공법 등을 개발하여 시공하는 것으로 대응하였다.

■ 위치

후쿠오카 돔과 그 주변

지붕이 완전히 열린 상태

■ 개요

1993년 3월, 후쿠오카시 주오구 지교하마 2초메의 아시아태평양박람회 회장 부지에, 후쿠오카 다이에 호크스(福岡ダイエーホークス)의 새로운 본거지로서, 다목적으로 이용할 수 있는 원형구장으로서 건립되었다. 일본의 돔구장으로서는 2번째로 건립되었고, 가장 남쪽에 위치한다. 필드가 넓고 외야 펜스도 높아서 홈런이 나오기 힘든 구장으로 알려졌지만, 2015년에 새로운 펜스가 추가되어 페어그라운드 면적이 축소되어, 현재는 홈런이 리그 평균보다 약간 나오기 쉬운 구장이 되었다.

후쿠오카 야후오쿠! 돔은 콜로세움을 방불케 하는 원형 스타일, 일본 최초의 개폐식 지붕, 세계 최대의 티탄 지붕과 라이트브라운의 외벽이 주변 환경과 매치된 외관 등 지금까지 일본에 없었던 항상 진화하고 있는 완전 새로운 대규모 시설이다.

■ 후쿠오카 야후오쿠! 돔의 개요

그라운드는 국제 규격을 충족시킨 야구장으로, 야구그라운드에서 각종 스포츠 이벤트로의 전환도 가능하다. 또, 야구개최 시 이외에는, 최대 5만 명이 넘는 대규모 콘서트 및 최대급의 실내 전시공간도 되어, 다양한 컨벤션이나 세리머니, 여러 종류의 다양한 스포츠 이벤트가 개최 가능한 전천후형 돔 시설이다.

아레나에는, 2017년부터 롱파일 인공잔디 「필드타프HD」를 전면 도입하고 있다. 모족이 긴 파일과 냉동분쇄고무칩과 규사(珪砂)를 사용한 충진재가 더욱 천연잔디에 가까운 외관, 감촉, 플레이 성능을 실현하여, 선수에게 안전하고 안정된 경기 환경을 제공하고 있다.

또, 조명은, 고연색 · 고효율 LED 668대의 배치로, 배터리 간은 3,000ℓx, 내야 구역은 2,700ℓx, 외야 구역은 1,900ℓx의 밝기를 확보하고 있다. 2019년은, 후쿠오카 소프트뱅크 호크스가 본거지를 규슈 · 후쿠오카로 옮긴 지 30주년을 맞이한다. 「후쿠오카 이전 30주년 기념사업」으로서, 스탠드석의 증석, 회원 전용 라운지 및 바의 신설, 더 커진 비전과 최첨단 스피커의 도입, 콩코스(구장 내 회랑통로)의 전면 쇄신 등, 후쿠오카 야후오쿠! 돔의 대규모 개수를 실시하였다.

아레나를 360도로 둘러싸는 형태의 스탠드석은 그린과 블루로 색상 구분이 되고, 백네트 뒤의 블루로 구분된 「〈미즈호(みずほ)〉프리미엄 시트」에서는, 좌석폭, 좌석 전후 폭도 여유있고, 장시간 앉아 있어도 피곤하지 않아 쾌적하게 관전할 수 있는 극장형 시트를 채용하였다. 또 선수에 따라 가까운 위치에서 관전하고, 그라운드 레벨의 흥분과 감동을 충분히 만끽할 수 있는 「코카콜라 시트」 및 외야 필드에 펜스를 설치하여, 외야수의 다이내믹 한 박력 있는 플레이

를 가까이서 느낄 수 있는 「홈런 테라스」외, 테이블이 설치된 「카운터시트」, 칸막이석 구조의 5인용 좌석 「박스 파이브」등, 버라이어티 풍부한 관전석에서 익사이팅한 야구 관전을 즐길 수 있다. 5 · 6층 부분에는, 「높은 수준의 관전 공간」을 통일한 콘셉트로, 뷔페를 즐기며 야구관전도 가능한 이하 4종류의 새로운 관전 스타일을 제공하는 「빅토리 윙」을 설치하고 있다.

1) IT를 구사한 하이테크 야구관전을 실현한 「시스코시트」
2) 일본풍의 분위기로 여유있게 관전할 수 있는 「JA 젠노(全農) 아늑 시트」
3) 지인 간 대인수 그룹으로 떠들썩하게 관전할 수 있는 「JAL스카이뷰시트」
4) 키즈 놀이도구를 다수 설치, 가족과 관전할 수 있는 「ECC키즈파크」

2016년에는, 인체공학적으로 설계된 AUTOWAY RECARO 스타디움 시트를 도입하여, 장시간 관전이라도 쾌적한 착좌감을 제공하고 있다. 또, 2017년에는 한정 그룹시트 「타카걸시트(タカガールシート)」를 설치. 또 2018년에는 공주풍의 소파시트로 전면 리뉴얼되었다. 2019년에는, 새로운 시트가 2종류 등장하였다. S지정석 전방구역에는, 등받이를 높게 하고, 전면 · 등받이면을 장착한 「벤치사이드시트」를 신설. 외야 후방 구역에는, 후쿠오카의 상징인 「명란」을 모티브로 디자인 된 6인용 관전시트 「야마야 멘타이코(명란) BOX」를 신설하였다.

후쿠오카 야후오쿠! 돔의 또 하나의 매력으로, 119실의 특별 관람실 슈퍼박스(발코니시트가 설치된 룸)을 라이트 · 레프트 양 사이드에 설치하고 있다. 또 4층 부분의 「Mercedes-Benz Premium Suite」는, 더 호화롭게 레이아웃된 인테리어가, 보다 개방감 넘친 익제큐티브 스위트라 부를 만한 고급스러운 공간을 연출한다. 차분한 실내에서 전면 유리로 된 발코니에 나가면, 익사이팅 한 야후오쿠 돔을 체감할 수 있다. 또, 전용 엔트런스와 리셉션이 완비되어, 한 걸음 들어선 순간부터, 최상의 환대를 약속한다. 또, 6층 1루측의 일부가 1실 15명부터 100명까지, 프라이빗 파티 등에 이용 가능한 「Gaba Party Suite」에서의 파티 스타일 야구 관전을 즐길 수 있다.

다채로운 시트를 리얼타임으로 임장감 넘치게 연출하는 박력 있는 세계 최대의 실내 대형 영상 시스템 「호크스비전」이 관전 분위기를 최대한 끌어 올린다.

5면 구성으로 한 연결의 합계 표시 면적이, 1923.1㎡의 사이즈는, 실내 시설에서 세계 최대이다. 또 2016년부터 도입되고 있는, 백네트 상부의 매달기형 비전 「스카이스크린」. 2018년에는, 응원무비 및 스태프의 표시를 강화하기 위해 표시 면적이 약 2.4배로 파워업 하고 있다. 2019년은 콩코스 벽면을 둘러싸듯이 160장의 LED · LGD 모니터를 새롭게 설치. 이벤트나 플레이와 연동한 일체감 넘치는 연출을 창출한다.

오픈 덱은 아레나(관객석)에 통하는 관객의 메인 통로. 8개소의 게이트에서 입퇴장 할 수 있다. 오픈 덱은, 돔을 둘러싸는 한 둘레 800m의 광장으로, 하카타만을 일망할 수 있는 공원으로서, 365일, 24시간 오픈 공간이다. 덱에는 버라이어티 풍부한 숍이 늘어서, 아이를 맡기는 「탁아소」도 병설되어 있다.

JR선의 하꾸다완 역(驛)으로부터 서쪽으로 약 5km 떨어진 하꾸다 만(灣)에 면하는 지면쪽 호수(湖水)에 후쿠오카 돔이 완성되었다.

상공으로부터 조망한 돔

남측으로부터 바라본 외관

총 공사비는 760억 엔으로 대규모 프로젝트였다. 후쿠오카 돔의 특징은 스테타디움 규모에서는 일본 최초의 개폐 지붕이다. 구장을 덮은 3장의 지붕 중에서 2장이 회전하여 개폐된다. 발주자인 다이에社는 기본 구상 시, 2장의 개폐지붕이 평행선상에서도 움직이는 듀얼 모터의 안을 발표했다고 한다. 설계자인 타케나카 공무점은 듀얼 모터기보다 단기간에 시공할 수 있고 시공비도 저렴한 3장 지붕의 회전식(回轉式) 돔을 제안하여 그것이 채용(採用)되었다.

공사에서는 먼저 지붕이 올라갈 부분의 하부 구조를 만들어, 그 밖의 부분의 하부구조 공사와 동시에 지붕 철골의 건설이 시작되었다. 그렇기 때문에 24개월이라고 하는 단기간 내에 실현할 수 있었다. 지붕은 프로야구 경기를 개최할 때 지붕의 그림자가 야구 필드의 다이아몬드 안으로 비쳐지지 않도록 하는 방안으로 결정되었다.

인공 해변 건너편에서 본 모습

부정형(不定形)이면서 흔들림을 억제한 강성이 높은 지붕을 조합(組合)하였다. 직경 222m의 완전 원형 평면의 후쿠오카 돔은 고대 로마의 야외 원형극장인 콜로세움을 모델로 해서 만들었다. 필드를 둘러싼 스탠드는 내, 외야 모두 같은 폭이다. 내야석(內野席)은 늘리는 것이 정석(定石)인 야구장으로서는 드문 배치 계획이다. 이것은 프로야구 경기가 있는 연간 65일 이외에는 다목적 행사 시설로서 콘서트나 축구 등의 개최를 계획하고 있기 때문이다. 설계에서는 3단계의 스케일을 의식하고 있다.

첫째, 도시적 스케일로서는 주변 환경을 의식하고, 지붕이나 외벽에 차가운 색을 억제한 색을 넣어 도시에 융합(融合)되도록 설계되었다. 둘째, 다운 스케일로서는 활기참을 연출하기 위해 3층의 데크(Deck)를 이탈리아의 광장에 사용되었던 디자인으로 하고 있다. 셋째, 휴먼 스케일로는 입구 주변의 기둥 등의 같은 모양의 반복을 통해 시원한 디자인을 의식하여 설계되었다. 좌석이나 중앙광장의 배치는 자연스러운 피난(避難)을 생각해서 계획했다. 피난층은 3층으로 소방대는 1층의 박스 스크린 측면으로부터 필드에 진입한다. 그 때문에 동선이 복잡해질 우려는 없다. 경기장의 관객석은 1층으로 4~6단에 설치한 회원룸의 출입구도 3층에 모여 있다. 3층의 실외에는 피난을 위한 데크를 설치했다. 시뮬레이션에 따르면 5만 명이 12곳으로 나누어 피난할 수 있다. 경기장의 공조는 특이한 방식을 적용했다. 스탠드의 위에 설치한 핀으로 경기장 내부에 회전 기류(回轉 氣流)를 일으키고 기류에 의해 체감온도를 내린다. 후쿠오카 돔에서는 종래의 다른 구장에서 볼 수 없는 시설을 구비하고 있다. 스포츠 바가 그것이다.

왼쪽 스탠드에서부터 오른쪽 스탠드에 이르는 188m의 공간으로 야구를 보면서 식사를 할 수 있다. 다이에社 측의 이자 전환은 10년 후로, 사업비를 20년 안에 회수한다는 계획을 세우고 있다.

■ 용도의 페턴 제어(制御)

메인 조명에는 메탈 바라이트 램프를 사용했다. 경기장를 비추는 주 조명으로서 2kW의 조명이 588기, 간판조명으로서 2kW가 8기, 가동석에 있는 내야측을 보조하기 위한 조명으로는 1kW가 24기, 경기장 상공의 타구(打球)를 비추는 공간조명으로서는 1kW가 48기, 보안용의 할로겐 램프 48기를 구비하고 있다. 제어는 용도에 맞게 설치된 패턴을 기초로 컴퓨터가 조절한다. 계절이나 시각에 의한 부분적인 광량조절은 수동으로 한다. 메탈하이라이트 램프는 스위치를 넣으면서 점등상태가 될 때까지 약 10분 소요된다. 측정할 수 없는 사태가 생겨서 정전되어버린 경우는, 재점등(再點燈)에 대략 30분 걸린다. 열을 받은 조명을 식힐 시간이 필요하기 때문이다. 그 사이에 할로겐 램프가 보안용 조명으로서 점등된다. 이런 사태를 피하기 위해서는 전원은 특별고압을 3회선 설치하였다.

■ 조건을 바꾼 듣기 비교

철근 지붕의 전면에 흡음재를 촘촘히 붙였다. 체적 1,760,000㎥인 경기장의 잔향 시간은 공석 시 5.50초(500Hz)이다. 설계 시, 스피커의 방향이나 마감 재료의 종류 등 조건을 바꾸어 보면서 이상적인 음향을 갖춘 극장의 음향성능과 비교하여 이것과 근사치로 조정하는 작업을 했다. 메인 스피커를 구성하는 24대의 스피커에는 여러 각도의 지향성을 줌과 동시에, 음의 확산을 방지하고 반사음을 적게 하는 등의 고려가 필요하다.

■ 대차(台車)가 레일 위를 달린다.

1장당 약 4,000t에 이르는 지붕을 움직이기 위해서 24대의 대차가 지붕의 끝 부분에 장치되어 있다. 대차는 모두 12대의 비구동 대차와 모터가 달려있는 14대의 구동대차로 이뤄져 있고, 움직이기 시작할 때에는 최대 힘이 필요하다.

대차의 보통 수명은 50년이다. 고장 났을 때 교체하기 쉽도록 모터가 달린 차륜 부분과 고정핀 부분을 유닛화 하고 있다. 대차를 받치는 6줄의 레일 시공 오차는 ±8mm이고, 이때 구동대차가 달리는 레일은 오차가 10m당 ±3mm 이내가 되도록 하고 있다. 지붕을 폐쇄했을 때, 지붕의 겹쳐지는 부분에 고무관을 부착해서 이것을 부풀려 누수를 방지한다. 기계 제어를 하지 않은 이유는 지진 시 지붕의 거동(擧動)이 복잡하여 대응이 어려워진다는 점과 기계는 고장이 발생하기 쉽기 때문이다. 지붕을 폐쇄하고 있을 때에는 고무관 안에 공기를 주입하여 부풀린 상태를 유지한다. 강풍 시에는 가로로의 도달을 방지하기 위해 압력을 올린다. 지진 시에 압력이 너무 높으면 공기가 빠지게 된다. 화재가 발생할 때 개폐지붕은 그 상태로 정지한다. 개폐 도중이라면 그 자리에서 정지한다. 닫힌 상태에서는 돔의 상부로 연기가 모이는 사이에 피난하는 '축연(蓄煙)'을 생각하고 있다. 연기의 흐름을 컴퓨터 시뮬레이션을 이용해서 연기가 관객석까지 내려가지 않는다는 것을 확인할 수 있다.

북서측의 외관

■ 지붕면의 빗물을 모아 이용

해마다 물 부족으로 괴로워하는 후쿠오카 시에서는 물 대책으로서 빗물을 이용하고 있다. 지붕에 내린 빗물을 지하의 저류조에 저장해서 화장실 용수(用水)로 이용하는 것이다. 집수(集水)하는 지붕의 면적은 32,000m³. 지붕의 주행로를 따라 홈통을 설치하고 이곳으로부터 화장실을 통과해 지하 공간을 이용한 링 모양의 저류조에 모아둔다. 유효 용적은 약 2,900m³으로 동경 돔의 대략 2배이고 모아진 빗물은 여과장치(濾過裝置)를 통해 송수조로 보내진다. 후쿠오카 돔의 물 이용률은 절수대책 시 연간 약 18만m³, 중수는 9만 5,000m³가 필요하다고 보고 있다. 필요한 중수의 50%를 빗물로 공급(供給)하는 것이 가능하다.

지붕 보 구조

관객석에 설치한 팬

지붕의 중앙부

지붕 구동 대차

박스 스크린에서 본 모습

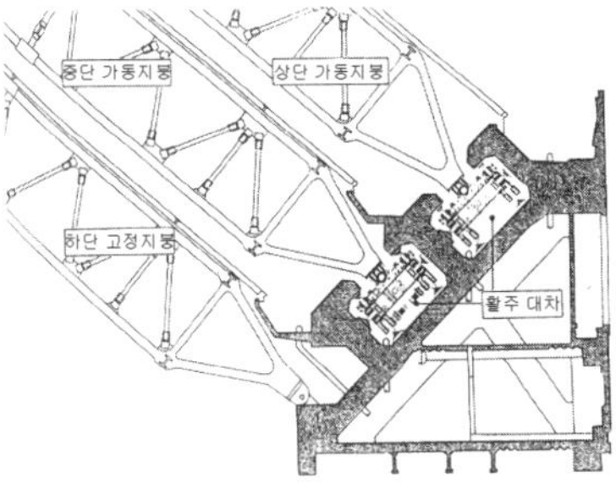

가동석의 모식도

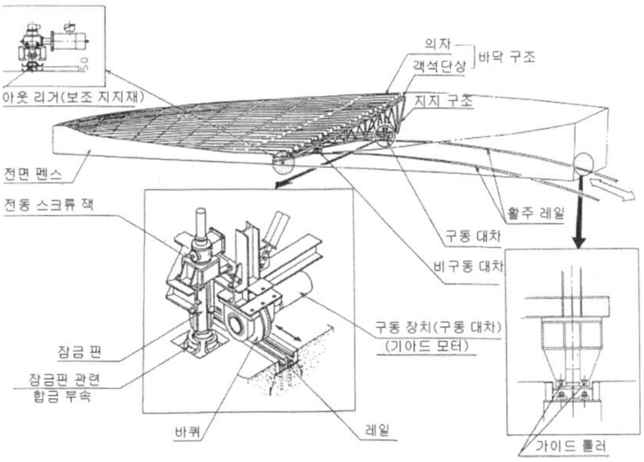

●구동 대차의 모식도

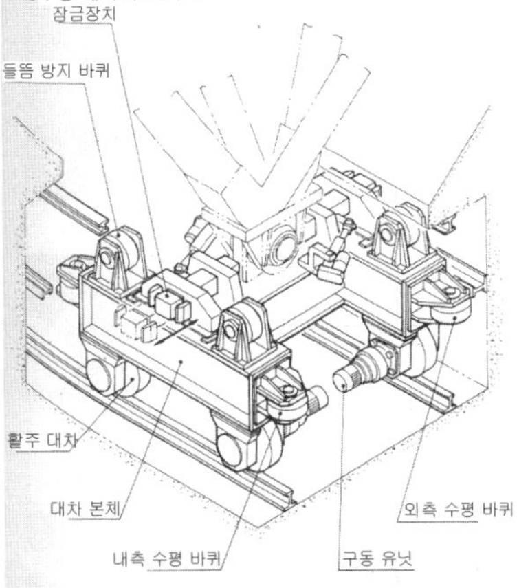

●승강 마운드의 모식도

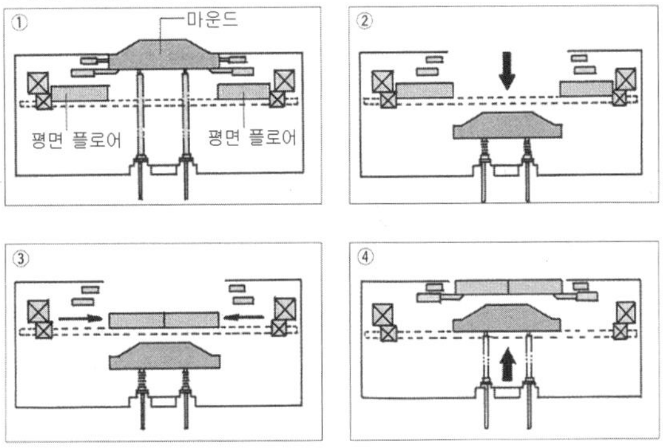

경기장에서 보이는 스포츠바

■ 시설 개요

운영회사	후쿠오카 소프트뱅크호크스 주식회사
공기	24개월
총 공사비	760억엔
층수	지상 7층
높이	처마높이 지상 43m, 최고부 높이 : 84m
아레나	아레나 기적 : 약 1,760,000㎡ 필드 면적 : 약 11,813.6㎡(코카콜라시트 부분 미포함) 양익 : 약 100m, 중견 : 약 122m 필드면에서의 높이 : 68m
지붕	개폐방식 : 3장 지붕에 의한 선회(旋回)이동 직경 : 약 212m 개폐 면적 및 개구율 : 약 5,800평(약 60%) 개폐 시간 : 약 20분 구동 장치의 기능 : 원주 이동
수용인수	40,178명
주차대수	약 1,700대

▸ 필드

크기는 공인야구규칙 2.01 규정을 만족시키는 양익 100m, 중견 122m로 되어 있다. 건조시의 좌우 중간은 퍼시픽 리그 공식 홈페이지에 따르면 118m로, 양익과 중견이 같은 수치로 되어 있는 타구장보다도 약간 깊다. 2015년의 홈런테라스 설치 후의 좌우 중간은 약 110m로 일본야구의 본거지로서는 가장 짧고, 직선적인 외야 펜스를 가지는 도쿄 돔에 흡사한 페어그라운드 형상으로 되어 있다.

일본에 있는 구장으로는 파울 그라운드가 표준적인 넓이로 되어 있었지만, 필드 시트의 설치 이후에는 외야 부분이 매우 좁아져 있다. 필드 시트의 펜스가 낮기 때문에, 1루수 및 2루수의 후방에서 페어인 타구가 원바운드로 스탠드에 들어갔을 때 타자 주자에게 주어지는 진루권이 늘게 되었다.

▸ 외야 펜스

내야 하단에 있는 가동석이 외야석 앞에 슬라이드되어 오는 시스템이기 때문에, 원래의 외야 펜스가 매우 높게 5.84m로 되어 있었다. 2008년에는, 러버를 메이저리그 야구(MLB)의 각 구장 등에서 채용되고 있는, 충격 흡수성이 뛰어난 부드러운 소프트러버 펜스로 교체하고 있다.(본루 후방의 펜스도 포함)

나아가, 오프시즌에, 2009년부터 호크스감독이 된 아키야마 고지(秋山 幸二)감독의 「구장 내의 이미지를 밝게 하고 싶다」는 요망에 따라, 외야 펜스 상반 부분이 백스크린 바로 아래를 제외하고 밝은 녹색으로 다시 칠해졌다. 그러나 오픈전 이후 그 색상에 대해 불평이 있어, 공식전 개막 직전에 아래에서 위로 밝아져 가는 그러데이션으로 다시 칠해졌다. 또 최상부에 관해서는, 심판단으로부터 「밝은색으로는 본루타의 판정에 지장이 생긴다」는 지적을 받아, 원래의 다운그린으로 교체되었다. 2015년 추가된 신규 펜스는 높이 4.2m(러버 2.7m, 네트 1.5m)로, 종래의 펜스는 철거되지는 않았지만, 색상은 되돌려졌다.

▸ 스탠드

스탠드는 1960년대부터 1970년대에 미국에서 유행하여, 일본에서는 요코하마 스타디움에서 채용된 축구 겸용식의 스탠드로 되어 있다. 축구의 개최 시에는 내야 하단 가동석이 외야측으로 슬라이드하고(이동부분의 인공잔디는 철거), 평행하게 마주하는 각도까지 이동한다. 외야 펜스 상부에 있는 문(양익에 각각 5개씩)이나 백네트 뒤 스탠드 양옆에 있는 펜스는 그때 사용되는 것이다. 단 실제로 사용된 경우는 적고, 또 2009년부터 채용된 롱파일 인공잔디는 철거·재부설이 번거롭기 때문에, 요코하마 스타디움과 마

찬가지로 사실상 폐지가 된 가능성도 있다. 한편 2008년에 증설된 필드시트 구역의 철거는 가능하게 되었다.

좌석은 필드시트 구역을 제외하고 내야석·외야석 모두 녹색이다. 내야석에는 바운스 타입의 등받이와 컵홀더가 있는데, 외야석에는 등받이가 없다. 2006년 오프, 내야 백네트 뒤 하단석에 TEMPUR의 쿠션이 설치되고, 2011년 오프에는 내야 백네트 뒤의 좌석을 「프리미엄시트」로서 좌석을 좌면, 등받이에 쿠션이 있는 것으로 교체하고 있다. 프리미엄시트 양옆에는 칸막이가 설치되어 독립된 구역으로 되어 있다.

스코어보드 아래에도 좌석이 설치되어, 야구개최 시 이외에 사용된다. 야구 개최 시에는 하단측을 블랙계열의 막으로 덮어 사실상의 백스크린의 대용으로 사용하고 있다.

▸ 코카콜라시트

2005년 오프에 증설된 필드시트이다. 명명권을 구입한 것은 Coca-Cola West Japan(현, Coca-Cola West)이다. 호크스 주최시합에서는 가격이 타구장의 2배 가까운 요금에 설정되어 있어, 가장 저렴한 좌석이라도 그때까지 가장 비싼 백네트 뒤 하단과 같은 요금이라는 고액의

티켓요금이 설정되어 있다. 그러나 필드 시트는 어느 좌석이든 좌석수가 적어, 티켓 발매와 동시에 매진되어 버리는 경우가 대부분이다. 2006년 오프에는 3인용 소파시트「코카콜라 소파시트」가 설치되었다.

▸ 슈퍼박스

내야석의 상부, 4 · 5 · 6층에는 필드를 둘러싸듯이「슈퍼박스」라는 120실 전후의 특별관람실을 설치하고 있다. 그라운드에 면한 발코니가 달린 개실로, 호텔의 한 실처럼 조용한 개실에서 프라이버시를 유지하며 자유롭게 야구관전을 할 수 있고, 입장 게이트도 슈퍼박스 전용의 게이트가 마련되어 있다.

▸ 빅토리 윙

2008년 오프에 슈퍼박스의 외야측을 개장하여 만들어진 특별석이다. Cisco Systems가 협찬하여 다양한 시합의 정보가 표시되는 단말 디스플레이가 설치된「시스코시트」, 다다미 공간도 있는「JA 젠노(全農) 아늑 시트」, 단체를 대상으로 한「JAL 스카이뷰 시트」, 놀이도구 등이 설치된「ECC 키즈파크」 등이 있다. 이들은 일반을 대상으로 한 티켓으로서 판매되고 있다.

▸ 홈런 테라스

2015년부터 추가된 외야 필드시트 구역. 1루측은 2017년까지는「ANA홈런테라스」, 2018년부터는 후쿠오카 도요타자동차가 스폰서가 되어「후쿠오카 도요타 홈런 테라스」라 칭하고, 전석 카운터석으로 되어 있다. 3루측은 산큐(山九)가 스폰서로「SANKYU 홈런테라스」라 칭하고 테이블과 덱 체어석으로 되어 있다. 홈런 테라스도 필드시트와 마찬가지로, 철거가 가능하게 되어 있다.

▸ 야마야멘타이코BOX(やまやめんたいこBOX)

2018년 시즌 오프부터 리뉴얼의 일환으로, 외야석 후방의 라이트 · 레프트 양측 방향에 박스형 시트「야마야멘타이코BOX」가 완성되어 2019년 시즌부터 가동하고 있다. 멘타이코(명란)를 사용한 오르되브르 등이 제공되고 그 외, 후방의 멘타이코(명란)형 오브제는 전광식으로 되어 있어, 각종 어뮤즈먼트에서도 빛나는 구조로 되어 있다.

▸ 객석 증설 계획

스탠드의 수용인원(야구 개최 시)는 당초의 48,000명으로 알려졌지만, 실제는 그보다 약 13,000명분 적은 35,157명(당시)밖에 수용되지 못했다. 이에 대해, 소프트뱅크는 호크스를 매수한 직후부터 증석을 계획하고 있다.

▸ 개폐식 지붕

후쿠오카 돔은 일본의 야구장 중 유일하게 지붕개폐 기구를 갖추고 있다. 지붕은 두께 4m 3장의 패널로 구성되고, 이 중 2장이 좌우에 120도 선회 이동함으로써, 약 20분 만에 전개폐(全開閉)한다(전개(全開) 시의 개구율은 60%).

지붕 부분의 총 중량은 약 12,000t. 한 번 개폐하는 데 드는 비용은 약 100만 엔. 개폐는 통상 시합 전의 연습(단, 초기에만 실시)이나 호크스 및 홈게임에서 승리한 후의 「루프 오픈 쇼」시 등에 한정되고 있다.

원래는 날씨에 맞춰 맑은 날에는 연 상태로 시합을 하는 것이 상정되어 있고, 당시에는 지붕이 열린 상태로 시합도 이루어졌지만, 빛의 경사 등이 10월의 일본시리즈 개최 시기에 베스트 조건이 되도록 설계되었기 때문에 「(모든 지붕을 열 수는 없기 때문에) 구조상 반사각의 차이가 선수의 플레이에 지장을 준다」고 선수회로부터 클레임이 있었던 점, 근처에 병원이 존재한다는 점, 시사이드모모치해변 주변은 고급주택지로 되어 있는 점 등, 소음문제가 있어, 1999년 6월 19일을 마지막으로 열린 상태에서의 시합은 한동안 이루어지지 않았다.

스포츠바의 입구

빅라이프 안에 있는 데스크

4층에 위치한 술집

슈퍼 박스

락커룸

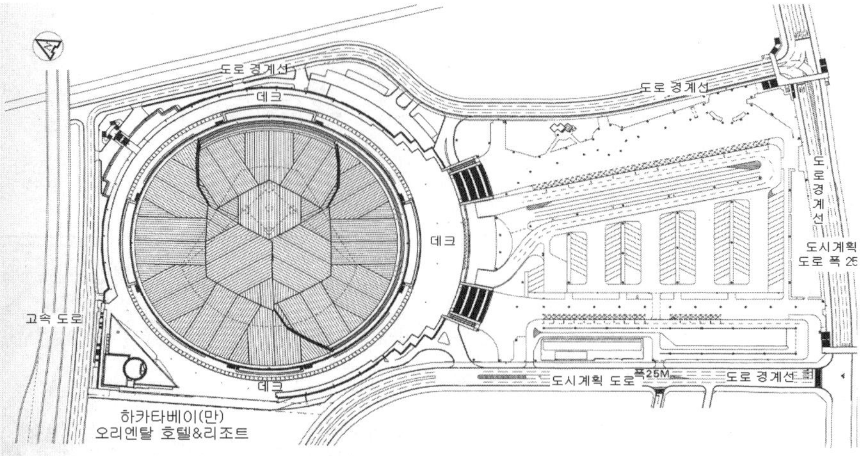

배치도 (1/5,000)

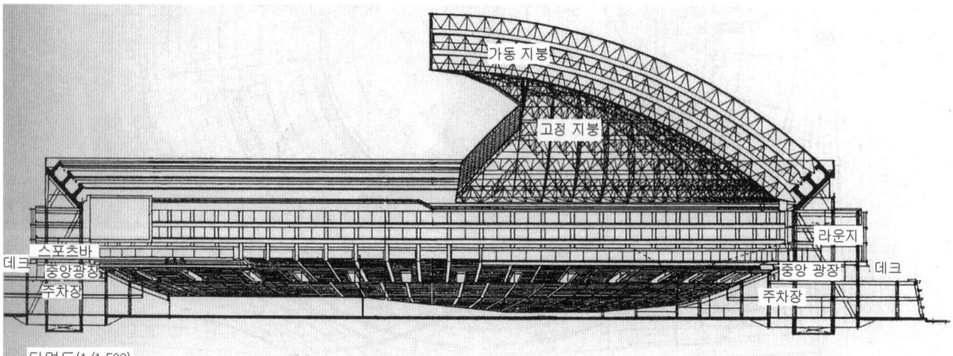

단면도(1/1,500)

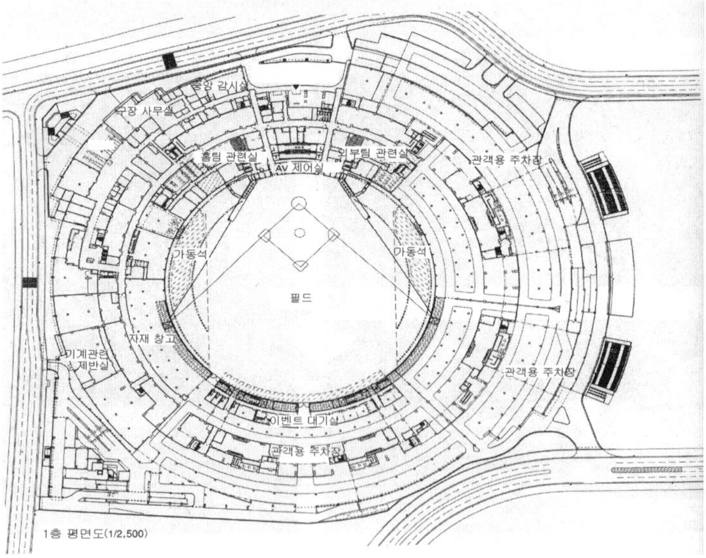

1층 평면도(1/2,500)

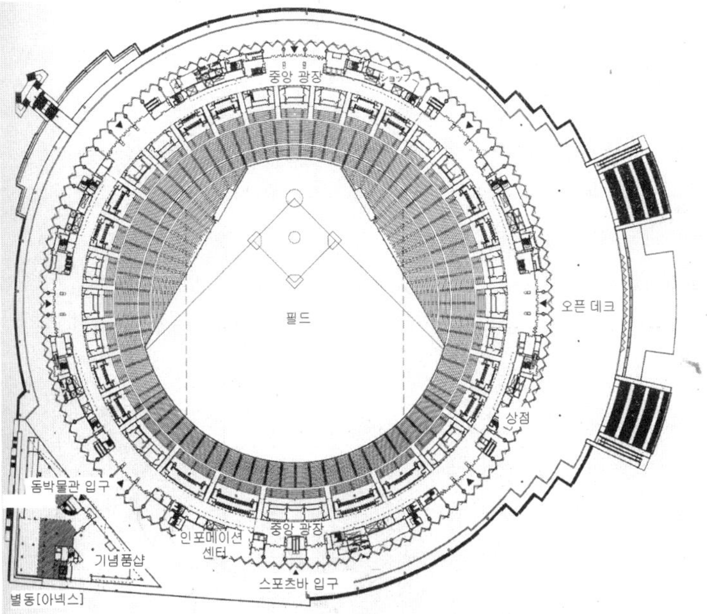
중앙 광장
ショップ
오픈 데크
필드
상점
동박물관 입구
인포메이션
센터
중앙 광장
기념품샵
스포츠바 입구
별동[아넥스]
3층 평면도

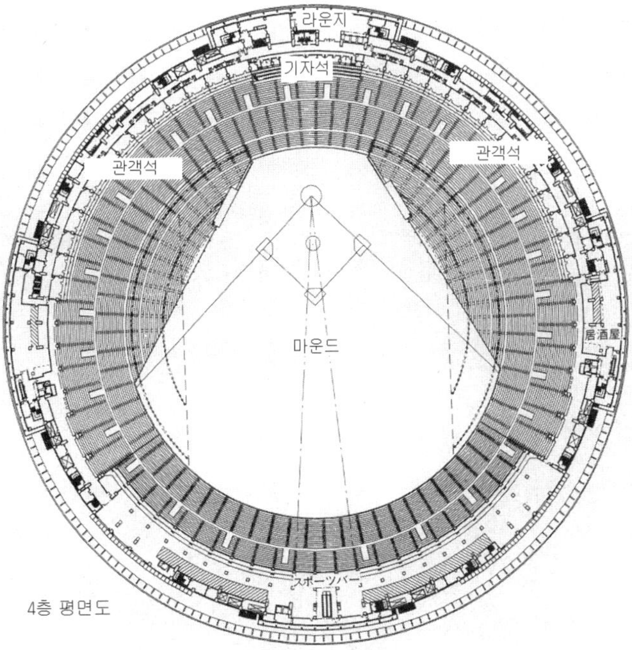
라운지
기자석
관객석
관객석
居酒屋
마운드
スポーツバー
4층 평면도

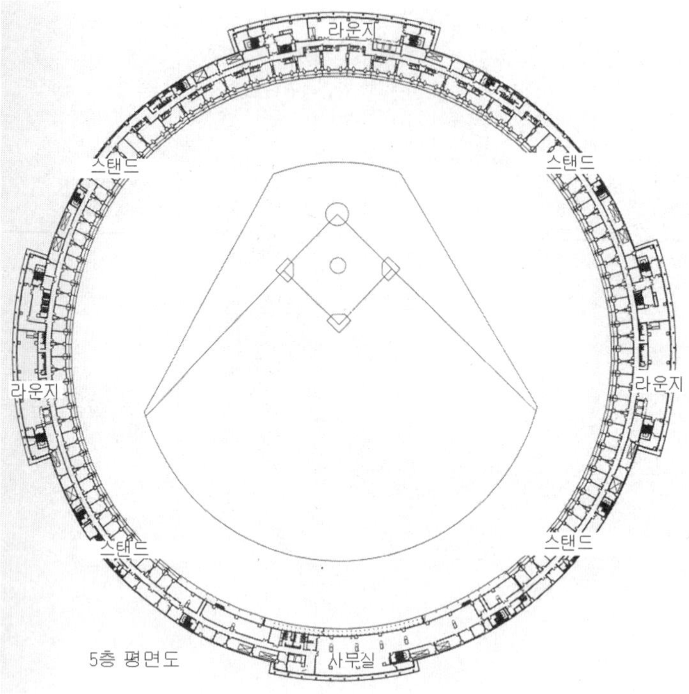

5층 평면도

FUKUOKA

YAHOO! DOME

FUKUOKA ヤフオク!ドーム

■ 개폐식 지붕을 가지는 대규모 스타디움의 건설

일본 최초의 개폐식 돔 지붕으로 덮인, 직경 약 200m의 대규모 스타디움인 후쿠오카 돔은, 1993년 3월 31일에 준공하였다. 절단 구면 껍질 3장으로 구성되고, 1장의 중량은 약 4,000t의 지붕을 원활하게 개폐하기 위해, 지붕을 지지하는 구조체에는, 정밀도 · 강도 등 엄격한 성능의 확보가 요구되었다. 또 시공기간이, 겨우 24개월이라는 초단기공사였다. 이와 같은 제약(制約)을 극복하기 위해, 설계단계부터 복합화 · 노동력 절약형 공법을 적극적으로 채용하였다.

1993년 3월 31일, 후쿠오카 시의 워터프론트에서 건설이 진행되었던 후쿠오카 돔이 준공을 맞이하였다. 「맑은 날에는 야외에서, 비 오는 날에는 실내에서」라는 꿈을 실현한 일본 최초의 대규모 개폐식 지붕구조의 스타디움인 후쿠오카 돔은, 기존의 평화대구장(平和台野球場)을 대신할 Fukuoka Daiei Hawks(현 Fukuoka SoftBank Hawks)의 새로운 본거지(本據地) 구장이 되는 것 외에, 각종 스포츠, 콘서트, 집회, 전시회 등 다목적 이용에 대응할 수 있는 새로운 시대의 스타디움이다.

그 화제성(話題性)으로 인해 당초의 계획단계부터 시공에 이르기까지, 건축관계자는 물론이고, 많은 사람들의 주목과 관심을 모은 프로젝트였다.

시공 기술적으로는 지붕전체 중량이 1만 2,000t, 스팬이 200m가 넘는 개폐식 지붕의 철골공사, 건물 상부에 있어 지붕 개폐 주행 시의 카운터웨이트가 되는 RC조 주행로의 고정밀도 시공 및 전체 공기가 24개월이라는 초단기공사에 대한 대응 등, 많은 과제를 해결할 필요가 있었다.

사이트프리캐스트(PCa)공법을 채용한 하부구조체 및 대형 사이트 PCa공법, 이동식 대형 강제형 틀 공법을 채용한 주행로(走行路) 구조체 등, 주로 후쿠오카 돔의 콘크리트 공사의 개요에 대하여 알아보고자 한다.

▸ 건축계획

계획지는 아시아의 거점도시(據點都市)를 지향하여 발전을 이어나갈 후쿠오카의 중심가의 서부로, 시가 개발에 주력하고 있는 워터프론트, 시사이드(해변)도 가지는 지구(地區)에 있다.

건물은 직경 222m의 진원형(真円形)으로, 그 안에 4만 명의 관객석과 필드, 또 필드에 면한 레스토랑 등을 포함하고 있다. 집회나 콘서트 시에는 필드에 1만 2,000명을 더 수용할 수 있도록 되어 있다.

아레나는 직경 200.4m, 중앙부의 높이 68.1m로, 실내 용적은 176만㎥의 대공간이다. 필드는 국제규격의 야구장 외, 양날개에 각 3,200석의 가동석에 의해 풋볼형 필드로 전환(轉換)도 가능하다.

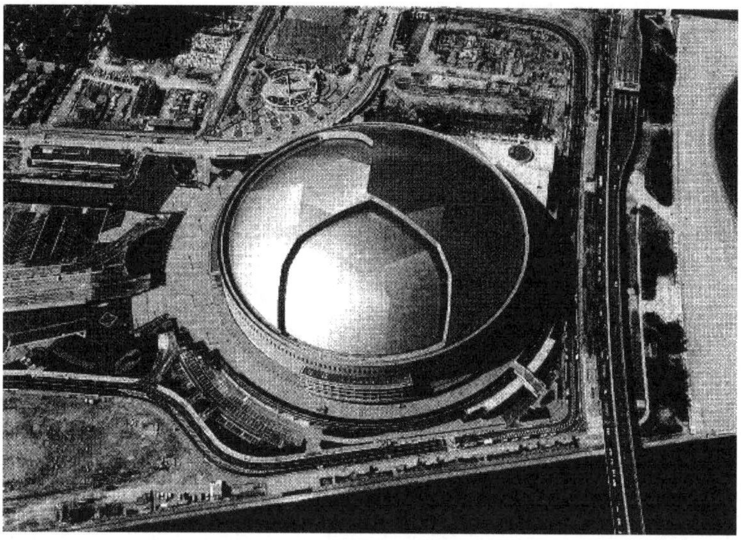

준공사진

관객석은 필드 레벨에서 15.5m의 4층까지 달하고, 4층부터 6층에는 발코니석을 가지는 멤버즈 룸 220실이 배치되어 있다. 지붕은 구형의 돔을 3분할한 철골조의 지붕 패널 3장으로 구성되며, 이 중 상부 2장의 패널을, 외주부의 진원 궤도의 주행로 위를 선회 이동시킴으로써 개폐하는 구조로 되어 있다. 개폐에 요하는 시간은 약 20분으로, 전개(全開) 시의 개구율은 약 60%이다.

▸ 구조계획

전체 구조(構造)계획 본 건물의 구조는, 직경 약 200m의 공간을 덮는 3장의 철골조 지붕 패널과 이것을 지지하여 선회 주행하는 대차(台車) 및 원환상(円環状)으로 연속하는 철골콘크리트(RC)조의 주행로, 그리고 주요부를 철골철근콘크리트(SRC)조로 한 하부구조로 구성되어 있다.

지붕구조 3장의 지붕패널은, 각각 중심각 125°의 선형(부채꼴)을 기본으로 하고, 가구의 안정성을 높이기 위해 양측의 밑단을 넓힌 평면형상을 가지는 절단구면껍질로 되어 있다.

가구 시스템은 평행(parallel) 라메라 트러스를 기본으로 하고, 각 패널의 트러스 높이를 4.0m, 패널 상호 간격을 트러스 현재(弦材)의 중심에서 중심까지의 거리 치수를 1.7m로 하여, 각 외력에 대해 각각 독립된 가구로서 저항할 수 있는 계획으로 하였다. 그러나 각 지붕 상호의 마감재 간의 유효간격은 600㎜정도로, 강설(降雪) 시에 접촉이 우려되었기 때문에, 지붕 꼭대기부의 선회중심 부분에, 제진용 유압 댐퍼를 설치하고, 상호(相互)의 접촉을 방지하는 계획으로 하였다.

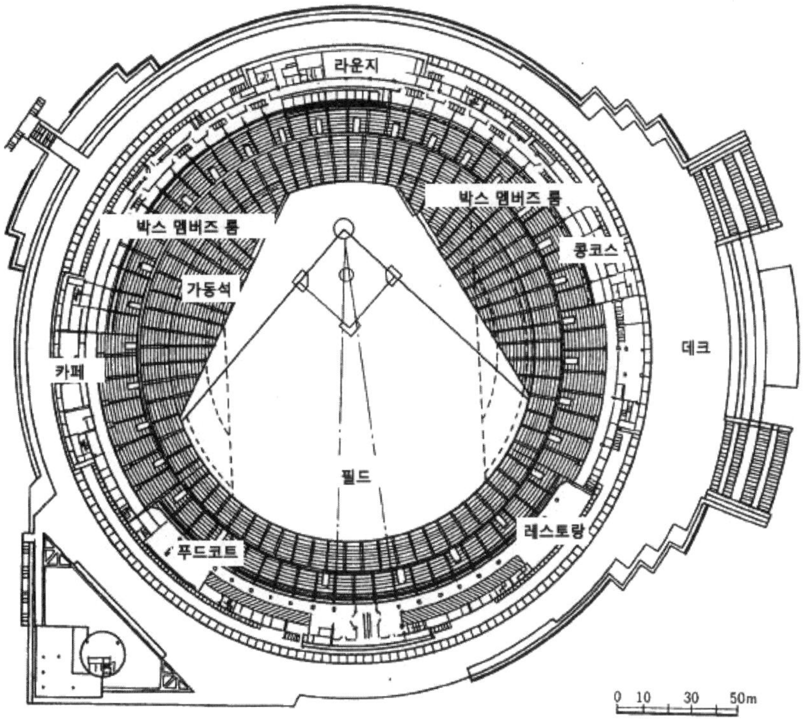

그림1 4층 평면도

▸ 구동시스템 · 주행로

개폐하는 상 · 중단 패널의 각부(脚部)는, 각각 24대의 주행 대차(台車)에 의해 지지되고 있다. 각 패널의 주행대차는 14대의 구동대차와 10대의 종동(従動)대차에 의해 구성되며, 구동대차는 안정된 구동력을 확보하기 위해, 주로 상시 반력이 큰 외주의 양밑단에 배치되어 있다.

주행로는 45°로 경사진 노판(路版)과 3개의 리브에 의해 구성된, 구형(溝形)단면이 강한 RC조의 링 형상 구조체로, 지붕개폐에 따른 큰 이동집중 하중에 저항하는 동시에, 하부구조에 대해 집중 하중을 분산시키는 역할을 하고 있다. 또 주행로는 SRC조의 트러스 가구에 의해 하부구조와의 일체화를 도모하고 있다.

주행로 내에는 지붕의 아치축 방향과 그 직교방향 및 부상 방향으로 각각 2조(합계 6조)의 레일이 설치되어 있다. 주행대차에는 레일에 대해 2개의 강철제 차륜이 배치되어 있어, 이것에 의해 하중전달, 자립주행(自立走行)을 하고 있다.

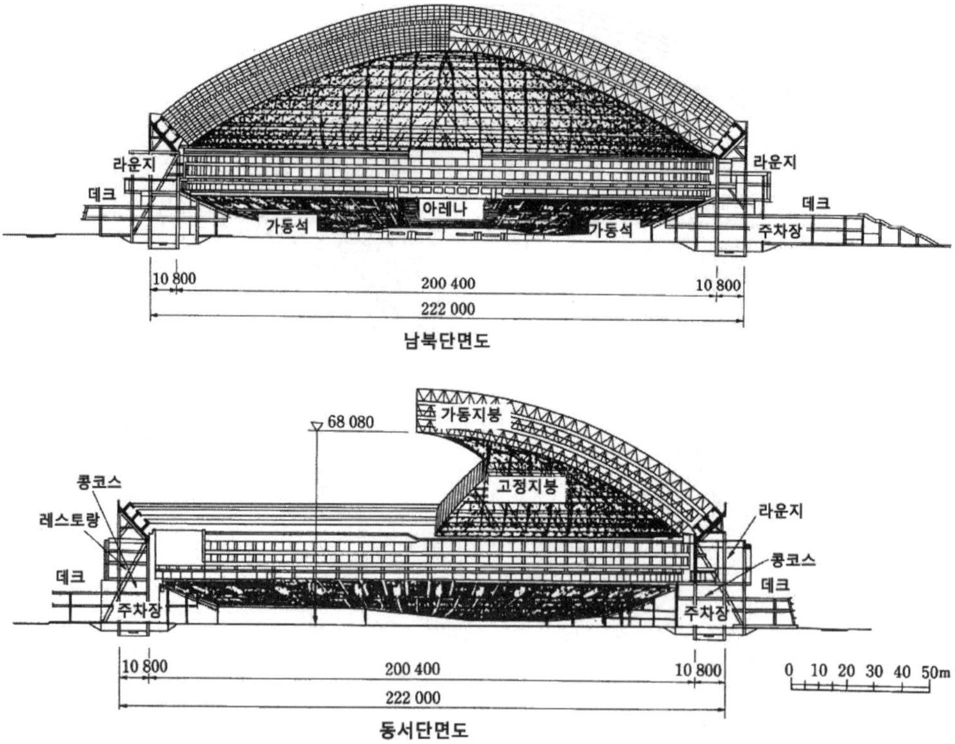

그림2 단면도

또, 설정 정지 위치에서는 주행로 벽면에 설치된 스트라이크에, 주행대차에 의해 댐퍼기구를 가지는 로크핀이 자동적으로 삽입(插入)된다. 이것에 의해 온도하중 등에 의한 완만한 움직임에는 저항 없이 따르고, 지진 등의 급격한 움직임에 대해서는 그 이동 · 활동(滑動)을 구속하고 있다.

▸ 하부구조(下部構造)

하부구조는 전체적으로 원환(동심원)형상을 하고 있고, 지붕구조 및 주행로에서의 하중을 원활하게 전달하기 위해, 익스펜션조인트는 설치하지 않고, 전체 둘레를 연속(連續)시켰다. 가구는 반경 방향 가구와 원주 방향 가구로 구성되며, 주요 고층 부분은 부재 인성(靭性)과 내성(耐性)을 확보하기 위해 SRC조로 하고, 아레나 계단식 바닥 부분 및 외주의 저층부는 RC조로 하고 있다.

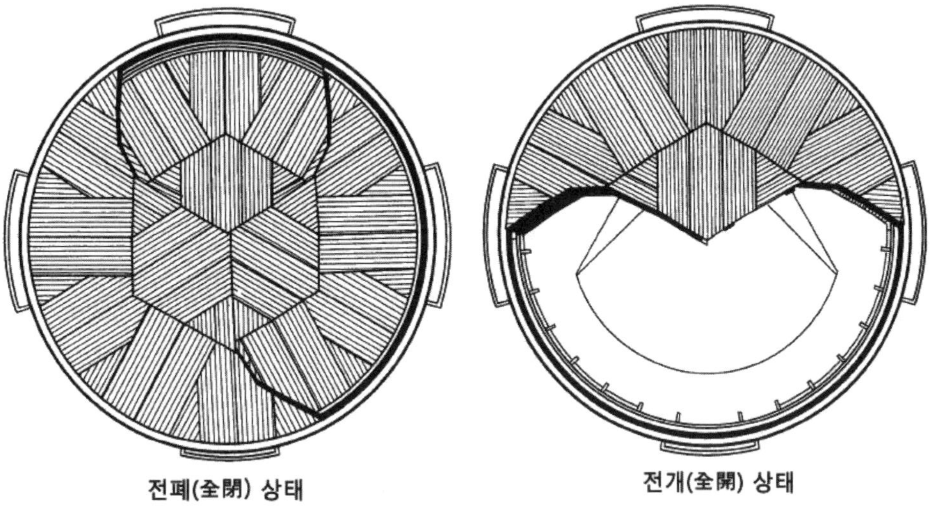

그림3 지붕 복도(伏図, 위에서 내려다 봄)

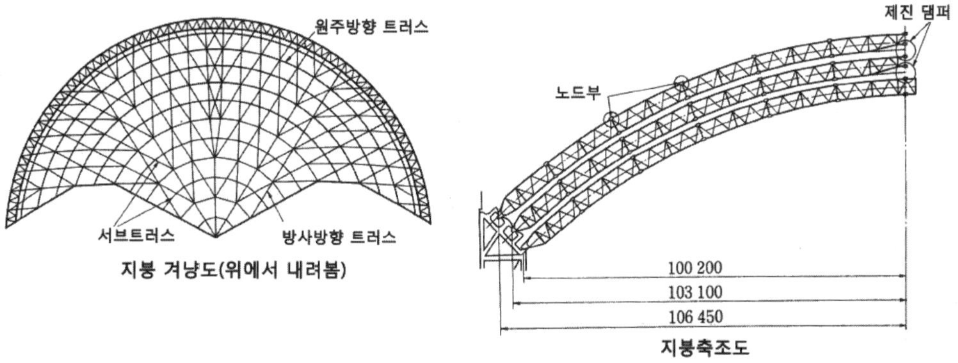

그림4 지붕트러스 복도(위에서 내려봄) · 축조도

반경 방향 가구는 중심각 5° 간격으로 배치한 72열의 가구로 하고, 이 중 50열에는 전층에 걸쳐 연속하는 버트레스(buttress)를 넣어, 지붕에서의 큰 스러스트력(力) 및 지진 등의 수평력의 저항요소(抵抗要素)로 하였다. 원주 방향 가구에는 내진벽을 밸런스 좋게 배치하여, 수평내력 및 건물 전체의 뒤틀림 강성(剛性)을 높이는 계획으로 하고 있다.

▸공법계획 개요

본 프로젝트의 최대 과제는, 「개폐식 지붕의 원활한 선회」를 확보하는 것으로, 하부구조로부터 주행로 및 지붕철골에 이르기까지 짧은 공기로, 높은 정밀도(精密度)를 확보하는 것이 요구되었다.

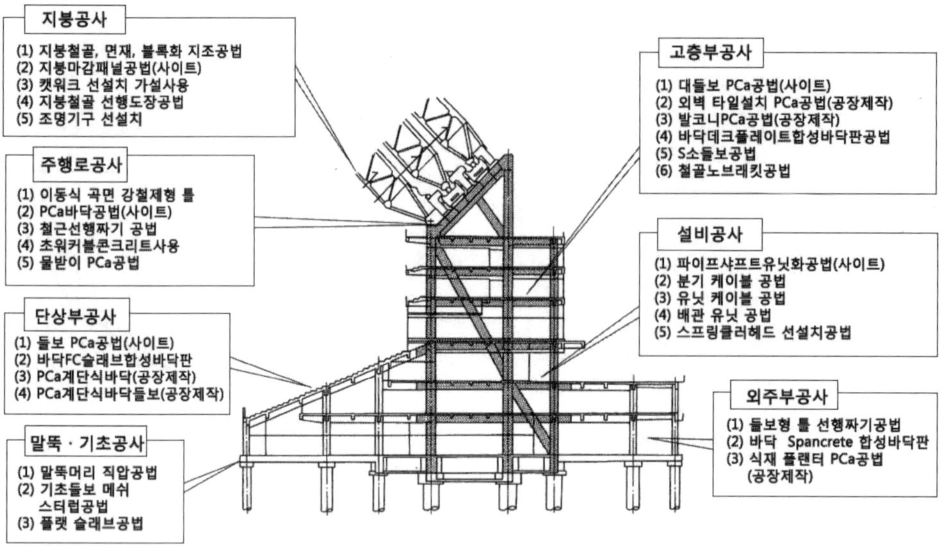

그림5 채용공법

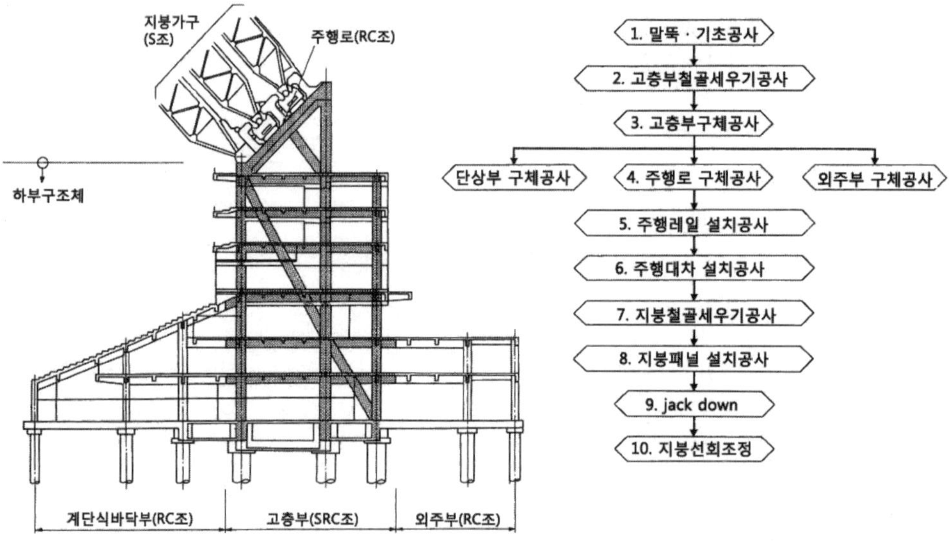

그림6 구조체의 구분

[표 1] 하부구조체 채용공법과 수량 및 채용률

항목 / 부위	공법명	대상 수량	공법채용률(%)
고층부 (SRC조)	대들보PCa(사이트)	5,390㎥ 1,757피스	76% (콘크리트 비)
	외벽타일설치 PCa	1만4,560㎡	100%
	발코니 PCa	482㎥ 351피스	100%
	바닥데크플레이트	5만6,150㎡	100%
	S소들보	2713피스	97%
단상부 외주부 (RC조)	들보 PCa(사이트)	2,173㎥ 819피스	79% (콘크리트 비)
	PCa 계단식들보	1,102㎥ 72피스	100%
	바닥FC 슬래브, 스판크리트	4만4,658㎡	89%
	PCa 계단식바닥	1,707㎥ 4,517피스	100%

따라서 설계단계부터 적극적으로 사이트프리캐스트(PCa)화를 비롯한 많은 복합화 공법을 채용하고, 또 시공난이도(施工難易度)가 높은 부분에서는 이동식의 곡면강철제형 틀공법 및 초워커블 콘크리트 등을 채용하여 정밀도 및 품질의 확보, 노동력 절감화를 도모(圖謀)하였다.

공사를 진행하기에 앞서, 그림에서 나타내듯이 건물 전체를 고층부, 외주부, 단상부(계단식 바닥), 주행로 및 지붕구조로 크게 5개의 블록으로 나눠 지붕공사에 대한 최상 경로(critical path)를 명확히 하였다. 공사 공정표를 그림에 나타낸다. 이하, 하부구조체 및 주행로 구조체의 시공법에 대해 기록한다.

▸ 하부구조체공사

채용공법

여기서 채용한 주요 공법의 개요를 표 1에 나타낸다. 약 1만 2,000t의 지붕을 지탱하는 고층부는 철골철근콘크리트(SRC)조이고, 대들보를 사이트 PCa로 하고, 소들보는 철골(S)조, 바닥은 데크플레이트 합성바닥판으로 하였다. 외벽은 타일설치 PCa판 및 형틀용 얇은 프리캐스트(PCaF)판으로 하여, 철골세우기와 동시에 설치해 갔다. 또, 저층의 철근콘크리트(RC)조의 들보는 사이트 PCa로 하고, 바닥은 PCaF바닥판에 의한 합성바닥판으로 하였으며, 기둥과 바닥의 현장타설(現場打設) 콘크리트에 의해 구조체의 일체화를 도모하였다. 특히 시공상 시간이 걸리는 단상부(계단식 바닥)의 경사단 들보 및 단상은 공장제작에 의한 PCa재로 하여, 시공효율을 높였다. 이 결과, 하부구조체의 PCa화율은 약 16%(콘크리트 용적비)였다.

시공은 평면적으로 크게 4공구로 분할하고, 다시 각 공구를 4개로 나누어, Y축을 중심으로 좌우대칭으로 수평, 수직의 택트를 유지하며 공사를 진행해 갔다.

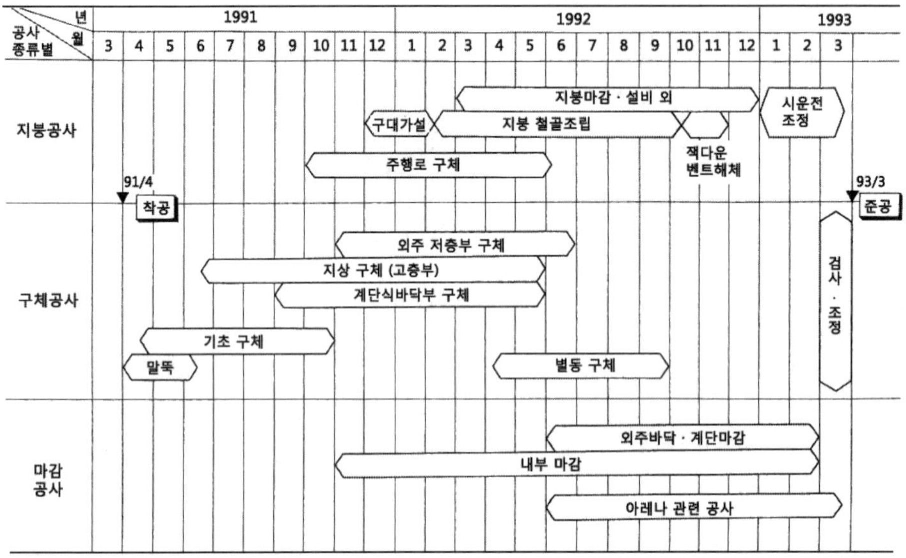

그림7 공사공정표

[표 2] PCa 부재의 필요강도

시공단계	필요 강도(kgf/㎠)
탈형 시(재령 17시간)	100
매달기 시(재령 7일)	250
4주 강도	270

사이트 PCa부재의 생산(生産)

부지 내의 일부에 9,600㎡의 사이트PCa야드를 마련하고, 들보형틀 13베드를 2레인 설치하여 SRC 및 RC의 PCa를 제작하였다. 생산 사이클은 1일 1사이클로 증기양생방식으로 하였다. 이 사이클을 확보하기 위해, 시공의 각 단계에서 탈형 시, 매달기 시 등에서의 필요강도를 표와 같이 정하고, 증기양생에 의한 적산온도와 압축강도로부터 조합을 결정하였다. 제작 시에는 탈형강도 및 매달기 강도를 확인한 후, 탈형(脫形) 및 매달기를 실시하였다.

들보 철근의 접합은, SRC들보의 경우 기계식 연결방식으로 하고, 또 RC들보의 경우는 기둥 내 앙카 방식으로 하였다. 특히 원주방향의 들보는 접합부에서 5° 굽어 있기 때문에, 철근 위치 정밀도가 엄격히 요구되어, 전용치구를 고려해 조립으로 정밀도(精密度)를 확보하였다.

생산 공정관리에는 PCa부재 생산관리시스템을 도입하여, PCa들보의 설치일을 기준으로 부재의 납입 · 조립부터 콘크리트 타설일까지의 스케줄을 작성, 관리하고 예정대로 제작 · 세우기를 실시하였다.

주행로 구체공사

주행로는 45°로 경사진 링 형상의 구조체로, 고소(高所)에서의 작업이기 때문에, 시공난이도가 매우 높고, 또, 기능상 고정밀도가 요구되고 있다. 따라서 각종 공법 검토를 실시한 결과, 노판부와 리브들보부로 크게 나누고, 노판부는 부지의 여유를 최대한으로 활용하여, 통상적(通常的)으로는 운반이 불가능한 크기이고, 또 정밀도가 요구되는 지붕 주행용 레일을 선행(先行) 설치한 대형 PCa판 공법으로 하였다.

리브들보부는 각 단 각각 동일한 곡면(曲面)의 반복이므로, 이동식 대형 곡면 강철제형 틀공법을 채용하기로 하였다. 타설하는 콘크리트는 충진성, 유동성 및 내분리성 등이 뛰어난 초워커블 콘크리트를 이용하기로 하였다. 표에 채용공법을 나타낸다. 시공순서는 7층 구체 완료 후, 그림 12에서 나타내는 순서로 시공하고, 각단계별로 3차원 계측(計測)에 의해 정밀도 확보를 하였다.

노판(路版)부

유발 모양의 곡면을 이루는 노판을 대형 PCa판으로 하고, 지붕 주행용 레일을 설치한 후 양중(揚重)함에 따라, 복잡하고 위험성이 높은 작업은 모두 지상에서 실시할 수 있어, 품질 및 생산성의 향상을 도모할 수 있었다.

이 대형 PCa판은 폭 2.9m, 길이 8.5m, 두께 75~90㎝로, 1피스의 중량이 약 40t이나 되어, 전부 216피스 제작하였다. 상, 중, 하단의 각 형틀은 강철제의 곡면형틀로 하고, 철근은 미리 제작된 조립 철근을 세트하여, 콘크리트 타설 후 증기양생을 실시하였다. 특이 이 PCa판에는 지붕 주행용 레일을 지상에서 설치하여 양중하는 점 및 철근량이 많고 또 랩조인트라는 점에서 높은 제작 정밀도가 요구되어, 각종 치구(治具)의 고안 및 제작방법의 개선(改善)을 도모하였다.

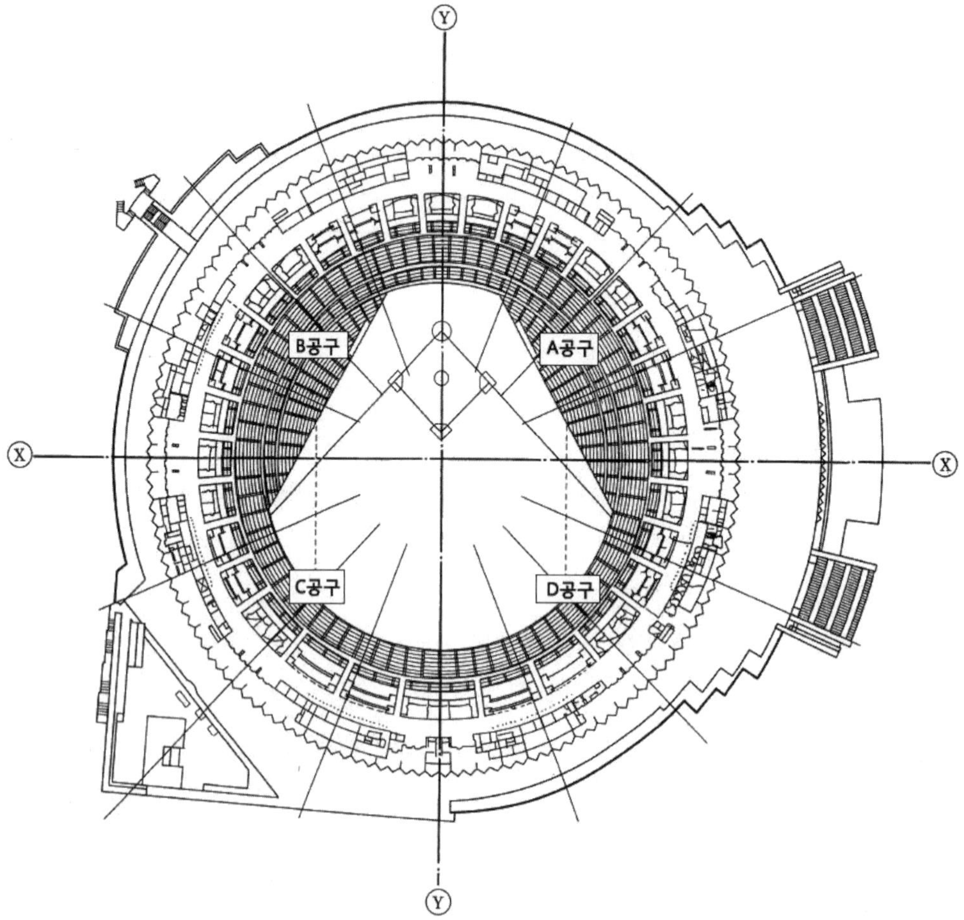

그림 8 공구 분할

[표 3] 대들보 PCa 콘크리트 조합표(사이트)

조 합 표(kg/㎥)									
시멘트	물	세골재	세골재	조골재	조골재		혼화재	혼화재	
403	181	717		602	405		1.008		
물 시멘트비	45.0 %	세골재율	42.9%	세골재 혼합비 (질량비)	100%	%	조골재 혼합비 (질량비)	60.0 %	40.0 %
콘크리트에 포함되는 염화물 함유량(염소이온으로서)					0.30kg/㎥ 이하				

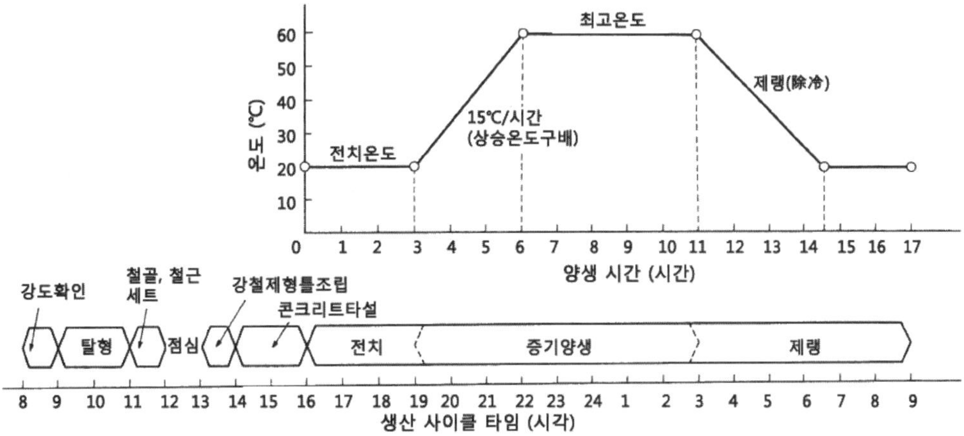

그림 9 생산 사이클과 양생온도

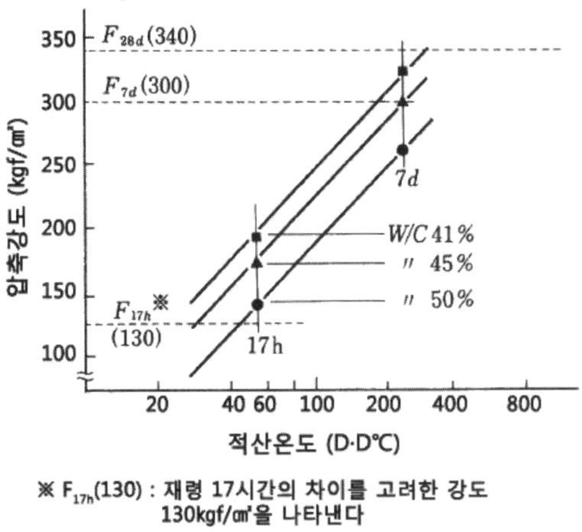

그림 10 적산온도와 압축강도

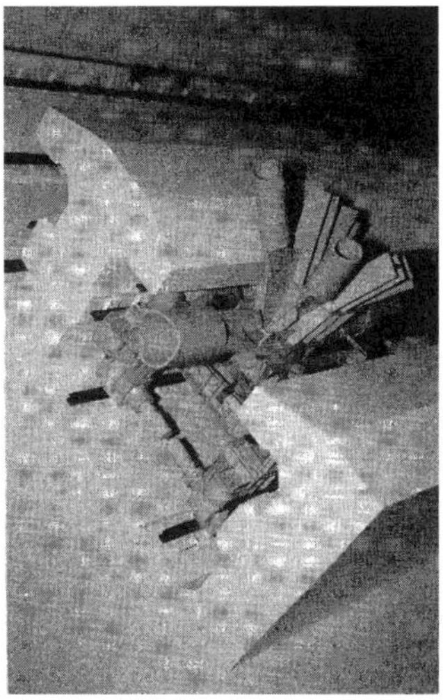

사진 2 구동대차 · 주행로모형

타설하는 콘크리트의 강도관리는, 하부구조체에서 실시한 사이트 PCa부재의 강도관리수법을 활용하여 강도를 확보(確保)하였다.

이와 같이 해서 제작된 PCa판을 650t 능력의 초대형 크레인으로 7층 경사들보 위에 설치하고, PCa판 사이에는 특히 곡면 강철제 형틀은, 탈형 · 이동 · 조립의 일련의 작업이 원활하게 진행되도록, 본설 레일을 이용하여 횡 이동할 수 있도록 하고, 또 안전시설(安全施設)을 넣었다. 시공에 앞서 하단, 중단, 상단의 3종류의 형틀을 하단에서 순서대로 진행하고, 각 단의 시공이 원활하게 진행되도록 택트 공정을 편성(編成)하였다.

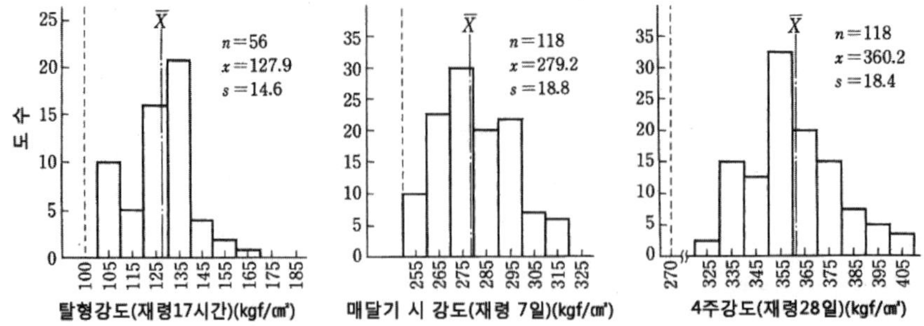

그림 11 콘크리트의 강도

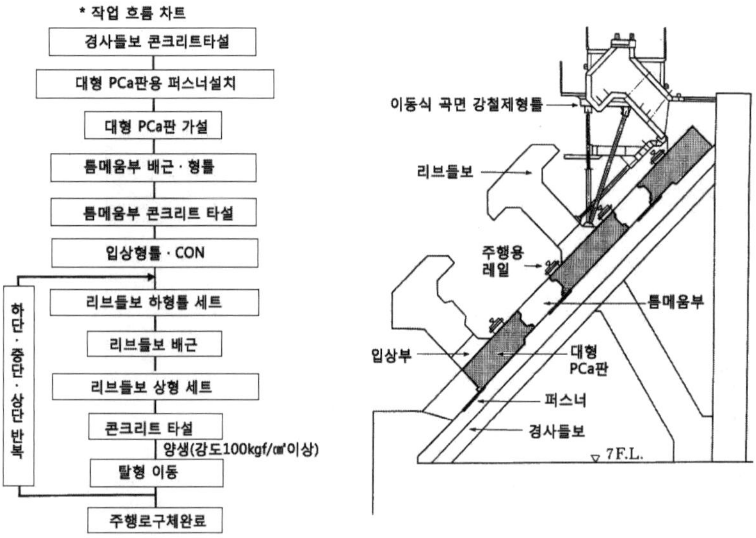

그림 12 주행로 시공 순서

[표 4] 주행로 구체 채용공법과 대상 수량 및 채용율

부위 \ 항목	공법명	대상 수량	공법채용률(%)
주행로부 (RC조)	노판부 PCa판	3,600㎥ 216피스	100%
	곡면강철제형틀	2만6,773㎡	100%
	빗물받이 PCa판	294㎥ 254피스	100%

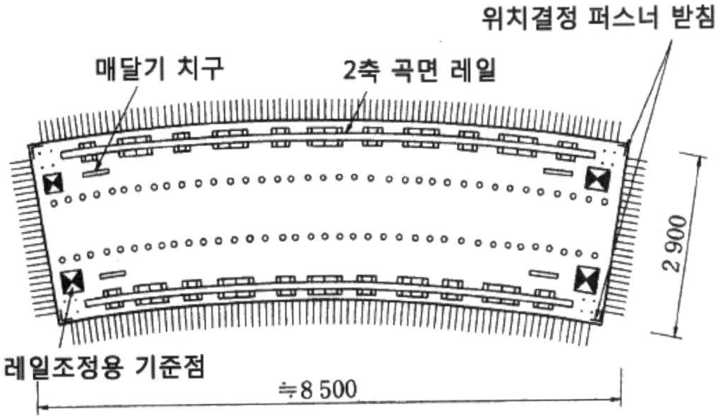

그림 13 레일 선행설치 대형 PCa바닥판

일본 최초의 개폐식 지붕을 가지는 후쿠오카 돔의 공사에는 엄격한 정밀도와 24개월이라는 초단공기(超短工期) 시공이 요구되었다.

특히, 지붕을 지지하는 구조체를 정밀도 높고, 소정(所定)의 공정 내에 어떻게 시공하여 지붕공사로 이행하느냐가 중요한 과제 중 하나였다. 따라서 하부구조체에서는, 보유기술을 더욱 개선하고, 들보, 계단식바닥 및 외벽 등의 구체 콘크리트의 PCa화를 비롯한 복합화(複合化) 공법을 집약(集約)하여, 설계 및 시공에 반영시켰다.

또, 복잡한 단면형상(斷面形狀)으로 시공 난이도가 높고, 고정밀도가 요구된 주행로 구조체의 시공에서는, 부지조건 및 형상을 총 활용한 레일설치 대형PCa판 공법 및 이동식 대형 곡면 강철제 형틀 공법의 개발과 1만 m^3나 되는 대량의 초워커블 콘크리트의 채용 등을 실시하여, 세밀한 정도, 품질 및 공정의 관리에 따라 질(質) · 량(量) 모두 일본 최초라는 이름에 걸맞은 건물을 공기 내에 구축(構築)할 수 있었다.

4. 도쿄 돔 [東京ドーム][Tokyo Dome]

■ 건축 개요

① 소재지	도쿄도 분쿄구 코라쿠 1-3(東京都文京区後楽 1-3)
② 건축 면적	46,755㎡
③ 건축 규모	막 지붕 대각 201×201m의 타원형-높이 56.19m
④ 구조 형식	지붕 구조 : 저(低) 라이즈 케이블 보강 공기막 구조 라이즈 / 스팬 비 25 / 201m = 0.124 하부 구조 : 철골 철근 콘크리트 조, 내력 벽, 브레이스를 가지는 라멘 구조
⑤ 발주자	(주)도쿄 돔
⑥ 설계 · 감리	디자인 · 구조 · 설비 -닛켄설계(日建設計) · 타케나카공무점
⑦ 시공자	타케나카공무점
⑧ 시공기간	1985년 5월 ~ 1988년 3월
⑨ 참고 자료	디자인 : 일본 최초의 대형 에어 돔, 야구 중심(中心)의 돔이지만, 콘서트 및 풋 볼 등의 이벤트에도 이용되고 있다. 돔 주변에는 선바이저라 불리는 글라스 지붕으로 덮인 공간을 설치하여, 이벤트 전후의 쾌적한 유유(溜留)공간으로 하고 있다. 구조 : 8.5m 간격으로 28줄 케이블로 보강된 두께 0.8㎜의 테플론(Teflon)막을, 건물 안팎의 공기압차(30 mmAq)에 의해 지지되고 있다. 태풍 시에는 케이블이 저항함과 동시에, 최대 90mmAq까지 내압(耐壓)을 높여 막 면의 강성을 확보하고 있다. 시공 : 하부 구체는 기밀성의 확보, 막 지붕은 확실한 인플레이트가 초점이었다. 특히 인플레이트는 개시 후 불안정한 상황을 거쳐 안정상태가 되었기 때문에, 도중에 파손되지 않도록 시뮬레이션을 몇 번이고 실시하기로 하였다.

■ 위치

분쿄구
文京区
도쿄 돔
도쿄 대학
東京大
Hongo Post Office
Bunkyō Hakusan-shita Post Office
Chuo University Korakuen Campus
고라쿠엔
後楽園
가스가
春日
이다바시
飯田橋
스이도바시
水道橋
中央線
中央東線
JCHO Tokyo Shinjuku Medical Center
시로가네 공원
白銀公園
가구라자카
神楽坂
Institut français du Japon - Tokyo
Yasukuni Shrine
靖国神社
구단시타
九段下
일본 무도관
과학기술관
科学技術館
진보초
神保町
오차노미즈
御茶ノ水
아키하바라
秋葉原
우에노 공원
上野恩賜公園
유시마
湯島
Bellesalle Kanda
Izumi Kyōka's Former Residence
Kyoritsu Dainichizaka Kindergarten
Toei Shinjuku Line
이치가야
市ケ谷

도시의 '얼굴'이라고도 할 수 있는 일본 최초의 전천후형 다목적 스타디움, 1988년 개장 이래, 야구는 물론이고, 콘서트 및 전시회 등 연간을 통해 다양한 빅 이벤트가 개최되고 있다. 전천후형이기 때문에, 날씨에 좌우되지 않고 안심하고 사용할 수 있다.

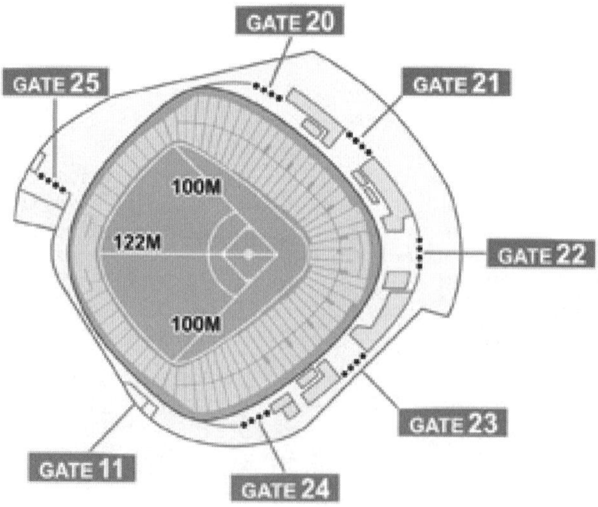

■ 시설 규모

용적	약 124만㎥
층수	지하 2층 지상 6층
높이	최고부의 높이 : 지상 56.190m 그라운드 면으로부터의 높이 : 61.690m 그라운드 면 : 지하 5.500m
수용인수	55,000명(야구 시 약 46,000명)
그라운드	면적 : 13,000㎡ 양익 : 100m, 외야 센터까지 : 122m 펜스의 높이 : 4m

정면의 외관

■ 공기압(空氣壓)으로 부풀어지다

1980년에 구상(構想)한 이래 약 8년에 걸쳐서 완성되었다. 일본에서 전례(前例)가 없는 공기막 구조의 지붕을 가진 거대한 돔 건축물의 등장(登場)이다. 막으로 된 지붕을 부풀리기 위해 가해지는 공기압은 평상시에 30mm Aq(대기압의 0.3%)로 빌딩으로 예를 들면 1층과 9층 정도의 기압차(氣壓差)이다. 회전도어를 열고 돔 안으로 들어가면 기차가 터널을 들어가는 것처럼 한순간 귀가 멍하지만 그 이후에는 아무 위화감(違和感)도 없이 지낼 수 있다.

설계에서 먼저 대두된 문제는 개구부를 관리하기 용이하도록 한곳에 모으고 싶지만 피난 상 문제점이 발생할 수 있다는 점이 있다. 그리고 유리는 파손(破損)의 위험이 있기 때문에 제한된 장소밖에 사용할 수 없으며, 또한 개구를 줄이면 창고(倉庫)와 같은 건물이 되어버리는 문제점이 있다. 내압의 영향을 받지 않는 외압 존을 어떻게 설계하는가가 가장 커다란 포인트이다. 사람의 출입은 기본적으로 4장의 날개를 가진 회전도어로 이루어지며 단, 피난 시나 퇴장 시에는 회전도어 옆에 설치한 문도 개방한다.

진출입에 있어서는 방풍실과 같은 완충 공간(緩衝 空間)을 설치해서 대응하고 있다. 모터쇼 등 차량의 진출입이 많을 경우에는 가압팬을 보통 때보다 많이 작동시키고 셔터를 열어 진입하는 것도 가능하다.

돔의 야경

공조는 스탠드의 온도를 여름에는 28도, 겨울에는 18도로 설정하고 있다. 스탠드 후방의 상부에 있는 슬릿(홈이나 틈)으로부터 냉 · 온기를 송출(送出)하고 좌석 근처에서 흡입(吸入)이 이뤄지면서 관객들이 머무는 공간의 공기를 조절하는 방식을 적용하고 있다.

막재(幕材)는 유리섬유로 짠 천에 4불화 에텔렌 수지를 코팅한 것이다. 두께는 외막이 0.8 mm, 내막이 0.35mm이다. 막에는 보통 30kg/m2의 압력이 가해지는데, 강풍이나 220kg까지의 눈의 하중을 견딜 수 있다. 막재의 수명은 20년 이상 유지되도록 했으며 수명이 다했는지 여부의 판단은 옆 빌딩의 옥상(屋上)에 위치하고 있는 막재의 시험체를 사용해 정기적으로 검사하도록 되어 있다. 강설 시에는 외력을 높여서 대응하도록 하였다.

강설계와 적설계를 설치해서 눈을 감지한 경우, 내압을 35mmAq까지 올린다. 동시에 2중막 내부로 45도의 온풍(溫風)을 내보내 눈을 녹인다.

눈을 녹이는데 사용하는 온풍은 경기장용 난방 시스템의 댐퍼(damper)를 2중막 쪽으로 바꾸어 공급한다. 강한 적설에 대해서는 레벨센서로 계측한 중앙부의 변위가 2.5m를 넘을 경우, 내압의 설정을 올리고 최대 90mmAq까지 올릴 수 있다.

관객석

단, 행사 개최 시에 사용할 수 있는 내압은 45mmAq까지로 정하고 있다.

보통 막지붕은 2대의 가압 송풍기에 의해 유지되고 있다. 소요되는 전기료는 하루에 약 20만엔이다. 사람들의 출입이 많은 경우나 악천후 시에는 가동대수를 더 늘릴 필요가 있다. 더구나 여기에 가스 냉방의 사용을 고려하면 1일당 80~100만엔의 비용이 든다.

■ 5만 명이 12분 내에 실외(室外)로 이동 가능

스팬201m, 높이 60m, 용적 124만㎥, 수용인원 5만6000명이다. 이 대공간 건축의 방재계획은 기존의 법체계로는 얻을 수 없었다. 건축 기본법이나 도쿄도의 안전규정, 화재 예방 규정과 동등한 레벨 이상의 안전성을 확보하기 위해 계획을 종합적으로 보지 않으면 안 된다.

실외와 가까운 실내 공간이라는 방침이 기본으로 생겨났는데 '축연(蓄煙)'이라는 방법이 있다. 화재가 발생하면 연기는 일단 상승하고, 지붕 가까이에 모인다. 그때부터 연기가 냉각(冷却)되어 하강할 때까지의 사이에 관객의 피난(避難)을 완료시킬 수 있다고 하는 것이다. 구체적으로는 경기장의 필드나 스탠드로부터 나가는데 8분, 건물 외부로는 15분 이내에 피난(避難)할 수 있는 것을 목표로 하고 있다.

시뮬레이션에 의하면 연기가 경기장 내로 하강하는 것은 화재가 발생한 후 23분 이후이지만, 인간이 심리적(心理的)으로 견딜 수 있는 시간은 한계가 있기 때문에 이 한계 시간을 목표로 해서 최종적인 계획을 결정했다. 이 계획으로 피난시간을 예상해 볼 때, 화재가 난 이후로 12분 이내에 실외(室外)로 완전히 피난할 수 있다고 하는 결과가 나온다.

천정면

외벽의 최상부

■ 건축 구조

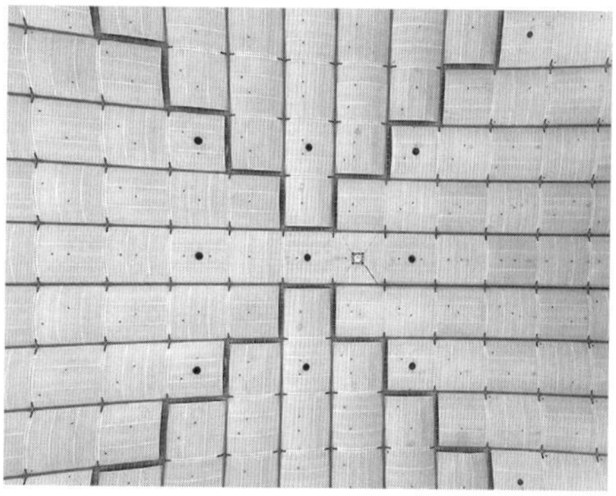

▸ 지붕막

지붕막에는, 도쿄 돔을 위해 개발된, 불소수지코팅이 된 유리섬유 막재를 사용하고 있다. 28개의 케이블에 의해 지탱되고 있어, 총 중량은 400t에나 달한다. 막은 2중구조로 되어 있고, 두께가 내막이 0.35㎜, 외막이 0.8㎜으로 얇기 때문에, 태양광의 약 5%를 투과한다.

▸ air- supported Dome

도쿄 돔은, 공기의 압력차로 지붕막을 지탱하는 air- supported Dome이다. 가압 송풍 팬에 의해 끊김 없이 돔 내에 공기를 불어 넣어, 돔 내의 기압을 외부보다도 0.3% 높게 해서 지붕막을 지탱하고 있다. 인체에는 거의 느껴지지 않는다. 또, 돔 내에서 최대한 공기를 놓치지 않도록, 출입구에는 회전 도어가 이용되고 있다.

▸ 가압 송풍 팬

돔을 둘러싸듯이, 스탠드의 최상부에 총 36대 설치되어 있다. 이벤트 개최 시에는 10대~18대가 가동되는데, 폐장 시에는 2대의 가동으로 충분히 대응할 수 있다.

▸ 회전도어 · 밸런스도어

돔 내부의 기압을 유지하기 위해, 출입구에는 회전도어(총 54개소)를 사용하고 있다. 또, 야구 종료 시나 비상 시에는, 한 번에 많은 인원이 출입할 수 있는 밸런스도어(총 80개소)를 보조적으로 사용한다.

▸ 도쿄 돔 · 인플레이트(inflate)

지붕을 들어 올리는 작업은, 1987년 6월 28일에 실시되었다.

오전 5시 30분
온화한 바람이 부는 이른 아침. 송풍 개시. 내압을 서서히 올려간다.

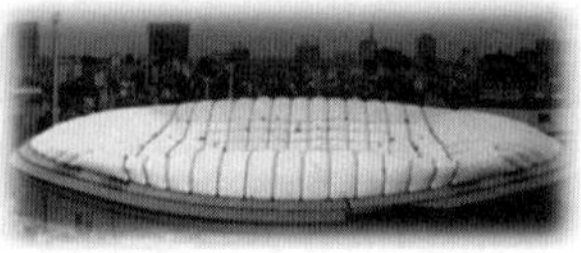

오전 6시 25분
주변부에서 막이 반전되어 중앙으로 나아간다.

오전 8시 3분
지붕은 목표 높이에 달하여 무사히 종료되었다.

■ 경량(輕量)의 조명기구를 막으로부터 매달다

지붕은 투광률 5%의 막재로 씌워져 있다. 한낮에 필드의 밝기는 맑은 날에는 2,000~3,000룩스, 흐린 날에는 500~900룩스이다. 주간에 밝기가 부족할 때에는 인공조명과 어떤 식으로 병용(併用)하는지가 조명계획의 테마였다.

자연광은 시시각각 변화하고, 인간의 눈에는 순응성(順應性)이 있기 때문에 조명을 갑자기 켜거나 끄거나 하는 것은 별로 좋지 못하다. 이 때문에 인공조명은 모두 수동으로 사용목적에 대응해서 분간하도록 하고 있다. 판단 기구로서 명도 센서와 막면의 밝기를 측정하는 센서를 설치하고 있다.

노을 무렵부터 밤 시간에는 높이 뜬 볼을 보기가 어렵다. 이것을 조금이라도 해소(解消)하기 위해서 필드나 막에는 빈 공간을 비추는 조명을 사용하고 있다. 이 조명은 막면의 밝기를 측정하는 센서가 계측한 수치를 기본으로 작동한다. 기본 조명기구는 미국의 메트로 돔의 실패의 예를 교훈(教訓)으로 막지붕에 부담이 가지 않도록 배려하고 있다.

메트로 돔에서는 막지붕으로 부터 연결된 조명기구가 너무 무거워서 지붕의 케이블이 휘어, 예상보다 4m나 지붕이 낮아지게 되었다. 이 때문에 조명기구는 관객석 후방 상부의 캣워크에 설치하고 부족한 부분은 막지붕으로 부터 바톤라이트를 연결해 보충(補充)하도록 하고 있다. 바톤 라이트도 무거운 안정품을 바깥으로 해서 컴프레이션 링에 설치하거나, 장치를 유네코다식으로 해서 여분(餘分)의 케이블을 제거하는 경량화를 꾀하고 있다.

■ 잔향시간(殘響時間)은 만석 시 3.5초

잔향시간이 길어지는 것은 대공간 건축의 숙명(宿命)이다. 에어돔은 지붕에 흡음재를 붙일 수 없다는 단점을 내포하고 있기 때문에 이 문제를 조금이라도 해소하기 위해 벽에서부터 중앙광장의 천정에 이르기까지 될 수 있는 한 흡음성이 높은 마감 재료를 사용하였다.

막이 이중으로 되어있는 점은 음향에는 좋은 조건으로서 작용하며, 잔향시간은 공석 시에 5.5~ 6.0초, 만석 시는 3.5초 정도로 나타난다.

방송 시스템은 컴퓨터 시스템을 도입하여 사용하기 쉽게 하고 있다. 막으로 된 천정 중앙에 메인 스피커를 달고 그 주위의 관객석의 위에 21개의 스트레이트 스피커를 달았다. 이 2종류의 스피커로부터 동시(同時)에 음을 흘려보내면 사람의 귀에 도달할 때까지 시간의 차이가 생기고, 아나운서 목소리의 명료도가 떨어져버린다. 그 때문에 딜레이 타임머신을 컴퓨터로 제어(制御)하여 2종류의 스피커의 음이 동시에 관객의 귀에 도달하도록 배려하고 있다.

■ 3개의 패턴을 설정

건물의 다목적이용을 가능하게 하는 것은 1만 2,669석의 가동석이다. 좌석의 패턴은 야구장 외에 2타입의 모드를 설정하고 있다. 가동석(可動席)을 도중까지 수납하는 타입과 전부 수납해버리는 타입이 있다. 전자는 축구 코트, 후자는 육상경기의 400m 트랙을 만드는 경우이다. 좌석을 완전히 수납시키거나 꺼내는 데에는 4시간이 소요된다. 보통 가동석은 가구 취급을 하는 경우가 많지만 이 경우에는 일본 건축기준법 38조에 의해 특별히 인정받고 있다.

인공잔디 두루마리를 펼치는 것은 롤러를 장착한 트랙터와 같은 전용 기계가 한다. 인공잔디의 폭은 4m, 길이는 20~80m로 3대가 가동해서 약 8시간이 걸린다.

■ 일본 최초의 대규모 공기막 구조 다목적 경기장 : 도쿄 돔

구(舊) 야구장의 노후화(老朽化)에 따라, 전천후형 경기장으로서 계획된 시설이다. 건물은, 야구 등의 스포츠 관람을 주목적으로 하고, 5만 명을 수용할 수 있는 규모를 보유하고 있는데, 집회 및 전시회장으로서도 이용할 수 있는 다목적 시설로 되어 있다. 미국과 다른, 일본의 풍토에서는, 공기막 구조를 만들려고 하는 기대감은 굉장하여, 하드 · 소프트 양면에 걸쳐 다종다양한 기술이, 계획, 구조, 설비, 시공 면에서, 집적 통합화되어 있다. 일본의 막 구조 발전의 계기가 된 건물이다.

밝기와 부드러움, 그리고 우주공간을 연상(聯想)시키는 스케일 감. 자유롭고 다이내믹한 대공간을 창출해 내는 것, 이것인 테마가 되었다. 아레나는, 양익(날개) 100m, 중견 122m의 필드를 중심으로, 일본 최초로 3중 스탠드가 둘러싸고 있다. 아레나의 천장 높이는 60.7m, 보통의 타구로는 닿지 않도록 배려하고 있다.

관객의 동선(動線)에 대해서, 하단 스탠드에는 높이 5m의 인공 지반으로부터, 상 · 중단 스탠드에는 선바이저 하부의 계단을 이용하여, 각각 입장할 수 있도록 되어 있다.

외관에는, 인접하는 녹음이 풍부한 고이시카와(小石川) 고라쿠엔(後楽園)정원과 주변의 풍경 등 주변 환경에 대한 배려를 하여, 지붕 전체를 북측으로 향해 1/10구배로 경사를 줌으로서,

세계에서도 보기 드문 형태를 창출해 내고 있다.

또 남쪽의 벽면에는, 지붕면 단부의 경사각과 동일한 각도를 가지는, 글라스로 된 선바이저를 설치하여, 벽이 가지는 압박감(壓迫感)을 없앰과 동시에, 통행인에게 지붕의 존재를 예감시키는 효과를 기대하고 있다. 돔의 외측에는, 인공지반(人工地盤)을 설치하여, 일반통행에 도움을 줄 뿐 아니라, 피난 시 중요한 동선이 되기도 한다.

■ 구조원리

공기막 구조(공기 지지구조)는, 밀폐된 공간에 공기를 주입함으로서, 실내의 공기압(내압)을 지붕 중량보다 크게 하여, 지붕을 지지하는 구조이다. 이 원리의 개념은 오래되었고, 기구나 레이더 돔 등에서 찾아볼 수 있다.

이 구조가 스팬 200m급의 대규모 건물에 적용할 수 있게 된 것은, 테플론이 코팅된 글라스 섬유 천이라는 고강도, 경량의 막재가 개발된 것과 케이블로 보강하는 시스템이 고안된 것이, 크게 기여하고 있다. 또 본 건물과 같이, 풍하중 시에 상향의 압력(부압)을 발생시키는 편평한 지붕으로 하는 것과 외주부의 컨프레션 링을, 휨 모멘트가 생기기 어려운 형상으로 하는 것도 중요하다.

■ 내압(耐壓)

막재와 케이블로 구성되는 지붕면은 경량(본 건물은 14.2kg/㎡)이기 때문에, 지붕을 지지하기 위해 필요한 압력은 작아도 된다. 예를 들어, 본 건물의 평상시 내압은 30㎜Aq(물기둥에서 30㎜분의 압력의 의미 : 30kg/㎡)과, 1기압의 0.3%에 지나지 않는다. 또 내압과 지붕 중량과의 차(본 건물은 15.8kg/㎡만큼 내압이 큼)는, 막에 장력(張力)을 도입하고, 강성을 부가하는 기능을 가진다. 이 때문에, 본 건물의 설계에서는, 내압의 설정과, 설정된 내압의 유지 · 제어(維持 制御)가 가장 중요한 포인트이다.

■ 내압의 설정

본 건물은 설명한 바와 같은 원리를 바탕으로 하고 있기 때문에, 내압을 최고치로 설정하는 것은 매우 중요하다. 예를 들어, 내압이 과소인 경우, 강풍 시 지붕면의 진동과, 적설 시에 대변형(大變形)이 발생하여, 관객에게 심리적 불안을 줄 뿐만 아니라, 구조면에도 악영향을 미친다.

한편, 내압이 과대일 경우, 러닝 코스트가 증대할 뿐만 아니라, 출입구 등 개구부의 풍속이 커져서, 퇴장 시의 안전성에 문제가 발생한다. 본 건물에서는, 풍속의 값과 지붕 면적 설량에 따라, 10단계의 기본 설정 값을 정하고, 퇴장 시, 피난 시, 정전 시 등의 상태(狀態)을 편성시켜, 세밀하게 설정 값을 정하고 있다.

■ 내압의 유지 · 제어

본 건물에서는, 내압을 설정 값에 신속하고 실수 없이 변경하기 위해, 풍속계, 강설계, 내압계, 지붕면 변위계, 문의 개폐 스위치 등의 센서로부터의 정보를 바탕으로, 송풍기의 회전수 제어 및 대수 제어, 댐퍼 등의 개폐 제어, 융설 장치의 ON/OFF 등을 자동적으로 실행하는 시스템(내압제어 시스템)을 구축하고 있다. 센서 및 그 외의 하드류는, 가능한 병렬화(竝列化)된 백업이 도입되고, 또 고장 시 페일세이프도 고려(考慮)되고 있다.

또 소프트 면에서는, 각종 센서 및 하드의 이상신호 및 고장의 감지, 또 정전, 화재 발생 등의 이상 시에 대한 대응, 또 시스템의 자기진단(自己診斷)까지도, 시스템의 로직으로 대응하고 있다. 그 외 오퍼레이터의 교육 훈련과, 조작 가이던스를 하는 AI(인공지능)시스템도 별도로 준비되어 있다.

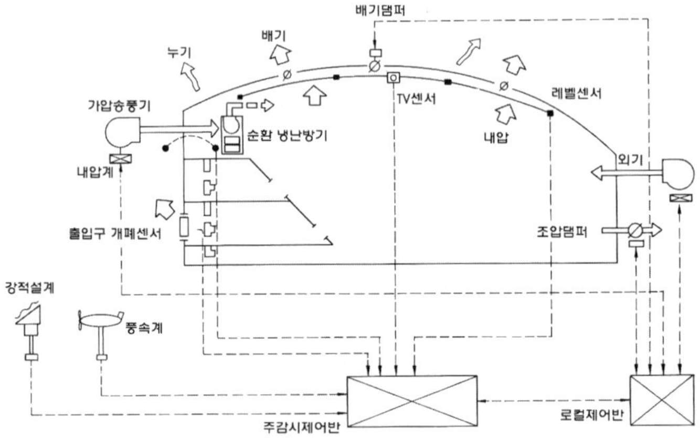

도쿄 돔의 내압제어 시스템

이와 같이, 세계에서도 보기 드문 정교하면서도 고도의 시스템이 적용된 배경에는, 미국의 공기막 구조에 몇 차례 발생한 적이 있는 사고로부터 배운 교훈이다. 이들 사고는, 주로 감시원의 판단과 조작에 맡겨지는 빈약한 제어 시스템에 그 원인이 있다고 분석되고 있다.

공기막 구조의 케이블과 막 공사는 디플레이트 상태(지붕이 오목한 형상의 상태)에서 이루어진다. 지붕 공사의 하이라이트는, 디플레이트 상태에서 공기를 주입(注入)하여, 완성 형상인 인플레이트 상태로 이행시키는 단계이다.

이 디플레이트 상태에서 인플레이트 상태로의 이행 도중에는, 케이블이 사행하기 때문에, 케이블의 꼬임 및 막의 찢어짐 등의 사고(事故)가 발생하기 쉽다. 해외에서는 거의 중대시 되고 있지 않은 이 사고를 회피하기 위해, 본 건물에서는 실험 및 해석을 통해 2년여에 걸친 검토를 하였고, 막 설치 부품의 디테일에 피드백으로 하는 등의 대책을 구축했다.

인플레이트는 무풍 상태의 기후를 선택하여 실시되었다. 감시 및 인플레이트 제어를 위한 참가 인원은 20명 이상이다. 이 하이테크의 건물이 유일하기 보여준, 수작업(手作業) 모습이기도 했다.

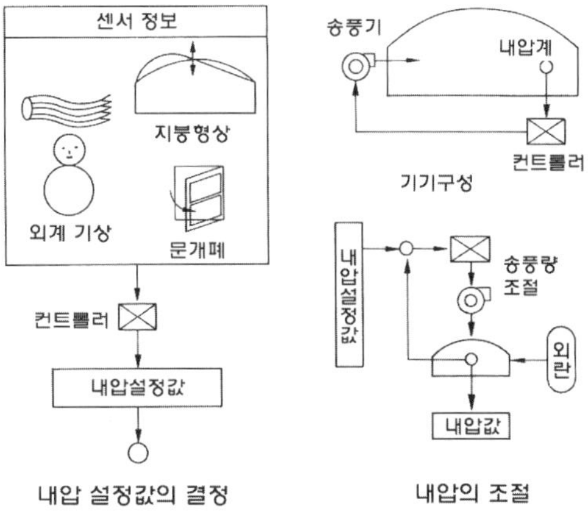

공기막 구조에서의 내압제어

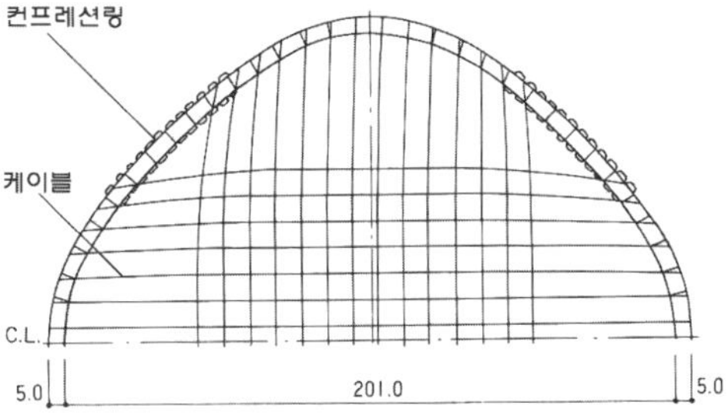

시공 중의 전경(좌측은 구 코라쿠엔 구장)

↓ 디플레이트 상태

↓

↓

인플레이트 상태

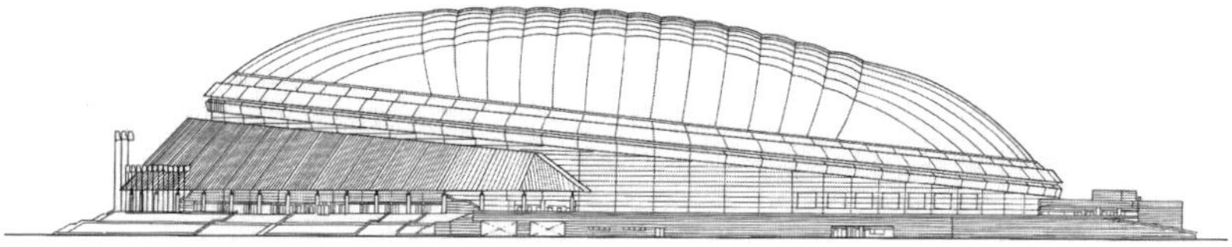

북동쪽 입면

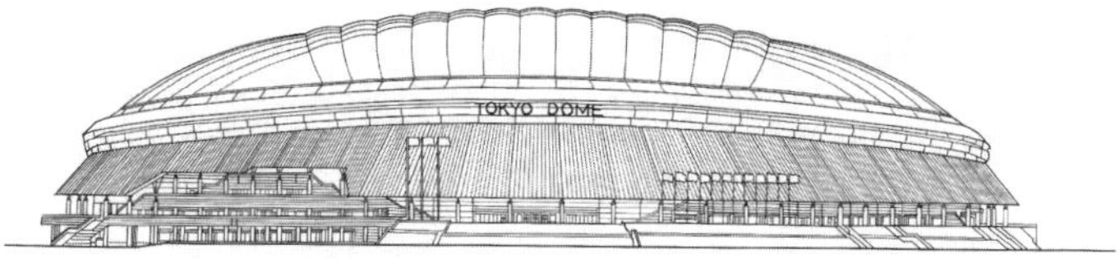

남동쪽 입면

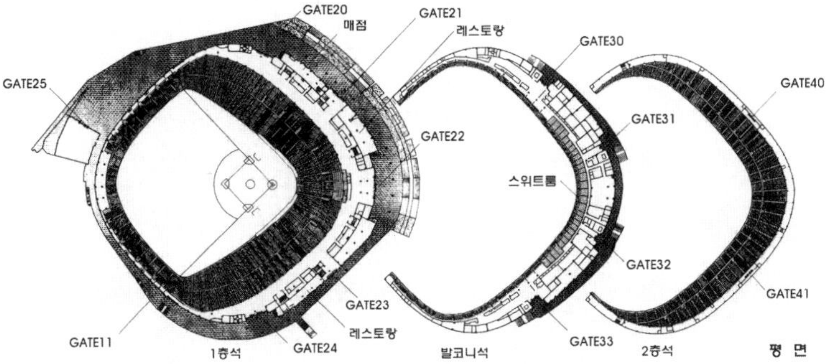

평 면

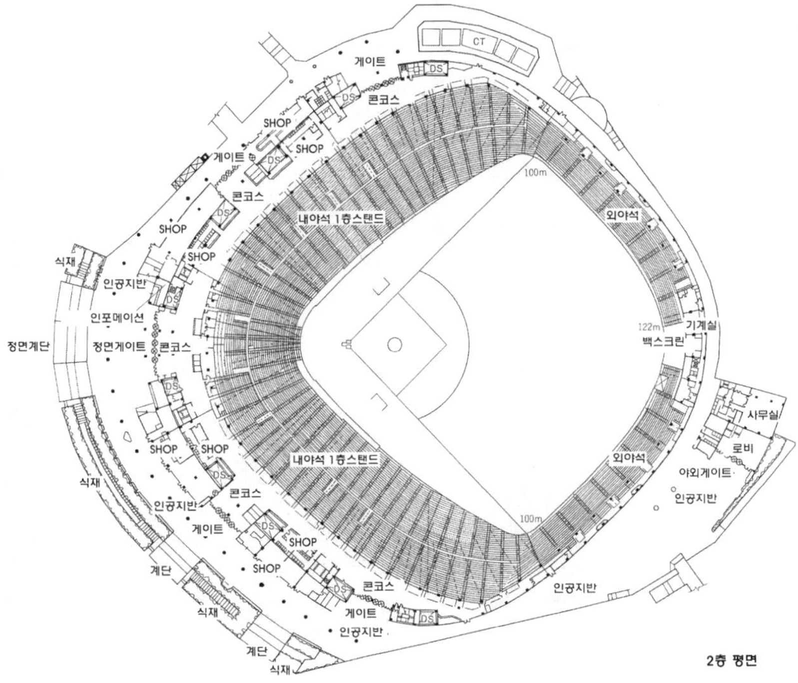

2층 평면

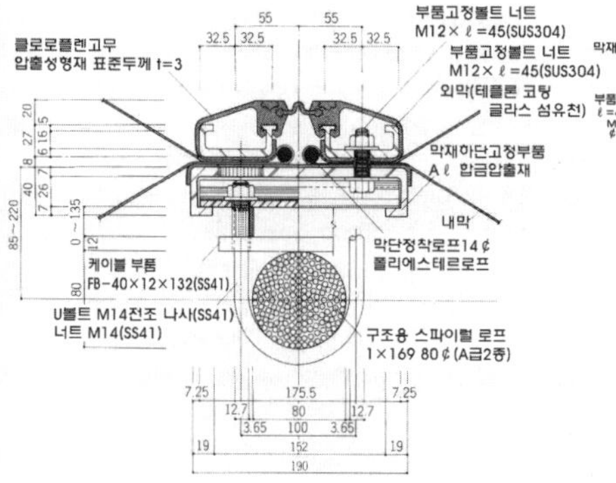

케이블부 막단 (A부) 상세 1/6

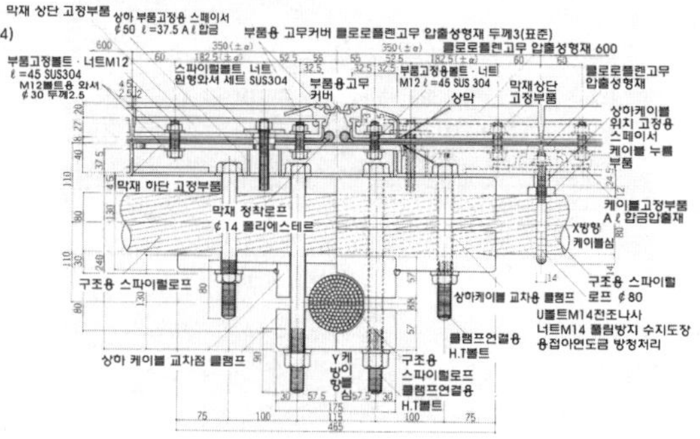

교점 클램프부 (B부) 단면 1/10

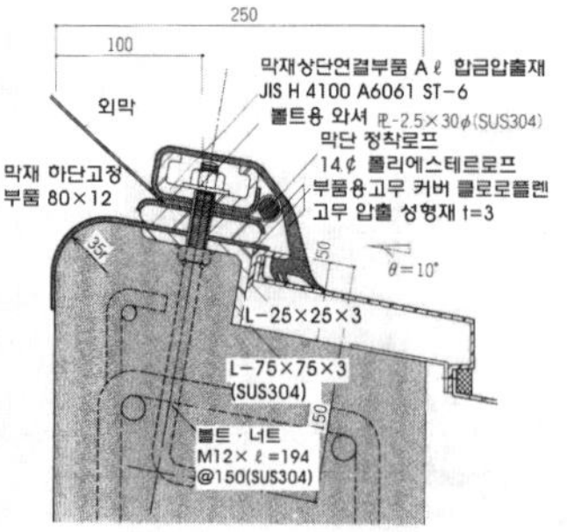

컨프레션링부 막단 (C부) 상세 1/6

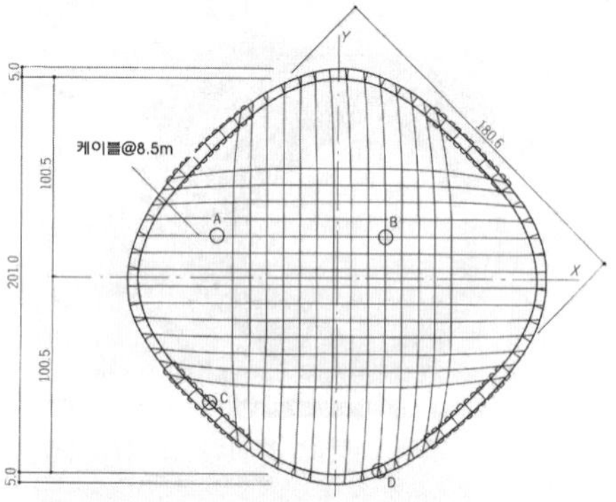

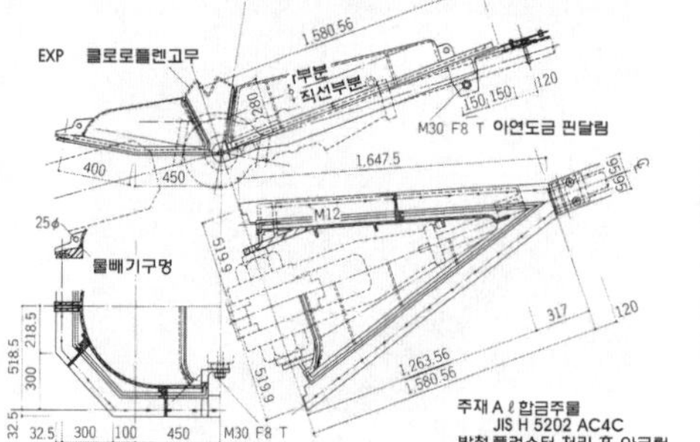

엘리미테이터(D부) 상세 1/40

엘리미네이터 (D부)

인공지반과 선바이저

■ 설비

▸ 조명

에너지 절약과 연출효과가 높은 조명환경을 실현하기 위해, LED투광기 「HID 2000형」을 약 700등 사용하고 있다.

이 LED투광기는 조광이 가능하기 때문에, 경기레벨에 맞춰 빛 번짐이 없이 밝기를 조정할 수 있고, 또 HID광원으로 설계한 종래의 것과 비교해 소비전력을 약 54% 삭감하고 있다. 프로야구 개최 시에는 배터리 간 2,600ℓx, 내야 2,200ℓx, 외야 1,800ℓx의 밝기가 된다.

▸ 음향시스템 · 장내방송 시스템

백스크린 옆에 최신 라인어레이 스피커를 메인스피커로서 22대 설치. 스타디움에 상설되는 것은 세계 최초이다.

라이브공연장 등에서 사용되고 있는 시스템으로, 스타디움 내에 더 쾌적한 음향환경을 제공한다.

▸ 오로라 비전

화면 사이즈는 세로 7.0m, 가로 34.0m.

표시 소자(素子)는 모두 소자 간격 12.5㎜, 발색 가능수는 10억 7천만 색의 전면 풀컬러 LED이다.

▸ 아레나 냉난방 시스템

가스열원에 의한 냉난방 시스템을 채용하고 있어, 여름철은 26~28℃ 정도의 냉방, 겨울철에는 18~20℃ 정도의 난방을 실시하여, 사계절 내내 돔 내의 공조를 쾌적하게 유지한다. 또, 가스를 열원으로 하고 있기 때문에, 피크 시(여름)의 전력 소비량 삭감에도 공헌하고 있다.

▸ 가동석

그라운드 양익에는, 13,000석의 가동석이 있다. 축구나 미식축구, 컨벤션 시에는, 스탠드를 수용하여 필드를 확장할 수 있다.

▸ 도쿄 돔 대규모 리뉴얼 계획

2016년 1월 1일부터 3년에 걸쳐, 영업을 계속하면서 단계적으로 공사를 실시한다.

▸ 하이테크 방재 시스템

■ 소화 시스템

도쿄 돔은, 화재를 자동으로 발견하고, 바로 소화(消火)할 수 있는 강력한 방재시스템을 갖추고 있다. 먼저, 디텍터라 불리는 화재검출기가, 최대 200m 앞의 작은 불까지 놓치지 않고 발견하여, 컨트롤 유닛에 정보를 발신한다. 컨트롤 유닛은, 화재의 규모에 맞는 적절한 캐논(공기압식 방수총)을 선택하고, 화원을 향해 거리에 따른 수압으로 방수하여 소화 활동을 옮긴다.

그 외는 돔 내의 연기를 상호 차단하고, 축연(蓄煙) 및 배연(排煙)으로 유도하는 「배연시스템」과, 28개의 케이블에 피뢰침 기능을 추가한 「피뢰(避雷) 시스템」, 이중 구조의 막 지붕 사이에 온풍을 보내 눈을 녹이는 「융설(融雪) 시스템」 등이 완비되어 있어, 관람객의 안전을 만전의 체제로 지키고 있다. 물론 내진구조이기 때문에, 지진이 일어나도 안전하다.

▸ 빗물 저류(貯留) 시스템 & 중수도 시스템

막지붕에 내린 빗물을, 지하의 저수조에 저류시킨다. 이에 의해, 하수도로의 빗물 방류의 완화를 꾀하는 동시에, 저류된 빗물은 화장실의 세정수로서, 또 재해 시의 소방용수로서 활용되고 있다(저수조에는 소방용수로서, 상시 1,000t의 물을 확보하고 있다). 또, 독자의 딥샤프트(Deepshaft, 초심층 폐수처리법)에 잡배수(세면, 주방)의 재생 이용을 하는 중수도시스템(물의 리사이클 시스템)을 채용해, 이들 두 시스템을 유기적으로 결부시킴으로써, 돔 내에서 사용되는 물의 약 1/2을 충당하고 있다.

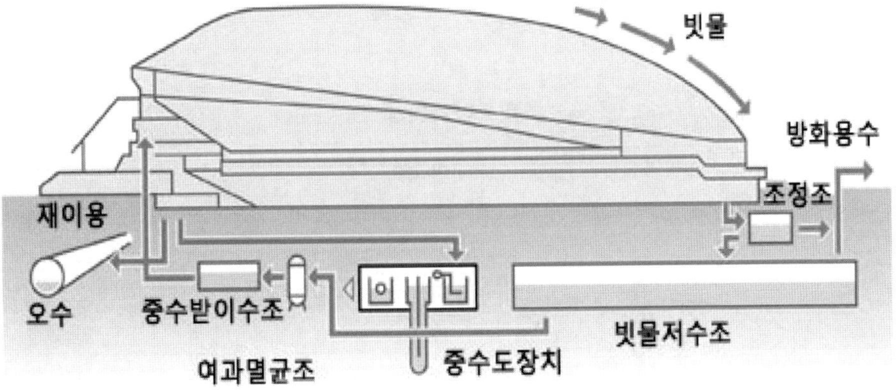

▸ 투수 마운드

마운드는 승강식으로 야구 이외의 경우에는 플랫하게 된다. 내야 전체도 평평하기 때문에, 내야 직산타구 시 타구가 끊어지는 경우가 적어졌다.

▸ 인공잔디

2019년부터 도입된 「필드 타프 HD-ST(High Durabirity-Super Tough)」은, 천연잔디에 가까운 쿠션성과 소재의 개량으로, 내구성과 복원력이 우수하여, 항상 양질의 상태를 유지, 선수의 쾌적한 플레이를 서포트한다.

또, 파일(잔디 부분)을 심는 간격을 지금까지 이상으로 좁게 하고, 충진재(틈새를 메우는 재료)의 안정도를 높임으로써, 지금까지에 비해 고무칩의 비산(飛散)이 경감한다. 이 인공잔디는, 국내, 해외 통틀어 최초로 채용되었다.

■ 좌석 안내

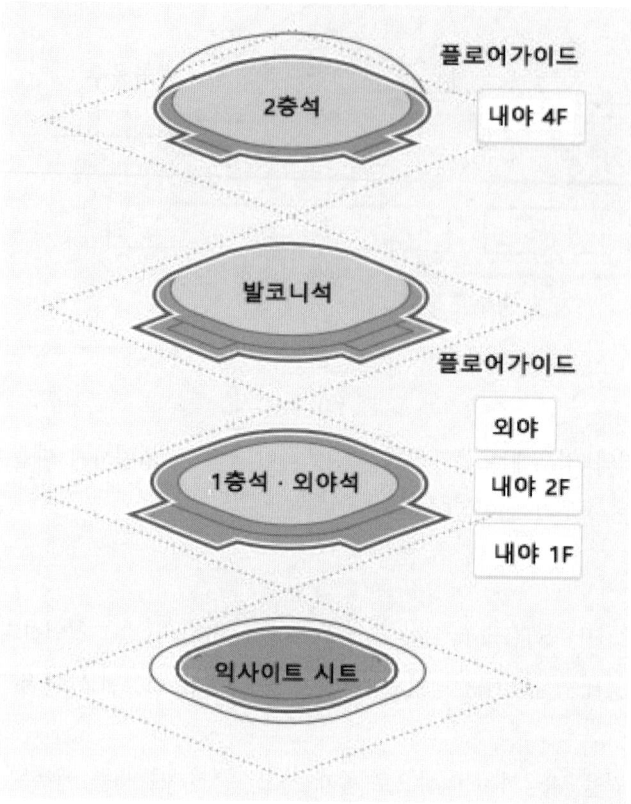

중앙 광장

중층 스탠드의 중앙에 있는 개별 스위트룸

건물내의 레스토랑

대규모 차양

건물주변의 풍경

관객석으로 들어가는 입구

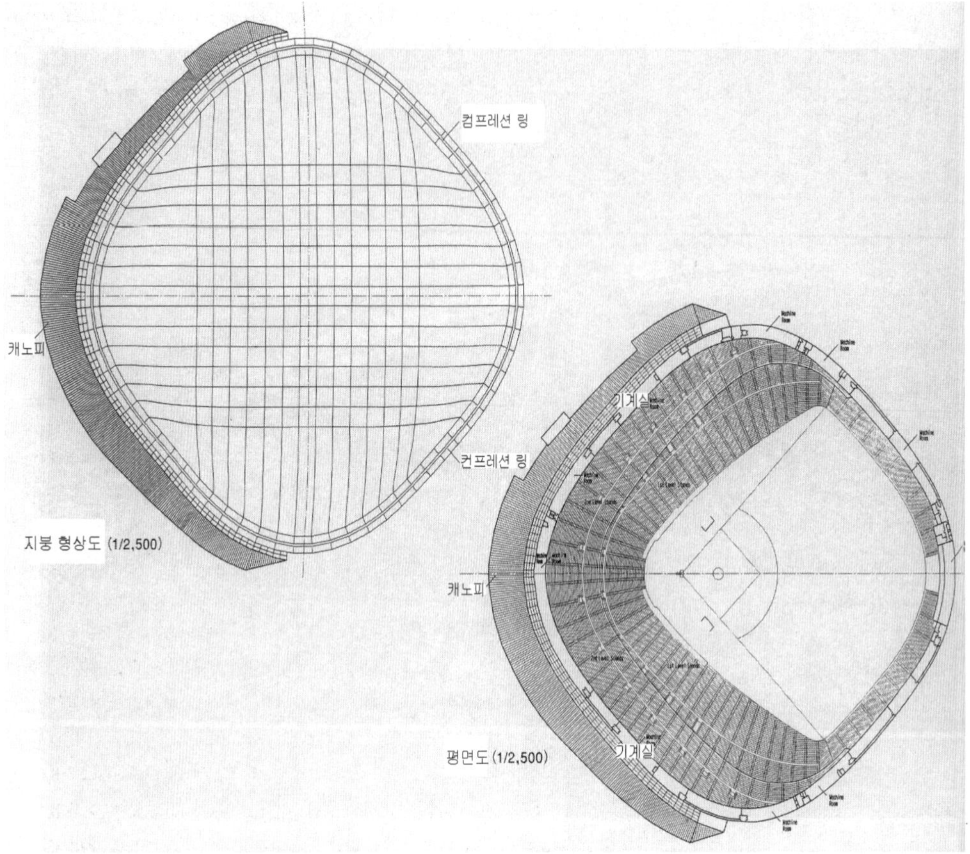

컴프레션 링
캐노피
지붕 형상도 (1/2,500)
기계실
컨프레션 링
캐노피
평면도 (1/2,500)
기계실

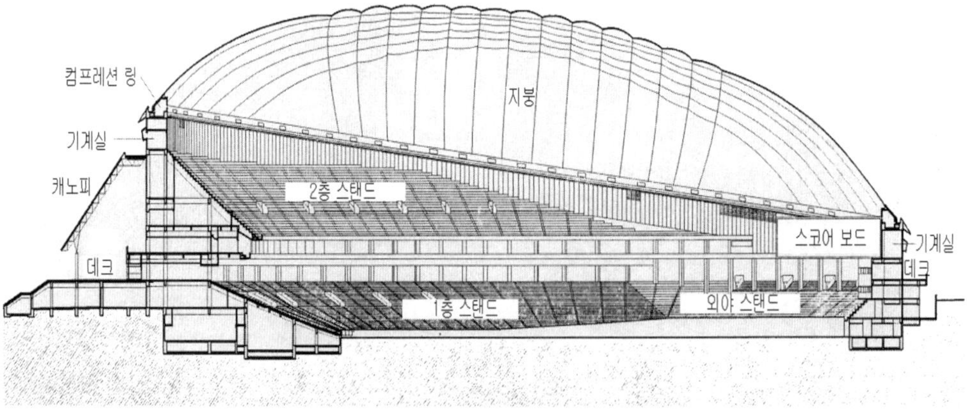

컴프레션 링
지붕
기계실
캐노피
2층 스탠드
스코어 보드
기계실
데크
데크
1층 스탠드
외야 스탠드

■ 도쿄 돔 그 후(後)

막지붕의 번민(煩悶)을 품으면서도 경영은 예상 이상으로 호조(好調)의 모습을 보였다. 1988년 3월에 오픈한 도쿄 돔은 일본에서 처음으로 지붕을 사용한 구장이고 동시에 지금까지는 없는 대규모 행사를 개최할 수 있는 공간의 탄생이었다.

입지가 좋은 점에 힘입어 97년까지의 9년간 총동원 인원수는 8,900만 명, 총 매상은 200억 엔으로 사업은 성공적이라고 할 수 있다. 그러나 운영자에게 있어서는 순탄한 길만은 아니었다. 사실 인기 있는 요미우리 자이언츠 팀의 홈그라운드라는 것만으로도 충분히 화제가 될 만했다. 거기에 도쿄 돔은 일본에서 처음으로 지붕이 달린 구장, 즉 공기의 압력으로 막을 팽창시켜 지붕으로 만든 독특한 구조로 5만 명 이상의 대 수용력을 갖는 경기장이었다.

도쿄도 분쿄구(지역 이름)의 시모가와 코라쿠엔 유원지 근처에 오픈한 도쿄 돔은 코라쿠엔 야구장을 대신해서 등장했다. 사업자이자 운영자인 코라쿠엔 그룹이 경기장(현 동경돔)의 건설을 위해 투자한 총사업비는 600억 엔이다. 이것을 10년 만에 회수(回收)할 예정이라는 공언으로 출범했다.

▷7년 만에 투자비 600억 엔 회수

"기대 이상으로 빨리 개장 후 7년 만인 94년에 투자액의 회수가 끝났다. 이 정도까지 호조를 보일 것은 솔직히 생각하지 못했다."라고 도쿄 돔의 운영자는 말했다. 과거 9년의 평균 가동률은 93%, 돔의 연간 매상은 평균 280억 엔으로 개장 초년도부터 이자를 내고 다년도로 봤을 때도 계속 흑자였다.

입지는 도심부 근처에 있어 교통이 편리하고 두 개의 프로 구단 자이언츠 팀과 니혼 파이터즈 팀의 홈그라운드라는 조건이 좋았다. 또한 개장 때부터 대수용력을 갖춘 덕에 차례로 세계적인 록 아티스트를 불러 콘서트를 여는 등 화제를 충분히 만들었기 때문에 이러한 경영성적은 당연한 결과라고 보는 사람도 많다. 그러나 이 도쿄 돔의 건설이 순조롭게 결정된 것은 아니다. 돔 계획을 발표한 84년 당시의 코라쿠엔 경기장 연간 매출은 316억엔(96년도는 684억엔), 영업이자는 27억 엔(97년은 78억 엔)이었다. "건설로 인한 600억 엔의 투자는 회사의 운영을 건 대사업이었다."라고 사장은 말한다.

"도쿄 돔의 건설은 새로운 시도였기 때문에 사내에는 다른 의견이 나오기도 했었지만 전임 사장의 신념이 건설을 실현시켰다."라고 사장은 되풀이했다. 그 전임사장은 96년 6월에 85세로 돌아가셨다. 그의 표어는 "공격은 최대의 방패가 된다."였다. 아이디어맨이었던 그가 78년 사장으로 임명되고, 그때부터 열심히 추진해 나간 것이 노후화된 코라쿠엔 야구장의 개조 계획이었다. 그것도 미국에서 이미 실적이 있는 에어 돔 공법으로 지붕 달린 구장을 만들고자 했다. 그가 쓴 '일본 최초의 지붕으로 만든 구장 TOKYO DOME'에서는 에어 돔 공법에 매력을 느꼈던 이유에 관해서 "무주(기둥 없는) 대공간의 실현에 최적이고, 막지붕을 통한 채광은 스포츠 공간으로서 보다 쾌적하며, 짧은 공기로 인해 공사비가 적게 드는 것"을 들고 있다. 이러한 이유로 에어 돔이라는 특수공법이 많은 사람의 관심을 불러일으킨 것 같다.

"화제성이 있는 에어 돔으로 만든다고 하는 결단은 그의 경영자로서의 결단력과 낭만이 없었다면 실현되지 못하였다."라고 당시 설계회의의 의장인 닛켄설계 상무는 말했다. 성공을 이루기 위한 다른 준비도 물론 있었다. 에어돔 구상의 발표와 함께 행사를 개최하는 부서를 설립했다. "야구만 믿어서는 안 된다. 이것만으로 경영이 성립하는 것은 아니다."라고 생각했기 때문이다. 또 서비스나 매너를 향상시키는 교육을 관계회사를 포함해서 사원들에게 철저하게 행했다.

▷막지붕 형상의 소음문제

야구장로서의 이용을 최우선으로 한 결과, 다른 행사 시에 불만이 나오기는 하지만 이것은 어쩔 수 없는 일인 것 같다. 이 전형적인 예가 콘서트 때의 음질이 나쁘다고 하는 지적이다. 잔향이 너무 긴 것이 원인이다. 도쿄 돔 정도의 큰 공간에서는 아무리 방법을 써 봐도 잔향시간은 만석 시 3.0초로 정도로, 다른 돔 구장과 비교해서는 특별히 나쁘지는 않다. 그래도 "록 이외의 콘서트는 방법이 없다."라는 것이 행사 관계자의 의견이다. 하지만 사실은 나쁜 음질보다 더 심각한 것이 소음이다. 지붕이 공기막으로 되어 있어서 음이 밖으로 새기 쉽다. 그 때문에 주변 주민들로부터 많은 불만의 소리를 듣고 있다. 음량이 큰 록 콘서트의 경우가 특히 심하다. 수만 명의 관객이 일제히 리듬에 맞춰서 뛰거나 하면 외부에 진동까지도 전달되기 때문에 음이 새는 것을 방지하기 위한 건축적인 개선은 어렵다. 그래서 위로 향하는 스피커를 이용하지 않도록 콘서트 주관자 등에게 지도하도록 했으며, 동시에 97년 3월부터는 음의 총량 규제를 시작했다.

다른 돔구장에서 막을 사용하지 않은 이유는 소음 문제에 더불어 암전이 어렵다는 문제가 있기 때문이다. 도쿄 돔은 2개의 프로야구 구단의 홈그라운드이기 때문에 야구를 중시한 설계로 되어 있다. 그리고 다른 많은 돔 구장은 수익 면에서 야구 구장 이외의 이용비중을 높일 필요가 있다. 빛을 투과시키는 막지붕에서는 주간의 조명 연출이 충분히 되지 않기 때문에, 심리적으로도 후발 사업자에게 있어서는 화제를 모은 에어돔 공법을 사용하기 힘들다는 평도 있다. 결국 돔 구장의 붐을 일본에 일으킨 에어돔 구장은 도쿄 돔 하나만으로 끝날 가능성이 높다.

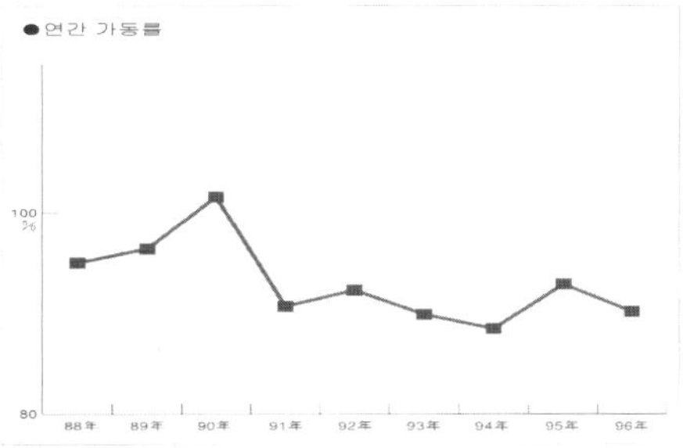
연간 가동률
100 %
80
88年 89年 90年 91年 92年 93年 94年 95年 96年

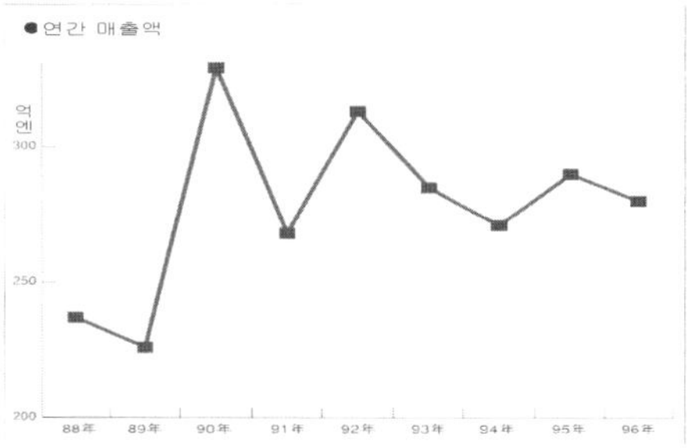
연간 매출액
억엔
300
250
200
88年 89年 90年 91年 92年 93年 94年 95年 96年

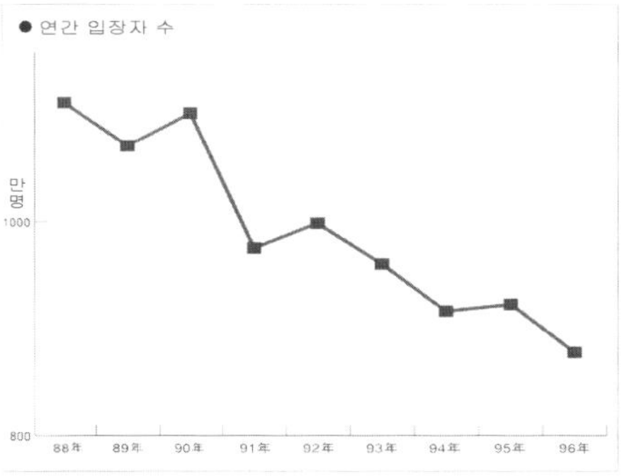
연간 입장자 수
만명
1000
800
88年 89年 90年 91年 92年 93年 94年 95年 96年

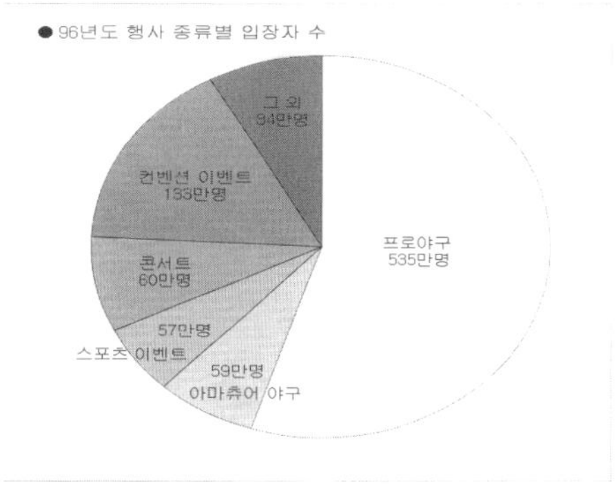
96년도 행사 종류별 입장자 수
그 외 94만명
컨벤션 이벤트 133만명
콘서트 60만명
57만명 스포츠 이벤트
59만명 아마추어 야구
프로야구 535만명

adidas
TOKYO DOME
adidas
KOR
JPN
R H E
AVG .500
HR 0
RBI 2
プラズマは、
Pioneer
元気
ハツラツ?
オロナミンC
三菱電機 オーロラビジョン

■ 도쿄 돔의 소리

구(旧) 코라쿠엔(後楽園)구장에서 도쿄 돔으로 다시 태어나, 비의 영향을 받는 일 없이, 오픈한 이래 3년간 야구뿐 아니라 다양한 콘서트나 이벤트가 개최되어 왔다. 민간 오락시설이긴 하지만 공공 공간이라는 단어 많은 사람들이 모이는 장소라는 넓은 의미로 해석한다면 5만 명 이상을 수용할 수 있는 돔은 일종의 공공 공간(公共 空間)이라고 할 수 있을 것이다.

돔에 관한 음 환경의 문제로는, 야구를 대표로 하는 각종 이벤트를 위한 상설 음향설비의 명료도, 반입 확성기기에 의한 대음량 콘서트와 그 근린에 대한 영향 등을 꼽을 수 있다. 여기서는 주로 상설설비에 의한 명료도의 확보를 위한 실내음향설계 및 전기음향설계에 대해 해설하고, 마지막으로 대음량 콘서트의 영향에 대해 설명하고자 한다.

표 1 도쿄 돔의 제원

실용적 V [㎥]	1,240,000	관객석 면적 [㎡]	22,500
실표면적 S [㎡]	84,160	수용인원 P(명)	56,000
필드 면적 [㎡]	13,000	V/S	14.7
막 면적 [㎡]	33,180	V/P	22.1

실내음향설계 명료도를 확보하기 위해서는, 우선 대공간의 불가피적 제약인 잔향과다를, 최대한 억제해야 한다. 표 1에, 도쿄 돔에 대해 음향과 관련이 깊은 제원을 나타낸다. 이 중에서 잔향시간에 비례하는 V/S(실용적/실표면적)의 값을 살펴보면, 14.7로 되어 있는데, 1,000~2,000명을 수용하는 홀(V/S=2~3)의 5~7배의 값에 해당한다. 즉, 가령 평균적인 홀의 잔향시간이 1.5초라고 하면, 돔 내장의 평균흡음률을 그 홀과 동일하게 하는 것만으로는, 잔향시간이 7.5~10.5초가 되어 버린다는 것을 알 수 있다.

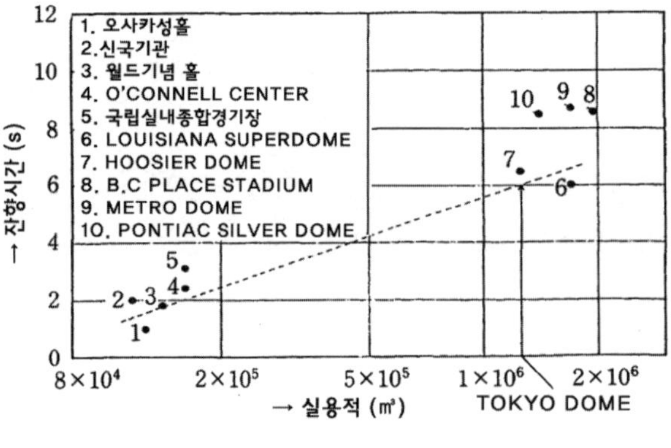

그림 1 잔향시간(공석 시 500Hz)과 실용적의 관계

따라서 돔의 목표 잔향시간에 대해서는 예측 계산에 따르지 않고, 그림 1에서 나타내는 10만㎥급 대공간의 평균적인 값과 100㎥급 중에서 고도의 흡음처리가 이루어진 두 개의 값(6. LOUISIANA SUPERDOME 및 7. HOOSIER DOME)을 참고로, 공석 시 6초로 설정하

였다. 그림 1의 1, 2, 3, 5와 같은 재래공법을 이용한 시설에서는, 상당한 면적을 차지하는 천장에 글라스 울 등을 이용해 흡음성을 높이고 있지만, 도쿄 돔은 지붕(=천장)재가 막, 필드는 인공 잔디라는 점과 같이, 내장에 사용하는 재료가 거의 기능면에서 한정되어 있기 때문에, 처리할 수 있는 범위에는 한계(限界)가 있었다.

그러나 지붕이 경사져 있는 특수한 형상이기 때문에, 해외의 에어돔에 비해, 실표면적에 차지하는 벽면의 비율이 크고, 스피커에서의 반사음의 집중 및 롱패스에코를 방지하기 위한 목적에서, 링 빔(RING BEAM)부를 포함한 벽면을 흡음면으로 해서 유용하게 이용하였다. 잔향시간 측정결과를 해외의 에어돔의 측정결과와 비교해 그림 2에 나타낸다. 500㎐의 잔향시간은, 공석 시에서 5.6초로, 설계목표 값을 만족시킴과 동시에, 100만㎥급의 기존의 에어돔 중에서 가장 짧은 값이 되었다. 또, 공석 시의 측정결과로부터 추정한 56,000명 수용 시의 계산 값은, 500㎐에서 약 3초가 되어, 이런 종류의 대공간으로서는 매우 양호한 특성을 가지고 있다.

전기음향설계에서 성능 및 기능적 조건 잔향이 많은 대공간에서, 최대한 명료도를 확보하기 위한 설비적인 주의점으로는, 확성 대상 영역에서 대해서 충분한 직접음을 공급하고, 그 외의 장소에 잔향의 성분이 되는 소리를 할당하지 않는 것, 또 거리 차가 있는 두 개의 스피커에서, 같은 점에 도달하는 직접음에 극단적인 시간차(時間差)를 주지 않는 것 등을 꼽을 수 있다. 또, 기능적인 면으로서는, 상설 설비로, 야구 · 필드경기 · 전시회 · 집회 · 트랙경기 등 이 5가지 이벤트에 대응하고, 그 패턴의 전환(轉換)을 쉽게 할 것, 나아가 상설설비를 콘서트에 반입되는 PA시스템의 보조로서 사용할 수 있도록 할 것 등의 요구가 있었다.

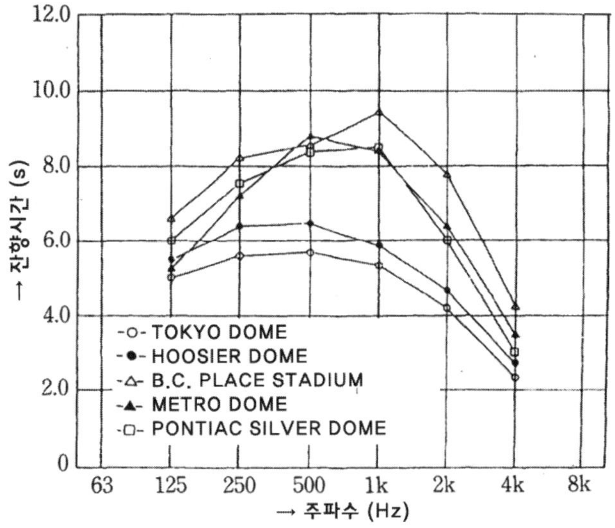

그림 2 잔향시간 측정결과

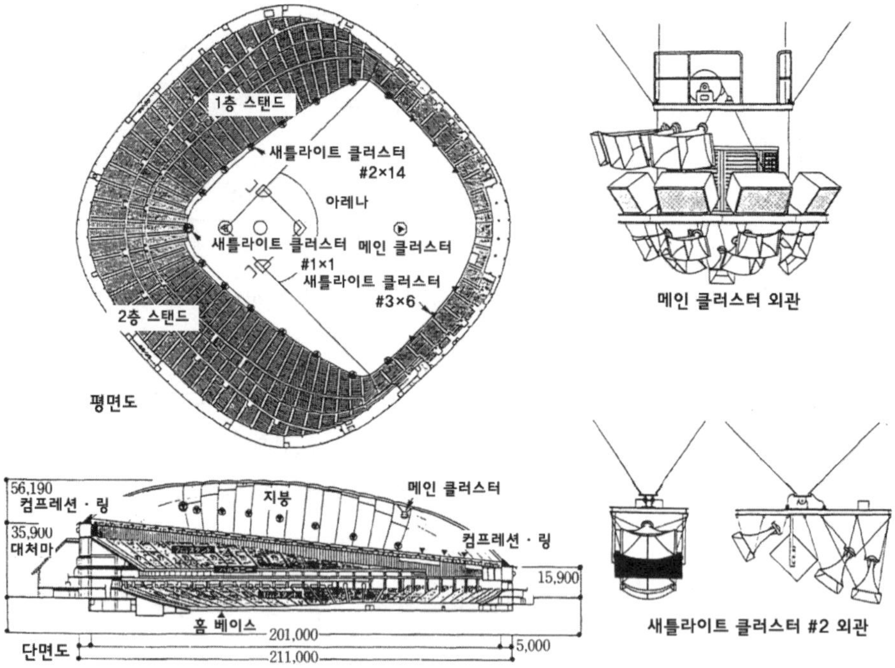

그림 3 스피커 배치도 및 클러스터 외관도

스피커 배치 스피커의 배치 방법에는, 크게 나누어 집중방식, 분산방식, 집중분산 병용방식의 3가지가 있다. 이들 방식 중, 어느 것을 채용하느냐는, 공간의 크기 및 대응해야 하는 이벤트의 형태를 고려해 결정된다. 집중분산 병용방식은, 음원의 기준이 되는 메인 클러스터(유닛의 집합체)와 메인 클러스터에서 떨어진 구역의 음량을 보조(補助)하기 위한 새틀라이트(Sat ellite) 클러스터, 나아가 언더 발코니 스피커 등으로 구성된다.

도쿄 돔의 경우, 각종 이벤트에 대응하기 위해 아레나 내부의 확성은 불가결하여, 그를 위한 집중 음원을 설치하는 것이, 무리가 없는 구성으로 이어진다고 판단되었다. 단, 집중음원만으로 장내 전체를 커버하는 것은 어려워, 역시 집중분산 병용방식으로 처음부터 계획을 진행하였다. 그림 3에 스피커 배치와 클러스터 외관을 나타낸다. 스탠드 상부의 새틀라이트 클러스터는, 스탠드의 전방과 후방 각각에 대한 도달거리차가 적기 때문에, 균일한 음압분포를 획득하는데 유리하다. 또 필요한 음량은 새틀라이트 클러스터로 공급하고, 음상은 아레나 상부에 설치한 메인 클러스터에 정위시킴으로서, 야외 측에 설치되는 무대 및 대형 영상장치에 대한, 소리의 방향감도 자연스러워진다. 정지향성(定指向性) 혼의 커버 구역을 결정하기 위해, 혼의 Isobar contour(지향성 특성도)를 돔의 3차원 실형에 투영하여, 각 클러스터의 배치와 유닛의 방향을 신중하게 결정하였다. 투영된 각 유닛의 커버 구역 출력 사례를 그림 4에 나타낸다.

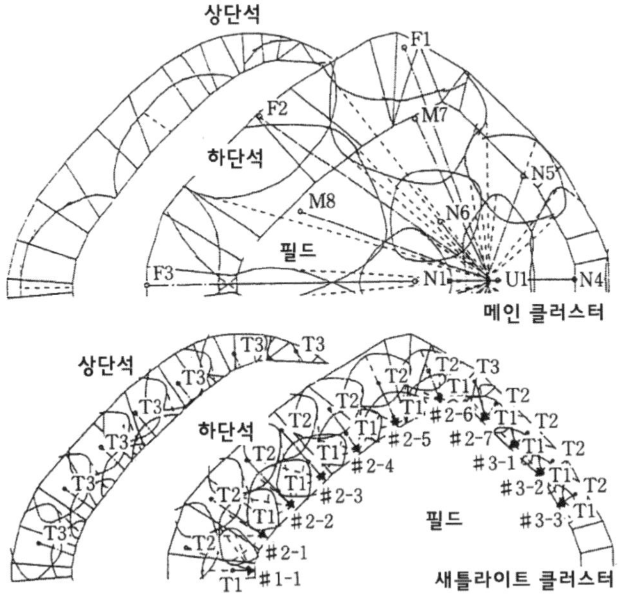

그림 4 정방향성 혼 커버구역 검토도

이벤트 패턴과 시스템 제어 그림 5에 각종 이벤트의 확성 패턴을 나타낸다. 칠해진 스피커는 ON, 흰 바탕의 스피커는 OFF, 해칭(Hatching) 부분은 확성 대상 구역을 나타낸다. 패턴의 전환은, 유닛의 ON/OFF, 음량 및 딜레이(지연장치)의 조정(調整)으로 이루어지는데, 컨트롤하는 디바이스가 많기 때문에, 컴퓨터로 제어하고 있다.

또 이 5가지 패턴의 조정 데이터는, 메모리에 저장되어 있어, 정전 시에도 소실되지 않도록 백업되어 있다. 각각의 패턴의 세트는, 대응하는 하나의 모드스위치를 누르는 것만으로 가능하여, 통상의 사용에서는 시스템 제어용 프로그램을 조작(操作)할 필요는 없다.

기본 5가지 패턴을 미세조정하거나, 5가지 패턴 이외의 모드를 신규로 작성할 때에는, 제어 소프트를 기동시킨다. 거기에 작성된 데이터는, 새롭게 모드스위치에 등록시키거나, 플로피디스크에 보존(保存)할 수 있다.

전기음향특성에서 조정의 지침 이 정도의 대공간에서의 5종류 확성 패턴의 음량 및 딜레이의 조정에서, 계획적인 지표 없이 세트하는 것은 불가능에 가깝다.

이번에는 정지향성 혼의 3차원 지향특성 데이터를 사용해, 근사적으로 수음점에서의 명료도를 계산하고, 컴퓨터상에서 음량 밸런스와 딜레이의 최적 설정 값을 구하여, 실제 조정의 지

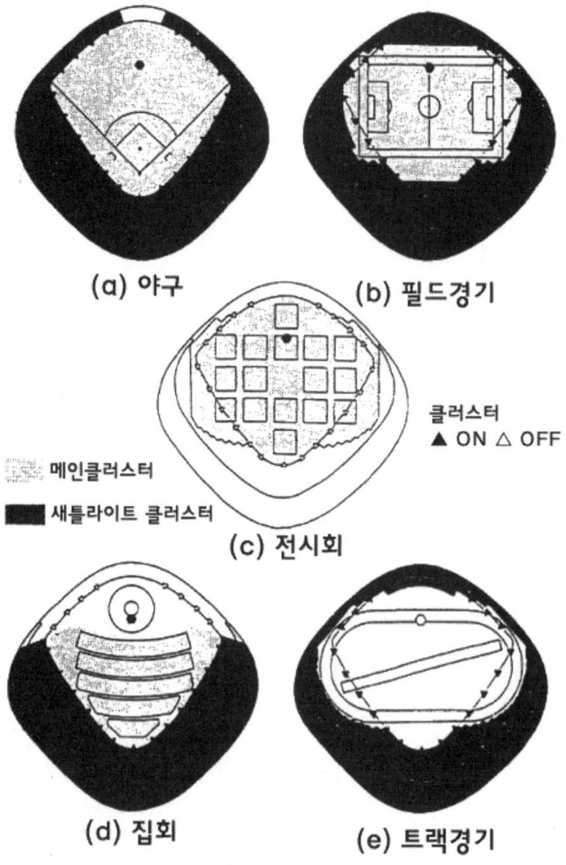

그림 5 각종 이벤트의 확성 패턴

표로 삼았다. 현장에서는 아나운스의 테이프를 재생시켜, 아레나 내 전역에서 특히 명료도에 착안한 청감(聽感)에 의한 체크를 중심으로 조정하였다. 측정결과를 항목별로 정리하여 이하에 나타낸다.

■ 측정결과

최대음압레벨은, 아레나 내의 어느 장소에서도 95㏈ 이상을 얻을 수 있다. 기기의 사양으로는 10㏈의 여유를 주고 있어, 100㏈ 이상의 음량을 확보하는 것도 가능하다.

음압레벨분포에서 야구모드 스탠드에서의 편차는, 대부분의 구역에서 6㏈ 이내를 나타내고 있어, 커버 구역과 음압레벨의 시뮬레이션에 의한 스피커 배치가 적절했다는 것을 확인할 수 있었다.

전송주파수특성의 일례로서, 야구모드에서의 아레나 내 약 200개소의 1㎑를 기준으로 한 1/3 Oct. 대역의 편차(偏差) 범위는, 그림 6에서 나타내는 바와 같이 125㎐~8㎑에서 10㏈ 이내가 되고 있다. 청감적인 음질도 양호했다.

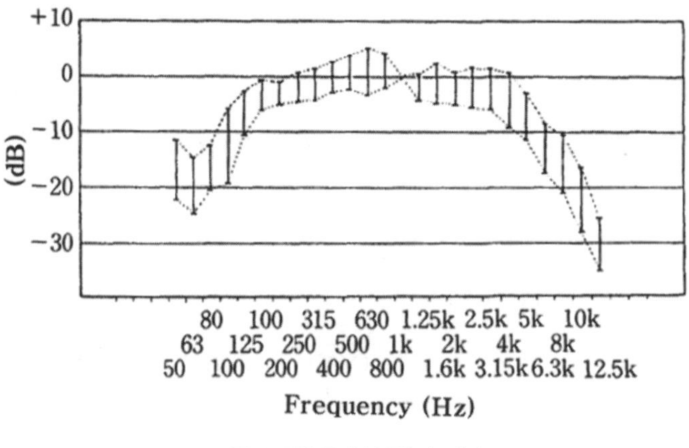

그림 6 전송주파수특성의 편차

그림 7과 같이 야구모드의 RASTI 값의 평균은 약

0.5(FAIR)가 되어, 청감적인 인상을 포함해, 장내 방송의 확성이라는 목적에 대해, 충분한 성능이 확보되었다고 판단된다. 측정은 공실에서 실시되었으며, 실제로 관객이 입장한 상태에서는, 잔향시간의 저감에 동반하여 명료도가 향상된 결과를 확인하고 있다.

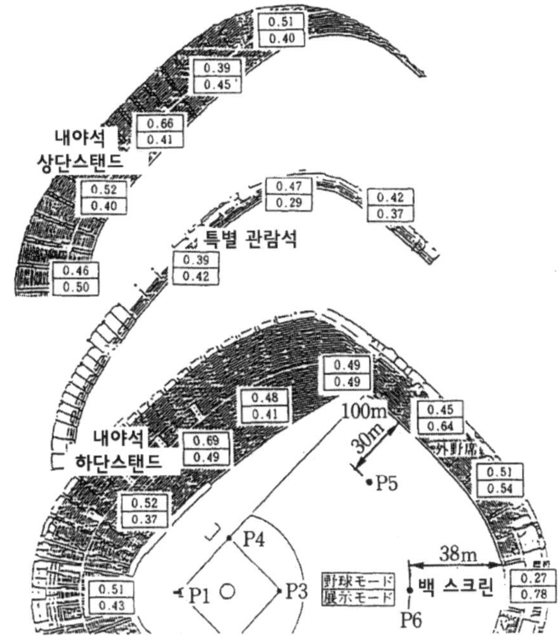

그림 7 RASTI의 측정결과

록(Rock)계 콘서트의 외부에 대한 영향 콘서트의 대부분이 가설 확성기기를 사용하기 때문에, 기기의 능력 향상과 함께, 장내의 음압레벨도 매년 상승(上昇)하는 경향에 있다.

콘서트에 의한 돔 외부의 소음을 예측하기 위해, 舊 코라쿠엔 구장에서, 한 록 콘서트의 광역에 걸친 소음전반 성상을 측정하였다. 측정결과를 그림 8에 나타낸다. L_{50}에서 보면, 야구장이 98㏈(A)이었던 것에 비해, 대부분의 측정 지점에서 70㏈(A) 전후로, 도로교통소음으로 인해 마스크 되고 있지만 구장 내의 소리는 들리는 상태였다.

막지붕이 설치됨으로써, 장내의 음압레벨은 매우 상승하지만, 막의 투과손실이 약 15㏈ 있기 때문에, 외부에 방사되는 에너지는 약간 감소될 것으로 예상되었다. 그러나 구장의 위치가 약 200m 북서쪽으로 옮겨지기 때문에, 가장 불리해지는 지점에 대해 거리감쇠비도 가미(加味)시켜 예측한 결과, 현 상황과 같은 레벨이라는 계산 결과를 얻었다.

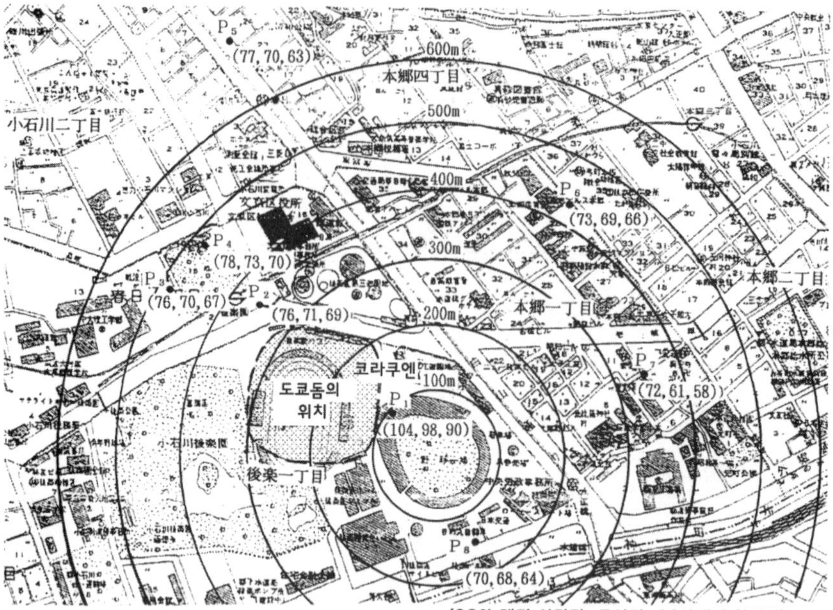

그림 8 구 코라쿠엔 구장에서의 록 콘서트의 소음전반 조사(1985년 8월)

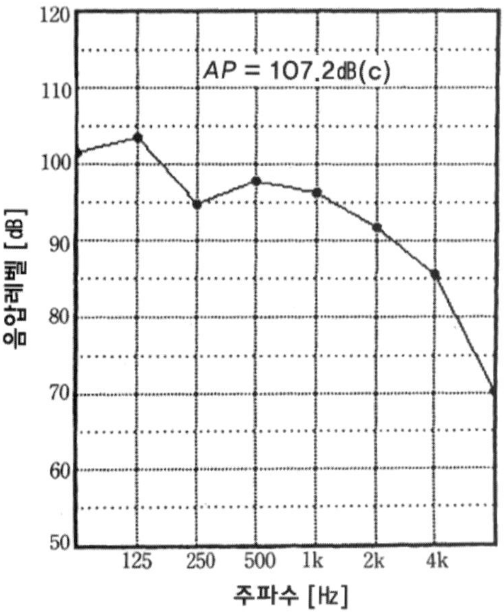

그림 9 아레나 중앙에서의 록 콘서트 음압레벨 (Leq =30sec)

준공 후의 록계 콘서트에 의한 외부의 소음전반성상은 아직 측정할 기회가 없지만, 실제로 외부에 머문 소리를 들은 경험은 있다. 일례로서, 1988년 3월 돔 오픈 시에 열린 록 콘서트에서, 아레나 중앙에서의 음압레벨 측정결과를 그림 9에 나타낸다.

곡이 사비 부분 30초간의 에너지 평균값으로 107㏈을 넘고 있어, 장내의 평균 확성 레벨은, 6년 전의 조사 때보다 상당히 상승되었음을 시사하고 있다.

코라쿠엔 측에서는 인근 주민에게 이해를 구하고, 돔과 친숙해지도록 하기 위해, 분쿄제(文京祭)에서 돔을 무료 개방하는 등의 적극적인 자세로 시설의 공공적 성격을 강조하고, 간접적으로 소음에 대한 불만을 경감(輕減)시키고자 하는 노력을 하고 있다.

DUSKIN

BASEBALL SHOP

DUSKIN

5. 사이타마 슈퍼 아레나 [さいたまスーパーアリーナ]

[Saitama Super Arena]

■ 건축 개요

① 소재지	사이타마현 사이타마 신도심지 구획정리사업 제3가구 (埼玉県さいたま新都心地区画整理事第３街区)
② 건축 면적	43,730㎡
③ 건축 규모	스팬 130×130m 높이 66m
④ 구조 형식	S조, SRC조, RC조
⑤ 발주자	사이타마현(埼玉県)
⑥ 설계 · 감리	닛켄설계(MAS · 2000 공동설계실) 대표 : 닛켄설계, 협력 : Ellerbe Becket, Flack + Kurtz Consulting Engineers, 기술협력: 다이세건설 · 미츠비시중공업
⑦ 시공자	다이세건설 · 미츠비시중공업 · UDK 특정건설공사 공동기업체
⑧ 시공기간	1997년 1월~2000년 3월
⑨ 참고 자료	디자인 : 천장, 객석, 콩코스, 상점, 화장실등으로 구성된 건축 블록(무빙 블록)이 70m 수평 이동함에 따라, 최대 22,000석의 아레나부터 36,500석의 스타디움으로 변화하는 가변형 아레나. 디자인은 스피드감 넘치는 형태로 되어 있다. 구조 : 스팬 130×130m의 대지붕은, 입체적인 삼각 트러스와 그 한 방향을 지지하는 장현 킬 가더에 의해 성립하고 있다. 총 중량 약 15,000t의 무빙 블록은, 간주에 극저항복점강을 이용한 라멘구조로 하고 있다. 시공 : 반원형 내력벽의 오픈형 슬라이딩 공법(신공법)과 대지붕 리프트 업 공법을 채용하고 있다. 무빙 블록은 대지붕이 시공된 후에, 내부 공간에서 조립을 실시한다. 주변의 인프라 공사와 경합하는 가운데에서의 타이트한 시공이다.

■ 위치

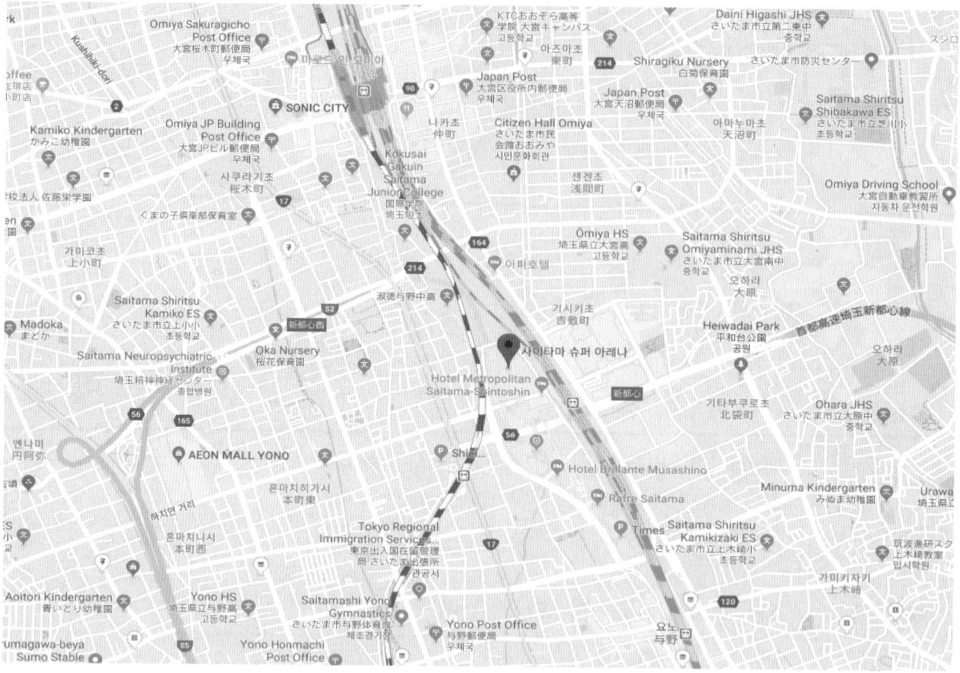
사이타마 슈퍼 아레나
Omiya Sakuragicho Post Office
SONIC CITY
Kamiko Kindergarten
Omiya JP Building Post Office
Japan Post
Citizen Hall Omiya
Shiragiku Nursery
Daini Higashi JHS
Saitama Shiritsu Shibakawa ES
Omiya Driving School
Kokusai Gakuin Saitama Junior College
Ōmiya HS
Saitama Shiritsu Omiyaminami JHS
Heiwadai Park
Saitama Shiritsu Kamiko ES
Madoka
Saitama Neuropsychiatric Institute
Oka Nursery
Hotel Metropolitan Saitama-Shintoshin
Ohara JHS
AEON MALL YONO
Hotel Brillante Musashino
Minuma Kindergarten
Tokyo Regional Immigration Services
Saitama Shiritsu Kamikizaki ES
Aoitori Kindergarten
Yono HS
Saitamashi Yono Gymnastics
Yono Post Office
Yono Honmachi Post Office

사이타마슈퍼아레나는 사이타마현이 소유하고, 제3 섹터인 주식회사 사이타마아레나가 지정관리자로서 관리·운영을 하고 있다. 스포츠이벤트·콘서트·TV방송의 수록·강연회·주주총회·견본시 회장 등, 다양한 용도에 대응하고 있어, 최대 37,000석을 사용할 수 있는 국내 최대급의 다목적 아레나로 되어 있다.

건설에 앞서 건축설계경기가 이루어졌고, 닛켄설계(日建設計)의 안이 채용되었다. 객석 및 스테이지·바닥·천장 등이 가동하는 무빙·블록시스템을 채용함으로써, 아레나 전체를 이용하는 스타디움 모드 및 아레나 모드에 의해 몇 개의 블록으로 나눠 회장을 이용할 수 있다.

이벤트에는, 규모나 내용에 따라, 즐거움, 감동을 위한 이상적인 형태가 있다. 사이타마슈퍼아레나는 그것을 실현한다. 공간이나 좌석 수를 몇 가지 패턴으로 설정할 수 있는 가동 시스템에 의해, 이상적인 공간을 창출한다. 또, 운동 이용으로 지금까지 없었던 형태의 이벤트를 실현하거나 새로운 이벤트의 가능성도 넓힌다. 최신 조명·음향·영상효과를 구사함으로써, 보다 큰 감동과 흥분을 제공한다.

■ 9,200석이 수평(水平)으로 이동

경기장은 행사에 대응해서 모양을 바꾼다. 총중량 1만 5,000톤, 높이 41.5m의 거대한 구조물 'moving block'이 9,200석의 객석과 화장실, 상점 등과 함께 70m 수평 이동한다. 소요시간은 20분으로 3만 6,500석의 경기장이 나타난다.

움직이는 블록을 지지하는 것은 64대의 대차로서 이것이 평면레일 18라인 위를 주행한다. 64대 중 20대가 모터가 달린 구동대차로, 가이드 레일을 따라 가이드 롤러를 설치함으로써 주행 중에 지진이 일어나더라도 이탈하거나 진동이 전달하지 않도록 설계되었다.

경기장의 상부는 후크가 있는 승강식의 천정으로 분할(分割)되었다. 공간분할 벽으로 내부공간을 5,000인용의 홀로 전환할 수 있다.

설계경기의 심사강평으로 "약간 아쿠레시한 느낌을 갖고 있는 조형"이라는 지적이 있어서 심사위원회의 지시를 받아 지붕과 그것을 지탱하는 트러스의 디자인을 설정했으며, 구체적으로는 대들보 선단의 예각부분의 표현을 억제하는 등 전체적으로 친숙한 조형으로 변경했다.

■ 스타디움 모드

많은 관객이 예상되는 격투기나 콘서트, 견본시 등이 개최될 때 사용되는 것으로, 격투기 및 콘서트의 경우는 그들 이벤트에 따라 센터스테이지 형식이나 엔드스테이지 등으로 세팅을 할 수 있다.

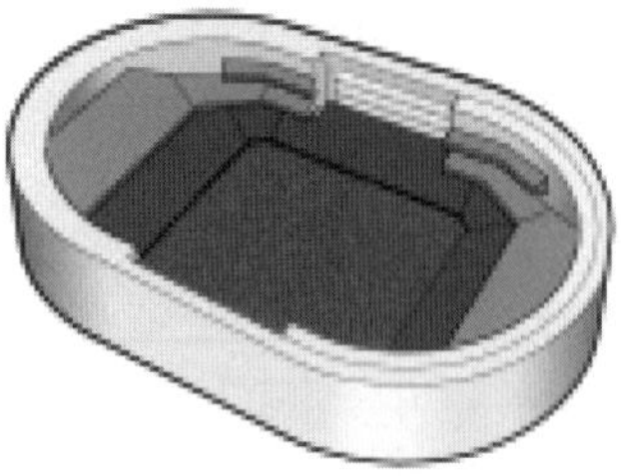

최대 좌석 수는 약 27,000석(필드에 좌석을 배치한 경우는 약 36,500석)이다.

공간 확장시스템으로 모습을 나타내는 거대한 공간은 대규모의 견본시나 콘서트의 회장이 된다. 또 필드에 인공잔디를 부설하여 스포츠 페스티벌 등에도 사용할 수 있다.

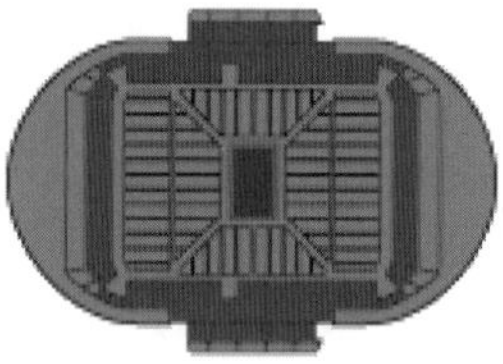

센터스테이지 : 콘서트, 집회, 격투기, 약 37,000석

센터스테이지 : 미식축구, 축구, 약 27,000석

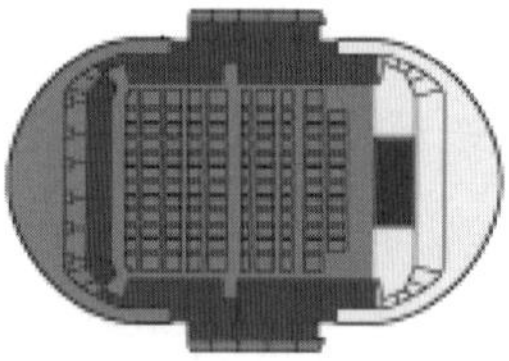

엔드스테이지 1 : 콘서트, 집회, 약 30,000석

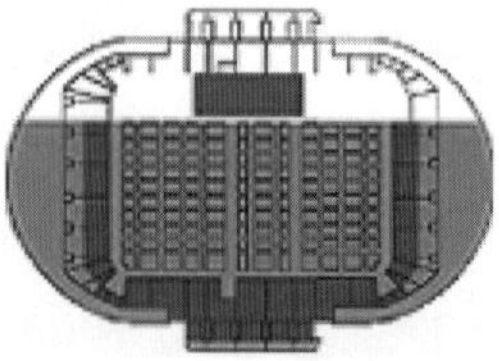

엔드스테이지 2 : 콘서트, 집회, 약 30,000석

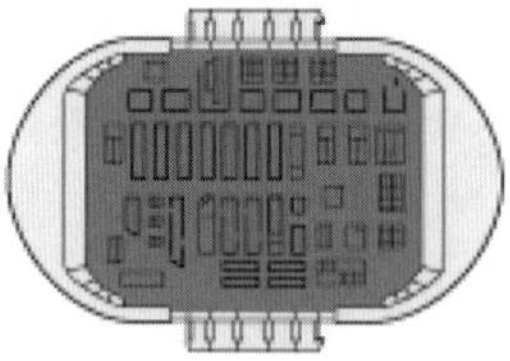

전시회, 견본시 : 14,600㎡

■ 아레나모드

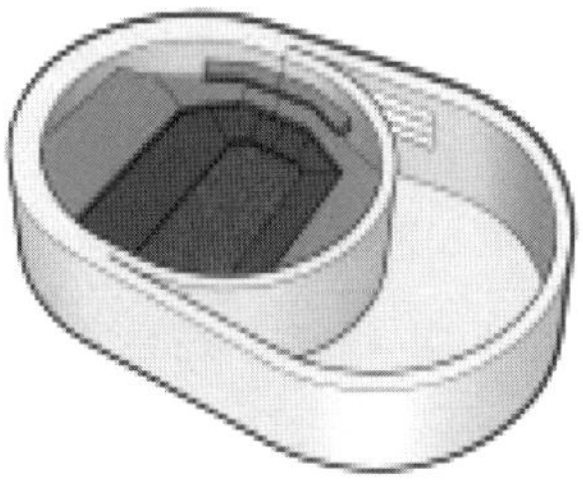

이벤트의 규모에 따라 아레나를 복수로 구분해 사용하고, 아래의 두 아레나를 유효하게 활용할 수 있다. 스포츠대회의 경우는 북쪽이 시합회장, 남쪽이 선수대기실로서 사용할 수 있는 것 외, 이벤트 등에서는 북쪽이 스테이지 이벤트이고, 남쪽이 전시회 및 물품 전시회장 등과 같은 복수 활용이 가능하도록 되어 있다.

▶ 메인 아레나(북측)

농구, 복싱, 테니스, 체조 등의 실내스포츠 및 다채로운 장르의 음악 이벤트에 최적인 아레나. 선수의 익사이팅한 플레이 및 아티스트의 열연이 구석구석까지 전해져, 관객과 스테이지의 일체감이 만들어진다.

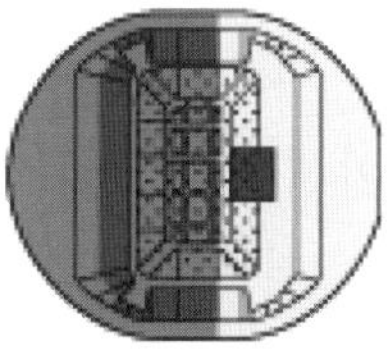

엔드스테이지 1 : 콘서트,
집회, 격투기,
약 12,500석

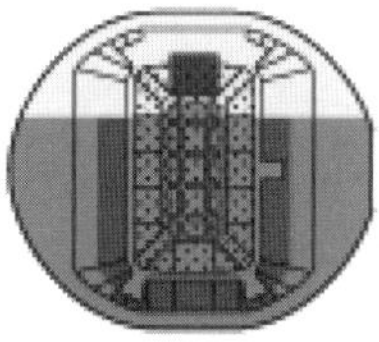

엔드스테이지 2 :
콘서트, 집회,
약 16,000석

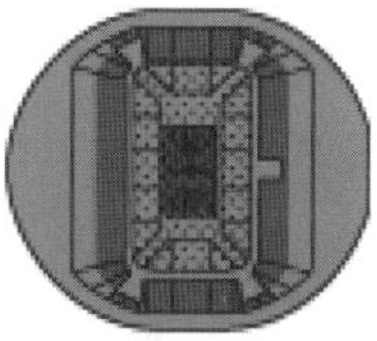

센터스테이지:농구, 배구,
아이스하키, 체조,
각종격투기
약 19,000~22,500석

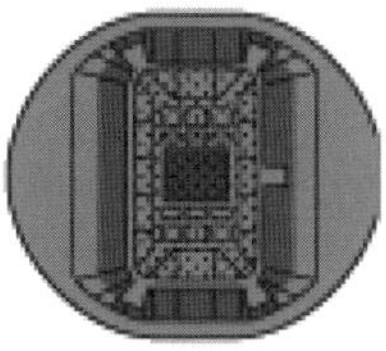

센터스테이지 : 콘서트,
집회, 약 22,000석

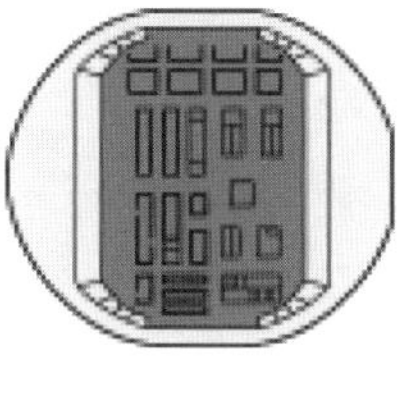

전시회 · 견본시:
각종전시회 · 견본시,
6,800㎡

▶ 커뮤니티 아레나(남측)

남쪽입구 부근의 옥외 공간 바로 앞에 있고, 옥외의 자연광을 넣으면서 시민 규모의 스포츠대회(운동회, 풋살대회 등)나 시민축제, 플리마켓 등에 유효활용할 수 있다. 메인 아레나에서 개최되고 있는 스포츠이벤트의 대기실 및 대규모 대회의 경우 보조경기장 및 음악 · 연극공연의 물판회장이 되는 경우도 있다. 상설 객석은 없지만 가설 객석을 설치하여 격투기 이벤트 등에 이용되는 경우도 있고, 최대 좌석수는 약 3,300석(필드에 좌석을 배치한 경우는 약 4,000석)이다.

풋살

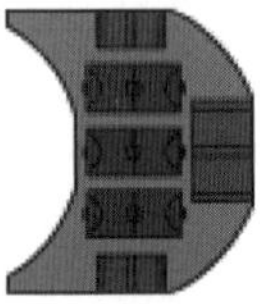

전시회 · 견본시

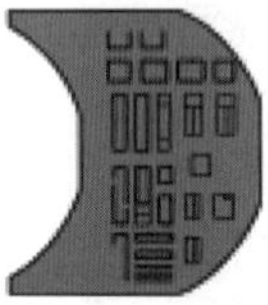

각종 전시회 · 견본시, 7,500㎡

■ 홀 모드

메인아레나 공간의 칸막이 기구로 칸막이함으로써 콘서트나 집회를 위한 홀로서 이용할 수 있다.

각각의 이벤트에 따라 이상적인 음향성능 및 분위기를 제공한다.

사용 예는 적지만, 콘서트홀 등의 대체로서 사용되는 형태이다. 스탠드 객석의 일부를 부채꼴 형상이 되도록, 칸막이판 등으로 구분하고, 아레나 위에 스테이지를 설치한다. 최대 좌석 수는 약 6,000석이다.

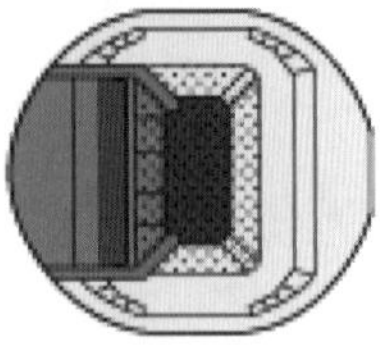

콘서트, 집회 : 약 6,000석

상단 2,068석 / 하단 3,739석
람다 : 692석
TOTAL : 6,449석

■ 운동이용 · 동시이용

메인 아레나에서 이벤트 개최 시에 커뮤니티 아레나에서 관련 이벤트를 개최하거나, 메인 아레나, 커뮤니티 아레나에서 각각 동시에 다른 이벤트를 개최하는 것도 가능하다.

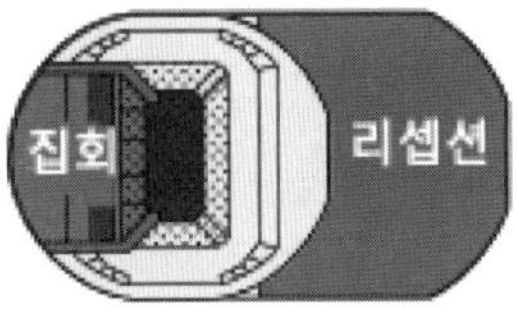

기업계 컨벤션

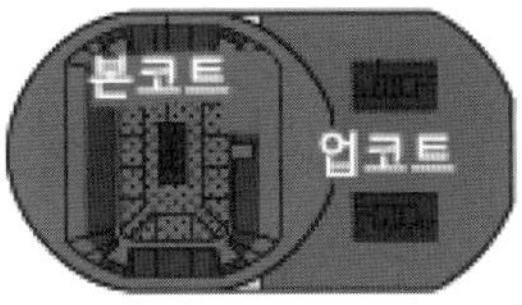

국제 스포츠계 이벤트
(농구, 배구)

■ 전시홀

사이타마슈퍼아레나 1층에 있는 약 1,000㎡의 「전시 홀」. 각종 전시회, 발표회, 리셉션 등 다채로운 이벤트의 개최가 가능하다.

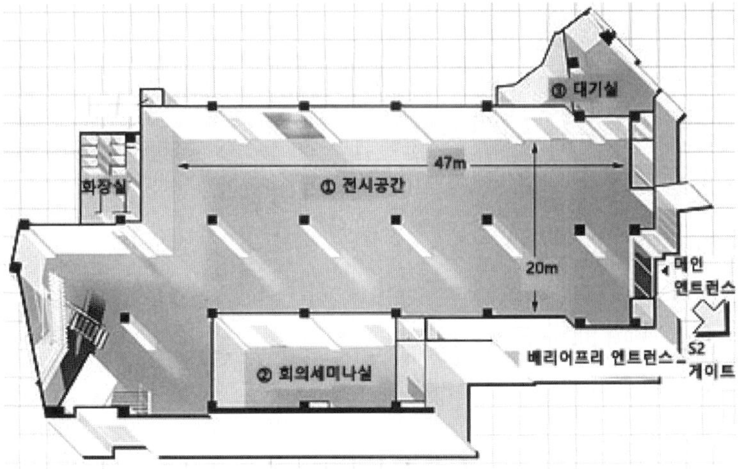

회장 평면도

■ 플렉시블한 가동설비

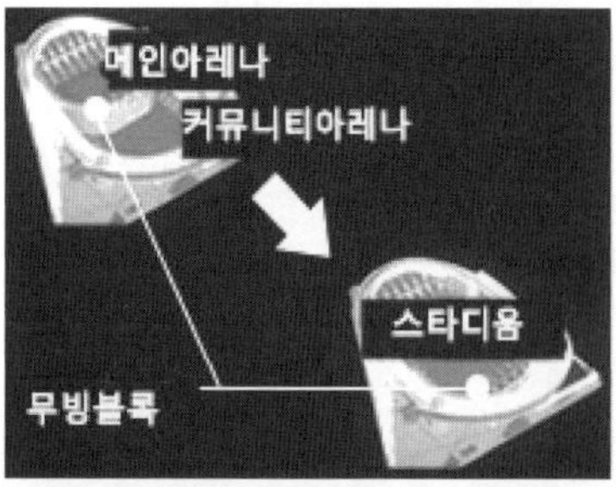

무빙블록
총 중량 1,5000톤, 높이 41.5m의 거대한 구조물이, 약 9,000석의 객석과 각종 시설까지 70m 수평이동하고, 메인 아레나는 최대 약 37,000석의 관객석을 갖춘 스타디움으로 변신한다.

가동바닥기구(람다(Lambda) 바닥)
아레나바닥의 일부를 계단모양으로 하강시키고, 스테이지 및 코트 가까이에 새로운 2,000석 이상의 객석을 만들어낸다.

슬라이드식 가동서긱구(롤백석)
약 13,000석의 객석을 꺼내거나 수납함으로써, 다양한 객석 배치 패턴을 실현한다.

아레나 천장기구
매달기후크가 있는 분할 천장이 각각 승강한다. 대형 이벤트의 반입 설비에도 대응할 수 있어, 보다 자유롭게 무대를 설치할 수 있다. 또, 천장의 승강기구에 의해, 이벤트별로 최적의 공간 규모를 설정할 수 있어, 음악에 스포츠에 임장감 넘치는 스테이지를 만들어낸다.

■ 칸막이 기구

롤 스크린에 의해 천장부터 바닥까지 완전히 칸막이한다. 22,500석의 아레나부터 약 6,000석 규모의 홀로 변환이 가능하다.

음향성능

분할승강하는 가동천장 시스템을 이용해 각각의 이벤트에 최적의 음향공간을 만들 수 있고, 그 외, 흡음성 소재를 이용한 좌석 및 소리를 확산시키기 위한 요철면을 준 벽면의 채용으로, 「소리의 청취 용이성」이 우수하다.

세로형 통로

모든 통로는 스테이지를 향해 세로형으로 뻗어 있다. 관객의 횡방향의 이동으로 시선을 방해받는 일 없이, 관람·관전을 즐길 수 있는 이상적인 객석 배치이다. 긴급 시의 피난도 원활하다.

인공잔디 설치제거기구

스타디움에서 미식축구 등에 인공잔디를 이용하는 경우, 길이 120m·폭 72m의 대형 인공잔디를 자동적으로 부설·철거할 수 있다.

■ 쾌적함을 서포터하는 설비

라운지

아레나 3층에는, 이벤트 공간을 내려볼 수 있는 관람 공간이 있다. 이벤트종료 후의 파티나 주최자 대상의 리셉션 등 다양한 이용이 가능하다.

VIP 룸 · 스위트룸
아레나 3층에는, VIP룸, 스위트룸을 갖추고 있다. 최고의 사이트 라인으로 관람을 즐길 수 있고 그 외, 대기실로서도 이용이 가능하다.

콩코스
자연채광의 콩코스. 2층과 4층의 객석을 둘러싸고, 관객을 스피디하게 객석으로 유도한다. 환담과 휴식을 위한 로비가 되는 포이어를 여유있고 넓게 설치하고 있다.

다기능 화장실
어린이용 화장실 및 베이비시트, 오스트메이트 대응 기기 등이 설치된 다기능 홧아실이 관내 각소에 배치되어 있다. 또, 이벤트에 따라 화장실의 남녀비가 바뀌는 플렉스 화장실도 있다.

키즈룸
아레나 2층에는, 어린아이들을 동반한 분도 이벤트를 즐길 수 있도록, 키즈룸이 준비되어 있다. 예약제로 되어 있기 때문에, 문의 바람.

■ 휠체어석

아레나 2층(200레벨) 북측에 휠체어석 공간 6대분이 마련되어 있는 것 외, 슬라이드식 객석(롤 백석)의 수납으로, 더 많은 휠체어석을 설치할 수 있다.

5,000인용의 홀로 바꾼 상태

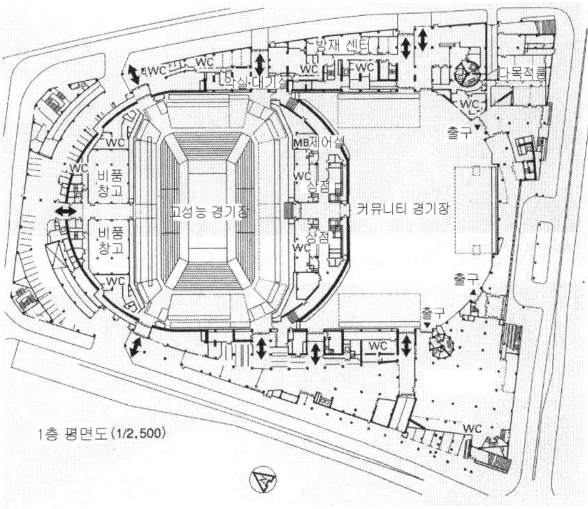

1층 평면도(1/2,500)

3만 6,500석의 경기장으로 바꾼 상태

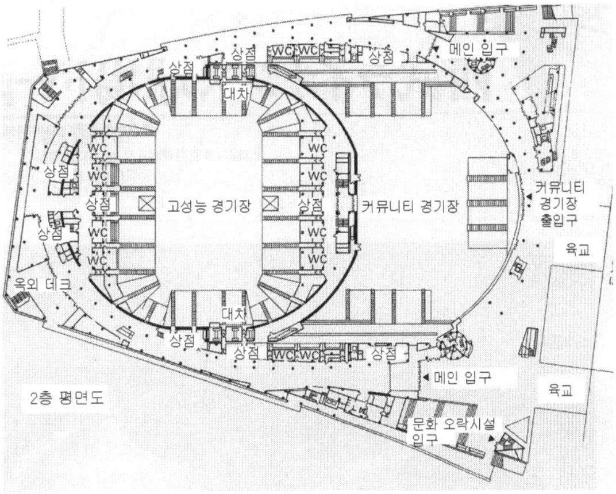

2층 평면도

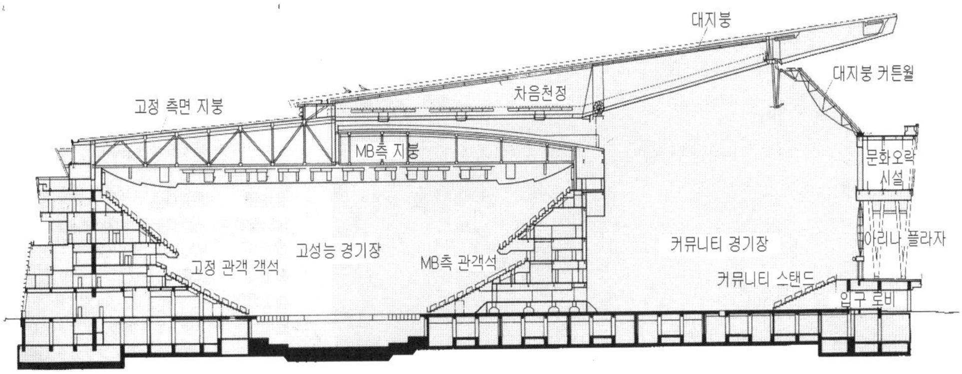

단면도(1/1,500)

■ 스튜디오 모드 플로어맵

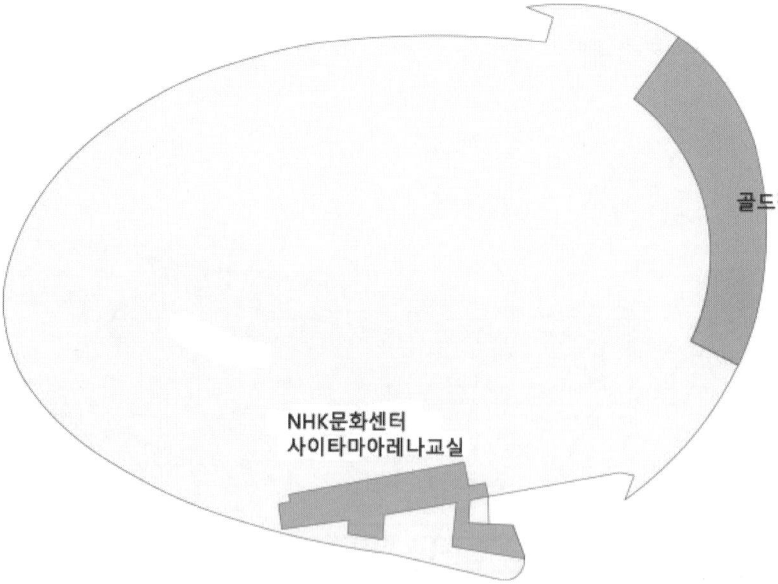

6F

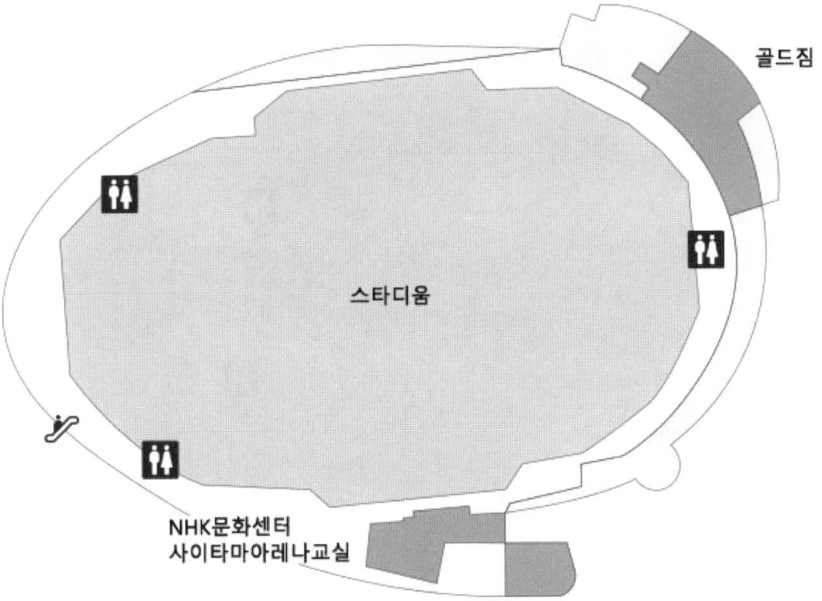

5F

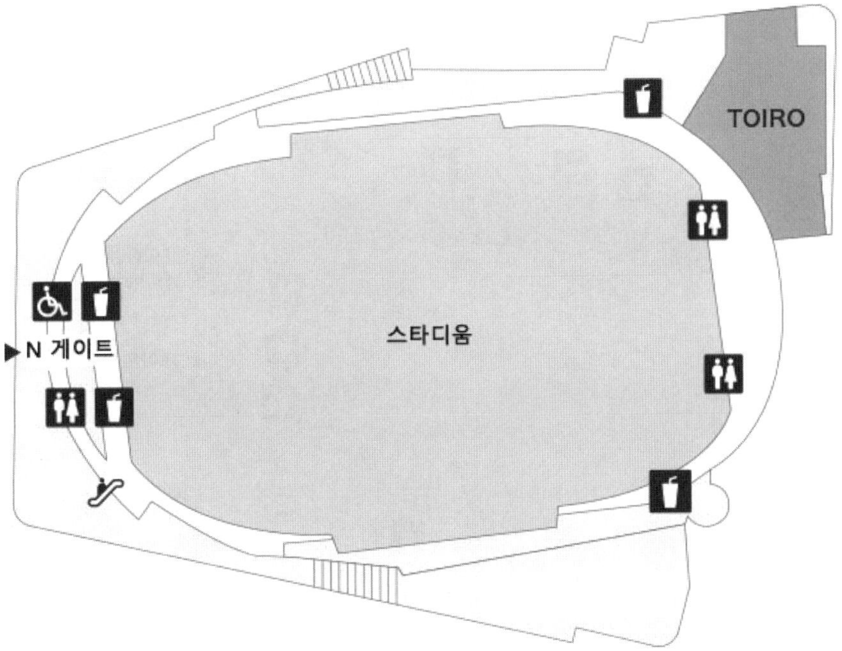

4F

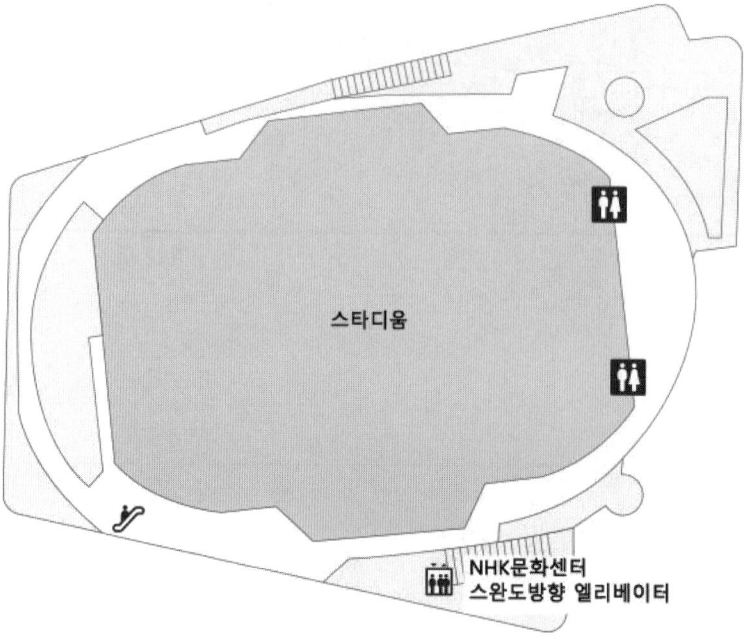
스타디움
NHK문화센터
스완도방향 엘리베이터

3F

TOIRO방향
에스컬레이터
B게이트
골드짐방향
엘리베이터
스타디움
C게이트
사이타마 신도심 느티나무 광장
당일권매장
A게이트
기프트샵
키즈룸

2F

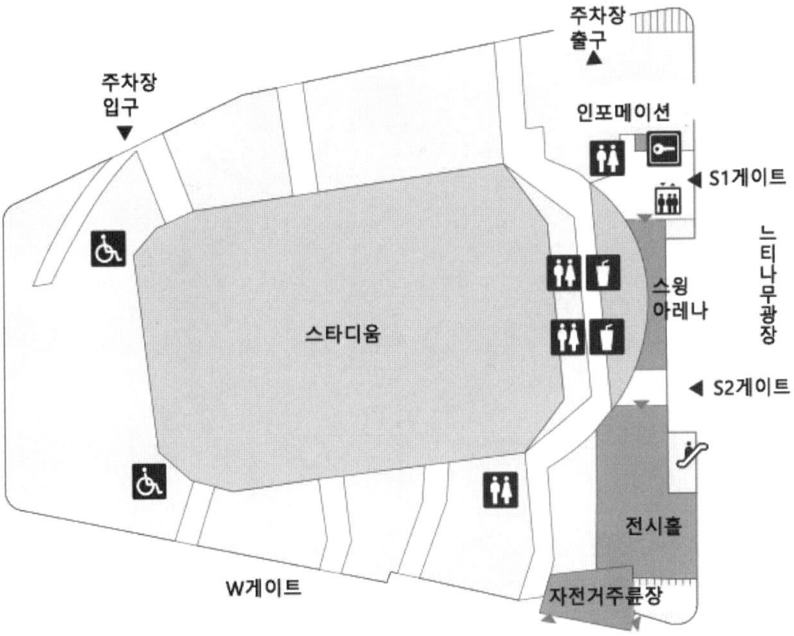
주차장
출구
주차장
입구
인포메이션
S1게이트
느티나무광장
스윙
아레나
스타디움
S2게이트
전시홀
W게이트
자전거주륜장

1F

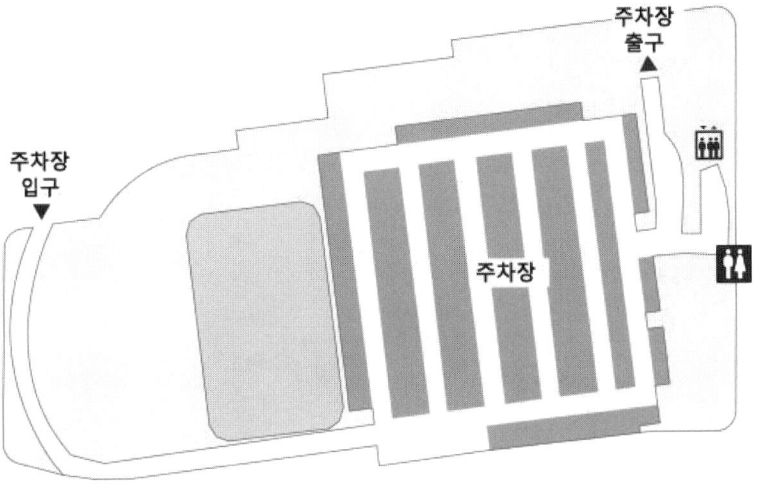
주차장
출구
주차장
입구
주차장

B1F

■ 메인아레나 모드 플로어맵

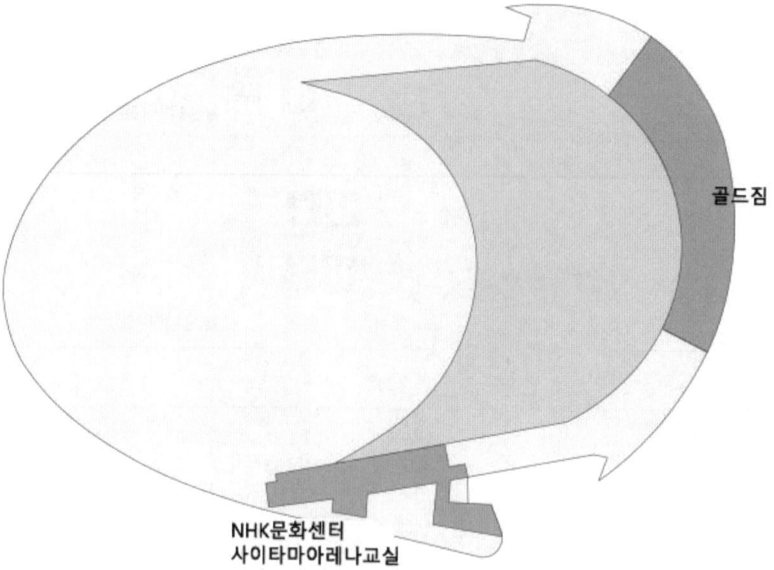

6F

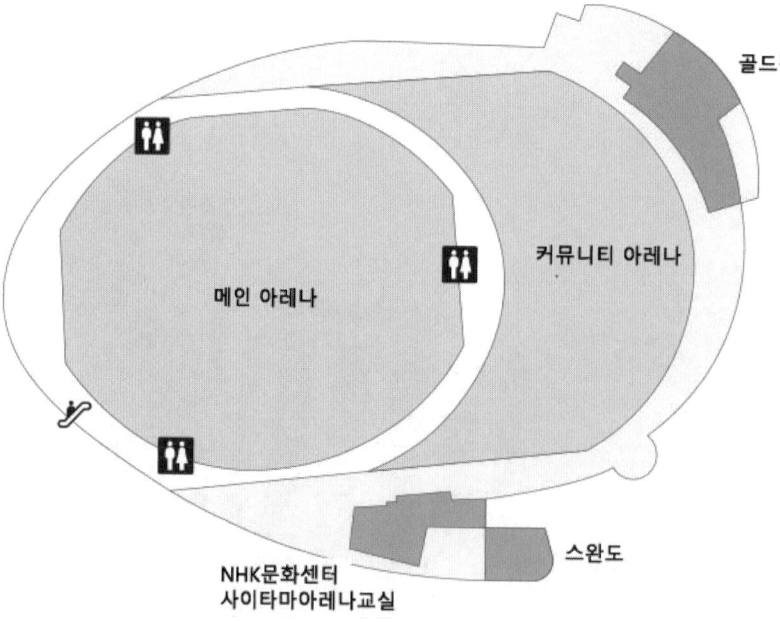

5F

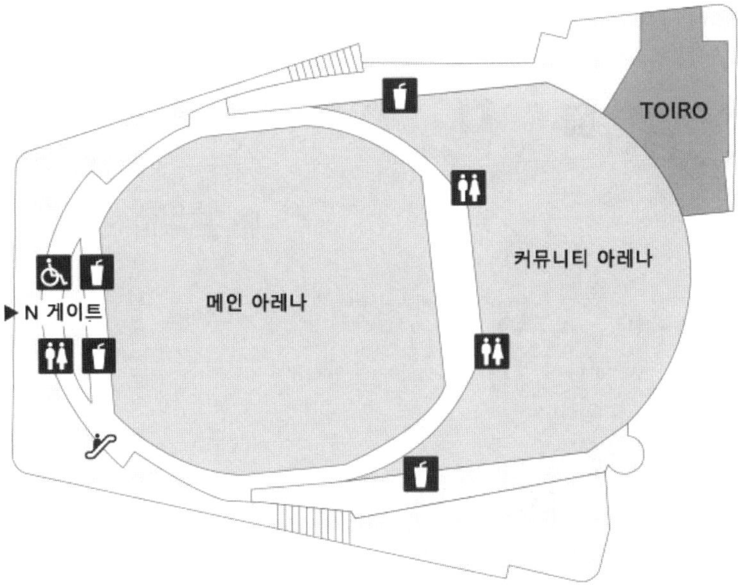
TOIRO
커뮤니티 아레나
메인 아레나
▶N 게이트

4F

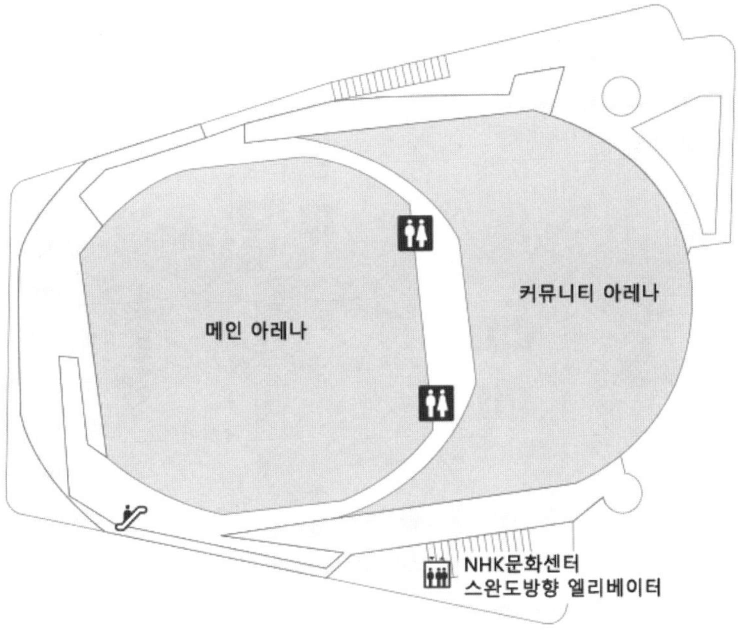
커뮤니티 아레나
메인 아레나
NHK문화센터
스완도방향 엘리베이터

3F

TOIRO방향
에스컬레이터
◀B게이트
골드짐방향
엘리베이터
메인 아레나
커뮤니티 아레나
◀C게이트
사이타마 신도심 느티나무 광장
당일권매장
◀A게이트
기프트샵
키즈룸
2F

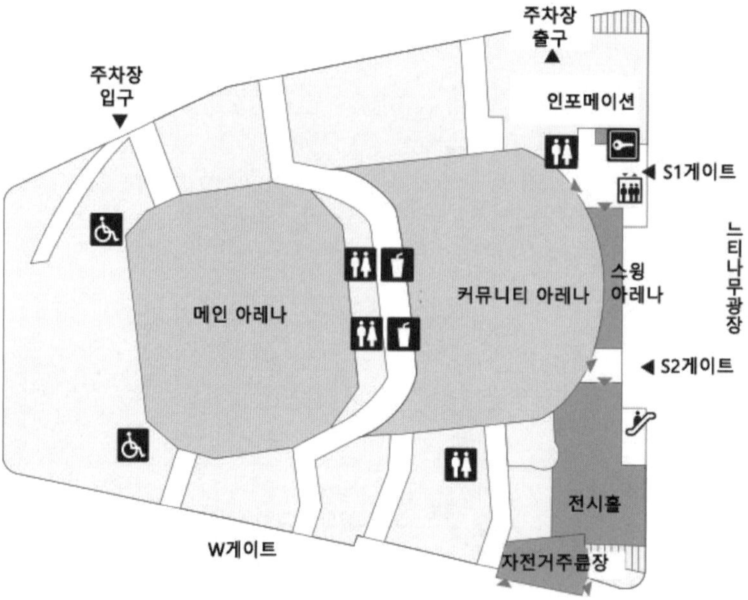
주차장
출구
주차장
입구
인포메이션
◀ S1게이트
메인 아레나
커뮤니티 아레나
스윙
아레나
느티나무광장
◀ S2게이트
전시홀
W게이트
자전거주륜장
1F

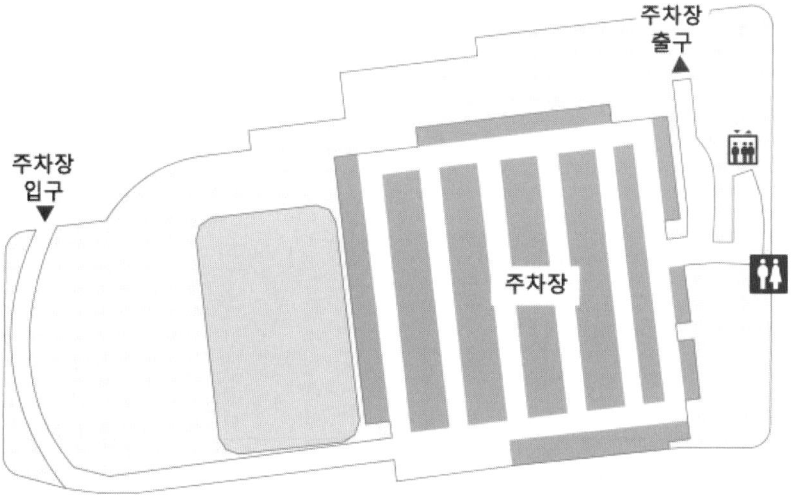

B1F

6. 다카사키 아레나 [高崎アリーナ] [TAKASAKI ARENA]

■ 건축 개요

① 소재지	군마현 다카하시시 시모와다마치 4-2-1 (群馬県高崎市下和田町四丁目2番1)
② 건축면적	13,178.72㎡(건폐율 59%)
③ 건축 규모	부지면적 : 22,220.3㎡ 연상면적 : 26,322.94㎡(용적률 118%) 높이 : 25.53m
④ 구조 형식	RC조, S조(일부 SRC조)
⑤ 발주자	다카사키시
⑥ 설계 · 감리	야마시타설계(山下設計)
⑦ 시공자	도다건설(戸田建設)
⑧ 시공기간	2014년 6월 26일(착공)~2016년 12월 22일(준공)
⑨ 참고 자료	수용인수 : 6,015명 용도 : 체육관 층수 : 지상 3층, 지하 1층 구명칭 : 다카사키시 신체육관(가칭) 관리운영 : 다카사키재단 다카사키 아레나관리부

■ 위치

Takasaki Post Office
高崎郵便局
우체국
Jo Takasaki third floor Goyaguraato
スズラン百貨店高崎店
club FLEEZ
OPA Takasaki
ココパルク８００
Takasaki Tower Museum of Art
高崎市タワー美術館
Takasakiekinishiguchi Bike Locker
Takasaki Chuobyoin
高崎中央病院
종합병원
Workplace Genki Co., Ltd
타카사키 시립 카타오카 중학교
高崎市立片岡中
Tsurumicho Park
鶴見町公園
공원
Sankafujinkatatedebarisato Clinics
109 Cinema Takasaki
109シネマズ高崎
영화관
게이바프 거리
Takasaki Shiritsu Sano JHS
高崎市立佐野中
중학교
Takasaki Arena
타카사키 시립 카타오카 초등학교
高崎市立片岡小
가타오카마치
片岡町
Takasaki School of Ballet
高崎バレエスタジオ
발레학원
Kannon Street
다쓰미초
竜見町
Japan Post
高崎新後閑郵便局
우체국
미나미타카사키
南高崎
이시하라 다이이치 보육원
石原第一保育園
Kannonyama Park
観音山公園
Takasaki Shiritsu Jonan ES
高崎市立城南小
초등학교
Sushiro Takasaki South
スシロー高崎南店
UNIQLO
ユニクロ 高崎下之城店
Karasu River
시고카마치
新後閑町
이시하라마치
石原町
타카사키 이시하라 미나미 우체국
高崎石原南郵便局
Takasaki Shiritsu Sano ES
高崎市立佐野小
초등학교
上野東京ライン Takasaki Line
湘南新宿ライン
Shingangyohashi-dori
Hachinoki Nursery School
はちの木こども園
Japan Post
高崎柏沢橋郵便局
우체국
가미사노마치
上佐野町
Takasaki Shiritsu

연결브리지에서 다카사키 아레나를 바라보다

다카사키시(高崎市)는, 다카사키시중앙체육관 · 다카사키시무도관의 노후화와 다카사키시 도시 집객 시설 기본계획에서, 스포츠를 도시 집객의 큰 요소로 보고 있어, 다카사키시의 관객석 2,000석 이상의 체육관은 배리어프리에 대응하지 못하고 있었다. 또, 군마현에서 개최된 전국 · 관동(関東)레벨의 대회는 인근 마에바시시에 있는 군마현종합스포츠센터 등에서 개최되고 있고, 사람 · 상품 · 정보의 교류거점을 목표로 하는 다카사키시에 있어, 현 시점에 스포츠 교류의 거점성이 없었다.

따라서 다카사키시는 전국 · 세계 레벨의 대회 및 프로스포츠 시합을 개최할 수 있는 체육관을 2012년부터 계획하여, 2014년부터 다카사키역 근처의 일본제분공장 부지에 새로운 체육관을 건설하였다.

■ 다카사키의 새로운 랜드마크 「다카사키 아레나」

9개의 노선을 연장하여, 북관동(北関東) 최대의 터미널역으로서 활기를 보여주는 다카사키역(高崎駅). 도쿄역에서 50분에 도착하는 이 역에서, 도보로 8분이라는 발군의 편리성을 보여주는 이 장소에, 도시의 새로운 랜드마크로서 탄생한 것이, 다카사키 아레나이다. 「다카사키의 젊은 세대가, 일류 시합을 보고 꿈을 가질 기회를 창출하고 싶다」는 마음에서 탄생되어, 2017년 4월 오픈한 이래, 농구 및 배구의 프로리그 및 국제시합, 체조, 스모, 복싱, 마칭 밴드(marching band), 치어리딩의 시합 경기회장으로서 뿐만 아니라, 학교나 기업의 운동회 등, 다양한 경기 및 이벤트 사용을 상정하고 있다.

■ 어린 아이부터 고령자까지, 누구나 일상적으로 스포츠를 즐길 수 있는 시설

시설에는 큰 이벤트회장으로서 뿐만 아니라, 평소에 시민에게 즐겨 사용될 설비를 충실히 갖추고 있다. 메인 아레나의 2층 관객석을 둘러싸듯 만들어진 러닝코스는 혼자서도 편하게 이용이 가능하다. 그 외에도, 소인수 그룹이 마음껏 스포츠를 편하게 즐길 수 있는 적당한 크기의 서브아레나 및 무도 외, 댄스에도 이용할 수 있는 유검도장, 전문적인 트레이닝이나 대회를 할 수 있는 역도장 등, 어린 아이부터 고령자까지, 세대를 불문하고 많은 시민이 일상적으로 신체를 움직일 수 있는 아레나이다.

■ 「보는 것」을 중요시한 메인 아레나

군마현(群馬県)을 대표하는 시설 「군마음악센터(群馬音楽センター)」와 공통적인 디자인 코드

를 이용한 주름판 지붕구조의 천장에서 자연광이 쏟아져 내려오는 메인 아레나는, 농구코트 4면을 배치할 수 있는 넓이. 각종 경기의 국제대회 규모에도 적응한 19m의 천장높이를 확보하고 있다.

이전의 체육관에서 크게 달라진 점은, 국체 사용을 베이스로 한「하기」위한 체육관에서, 「보는 것」도 중시한 아레나로 만든 점. 3,000석 규모의 2층 고정 관람석 외, 가까이서 임장감 있는 관전이 가능한 이동식 관람석을 1,022석 도입. 또 이벤트에 따라서는 가설좌석을 설치하여, 최대 6,015명의 수용이 가능하다.

「보기」위한 아레나로 하기 위해 도입한 이동 관람석은, 1블록이 70석과 91석의 전체 이동식 타입이다. 임의의 위치에 객석을 설치할 수 있기 때문에, 경기 종목에 맞춘 객석 레이아웃을 바꿀 수 있다. 1블록당 약 4톤의 중량물인 이동관람석은, 에어쿠션 시스템으로 원활하게 이동시킬 수 있다. 마주보게 하거나, 코트를 둘러싸는 등, 열리는 경기에 적합한 객석을 만듦으로써, 관객은 박력 있는 시합과 연기를 가까이서 볼 수 있어, 시합의 고조로 이어진다. 관객은, 시합이 무르익으면, 즐거운 이 장소에 또 오고 싶다는 생각을 하게 된다. 선수는, 모티베이션(motivation)이 향상된다. 관객석의 구성으로, 그 상승효과를 만들어 낼 수 있는 것이다.

■ 시설 개요

시설명	시설규모	경기종목
메인 아레나	유효 공간 42m×85m 천장높이 17.5m~19m 관객석 : 고정석 3,000석 이동식 관람석 1,022석 휠체어석 21석 가설 스탠드 1,972석 설치 가능 합계 6,015석 시빅 프롬나드 / 스포츠라운지 러닝코스	농구 4면 배구 4면 배드민턴 16면 탁구 25면 체조·신체조 외
서브 아레나	유효 공간 26.8m×38.5m 천장높이 15m 관객석 100석	농구 1면 미니농구 2면 배구 1면 배드민턴 4면 탁구 6면 외
유도장	유효 공간 31.7m×19.3m 천장높이 4m 관람석	유도 2면 검도 2면
검도장	유효 공간 31.7m×19.3m 천장높이 4m 관람석	유도 2면 검도 2면
역도장	유효 공간 15.8m×13.2m 천장높이 4m	플랫폼 트레이닝 플랫폼
다목적실	유효 공간 13.2m×14.5m 천장높이 3.9m	댄스, 발레 외
회의실	회의실 A 14m×13m 회의실 B 14m×10.5m	회의실 A는 2분할 가능 회의실 B는 3분할 가능
주차장	200대	

▶ 메인 아레나

조명기구는, LED램프를 사용하여, 에너지 절약에 대응하고 있다. 또, 시민대회, 전국대회, 세계대회 등의 대회레벨 및 경기의 종류에 맞춘, 조명 제어가 가능하다.

관객석에 설치한 객석유도등은, 통행에 지장이 없도록 설치되어 있다.

농구, 배구의 코트를 4면 사용할 수 있어, 전국 · 세계 레벨의 대회 실시를 구상하고 있기 때문에, 면적은 3,570㎡이다. 2층 부분까지 오픈천장으로 2층 부분은 관객석으로 되어 있다.

관객석은 아레나 4면을 둘러싸는 형태로 되어 있어, 고정석은 3,021명분의 좌석이 있다. 좌석에는 열 번호 플레이트가 설치되어 있어 이벤트에도 대응할 수 있다. 기구고는 상정하는 경기용구를 충분히 수납할 수 있는 공간을 확보하였다.(7개소 분산 배치로, 합계 800㎡) 또 대형기구의 출입을 고려하여 문은 모두 미닫이, 유효 폭이 3.2m이다. 또 아레나를 4분할 할 수 있는 가동식 칸막이 네트가 있다. 아레나 동측 중앙부에 대회 본부실, 방송실이 있다.

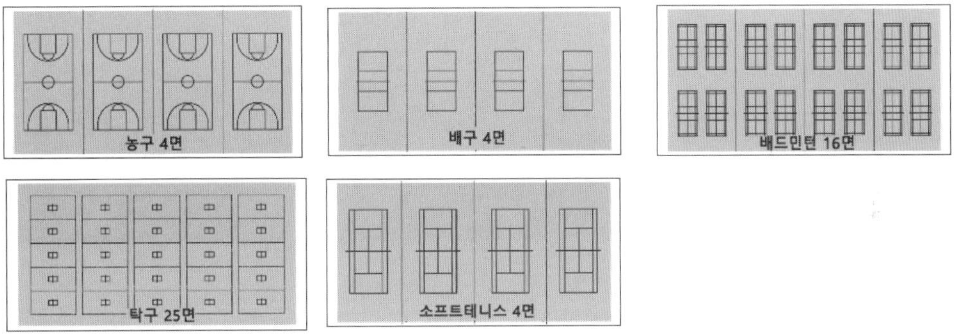

1

▶ 서브 아레나

농구, 배구의 코트를 1면 사용할 수 있다. 코트 면적은 1,031.8㎡. 100석 정도의 이동관람석이 갖추어져 있는 것 외, 소규모의 대회에도 사용할 수 있다. 또, 메인 아레나와 동일한 층에 있다는 점에서 워밍업회장이나 선수대기 공간으로서도 사용할 수 있게 되어 있다. 서브아레나 전용의 기구고 및 대회운영에 사용할 수 있는 대기실도 있다.

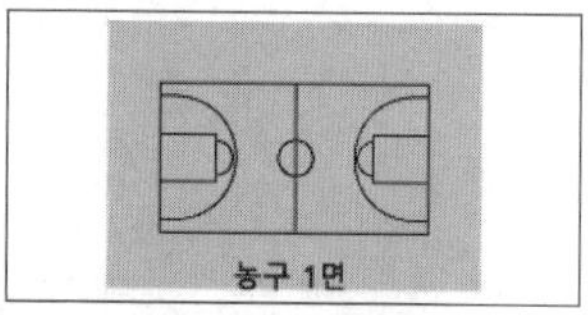

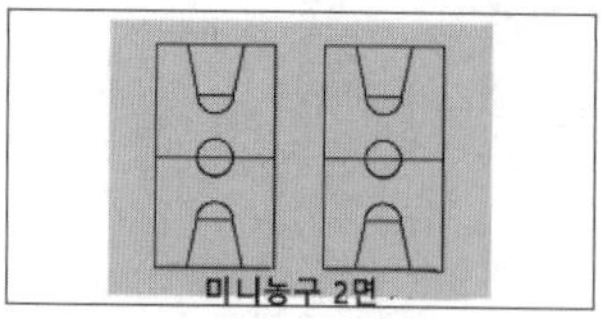

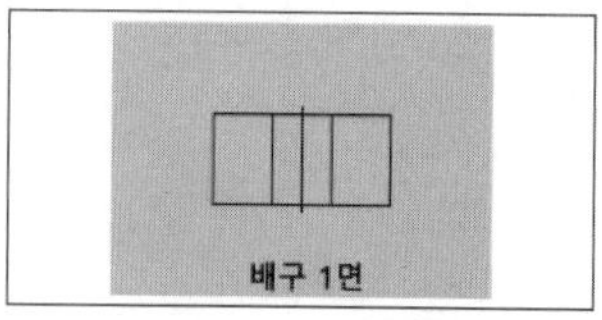

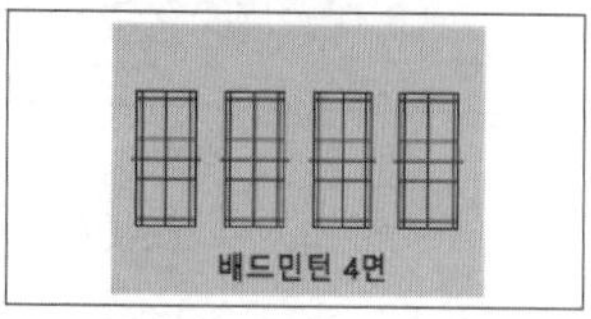

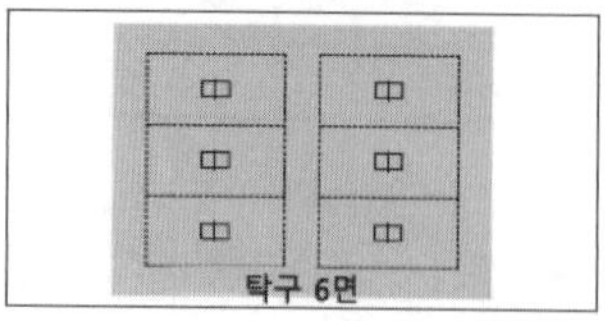

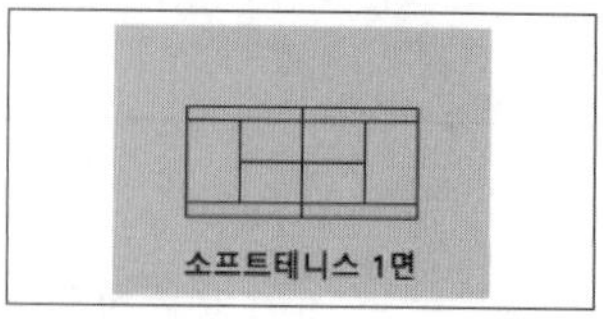

▶ 회의실 A

2분할 해서 이용 가능. 대회운영자의 대기실로서도 편리성에 배려하고 있다.

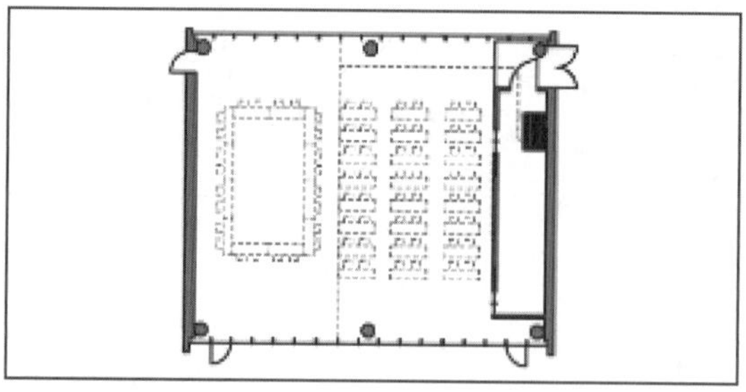

▶ 회의실 B

3분할 해서 이용 가능. 대회운영자의 대기실로서도 편리성에 배려하고 있다.

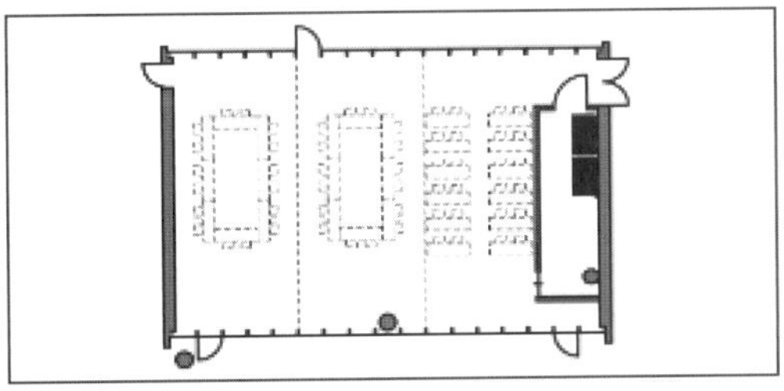

▶ 다목적실

댄스 및 발레 등의 이용에 대응한 바닥마감. 상하족(上下足)의 라인이 명확하다. 벽에 큰 거울이 설치되어 있다.

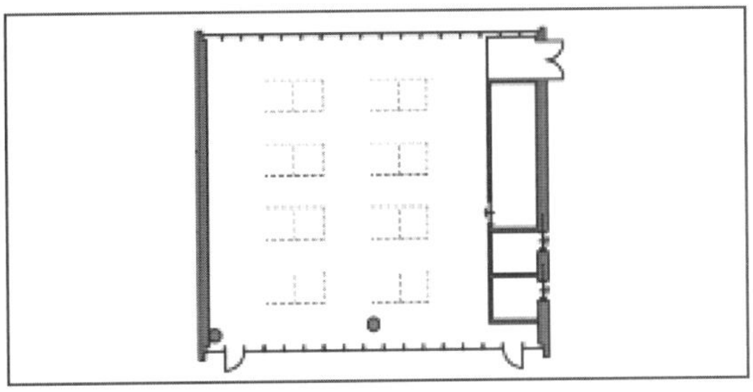

▶ 시빅 프롬나드

길이 70m, 폭 약 10m. 선수의 휴식, 식사 공간. 많은 관객이 체류할 수 있는 포이어공간.

이벤트 시에 굿즈 등을 판매할 수 있는 공간.

▶ 관람석

고정식 관람석 동 1,298석, 서 1,350석, 남 176석, 북 176석, 휠체어석 21석(동 5석, 북 16석), 이동식 관람석 1,022석으로 구성되어 있다.

▶ 유 · 검도장

유도 2면, 검도 2면을 동시에 이용할 수 있도록 설치되어 있다. 도장의 바닥은 무도장 전용 동제(銅製) 바닥과 바닥 플로링이다. 유도 다타미 512다타미의 넓이를 확보하여 512장 모든 다타미를 수납할 수 있는 다타미수납고가 있다.

최대 3분할 가능한 가동칸막이벽이 있어, 다목적실로서도 사용 가능하다. 또, 차음벽으로 2장 1세트로도 사용 가능하다.

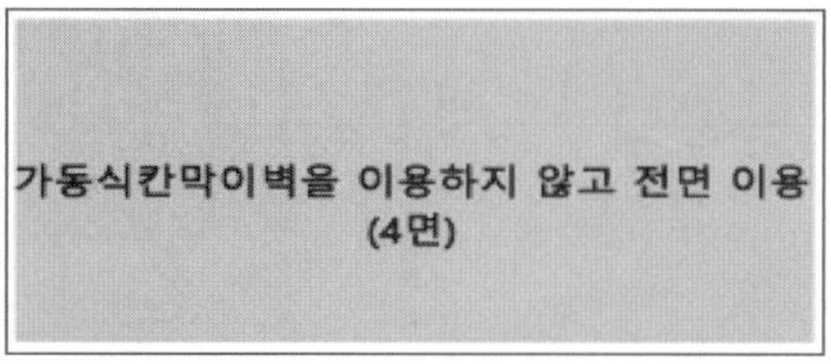
가동식칸막이벽을 이용하지 않고 전면 이용
(4면)

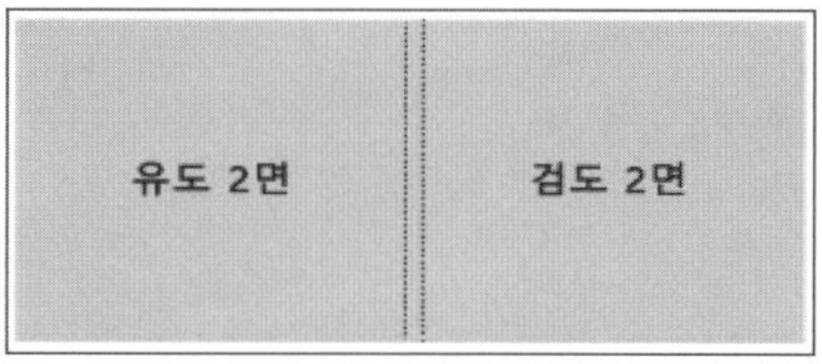
유도 2면
검도 2면

각종대회
대기실

유도 2면
검도 1면
공수 1면

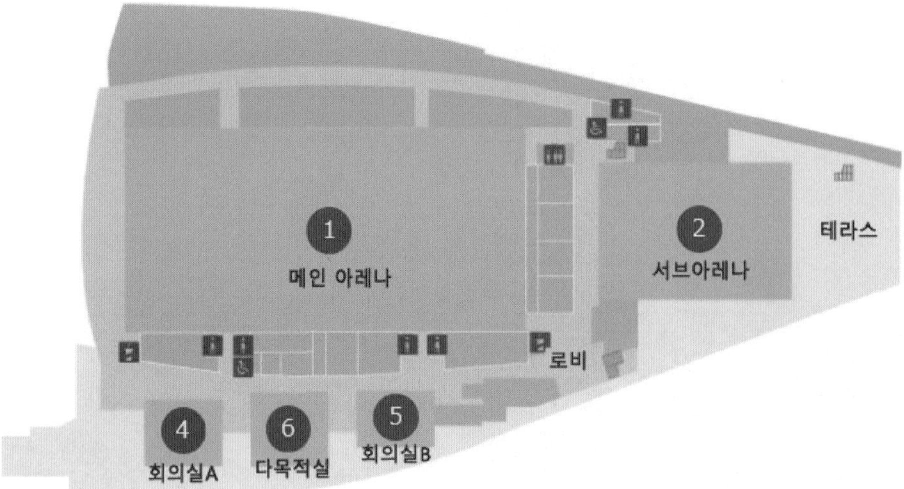

1F

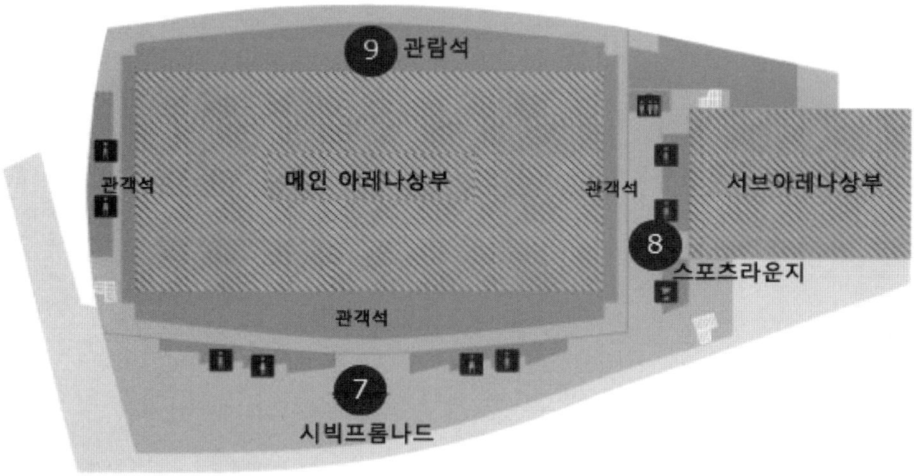
9 관람석
관객석
메인 아레나상부
관객석
서브아레나상부
8 스포츠라운지
관객석
7 시빅프롬나드

2F

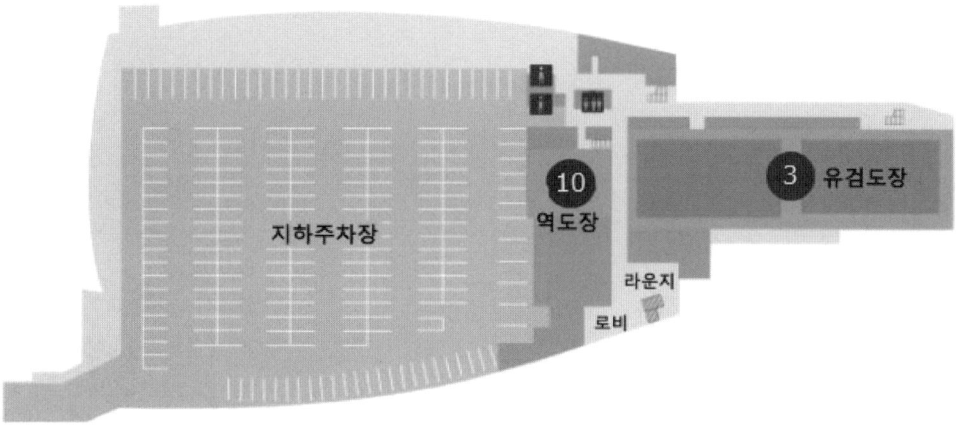
10 역도장
3 유검도장
지하주차장
라운지
로비

B1F

TAKASAKI ARENA

TAKASAKI ARENA

7. 요코하마 아레나 [横浜アリーナ] [YOKOHAMA ARENA]

■ 건축 개요

① 소재지	가나가와현 요코하마시 고호쿠구 신요코하마 3-10 (神奈川県横浜市港北区新横浜三丁目10番地)
② 건축 면적	20,373㎡
③ 건축 규모	부지면적 : 26,691㎡ 연상면적 : 45,800㎡ 높이 : 29.80m 층수 : 지상 5층
④ 구조 형식	철골철근콘크리트구조(일부 철골구조)
⑤ 발주자	주식회사 요코하마아레나
⑥ 설계 · 감리	주식회사 다케나카공무점(竹中工務店)
⑦ 시공자	주식회사 다케나카공무점(竹中工務店)
⑧ 시공기간	1987년 5월(착공) ~ 1989년 2월(준공)
⑨ 참고 자료	수용인수 : 약 17,000명 용도 : 스포츠이벤트, 콘서트 전반, 발표회, 집회 관리운영 : 주식회사 요코하마아레나(제3 섹터)

■ 위치

港北区
Nippa Kindergarten
Nippa Doronko Nursery
Yokohama Futo'o Post Office
Kohoku HS
오쿠라야마
大倉山
Yokohama City Futoo ES
Okurayama Memorial Hospital
TRESSA YOKOHAMA
Nippa JHS
Nippa HS
Futo'o Nursery
Mamedohoriage Park
Misono Park
Kita-Shinyokohama
北新横浜
Futoominami Park
Otsuna ES
Ichinotsubo Park
Kohoku Ward Hall
Mamedo ES
Kikuna driving school
Morooka Uchikoshi Park
고호쿠 경찰서
고호쿠 우편국
신요코하마 공원
요코하마 아레나
Kaminomiya JHS
Terao Kindergarten
신요코하마 라멘 박물관
요코하마 국제 종합경기장
Shin-Yokohama Kokusai Hotel
기쿠나
菊名
Kikuna Memorial Hospital
Baba ES
Super Hotel Shin Yokohama
Yokohama Kimono College
Shin'yoko Football Park
Fujizuka Nichome Park
Heiwadai kindergarten
Yokohama Line
横浜線
Kikuna Nursery
Shinohara JHS
Luce Hidamarinoie Nursery
NITORI Shin-Yokohama
Shinohara ES
Tokyu Toyoko Line
Yokohama Myorenji Post Office
Toriyamaike Park
Kishige HS
Marma Shinohara Nursery
Kohoku ES
Nishiterao Daini ES
Shinohara Kindergarten
묘렌지
妙蓮寺

YOKOHAMA ARENA

YOKOHAMA ARENA

요코하마 아레나(横浜アリーナ)는, 1989년 4월 1일에 가나가와현 요코하마시에 개업한 다목적 이벤트홀이다. 그것을 관리 · 운영은 주식회사 요코하마아레나와 기린맥주(초대법인, 현 Kirin Holdings), 요코하마시, 세이부철도에서 출자한 제3 세렉터로서 개업하여, 아레나 부분의 최대 면적 8,000㎡, 최대 수용인수는 1만 7,000명, 콘서트 및 스포츠, 기업식전 등, 여러 용도로 이용할 수 있다. 「우량 홀 100選」에 선정되고 있다. 아레나 옆에 라이브하우스 「新요코하마 NEW SIDE BEACH!!」와 음악스튜디오 「Studio MUGIC」가 있다.

요코하마 아레나에서의 「아레나석」이란, 2층 부분의 가동식 스탠드석을 지칭하고, 일반적으로 말하는 「아레나석」은 본 회장에서는 「센터석」이라 불리고 있다. 2017년 3월 3일, 주식회사 요코하마아레나에 대해 같은 해 3월 하순을 기준으로 세이부철도가 Kirin Holdings가 보유하는 발행주식 46.2%를 취득하여 최대 주주가 되는 동시에, 세이부철도의 자회사임이 발표되었다.

2016년 7월, 반년에 걸친 대규모 개수공사를 거쳐, 요코하마아레나는 최신 기능을 갖춘 다목적 아레나로서, 리뉴얼 오픈하였다. 한 단계 레벨업되어 재탄생되었다. 아레나의 3층에 위치하는 「스위트박스」에는, 프랑스의 그룹회사 Quinette Gallay Renaissance의 극장 의자를 채용. 종래의 일본 국내의 대규모 아레나에는 없는, 압도적인 럭셔리함이 빛나는 관람석이다.

의자의 색상은 요코하마 아레나의 테마컬러인 블루. 앉으면 발끝이 뜨는 정도의 충분한 쿠션이 등받이면 · 좌면에서 신체를 서포트한다. 3층에서 4층에 걸쳐 계단모양으로 배치된 스탠드석은, 동서남북의 4개의 블록으로 나눠져 있다. 약 1,000석의 가동식 관람석을 가지고, 이벤트에 맞춰 레이아웃을 자유자재로 변경할 수 있는 요코하마 아레나에서는, 레이아웃에 따라 좌석으로의 유도방법도 달라진다. 그것을 포함해, 보다 나은 안내를 위한 검토가 거듭되어, 이번 리뉴얼에서는, 관내 전체의 사인을 일신하였다. 스탠드석에 설치된 넘버플레이트도 시인성이 좋은 디자인이 실시되었다. 발밑을 보면서 통로를 걸을 때, 좌석번호가 시야에 들어오도록, 의자의 좌석 뒤 넘버플레이트의 위치에도 신경 쓰고 있다. 등받이의 형태가 평탄했던 구 스탠드석에 비해, 등받이의 커브를 따라 입체적인 형상도 큰 특징이다. 이 등받이의 커브에 따라, 뒤에 앉은 사람의 발밑 공간도 넓어지고 있다. 좌면도 높아져, 한 번 앉으면 바로 알 수 있을 정도로, 쾌적성이 극단적으로 향상된 디자인이다. 관람석 전체에 무지의 선명한 블루가 갖추어진 가운데, 스탠드석의 커버에는, 요코하마의 바다를 모티브로 파도 모양을 디자인하였다. LED 조명을 받아, 마치 바다와 같은 아레나에, 환성의 물결이 퍼져 나간다.

■ 메인 아레나

면적 8,000㎡(타원형 114m×78m), 최대 수용인수 17,000명, 콘서트 · 쇼, 컨벤션, 스포츠, 물품 · 전시회, 시험 등이 개최 가능한 다목적 홀.

■ 라이팅 데크

천장면에 대형 핀스폿 등을 자유롭게 설치 · 이동할 수 있는 라이팅 데크를 장비. 대형 엘리베이터 및 리프트로 중량물도 간단히 반입할 수 있다.

■ 전원 설비

다양한 이벤트에 대응할 수 있도록, 음향 · 조명 · 동력의 3가지 용도별로 대용량의 안정 전원을 확보. 홀 전원과는 별개로, 반입 전원차용의 케이블 및 전원차반 시설이 있다.

음향	용량 300KVA
조명	용량 1,000KVA
동력	용량 500KVA
전원차	홀 전원과의 병용 및 전체를 전원차로 공급 가능

■ 이용 플랜

▸ 콘서트 · 쇼

회장에 스테이지를 만들고 싶은 주최자, 최고의 퍼포먼스를 하고 싶은 출연자, 쾌적한 공간을 만들고 싶은 스태프, 그리고 그 순간을 눈에 담고 싶은 관람객. 요코하마 아레나가 자랑하는 충실한 설비는, 그런 모든 사람의 바람을 이룰 수 있다

▸ A 스테이지(13,000명)

10,000명~15,000명 급의 대응을 할 수 있는, 메인 아레나를 세로로 길게 사용한, 콘서트 · 쇼 패턴의 스탠다드. 일체감 넘치는 공간 구성을 가능하게 하여, 관중을 매료시킨다.

센터석	3,114석
아레나석	5,498석
스탠드석	3,271석
스위트 · 박스	140석
스탠딩공간	1,420석
합계	13,443석

▸ B 스테이지(12,000명)

메인 아레나를 가로로 길게 사용한, 잘 보이고 잘 들리는 것을 중시한 콘서트·쇼 패턴. 스테이지를 와이드하게 설치할 수 있기 때문에, 돔이나 스타디움급 못지 않은 박력을 연출할 수 있다.

센터석	2,970석
아레나석	4,933석
스탠드석	3,086석
스위트 · 박스	140석
스탠딩공간	1,348석
합계	12,477석

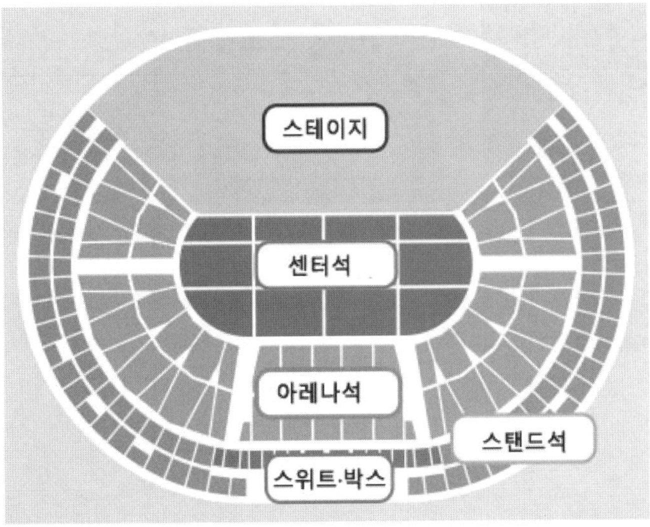

▸ 컨벤션

유연한 공간에서 자유롭게 조합시킬 수 있는 스타일이 성황으로 이끈다. 같은 층에서 개최할 수 있는, 컨벤션과 파티. 식전 후의 회식 시에, 호텔 등의 회장으로 이동하지 않고도 되는 편리성이, 주최자의 효율적인 운영과, 관람자의 쾌적한 이용을 동시에 충족시킨다.

■ 분할사용 패턴

메인 아레나를 2분할해서, 식전 집회장과 파티회장을 같은 층에 설치할 수 있다. 큰 규모의 컨벤션이라도, 관람자가 파티회장으로 이동을 편하게 할 수 있는, 편리하고 효율적인 플랜으로 인기이다. 1,000명~4,000명 같은 층에서 집회장 이동이 편하다.

▸ A 스테이지

계단 모양의 관객석에 의해, 규모가 큰 이벤트에도 일체감이 탄생되는 스테이지 패턴이다.

센터석	3,114석
아레나석	5,498석
스탠드석	3,271석
스위트 · 박스	140석
스탠딩공간	1,420석
합계	13,443석

▸ B 스테이지

파티 등에도 대응할 수 있는, 잘 보이는 것을 중시한 와이드한 집회장의 스테이지 패턴이다.

센터석	2,970석
아레나석	4,933석
스탠드석	3,086석
스위트 · 박스	140석
스탠딩공간	1,348석
합계	12,477석

일체감 된 환성과 마음, 감동의 한 장면

관객의 흥분이 교차하는 집회장, 그것을 힘으로 바꾸는 운동선수, 시합을 뒷받침하는 스패트, 주최자, 종사하는 사람들이, 새로운 역사의 한 페이지를 돕는다.

▸ 중앙스테이지(17,000명)

센터석 부분에 스테이지를 배치하는 패턴. 최대 17,000명을 수용할 수 있는, 객석으로 둘러싸인 스타일의 회장을 설치할 수 있다.

1,000~6,000명까지 비 걱정이 없는 실내 대운동회가 가능. 람다시스템, 대형영상장치를 활용함으로써 임장감 넘치는 대운동회를 개최할 수 있다.

▸ 전시회 · 물품 · 시험 – 다채로운 스타일로의 변화가 환희를 연주

스태프의 준비부터 방문자의 이용까지, 항상 신경을 쓰고 있는 쾌적성. 멀티풀한 사용성으로, 모든 분들의 요망에 부응한다.

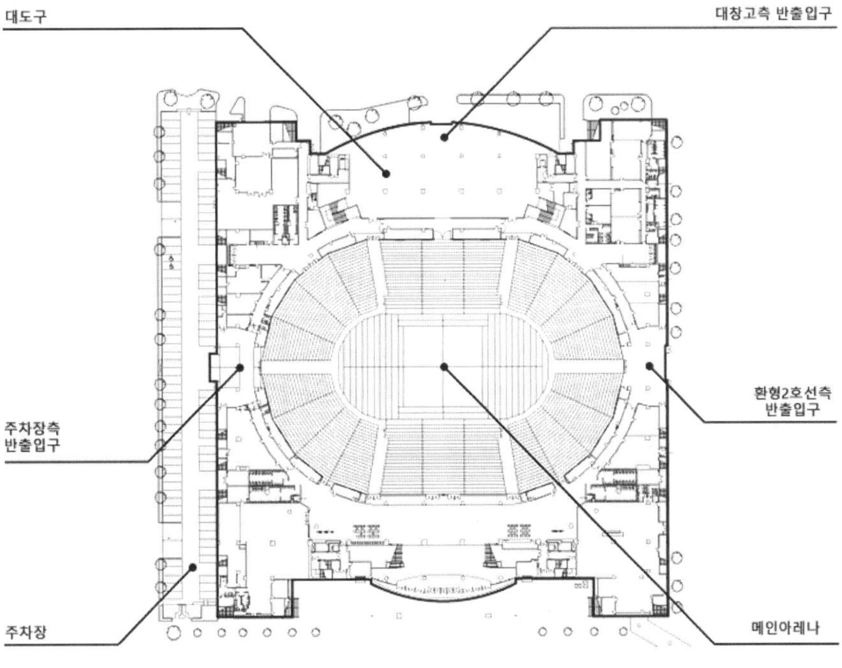

■ 람다(Lambda) 시스템

람다시스템은, 스테이지의 위치 및 11,000석의 관객석 등, 홀 내부의 형상 자체를 컴퓨터제어로, 다양하게 변화시킬 수 있는 획기적인 시스템이다. 이벤트의 기획, 쇼의 연출에 맞춰, 최적의 스테이지 · 객석 · 전시환경을 3시간 전후로 세팅할 수 있다.

▸ 기획 · 연출에 맞춘 회장 구성을 어시스트

메인 아레나의 형상을 자유자재로 변화시키는 「가동관객석시스템(람다시스템)」, 컴퓨터로 메인 아레나의 형상을 자유자재로 바꿀 수 있는 시스템이다. 메인 아레나의 바닥 아래에 수납된 가동 관객석 유닛을 승강시킬 수 있어, 플랫한 바닥면, 객석, 스테이지로 세팅이 가능하다. 이벤트의 기획 · 연출에 맞춰 스테이지의 위치 및 관객석을 자유로운 발상으로 만들어 낼 수 있다.

레이아웃 변경 전 물품 · 전시회 패턴

레이아웃 변경 후 중앙 스테이지 패턴

▸ 유닛의 스트로크

상하 방향으로 승강 가능한 범위(스트로크)는, 최소 -3.5m에서 최대 +5m(1층 플로어레벨을 ±0으로 한 경우)까지인데, 각각의 유닛에 의해 스트로크가 다르므로 주의해야 한다.

기본 패턴 이외의 플로어를 구성하는 경우에는, 이 유닛별 스트로크의 범위 내라면, 임의의 높이에서 정지 · 고정할 수 있다. 단, 유닛 전후 간의 단차는 700㎜ 이상 줄 수 없다.

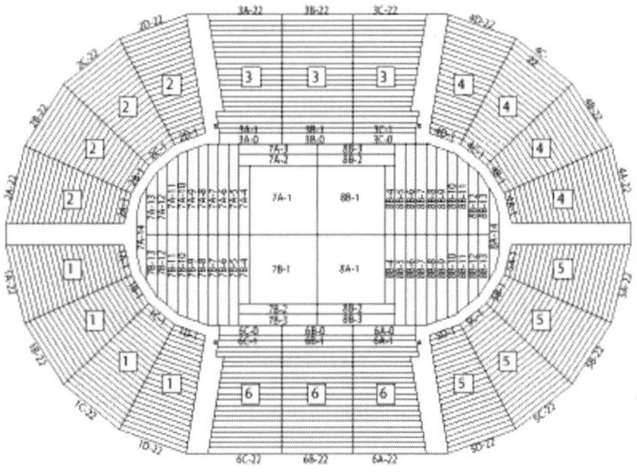

유닛표

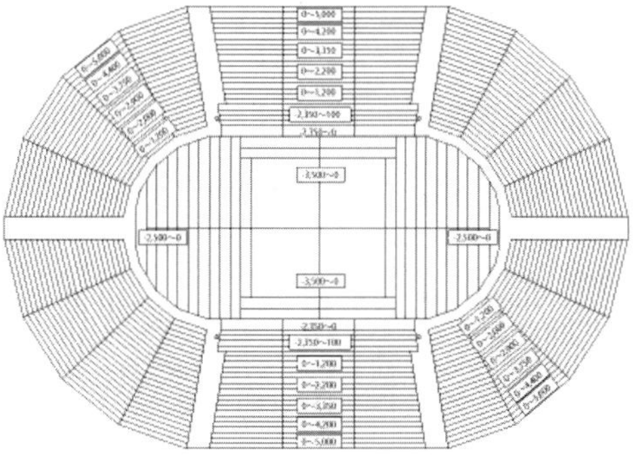

하이스트로크 분포도

▸ 유닛의 적재 하중

유닛의 적재하중은 기본적으로 330kg/m²이다. 단, 아레나석의 유닛이 ±0레벨에 있는 경우에만, 2.0t/㎡이 된다. 이 무게를 초과하는 중량물을 싣는 경우에는 하중의 분산처치가 필요해지므로, 시공방법 등의 상세는 상담이 필요하다.

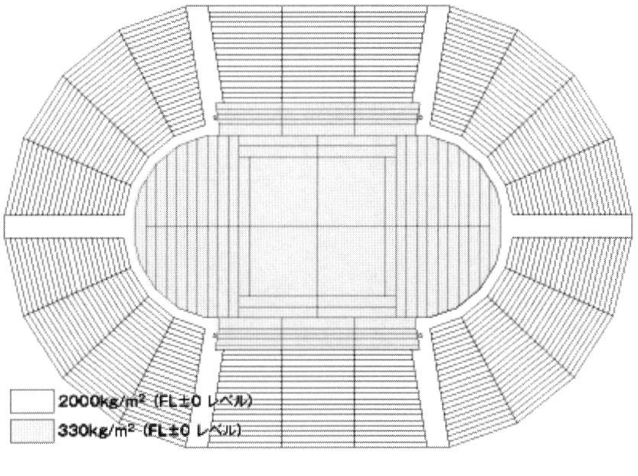

적재하중분포

■ 천장 매달기 훅

다양한 이벤트의 설치 시, 유연한 대응이 가능하도록 아레나 천장면에 약 3m 간격으로 약 600점의 매달기 훅을 설치하고 있다. 매달기 훅의 내하중은 1점당 1톤~9톤으로, 패턴에 따라 20톤~30톤의 매달기물이 가능하다. 종횡으로 설치된 캣워크에 의해 발군의 작업성을 확보하고 있다.

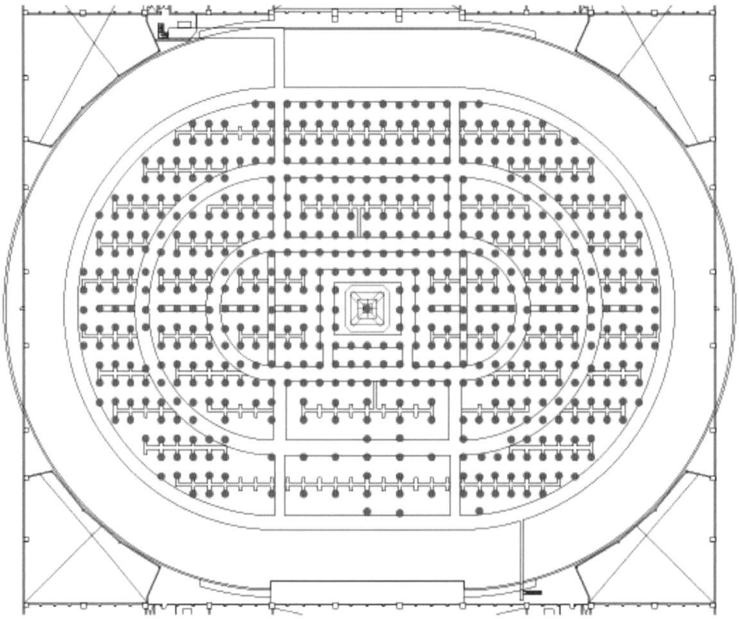

천장매달기 훅 배치도

▸ 매달기하중 체크 시스템

이벤트 시 설치를 할 때, 천장의 매달기 능력을 최대한으로 이용하기 위해 컴퓨터에 의한 매달기 하중 체크 시스템을 채용하고 있다. 지금까지 사전에 신고된 하중이 실제 현장에서 지켜지고 있는지 확인하는 것은, 매우 어려웠다. 그래서 요코하마 아레나에서는 로드셀(하중계) 및 스트레인미터에 의해 훅에 걸려 있는 실제 하중 및 하중에 의해 지붕에 미치는 영향을 감시하는 시스템을 개발·채용하고 있다. 감시는 모두 조정실에서 하고, 과하중의 체크뿐만 아니라 이동하중도 리얼타임으로 감시가 가능하기 때문에 매달기 능력을 최대한으로 이끌어 내, 지금까지 하지 못했던 설치를 안전·효율적으로 할 수 있게 되었다.

▸ 연출의 폭을 넓히는, 천장매달기 하중허용량

메인 아레나 내의 조명을 LED화 함으로써, 메인 아레나 천장면의 경량화를 실시. 스테이지 패턴이나 매달기 방식에 의해 천장 매달기 하중 허용량이 2~5t 정도 증가하였다.

■ 대형영상장치

요코하마 아레나에서는 278인치의 4면 대형 영상장치를 상설하고 있다. 발군의 주목도를 자랑한다. 2008년 2월부터 메인 아레나 천장 중앙에 상설된 대형영상장치, TOSHIBA TRAN SPORT ENGINEERING 주식회사제의 풀컬러 LED표시 시스템「테크노 레인보우」를 설치하고 있다. W6,144mm×H3,456mm ; 278인치의 대화면(1면당)에 RGB3in1칩 LED를 6㎜ 피치 간격(리얼 제어 방식)으로 배치한 4면 LED 비전은, 그 발군의 해상도 · 휘도에 의해 관람객에게 고품질로 선명한 영상 정보를 제공할 수 있다.

▸ 대형 LED 표시장치

RGB3in1칩 LED를 6㎜ 피치 간격으로 가로 1024×세로 576점 배치한 화면을 1화면으로 해서, 그것을 사방 4면에 갖춘 표시를 할 수 있다. 전원부를 내장하여 단상 AC200V를 수전하고, LED제어부에 송신된 데이터를 토대로, 풀컬러 영상표시한다. LED에 RGB3in1칩을 채용하고 있기 때문에, 검은바탕 백색 문자를 깨끗한 백문자로 표시한다.

▸ 컨트롤러 및 비디오 시스템

SD-SDI에 대응한 기기에 의해 구성되어, 영상신호의 제작편집, 수록, 송출, 영상교체를 할 수 있다. 외부 입력으로서 외부단자반용 입력, 중계차용 입력, 반입 카메라시스템 입력을 갖추고 있다. 스코어표시기능을 겸한 CG송출용 텔롭퍼를 갖추어 스포츠경기 등의 득점을 신속하고 선명하게 표시할 수 있다.

비디오시스템에서의 영상은 LED제어부에서 대형 LED표시장치에 송출한다. 장내 음향시스템용 음성출력과 관내 모니터용 영상출력을 갖추고 있다.

■ 사운드시스템

사운드시스템은 다양한 이벤트 요구에 대응 가능하여, 강연회, 전시회 등의 다양한 용도로 사용할 수 있다. 스피커(MEYER SOUND社製)는, 콘서트 등 반입 시스템과의 연계가 용이하고, 본 아레나의 스피커를, 콘서트의 보조 스피커로서 사용할 수 있는 프로유스 기능과 성능을 가지고 있다. 또 이벤트 준비작업의 효율화를 도모하기 위해, 음향조정콘솔은, 디지털 음향조정콘솔(Panasonic製 : 2008년 변경)을 채용하여 각 이벤트 패턴별로 세팅된 음장을, 순식간에 전환하는 것이 가능하다. 또 객석 구석구석까지 커버하는 43대의 스피커는 모두 제 각각 지연시간 및 주파수특성을 음향조정콘솔로 컨트롤할 수 있어, 어떠한 스테이지 구성에 반입 스피커가 세팅되어도, 보조 스피커로서의 연계를 스피디하게 준비할 수 있다.

디지털음향조정탁(RAMSA WR-D600)

▸ 음향시스템

아레나 형상의 변화에 컴퓨터로 대응하여, 양호한 음장을 확보. 패턴 프리셋 방식을 채용. 풀디지털 믹싱콘솔 입력56ch · 출력72ch 지향성 파워스피커 43대가 설치 되어 있다.

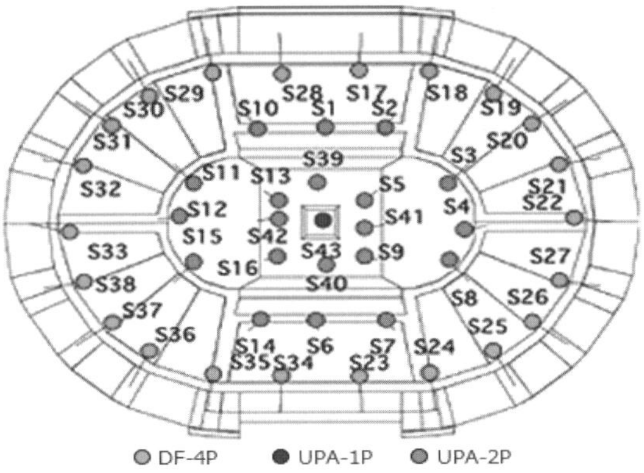

스피커 배치

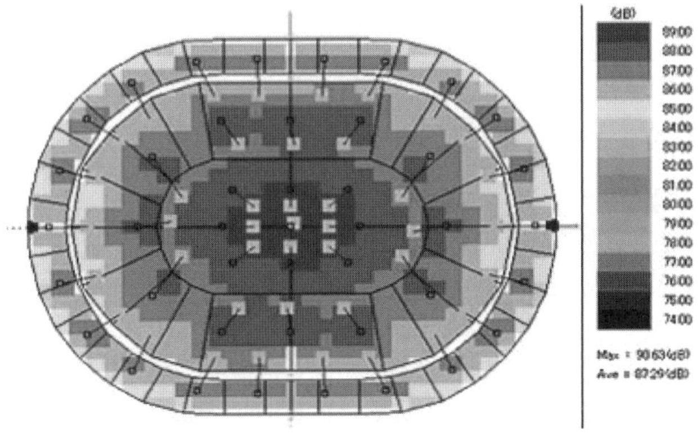

음압분포 시뮬레이션 결과(대역 합성 125~4㎑)

■ 조명

환경에 배려한 이벤트회장으로! 아레나급의 국내 이벤트홀 최초, 「장내 고천장 LED조명」 0~100%의 조광이 가능한 「고천장 LED조명」을 설치. 메인 아레나 부분의 메탈 할라이드램프 578등과 할로겐램프 90등 외, 스탠드석 천장부분의 할로겐램프 252등도, 모두 LED화 되어 있다. 또, 메인 아레나 내부뿐만 아니라, 로비 및 대기실을 비롯한 관객이나 관계자가 입장하는 구역에 대해서도 모두 LED화 하였다.

▸ 조명시스템

평균조도 2,200lux. 중앙 조도 3,700lux. 조광 패턴의 메모리기능도 충실하다.

■ 방문객을 위한 설비 - 방문객들의 기대감을 부풀리다- 아레나급의 일본 이벤트홀 최초의 대형 LED 사이니지(signage)「요코하마아레나 비전」

아레나 정면 입구 부근에, 약 366인치를 자랑하는 LED사이니지를 설치. 이벤트의 타이틀이나 아티스트의 뮤직비디오 등을 방영하는 것이 가능하다. 방문객의 기분을 고양시켜, 앞으로 시작될 무대에 대한 기대감을 부풀리며 입장할 수 있다.

【사양】

- 화소 피치 / 9,375mm피치 ■ 인치 수 / 약 366인치 ■ 아스펙트 비 / 16:9
- 평균수 / 37.01㎡ ■ 개산 화면치수 / W8,100mm×H4,575mm
- 개산 화면 해상도 / H864dot × V488dot ■ 휘도 / 2,000nit

KIRIN

南 3列 89番
南 3列
89番

南 2 列

■ 좌석정보

A패턴

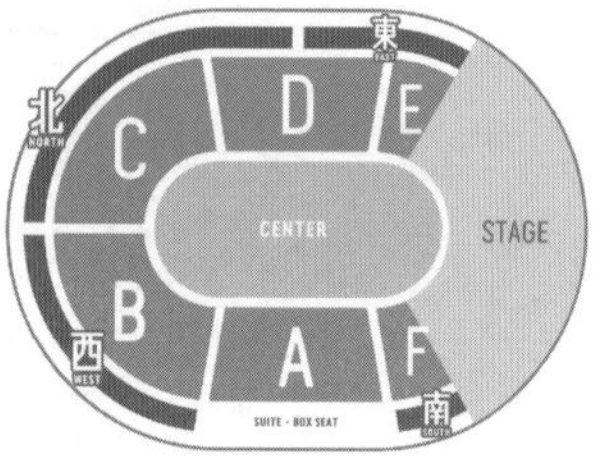

B패턴

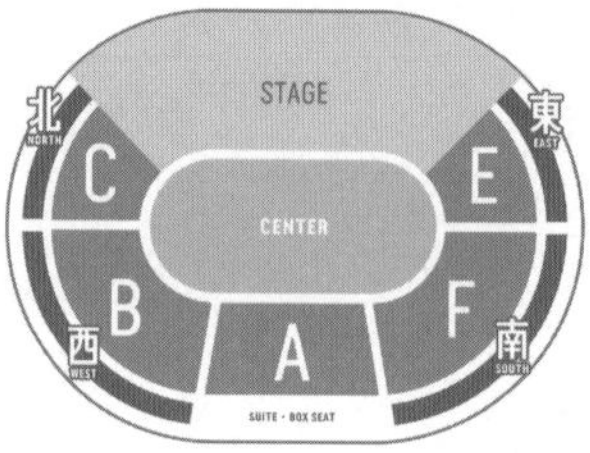

중앙패턴

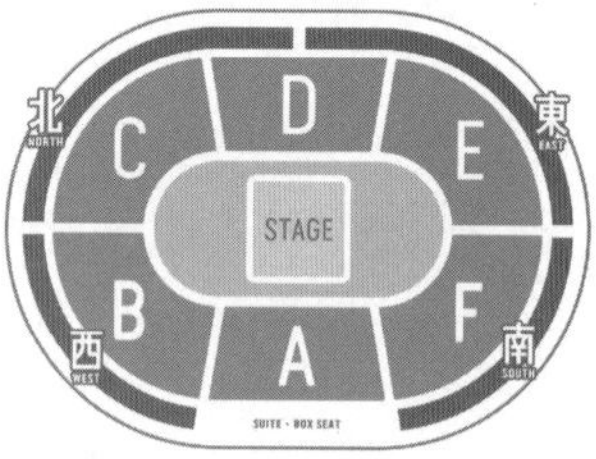

▸ 좌석의 종류

좌석은 「센터석」, 「아레나석」, 「스위트 · 박스석」, 「스탠드석」, 「스탠딩 공간」의 5종류로 나눠져 있다. 각 종류의 좌석의 층수와 구성은 다음과 같다.

층수	종류	구 성
1층	센터석	1층 스테이지와 같은 층의 좌석이다. 스테이지를 정면에서 볼 수 있다. 이벤트에 따라 배치가 바뀌거나, 올스탠딩 시에는 좌석이 없는 경우가 있다.

2층	아레나석	센터석을 둘러싸고, 1층에서 2층의 고정 통로까지 계단모양으로 배치된 좌석이다. A · B · C · D · E · F의 6개의 블록으로 나눠져 있다. 1층에서 2층에 걸쳐 22열의 배열로 되어 있고, 11열과 12열 사이에 통로가 있다.
2층	입견(스탠딩)공간	아레나석 후방의 2층 고정 통로 부분으로, 좌석은 없어 서서 관람하는 공간이다.
3층	스위트 · 박스	아레나석 A블록의 상방 3층에 위치하여, 응접과 TV가 있는 개실과 발코니 형상의 좌석이 세트되어 있다.
3층	스탠드석	3층에서 4층에 걸친 계단모양으로 배치된 좌석이다. 동 · 서 · 남 · 북의 4개의 블록으로 나눠져 있다. 3층에서 4층에 걸쳐 10열의 배치로 되어 있고, 5열과 6열 사이에 통로가 있다.

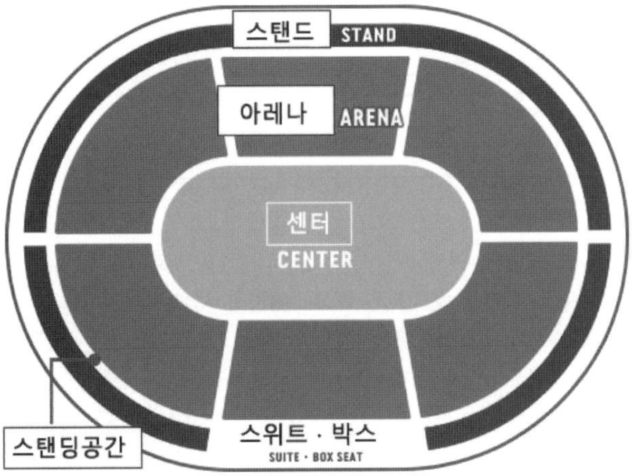

8. 세이부 돔 [西武ドーム(メットライフドーム)] [Seibu Dome(MetLife Dome)]

■ 건축 개요

① 소재지	도코로자와시 카미야마구치 2135(所沢市上山口 2135)
② 건축 면적	40,168.01㎡
③ 건축 규모	직경 223m, 높이 약 65m(그라운드 면으로부터)
④ 구조 형식	철골조 : 금속 지붕부 : 철골조, 막 지붕부 : 철골 골조 막 구조
⑤ 발주자	세이부철도(西武鉄道)
⑥ 설계 · 감리	디자인 · 구조 : KAJIMA DESIGN
⑦ 시공자	카지마 관동지점
⑧ 시공기간	1997년 7월~1999년 2월
⑨ 참고 자료	디자인 : 기존 구장에 지붕을 후에 설치하여, 옥외 감각의 밝고 개방적인 돔 공간을 창출(創出)한다. 주변부에는 벽을 설치하지 않고, 바람과 시선(시선)을 통과시킨다. 중앙은 막 지붕으로 하여 투광성을 활용한다. 주변의 자연(自然)이 눈에 들어와, 말 그대로 「빛과 바람과 자연」의 돔이 된다. 구조 : 1기(期) 공사에서는, 계단 모양의 입체 트러스에 의한 고강성의 지붕을 채용. 이와 같이 주변 구조의 강성을 높임에 따라, 2기 공사에서는, 직경 약 140m의 싱글 레이어 격자골조(格子骨組)를 가능하게 하고 있다. 약 300개소 격자골조의 교점은 동일한 형상이 되도록 계획하고, 이곳에 주강(鑄鋼)을 이용하고 있다. 24개소의 기둥을 지지하는 기초(基礎)는, 공기를 고려하여 독립기초로 하고 있다. 시공 : 시즌 오프 기간 안에서의 시공이 되기 때문에, 공정적(工程的)으로 상당히 타이트하여, 공법의 관리가 중요한 요소가 되었다. 1기 공사에서는, 약 8,000t의 철골을 1개월 반 안에 조립을 완료시키기 위해, 광파 측량을 활용한 「링 형상 리프트공법」을 개발하였다. 2기 공사에서는, 막의 전장기(展張機)를 개발하여 막을 편 상태에서의 리프트 업 공법을 계획하였다.

■ 위치

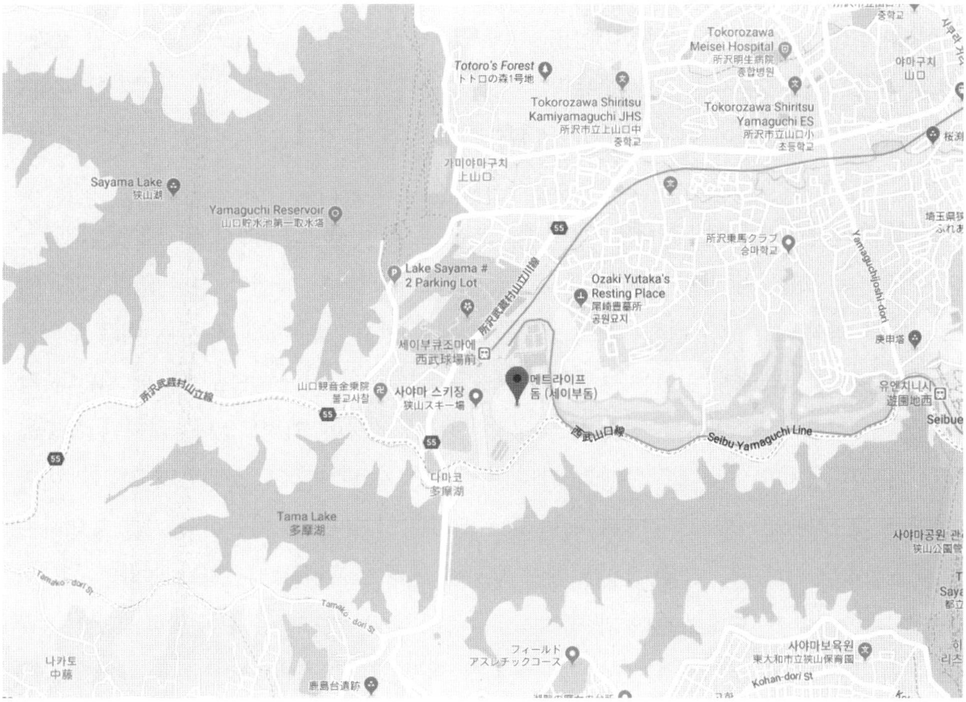

세이부 돔(西武ドーム)은, 일본의 사이타마현 도코로자와시(所沢市)에 있는 돔구장이다. 프로야구퍼시픽 · 리그의 사이타마 세이부 라이온즈가 본거지로 하고 있다. 시설은 세이부철도(西武鉄道)가 소유하고, 주식회사 세이부 라이온즈가 운영관리하고 있다. 당초는 지붕이 없는 세이부 라이온즈 구장이었지만, 후에 지붕을 가설하여 돔 구장이 되었다. 돔 가설 이전에는 세이부구장의 통칭 표기가 다용되고 있고, 가장 가까운 역의 이름은 돔 가설 후에도 변함없이 세이부구장역(西武球場前駅)이다. 현재는 MetLife 생명보험이 시설 명명권을 취득하고 있어, 명칭은 MetLife Dome으로 하고 있다.

■ MetLife Dome의 개요

사이타마현의 남서부 사야마구릉(狭山丘陵)에 입지하고, 주위가 자연으로 둘러싸인 로케이션 속에 위치하고 있다. 평지에 스탠드 등의 구조물을 건설하는 것이 아니라, 구릉지를 파내리고 구조물을 설치하는 방법이 이용되고 있어, 파내려간 부분의 경사면을 이용해 스탠드가 설치되어 있다.

굴하(掘下)식이기 때문에, 관객은 외야 백스크린 후방의 중앙입구에서 입장하여, 외야 스탠드 외주의 슬로프형상의 통로를 경유해, 각 좌석으로 유도되는 동선이 잡혀 있다. 때문에 백네트 주변의 좌석으로 가기 위해서는 스탠드를 대체로 반주(半周)하게 되는데, 네트 뒤의 박스시트를 이용하는 관객에게는 전용 출입구가 별도로 설치되어 있다. 1997년과 1998년의 각 오프기간에 2개년에 걸쳐 공사를 실시하고, 구장 전체에 지붕이 가설되었다. 하지만 지붕을 지탱하는 기둥은 있지만, 다른 돔 구장과 달리 벽면을 설치하지 않고, 스탠드와 지붕 사이의 전체 둘레를 풀오픈으로 해서 통기성을 높인 구조를 채용하고 있어, 자연의 공기를 도입하기 때문에 공조설비는 없다(단, 1루측 3루측 매점 부분에 거대 스프링클러는 각각 있다).

지붕부는 외주부가 도너츠 모양의 금속제로, 중심부에는 도쿄 돔과 동일한 불소수지(통칭 테프론)의 지붕막재가 총면적 17,000㎡에 이르러 외겹으로 철골에 끼어 붙어 있어, 내후성과 불연성이 있으면서도 자연광을 넣을 수 있는 지붕으로 되어 있다. 현존하는 돔구장 중에서도 가장 저비용으로 만들어졌고, 가장 환경을 배려한 구장으로서, 세이부그룹(西武グループ)에서는 「자연환경 공존형 스타디움」으로서 PR을 하고 있다. 또 사야마구릉의 풍부한 자연을 살린 부분 등이 평가를 받아, 사이타마현이 우수한 경관을 가진 건조물에 표창하는 「사이노쿠니경관상(彩の国景観賞)」을 1999년에 수상하고 있다. 벽면이 없기 때문에, 일본에서 유일한 「장외홈런이 나오는 돔 구장」이다. 또 기후 조건에 따라서는 상단의 객석까지 비가 들어오고, 천둥도 실외와 변함없는 크기로 들린다.

내륙의 사야마구릉에 위치하는 입지조건에서 초봄과 초가을은 춥고, 여름에는 야간경기에서도 무덥다. 돔(Dome)화 함으로써, 햇살이 차단되어, 열기와 습기가 차기 쉬워져, 이러한 경향은 더 현저해졌다. 초봄이나 초가을, 강우 시에는 추위 대책이, 여름철에는 열중증(熱中症)대책이 필요하다. 강제적으로 환기를 하는 설비가 없기 때문에(바깥공기를 들이는 대형 선풍기를 복수 설치하고 있지만, 효과는 한정적이다), 강수 시에는 습기가 차, 때때로 필드 내에 안개가 자욱이 낀다. 벽면이 없기 때문에, 낮게임 시에는 햇살이 쏟아진다. 더위가 심하기 때문에, 다른 전천후형 돔과 달리, 여름에는 낮게임을 개최하지 않는다.

분연(分煙)상으로는 문제가 남아 있어, 돔 지붕 내에는 소방법상의 규정에 따라 흡연소를 설치하지 못하므로, 내외야 모두 지붕으로 덮이지 않는 부분에 흡연소르 설치하고 있다. 그러나 흡연실 등 공조를 갖춘 별동은 설치되어 있지 않아, 노천 그대로 재떨이를 설치한 간소한 형식이기 때문에, 풍향에 따라서는 담배연기가 통로나 스탠드로 흘러들어가는 경우도 있어, 완전 분연화에는 이르지 못했다. 2008년도까지는 다른 많은 구장과 마찬가지로, 1루측 벤치를 홈벤치로 이용했지만, 2009년도부터는 구단사무소, 연습장, 합숙소 등의 제 시설에 가까운 3루측을 홈용으로 사용하고 있다. 일본프로야구에서 3루측을 홈으로 하는 것은 삿포로돔, 미야기구장(宮城球場)에 이어 3번째이다. 이 외, 세이부가 주최공식전을 개최하는 사이타마현영 오미야공원 야구장(埼玉県営大宮公園野球場)도 3루측을 홈으로 하고 있다.

세이부의 메인 로커룸은 백네트 뒤 상단의 동 내에 설치되어 있기 때문에 벤치에서 멀어, 선수들로부터도 벤치 뒤에 로커룸을 설치하기 원하는 요망이 있었지만, 스탠드의 구조상의 문제로, 1루측 벤치 부근은 공간의 확보가 어렵기 때문에, 구조적으로 여유가 있었던 3루측 벤치에 각종 설비를 마련하게 되었다. 세이부의 메인 로커룸은 백네트 뒤 상단의 동 내에 설치되어 있기 때문에 벤치에서 멀어, 선수들로부터도 벤치 뒤에 로커룸의 설치를 요구하는 요망이 있었지만, 스탠드의 구조상의 문제로, 1루측 벤치 부근은 공간의 확보가 어려워, 구조적으로 여유가 있었던 3루측 벤치에 각종 설비를 마련하게 되었다.

■ 오프 시즌에 지붕을 가설(架設)

기존(既存)의 경기장에 지붕을 가설한다. 프로 야구장의 오프 시즌 기간을 이용해서 2년에 걸쳐 공사를 했다.

첫 해에는 구장 주위에 24조의 지주(支柱)를 설치하고, 그 위에 도너츠 형의 스테인레스 지붕을 설치했다. 그 상태로 1시즌 동안 프로 야구장으로 사용했다. 2년째 오프 시즌에는 중앙부에 철근을 조합한 지붕을 설치하여 공사를 완료했다.

도너츠형의 지붕 시공은 그라운드 안에 임시 부재를 설치하지 않고, 외주(外周)로부터 안을 향해 점차 밀어 올리는 공법을 채용했다. 중앙의 막지붕은 직경 145m로 그라운드 내에서 조합하여 끌어올려 작업했다. 지붕을 지지하는 것은 기존 구조물의 주위에 세워진 지주(支柱)로, 지붕과 기존 구조물 사이에는 벽을 설치하지 않고 사면(四面)을 오픈하는 것으로 하여 통기성(通氣性)을 높인다.

첫 해 시공이 끝난 상태

시공이 완성된 상태

■ MetLife Dome의 역사

▶ 건설

원래는 1963년에 준공한 「세이부엔구장(西武園球場)」이라는 소규모의 구장으로, 아마추어구장을 중심으로 사용되었고, 프로야구의 2군전인 이스턴 리그의 시합도 가끔 열리고 있었다. 그 후, 프로야구의 개최가 가능한 대관 구장으로서 1978년 6월, 개축공사에 착수. 그러던 중, 국토계획(国土計画)이 크라운라이터라이온즈(クラウンライターライオンズ)를 매수하여, 세이부라이온즈(西武ライオンズ)라 개칭하고, 새로운 구장을 본 구단의 본거지로서 사용하기로 결정. 실외구장 세이부라이온즈구장으로서 1979년에 개업하였다.

한편, 세이부엔구장 시절과 현재에는 필드의 방향이 반대이다. 이 위치관계의 역전은 설계고문을 맡았던 이시야마 겐이치(石山 建一)의 제언에 따른 것이다.

▶ Dome화

1999년에 일본의 5번째 돔구장으로서 재탄생되었다. 기존 시설에 뒤에서 돔의 지붕을 가설하는 이례적인 건설방식으로 만들어졌는데, 세이부구장 자체는 당초부터 미래를 내다보고 돔이 설치될 수 있도록 설계되어 있었다.

1998년에 관객석 부분에 스테인리스의 금속지붕이 달린 제1차 공사완료 시에 세이부 돔(西

武ドーム)이라 개칭. 단 이 해는 그라운드 부분이 아직 지붕으로 덮여있지 않았기 때문에, '돔'이라고 하지만 우천 시 시합이 중지되었던 케이스가 여러 번 있었다. 같은 해 시즌 종료 후, 그라운드 부분의 막지붕 설치공사가 진행되어, 1999년부터는 완전한 돔 형식이 되었다.

한편 이 공사에 따라 그라운드도 종래의 양익 95m · 중견 120m에서, 각각 100m · 122m로 확장되었다. 이에 따라 '우천'에 의한 시합중지는 사라졌지만, 태풍 등이 있었던 경우에 선수 · 관객의 안전면을 고려하거나, 교통기관의 운행 중지로 인해 시합을 중지하는 경우가 있다.

지붕이 없는 개업 당시의 원형을 남긴 「세이부라이온즈구장」 1993년 일본시리즈 제1전

가설된 돔의 지붕

▶ 2007년-2008년의 대개수

돔화는 이루어졌지만, 관객을 위한 설비는 개장 이래, 발본적인 개수가 이루어지지 않았다. 굴하식 스탠드이기 때문에, 매점이나 화장실 등은 모두 스탠드 최상단의 통로를 따라 집중적으로 설치되어 있어, 스탠드 내부에는 이러한 설비가 일절 설치되어 있지 않았다.

따라서 관객이 각종 설비를 이용하기 위해서는 계단을 오르내릴 필요가 있어, 배리어프리의 미정비가 오랫동안 지적되어 왔다.

타구단의 본거지에서는 새로운 구장이 건설된 것 외에, 기존 구장에서도 새로운 설비가 잇달아 정비되어, 각각 특색을 살린 유객책을 도입하고 있는 데 반해, 세이부구단의 대응은 늦고, 관객동원수도 주춤하여 고민하고 있었다.

그런 와중, 세이부구단은 컴플라이언스(compliance) 및 지역밀착형의 구단경영의 이념 등을 내세운 「세이부라이온즈 헌장」을 2007년 8월 26일에 제정. 그 안에 구장시설에 대해서 스타디움을 쾌적한 「감동공간」으로 창조한다고 정하였다. 이에 따라 시설 개수에 본격적으로 착수하기로 결정되어, 같은 해 오프시즌부터 대규모의 개수공사가 개시되었다.

2008년 3월, 스코어보드의 전면 풀컬러화 및 신형 인공잔디 「아스트로 스테이지 M」으로 교체, 러버펜스의 변경이 이루어졌고, 또 관객이 사용하는 화장실도 리뉴얼되었다. 음향설비도 신형의 중형 라인어레이스피커로 교체되어, 멀리까지 깨끗한 음질로 들을 수 있게 되었다. 총 공사비는 13억엔. 또 제2기 공사에서의 필드시트 설치의 준비로서 파울 구역과 불펜이 개수되었다. 이어 2008년 11월 중순부터 제2기 공사에 착공하였다. 내야 스탠드의 일부를 개착하여, 중단 내부에 레스토랑, 매점, 화장실, 수유실이 설치되었다.

또 엘리베이터를 설치하는 등 배리어프리화도 도모하고 있다. 테라스시트 및 필드시트도 설치되었다. 이 제2기공사는 총공사비 17억 엔을 들여 이루어졌다. 2009년 3월 27일에 열린 거인(巨人)과의 오픈전에 개수 후 구장이 처음 공개되었는데, 필드시트와 테라스시트의 공용은 4월 7일의 레귤러 시즌 본거지 개막 이후가 되었다. 또, 1루측과 2루측의 양 벤치의 시트도 교환되었다.

▶ 2017년부터 2021년의 정비

구단 40주년 기념사업으로 2017년 말부터 2021년 봄에 걸쳐 이루어지는 구장 및 주변의 개수·재정비사업. 백네트 뒤의 그라운드 레벨의 관객석, 구장 주변의 점포 및 통로, 제2구장 및 2군시설, 선수기숙사 등 대규모의 재정비를 예정하고 있다.

인공잔디의 교체, 필드시트, 테라스시트, 중단 레스토랑의 설치 등 신장된 돔의 모습

■ 시설 개요

수용인수	32,725명(2019년 2월 현재)
규모	양익 100m, 중견 122m(1999년~) (1998년까지는 양익 95m, 중견 120m) 야외 펜스의 높이 3.2m(중견) ~ 4.37m(양익)(1999년~)
그라운드 면적	12,631.29㎡ (2009年 -)(1998년까지 13,300㎡, 1999년부터 2007년까지는 13,860㎡, 2008년은 12,686㎡)
내외야	야구전용 인공잔디
스코어보드	전면 R.PG.B 풀컬러 LED 화면사이즈 : 세로 6.528m×폭 49.152m(1,952인치 상당) 화면 면적 : 321㎡
지붕구조	지붕 : 스테인리스 금속지붕 및 막지붕 높이 : 64.5m(그라운드면에서) 지붕의 직경 : 223m
인공잔디	재질 : 내후성 폴리에틸렌 길이 : 65㎜ 충진재 : 특수조정규사+
펜스	구조 : 강화섬유포함 표면시트+연질 폴리우레탄폼+서모플라스틱 우레탄 / 두께 : 표준 100㎜
조명	고연색성 메탈 할라이드램프 고효율 메탈 할라이드램프 조도 : 배터리 간 2,500LX 내야 2,000LX 야외 1,500LX
부속시설	세이부 제2구장, 실내 연습장

■ 지붕

돔 전체를 덮는 지붕의 직경은 223m로, 스탠드 외주에 설치된 24개의 V자형 기둥에 의해 지탱되고 있다. 도너츠모양의 외주부는 철골조만 스테인리스제로, 총 중량 약 8,000t을 가진다. 중심부는 직경 145m, 면적 17,000㎡, 총중량 약 2,000t을 가지는 막지붕부로, 철골로 짜여진 한겹의 테프론막에 의해 자연광을 도입할 수 있는 구조로 되어 있다. 단, 낮게임이라도 자연광만으로는 조도가 낮아 타구 등이 잘 보이지 않기 때문에, 야구개최 시에는 낮게임에서도 조명을 병용해 조도를 보완하고 있다.

천장 최고부는 그라운드면에서 64.5m로, DOME화 이후에는 그라운드룰에 의해, 천장에 접촉한 타구는 볼 인플레이(플레이속행)가 되어, 낙하점 혹은 야수가 접촉한 지점을 토대로 페어인지 파울인지를 판정하고, 야수가 직접 포구한 경우는 플라이아웃으로 취급된다. 또 타구가 천장이나 현수물, 철기둥에 끼인 경우, 페어지역인 경우는 인타이틀 2루타, 파울 지역인 경우는 파울볼로서 다뤄진다. 지붕 아래에는 메쉬 막재가 새를 피하기 위한 화장재로서 설치되어 있다.

■ 명명권에 의한 명칭의 변천

인보이스 SEIBU 돔
(2005년 3월 1일~2006년 12월 31일)

굿윌 돔
(2007년 1월 1일~2008년 1월 8일)

세이부 프린스 돔
(2015년 3월 1일~2017년 2월 28일)

MetLife Dome
(2017년 3월 1일~2022년 2월 28일 예정)

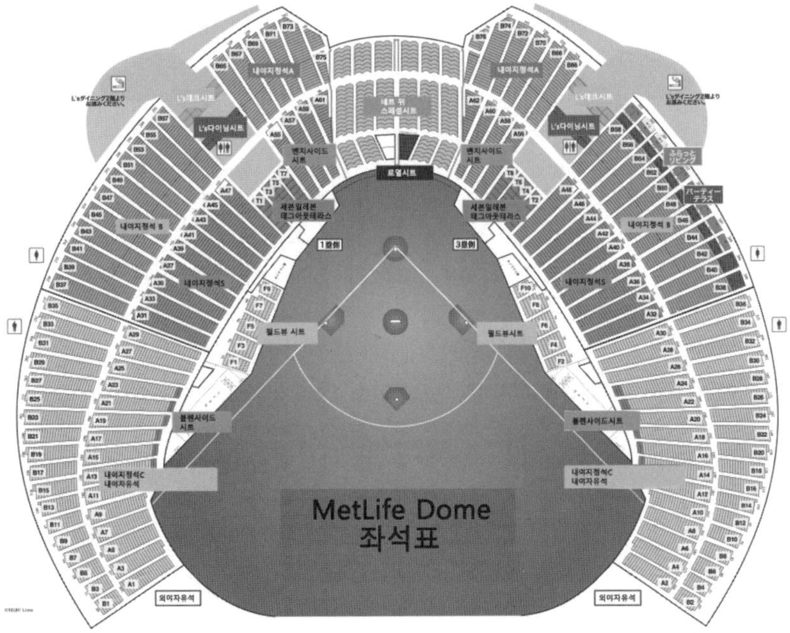
MetLife Dome
좌석표

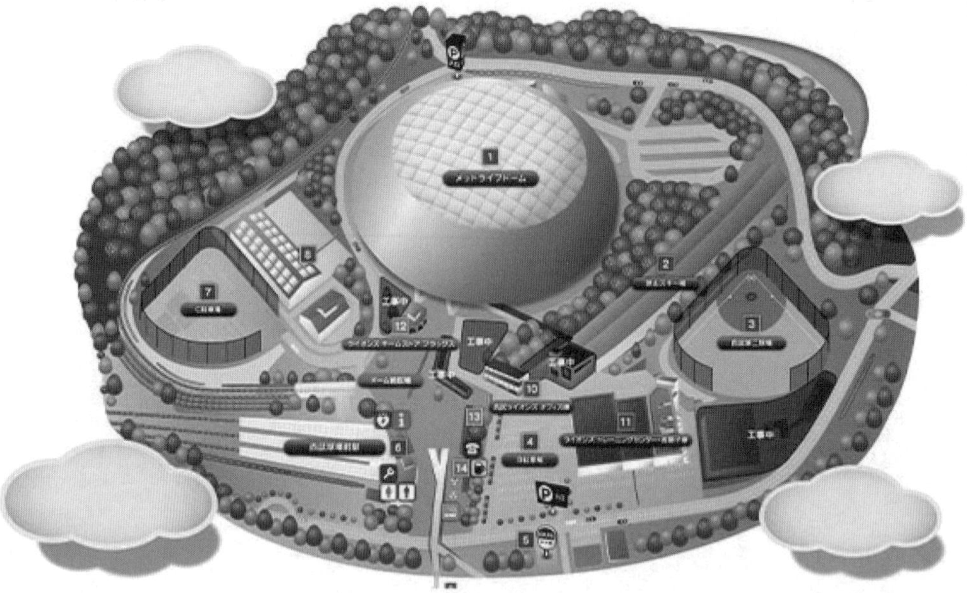

9. 파크 돔 구마모토 [パークドーム熊本] [Park Dome Kumamoto]

■ 건축 개요

① 소재지	쿠마모토현 쿠마모토시 히라야마마치 아자 쿄넨 2972 (熊本県熊本市平山町字慶念2972)
② 건축 면적	26,325㎡
③ 건축 규모	장변폭 약 200m, 단변폭 약 150m, 최고높이 48.2m
④ 구조 형식	철골조, 철근 콘크리트 조, 중앙지붕 : 케이블 보강 2중 공기막 구조
⑤ 발주자	쿠마모토현(熊本県)
⑥ 설계 · 감리	다이이치공방 · 후지타 공동체 건축 : 타카하시 류이치(高橋 龍一), 모리토 카츠미(森戸 勝美), 가와무라 토시타카(河村 敏孝) 구조 : 안도 킨야(安藤欽也), 이시이 아츠시(石井 篤) 설비 : 스가와라 토시오(菅原 俊雄), 오오타 마사타카(太田 正孝), 야마나카 코헤이(山中 公平)
⑦ 시공자	후지타 큐슈지점
⑧ 시공기간	Ⅰ기 : 1995년 6월~1997년 3월, Ⅱ기 : 1997년 6월~1997년 9월
⑨ 참고 자료	디자인 : 「우키구모(浮雲, 뜬구름)」를 이미지화한 2중 공기막 구조의 돔으로, 그라운드를 덮는 직경 125m의 정원(正円)과 부속시설을 덮는 부정형(아몰파스)의 부분으로 구성되어 있다. 막과 허니콤 글라스를 이용하여, 자연채광(自然採光), · 자연통풍(自然通風)을 도입하는 등, 에너지절약을 실현하고 있다. 구조 : 중앙부의 2중 공기막 구조는, 지금까지 볼 수 없었던 구조형식인데, 해석 및 막형 실험을 거쳐 실현하였다. 주변부의 부정형적인 1중 골조 막 부분은, 건축가의 이미지 및 생산 설계 면에서의 접합(接合)이 요구되어, 힘들었지만, 최종적으로는 전체구조와의 밸런스를 고려하여 결정하였다. 시공 : 직경 125m, 높이 48m의 2중 공기막부와, 그 주변부의 부정형적인 1중 골조막으로 구성되는, 대공간 건축을 시공하는 데 있어, 안전생활화, · 효율시공(效率施工), · 단기 공사기간 그리고 저 비용을 키워드로, 리프트 업, 전동이동 비계, 사이트 PC 등의 공법을 발주자 · 설계자 · 전문공사회사가 일체 되어 노력하였다.

■ 위치

Park Dome Kumamoto
시라카와 강
Kumamoto Prefectural Sports Park
Hokuyo Construction
Higashikumamoto Daini Hospital
Japan Post
Yuge Shrine
Nagamineminami Park
Kumamoto IC
Baraen Nursing Home
Sagawa Express Co., Ltd. Kumamoto Sales Office
Ajisen Ramen
MaxValu
Koyamadanchi Bus Stop
우마카나 요카나 스타디움
熊本県警察本部 運転免許センター
運動公園駐車場

입구

야경

■ 이중(二重)의 공기막이 떠오른다

독특한 외관 형상(形狀)보다도 신기한 내부공간에 대한 놀라움이 더 크다. 그라운드 위에 가설한 밝고 하얀 막 천정은 부드럽게 부풀어 오른 빵과 같이 부풀어 있고, 중앙(中央)에는 나팔과 같은 구멍이 열려 있어 그 구멍과 둥근 천정 주변에 있는 유리를 붙인 링 모양의 트러스로부터는 밝은 빛이 들어온다.

파크 돔 구마모토의 중앙부에 있는 이 천정은 지붕을 겸한 2중 공기막 구조이다. 렌즈형태의 지붕은 직경 100m, 두께 14m이고 중앙부에 솟아 있는 구멍 부분은 음향(音響)을 좋게 하며 채광이나 환기(換氣)를 위한 개구부의 역할도 한다. 초원(草原) 위에 둥실 떠 있는 구름과 같은 우산(雨傘)의 이미지를 기본으로 설계되어 있다.

음향 면에서 훌륭한 점은 중앙에 구멍을 열어 실내 측에 요(凸)면을 만듦으로써 에코의 발생을 사전(事前)에 방지하도록 하였다.

원경

2중 공기막을 지지(支持)하는 것은 링 트러스이다. 직경 128m의 링 트러스는 높이 24m의 3봉이 세트로 된 8개의 기둥으로 지지 되어있다.

막이 자연광을 통과시키기 때문에 내부는 밝다. 지상 레벨의 외주부에는 부채를 나열해 바깥바람을 불러오는 듯하다. 유지 관리비를 경감(輕減)하기 위한 대안으로서 자연 에너지를 이용한 것이다. 둥근 천정의 주변으로 확장된 공간을 '아모르파스(Amorphous) 존'이라고 이름 지어졌다. 아메바와 같은 부정형을 하고 있기 때문이다. 이 공간에는 사무소나 체력단련 코너, 수영장 등의 시설이 설치되어 있다. 스포츠를 하는 사람과 쉬는 사람 모두를 의식(意識)하여 배려한 것이다.

천정에는 텐트를 당겨놓은 것 같은 막지붕 덮개가 씌워져 있다. 이 복잡한 지붕형태는 단층 격자(Lattice) 쉘에 의한 골조막으로 구성되어 있다. 원형 지붕 부분의 총중량은 2,400톤으로 시공할 때에는 먼저 지면(地面)에서 만들어 부풀려 그것을 끌어올렸다.

구마모토 현민 종합운동공원 실내운동광장(熊本県民総合運動公園屋内運動広場)은, 구마모토현 구마모토시 히가시구 히라야마마치(熊本県熊本市東区平山町)의 구마모토 현민 종합운동공원 내에 있는, 실내 다목적 스포츠 시설이다.

파크 돔 구마모토(パークドーム熊本)라는 애칭으로 널리 알려져 있다. 구마모토현이 건설·보유하고, 구마모토현 스포츠진흥사업단이 지정관리자로서 운영관리 하고 있다.

■ 역사

1997년 세계 남자 핸드볼 선수권의 유치 시에, 메인회장으로서 1994년에 건설계획이 발표되었다. 1995년부터 2년에 걸쳐, 1997년 3월에 준공하였다. 대회 종료 후인 같은 해 9월에 그라운드 면을 모래가 들어간 인공잔디로 변경하였다.

1999년에는 태풍 18호에 의해 지붕을 구성하는 이중막이 파손되는 피해를 입었지만, 응급수리를 실시하여 그해 구마모토 미래 국민 체육대회에서도 사용되었다. 2002년에는 기능 올림픽 전국대회, 2006년에는 스페셜 올림픽 일본대회 등이 개최되고 있다. 2016년 4월에 발생한 구마모토 지진으로 피해를 입어, 사용을 일시 중지. 복구 공사를 진행하여 2017년 4월에 재오픈. 2019년 11월 30일부터 메인 회장으로서 2019년 세계 여자 핸드볼 선수권 대회를 개최할 예정이다.

■ 시설 개요

부지는 잠두(蠶豆)와 같은 약간 일그러진 형상으로 되어 있다. 지붕은 그라운드면에서 천장까지 32m의 높이를 가지며, 도쿄 돔 등과 같이 공기막 구조인데, 세계 최초로 이중 공기막이 채용되었다. 이것은 2장의 막 간의 기압만을 외기보다 높임으로써 지붕을 지지하는 구조로, 이용자가 있는 공간에 가압할 필요가 없다는 이점을 가진다.

가압용 팬은 태양광발전에 의한 전력을 이용하고, 또 지붕에서의 자연 채광을 적극적으로 이용함으로써 실내조명을 줄이는 등, 에너지절약에도 고려한 설계로 되어 있다. 실내에는 그라운드, 수영장, 회의실 등이 배치되어 있다. 그라운드는 약 11,000㎡(120m×106m), 모래 혼입 인공잔디, 축구 1면, 테니스 12면, 소프트볼 · 소년야구 2면, 게이트볼 8면의 확보 가능, 스탠드(2,000석), 수영장(25m×5코스, 유아 풀)이 있다.

▪ 그라운드

면적	26,000㎡
높이	약 48m
남북 축	약 210m
동서 축	약 180m
그라운드	약 11,000㎡(120m×106m), 모래 혼입 인공잔디
테니스 코트	12면
게이트 볼	8면
축구 코트	1면
250m 트랙 / 대형 영상장치 300인치 / 승강식 링 / 관객석 수 약 2,000석	

2층 전망 라운지

1층의 체력단련 코너

2층의 다목적실 주변

아모르파스(amorphous) 존으로부터 경기장을 본 모양

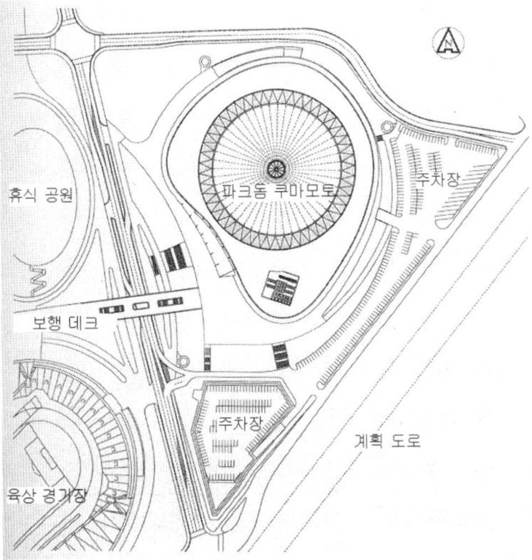

배치도

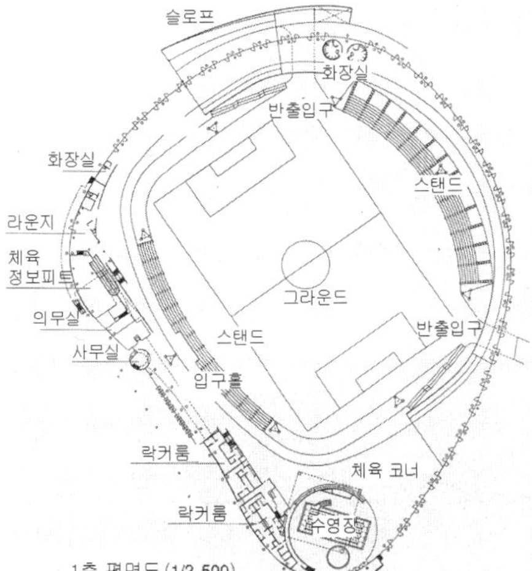

1층 평면도(1/2,500)

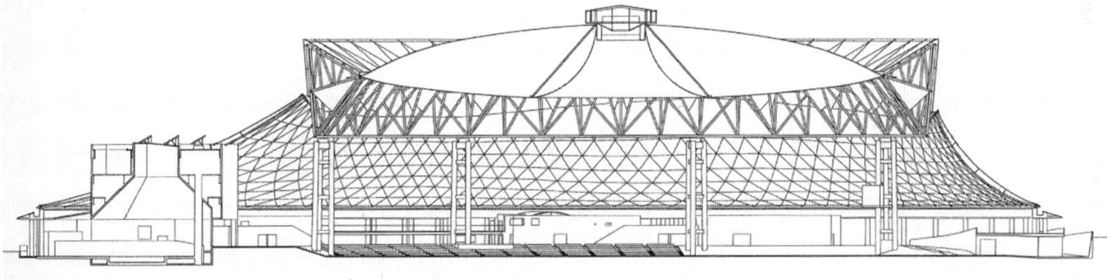
단면도 (1/1,500)

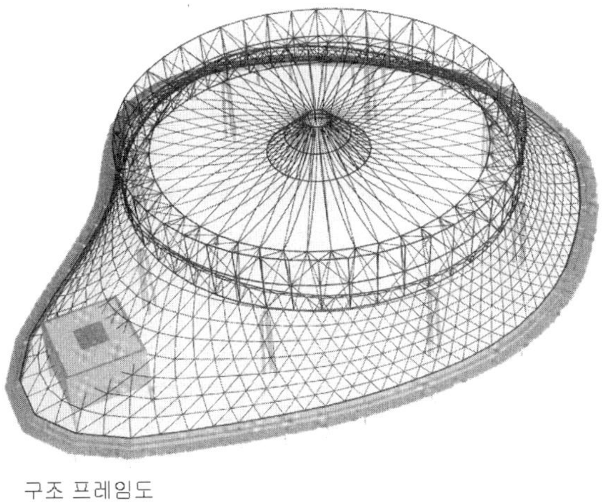
구조 프레임도

10. 욧카이치 돔 [四日市ドーム][Yokkaichi Dome]

■ 건축 개요

① 소재지	미에현 욧카이치시 하즈코 5169 (三重県四日市市大字羽津甲5169)
② 건축 면적	21,072.010 ㎡
③ 건축 규모	지상 3층, 지하 1층 / 처마높이 17904m / 최고높이 43327m 지붕규모 104.0m×148.0m(트러스지점 간 거리)
④ 구조 형식	지붕 : 철골강관트러스구조, 일부 막구조 하부 : 철근콘크리트구조, 일부 프리스트레스트 콘크리트구조
⑤ 발주자	욧카이치시(四日市市)
⑥ 설계 · 감리	설계 · 구조 : 구메설계(久米設計) 설비설계 · 감리 : 아즈사설계(梓設計)
⑦ 시공자	가지마건설(鹿島建設), 고노이케구미(鴻池組), 나루카와건설(生川建設) 구시모토구미(久志本組)
⑧ 시공기간	1995년 5월~1997년 6월
⑨ 참고 자료	콘크리트 화장 노출공법 지붕 : 내수성(耐銹性) 페라이트계 스테인레스강, 플랫루프지붕마감 하부지붕자재 : 아연도금도장 강판주름지붕 외장 = 지붕 = 흡음펀칭가공(글라스울 포함), 사불화에틸렌수지코팅 글라스 섬유막(纖維幕) 건구 : 알루미늄 압출형재 알루마이트

■ 위치

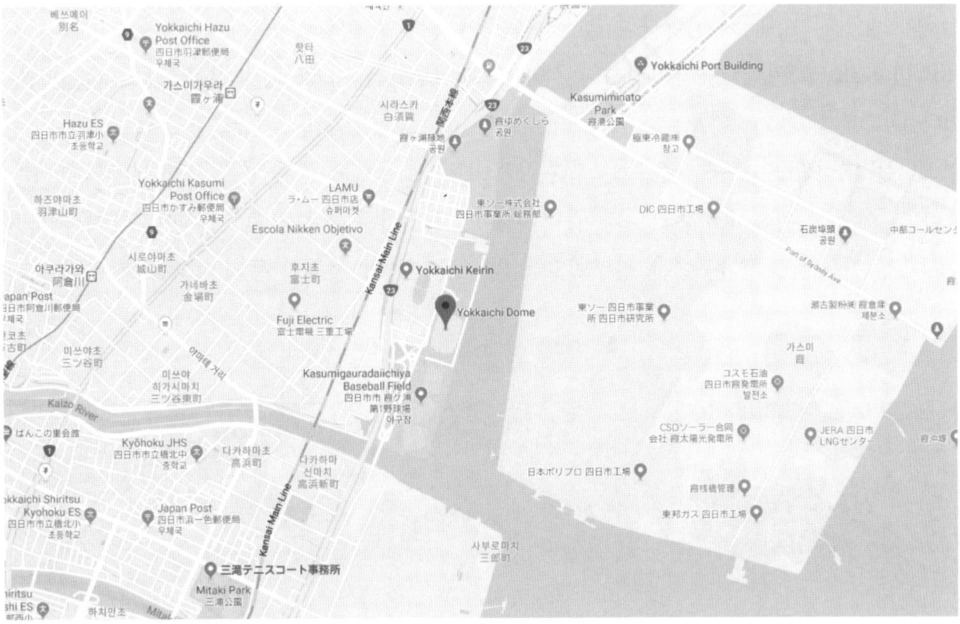

Yokkaichi Hazu Post Office
Yokkaichi Port Building
Kasumiminato Park
Hazu ES
Yokkaichi Kasumi Post Office
LAMU
Escola Nikken Objetivo
Yokkaichi Keirin
Yokkaichi Dome
Fuji Electric
Kasumigauradaiichiya Baseball Field
Kaizo River
Kyohoku JHS
Japan Post
Kansai Main Line
三滝テニスコート事務所
Mitaki Park
三滝公園

욧카이치 돔(四日市ドーム)은, 미에현 욧카이치시(三重県四日市市)의 가스미가우라녹지공원(霞ケ浦緑地公園) 내에 있는 다목적 돔 시설이다.

1997년 8월 1일 개장. 욧카이치시의 시제 시행 100주년 기념사업의 일환으로 건설된 돔 시설이다.

아레나는 미식축구, 축구, 테니스, 그라운드 골프, 소프트볼 등 각종 스포츠에 이용할 수 있다. 한편, 야구에 관해서는 아레나가 좁기 때문에 경식야구(硬式野球), 건식야구에서는 사용하지 못하고, 이용은 소년야구에만 한정되고 있다. 또, 이 외 전시회 등의 이벤트에도 이용 가능하다.

상공에서의 조망

■ 관객석(觀客席) 레벨까지 흙 쌓기

욧카이치 시의 100주년 기념사업의 하나로서 건설되었다. 건설부지는 축구장이나 야구장, 체육관 등의 운동시설이 있는 공원 녹지에 있다. 이전에는 해수욕장이었던 곳으로 지금도 송림과 해변의 넓은 경관의 혜택을 받는 장소이다. 다른 것보다는 주민 스포츠가 주된 용도이기 때문에, 쾌적하게 운동할 수 있는 환경을 우선으로 생각해서 개방적인 돔을 계획했다.

구체적으로는 택지 내의 선이 경기장 내부로부터 보이도록 하는 것과 더불어 경기장에 자연의 빛과 바람이 들어가도록 배려했다. 경기장은 축구 코트 한 면과 이것을 둘러싼 500석의 관객석이 기본형이다. 관객석 밑에 있는 편의실이나 연습실, 관리실 등은 흙을 쌓아 메워버리고, 공원으로부터 연속(連續)되는 언덕을 만들었다.

경기장 위에 150m x 100m의 아치형 금속 지붕을 설치했다. 지붕이 직접 대지에 접하는 형태로 해서 강압감(强壓感)이 없는 심플한 표현을 의식하고 있다. 아치 지붕과 지면 사이는 투명 유리의 커튼월(Certain wall)로 해서 공원 공간과 연결감을 주고 있으며 회전창을 열어 자연통풍을 행하는 것이 가능하다. 한 개의 금속 지붕의 중앙부에는 4불화 에틸렌 수지 코팅 유리 섬유막의 지붕을 설치했다. 천정 중앙 부분으로부터의 확산광과 측면의 커튼월로부터 들어오는 직접광에 의해 주간에는 인공조명을 켜지 않아도 게임을 할 수 있도록 하고 있다.

경기장 지면에는 모래가 섞인 인공잔디를 깔아 축구나 테니스, 게이트볼 등의 경기를 행한다. 또 행사에도 대응하여 센터 스테이지와 엔드 스테이지에 맞춰 설정할 수 있도록 천정에 설치된 기계나 배턴, 전기 음향설비가 준비되어 있다. 건물 밖에서부터 내부의 상태를 알 수 있도록 되어 있어서 방문하는 사람을 유도하는 효과를 도모하고 있다.

내외공간을 연결한다

관객석으로부터의 광경

■ 시설 · 설비의 개요

▶ 아레나

면적	9,707㎡(124.45m×78.00m)
사양	모래포함 인공잔디(모족 25m, 모래두께 22m)
천장높이	최고부 35.5m / 최저부 16.5m
바닥하중	5.00t/㎡

2F · 3F

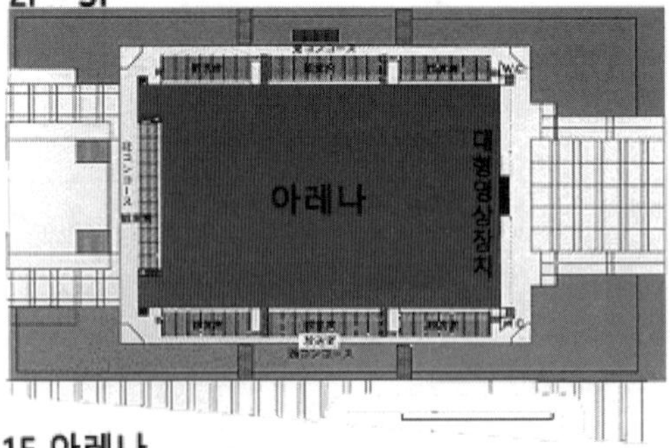

1F 아레나

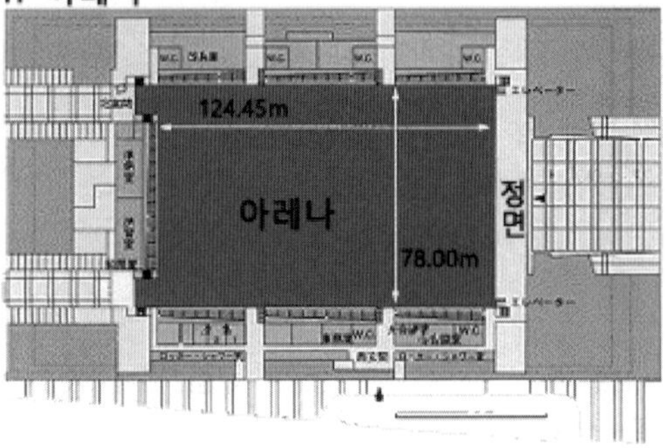

▶ 관객석

시민이용 주체로 고안하여, 코트에서 직접 진입할 수 있어, 관객과 선수가 하나가 된 임장감 넘치는 구성

고정석	4,704석(운반식 보조의자를 사용하면, 10,000명 수용 가능)
이동석	2,000석(운반식 보조의자)

■ 부속시설

대회의실	99㎡ : 의자 60, 책상 20, 음향세트, 영상세트, 연대 1, 영상용 스크린
소회의실	47㎡ : 의자 30, 책상 10, 화이트보드
준비실	186㎡ : 의자 100, 책상 30, 화이트보드, 렉처테이블(마이크, 스피커 설치)
연습실	184㎡ : 회전칠판, 음향기기
대기실 1	55㎡ : 의자 24, 책상 8
대기실 2	53㎡ : 의자 24, 책상 8, 세면대 1

■ 채광 및 조명설비

내부공간은 관객석의 배후가 4둘레 커튼월로, 지붕 중앙부에서는 테프론막을 통한 부드러운 빛이 퍼져, 낮에는 거의 조명이 필요 없다. 인공조명은 야간에도 약 500ℓx 이상의 조도를 확보하고 있다. 인공조명은 전체 점등, 1/2 점등, 1/4 점등의 조정이 가능하다. 전체 점등의 경우는, 1,000ℓx 이상.

■ 대형 영상장치 350인치

대화면 풀컬러 영상장치가 2층 남쪽 콩코스에 설치되어 있다. 각종 스포츠경기 및 이벤트를 임장감 있는 영상으로 즐길 수 있고, 문학, 도형 등에 의한 전달로 집회장의 분위기를 띄울 수 있다.

■ 음향설비

천장 중앙부의 센터 클러스터 스피커와 새틀라이트 스피커를 병용하여, 딜레이 컨트롤 등에 의해 조명도가 높은 음향공간으로 되어 있다.

■ 전동 매달기 배튼

높이 5m의 방구(防球) 네트를 장착함으로써, 아레나를 4분할하여 사용할 수 있다. 각종 이벤트에 대응해, 센터스테이지 및 엔드스테이지를 설정할 수 있도록, 천장매달기기기구(전동승강식)을 설치하고 있다.

■ 그 외의 설비 / 비품

이벤트용 전원, 급배수 접속구, 경기시계조작반, 무선전화 10대, 간이 스테이지, 콘크리트패널, 양생시트, 반입구, 포크리프트 등이 있다.

■ 이용 가능한 스포츠이벤트

축구	1면
소년축구	2면
풋살	4면
핸드볼	4면
소프트볼	2면
소년야구	2면
테니스 · 소프트테니스	12면
미식축구	1면

하키	1면
게이트볼	12면
그라운드 골프	4면
운동회	200m 트랙
배구	1면
배드민턴	4면
아처리(양궁)	표적 4기
플라잉 디스크 골프	골 4기
농구	골 2기

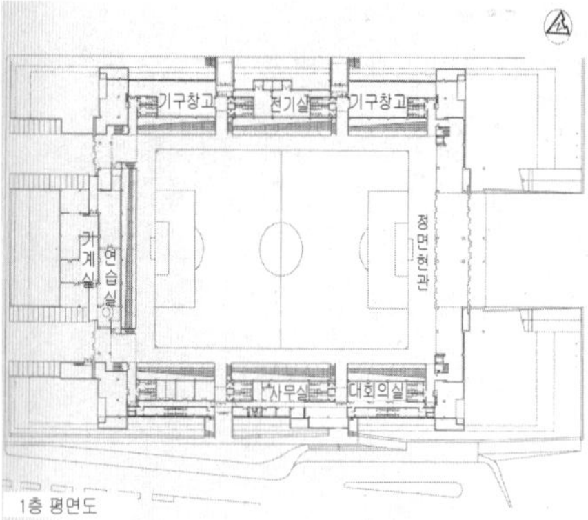

1층 평면도

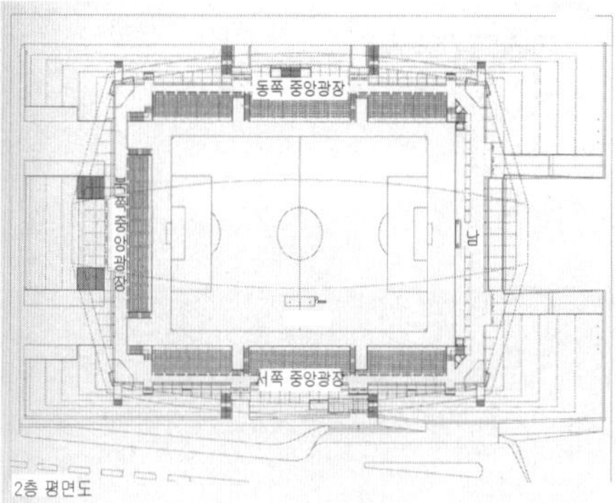

2층 평면도

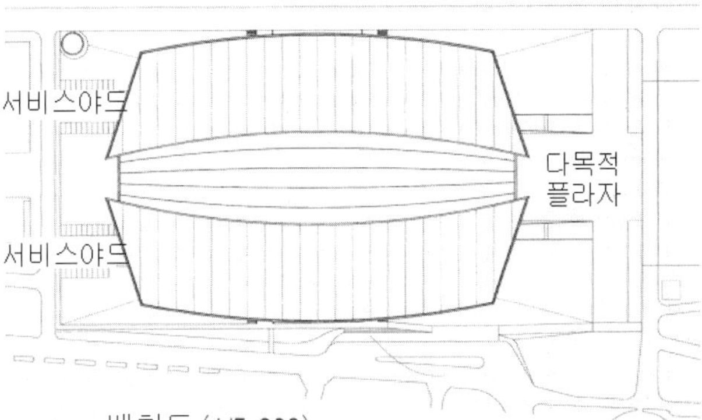

배치도 (1/5,000)

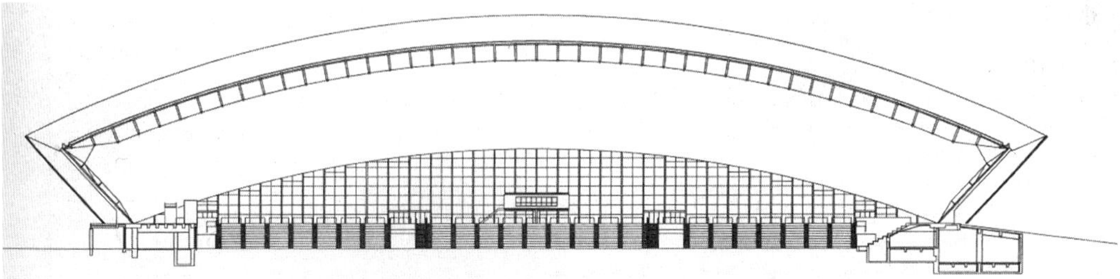

단면도

11. 니프로 하치코 돔(舊 오다테주카이 돔)

[ニプロハチ公ドーム(大館樹海ドーム)][Nipro Hachiko Dome]

■ 건축 개요

① 소재지	아키타현 오다테시 카미다이노 아자 이나리다이 1 (秋田県大館市上代野字稲荷台 1)
② 건축 면적	23,703.53㎡(부속 파크센터 포함)
③ 건축 규모	직경 178m, 단경 157m, 최고높이 52m
④ 구조 형식	지붕구조 : 4불화 에틸렌 수지 코팅 글라스 섬유 천, 아키타 삼나무 구조용 대단면 집성재의 2방향 아치트러스 구조 하부구조 : RC조 링 + RC조 사선 기둥
⑤ 발주자	아키타현(秋田県)
⑥ 설계 · 감리	디자인 : 이토 토요오(伊東 豊雄)건축설계사무소, 타케나카공무점 구조 : 타케나카공무점
⑦ 시공자	타케나카공무점
⑧ 시공기간	1995년 7월~1997년 6월
⑨ 참고 자료	디자인 : 지역 특유(特有)의 계절 풍향을 돔 배치의 축(軸)으로 하여, 야구의 타구 궤적(軌跡)을 내포하는 계란형으로, 과거 구형 돔으로부터의 탈피를 겨냥하였다. 목구조에는, 현지산 아키타 삼나무를 기술 개발한 대단면 집성재(集成材)를 이용하고 있다. 구조 : 「다설 지역에 세우는, 세계 최대 규모의 계란형으로 한 부정형의 목조 돔」을 「목재로서는 비교적 강도가 약하고 연질의 현지산(現地産) 아키타 삼나무」로 실현한다는 기술적인 난제(難題)에 구조설계자로서 도전의식을 가지고 임했다. 시공 : 시공 과정에서 가장 힘들었던 점은, 3차원으로 변화하는 부재 구체와 대단면 집성재 트러스의 시공이었다. 또, 품질 관리면에서는 대단면 집성재를 구성하는 약 30만 장의 라미나(집성재를 구성하는 판재)를 원목(原木)으로부터 영계수 관리하여, 생산 공정과 합치(合致)시키는 점이었다.

■ 위치

오다테주카이 돔(大館樹海ドーム)은 아키타현(秋田県) 오다테시에 있는 돔 구장이다. 시설은 아키타현과 오다테시가 소유하고, 일반재단법인 오다테시 문교진흥사업단(大館市文教振興事業

団)이, 현과 시의 위탁을 받아 관리운영 하고 있다.

시설 명명권 계약으로, 2017년 4월 1일부터 애칭을 「니프로하치코 돔(ニプロハチ公ドーム)」으로 하고 있다.

1997년 7월 11일 완성되었으며, 돔의 지붕은 수령 60년 이상의 아키타 삼나무 25,000그루를 사용하여, 아치 형상으로 한 것으로, 높이 및 면적에서는 도다이지 대불전(東大寺大仏殿)을 웃돌고, 일본 최대의 목조건물로 알려져 있다.

경식야구(硬式野球), 연식야구(軟式野球), 소프트볼 외, 축구, 테니스 등 각종 스포츠를 비롯해 콘서트 등 이벤트의 개최에도 대응 가능하다.

경식야구로서 지금까지 미일 대학야구 선수권 및 이스턴리그전 등이 개최된 적이 있다. 예전에는 프로야구 마스터즈리그 삿포로 앰비셔스(札幌アンビシャ)의 홈게임이 매년 12월 중순에 1시합 개최 되었다.

■ 명명권

2017년 4월 1일부터 3년 간, 시내에 공장을 가지는 의료기기 메이커인 니프로(ニプロ)와 명명권 계약을 체결하여, 오다테 출신의 충견 하치코(ハチ公)의 이름도 넣은 「니프로 하치코 돔」의 명칭이 되었다.

■ 시설 개요

관리 · 운영	일반 재단법인 오다테시 문교 진흥사업단
부지면적	130,940㎡
아레나면적	12,915.36㎡
높이	52m(유효 : 46.2m)
지붕	아키타삼나무 대단면 집성재 아치 구조(수령 60년 이상, 직경 20㎝ 이상의 아키타삼나무를 약 25,000그루 사용)
하부구조	철근콘크리트
외형 규격	달갈형 178m×157m
수용인원	15,000명(아레나)
주차장	최대 1,060대
스포츠시설	수용인원 5,040명
야구	양익 90m, 중견 120m 내외야 : 인공잔디 스코어보드 : LED식 프리보드
축구	64×100m 또는 64×90m 1면 스코어보드에 축구용 타이머 있음
풋살	코트 6면
육상경기	주회 300m 또는 200m 트랙

수령(樹齡) 60년 이상의 삼나무 25,000그루를 사용한 세계 최대급 목조(木造) 돔이다. 녹음(綠陰)이 풍부한 주변 환경 속에 4불화 에틸렌 수지코팅 유리 섬유(纖維)천으로 만들어진 지붕은 낮에는 거대한 조개껍질과 같고 야간조명이 켜지면 달과 같이 보인다.

이 경기장의 설계자가 "막으로 계란의 모양을 만들고 싶었다"라고 말한 것처럼 그 모양은 야구 타구의 포물선(抛物線)과 일치하고 계절풍(季節風)의 저항을 절감하는 효과도 있다. 아치 지붕의 장길이 175m, 단길이 153m, 최대 높이는 52m이다.

삼나무는 바이메쉬와 비교해서 강도(剛度)에 차이가 많아 부재가 20~30% 더 커진다는 단점(短點)이 있지만 이 지역에서 생산되는 목재라서 선호(選好)되었다.

遠景

파크센터의 정원

포치

지붕의 격자(格子) 사이즈는 6m x 6m이고, 구조와 실내 디자인의 조화와 함께 심플한 계란형의 격자를 실현하기 위해 지붕과 하부 구조와의 조인트의 설계에 고민했다. 경기장의 외주에 규칙적으로 배치한 버팀대의 내측을 개구부가 돌아 일주(一周)한다. 외관의 울타리를 제거하여 내부 인공잔디의 녹(綠)과, 외부 자연의 녹(綠)을 연결시켰다. 빗물조정용 연못의 수면(水面)을 통해 차가워진 공기를 그 개구부(開口部)로부터 끌어들여 지붕 끝부분의 배기구로부터 열을 내보낸다는 자연환기 시스템을 채용하고 있다. 그밖에 지하수(地下水)를 이용해서 지붕에 살수(撒水)하거나 순환류 팬으로 바람을 일으킴으로써 여름의 무더위에 대응한다. 겨울의 난방(暖房)은 객석의 단상과 경기장으로부터 온풍을 송출하는 방식을 채용하고 있다.

입구 홀

안과 밖의 녹(綠)이 연결되도록 개구부를 설치

by Takahiro Yanai

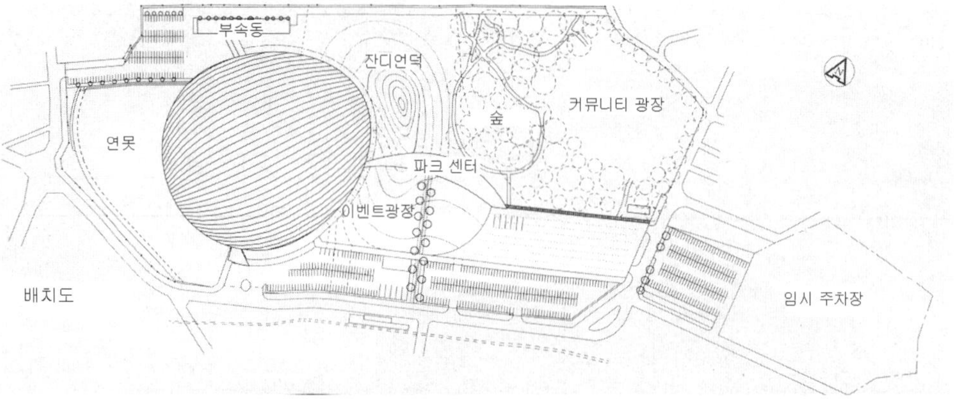
부속동
잔디언덕
커뮤니티 광장
숲
연못
파크 센터
이벤트광장
배치도
임시 주차장

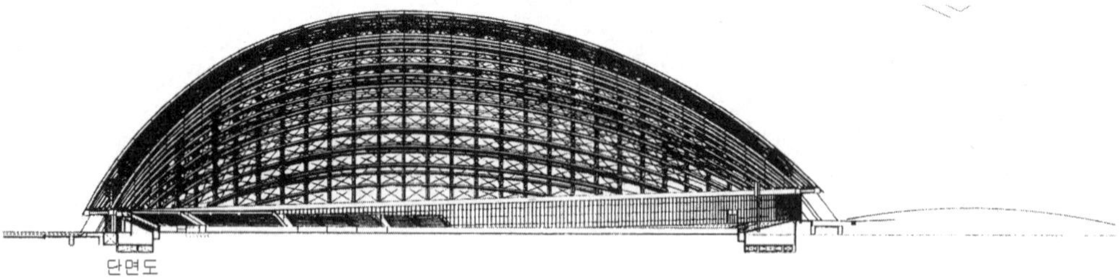

단면도

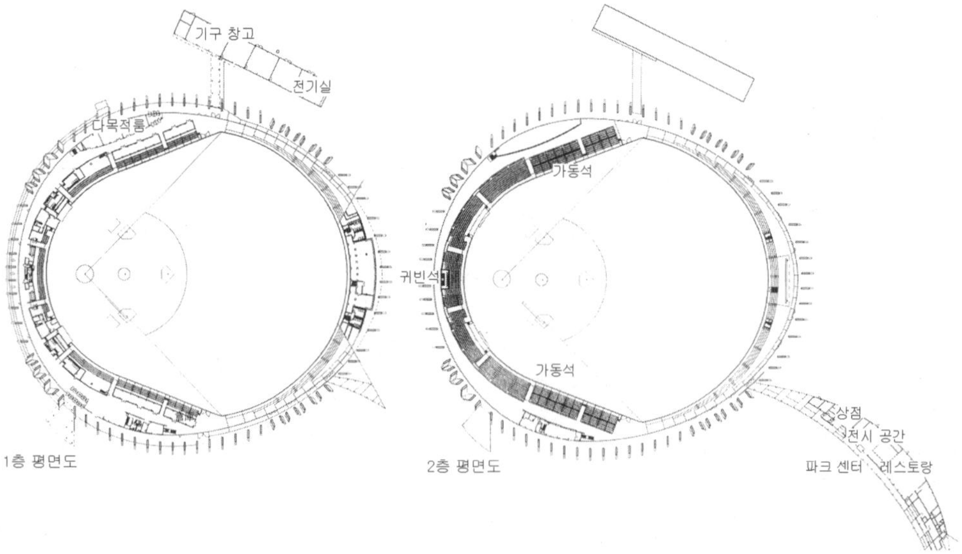
기구 창고
전기실
다목적룸
가동석
귀빈석
가동석
상점
전시 공간
파크 센터
레스토랑
1층 평면도
2층 평면도

12. 아마기 돔 (舊 신아마기 돔) [天城ドーム][Amagi Dome]

■ 건축 개요

① 소재지	시즈오카현 이즈시 가미후나바라 1120-1 (静岡県伊豆市上船原1120-1)
② 건축 면적	7,638 m²(건폐율 39%)
③ 건축 규모	높이 : 26.4m
④ 구조 형식	막구조+입체트러스
⑤ 발주자	아마기유가시마초(天城湯ヶ島町)
⑥ 설계 · 감리	설계 : 야마시타설계 요코하마지사(山下設計横浜支社) 구조설계 : 야마시타설계 요코하마지사(山下設計横浜支社)
⑦ 시공자	가지마건설(鹿島建設)
⑧ 시공기간	1997년 준공
⑨ 참고 자료	① 소프트볼 일본대표팀의 합숙 훈련(合宿 訓練)의 장소로 자주 사용되는 등, 시즈오카현의 소프트볼의 메카적인 역할을 하고 있으며, 그 외 테니스, 풋살 등의 각종 구기경기(球技競技)에 폭넓게 사용되고 있다. ② 지붕은 개폐식. 애칭(愛稱)은, BIG-SUN.

■ 위치

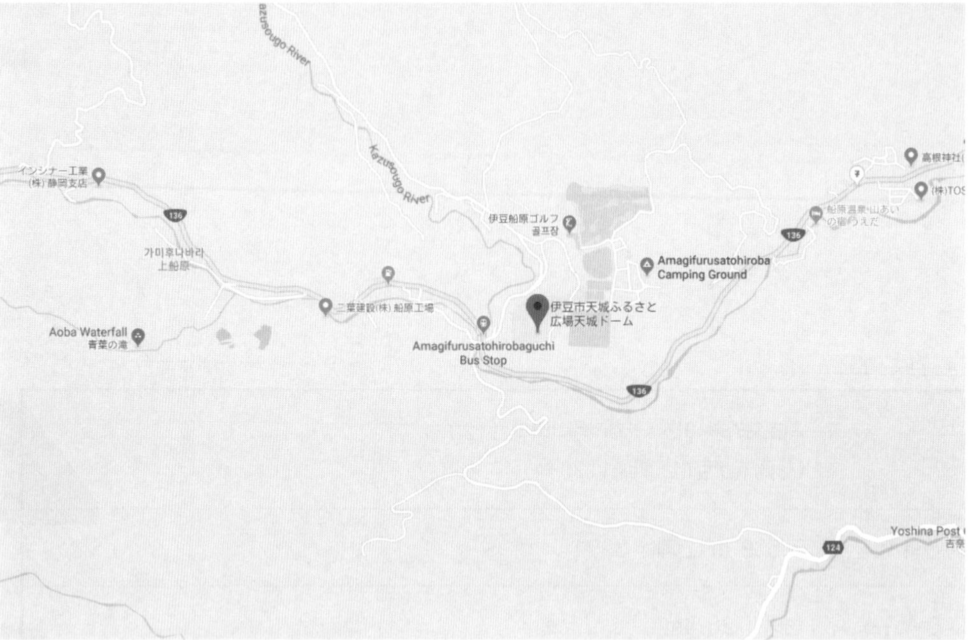
Kazusougo River
インシナー工業
(株) 静岡支店
136
가미후나바라
上船原
二葉建設(株) 船原工場
Aoba Waterfall
青葉の滝
伊豆船原ゴルフ
골프장
Amagifurusatohiroba
Camping Ground
伊豆市天城ふるさと
広場天城ドーム
Amagifurusatohirobaguchi
Bus Stop
高根神社
124

서쪽으로부터 바라본 원경

상공에서 내려본 모양

■ 자연(自然)을 느낄 수 있는 실내(室內)

골조 막지붕의 개폐식 돔이다. 여자 소프트 볼 그라운드나 공식 테니스의 코트 등이 상설(常設)되어 있는 것 외에 게이트볼이나 전시실, 이벤트 등의 이용을 상정하고 있다. 아마기유는 "숲과 온천(溫泉)의 나라"라고 불리우는 산과 냇물에 둘러싸인 온천의 마을이다. 부지는 국도 136호로부터 차로 조금 올라온 곳에 있다. 인접지에는 스포츠 시설 '스포츠바르도유 아마기'가 있다.

산아마기 돔은 이 스포츠 시설의 일부(一部)로서 일체(一體)가 되도록 계획하고 있다. 설계의 기본 방침으로서 새로운 교류의 장(場)이 되도록 사람들이 가까이 가보고 싶어 하도록 특수한 형태로 만들기로 했다. 또 자연 속에 시설이 위치하기 때문에 통풍이 좋고, 밝은 실내 공간으로 해서 자연을 느낄 수 있도록 배려했다. 구조계획은 2개의 커다란 아치로 구성되었다. 이것은 아마기유의 섬에 있는 '만남의 다리'로부터 힌트를 얻은 것이다. 개폐 천정은 29m x 36m의 크기로 7분 안에 개폐가 가능하다. 경기장은 68m x 86m로 모래가 섞인 인공 잔디가 깔려 있다. 천정 높이는 21m이다.

■ 시설 개요

애칭	BIG-SUN
용도	스포츠경기, 이벤트
구조형식	막구조+입체트러스
부지면적	19,741㎡
높이	26.4m

아마기 돔(天城ドーム)은 시즈오카현 이즈시 가미후나바라에 있는 다목적 스포츠 시설로, 애칭은 BIG-SUN이다.

소프트볼의 일본대표팀의 강화 합숙에 자주 사용되는 등, 시즈오카현의 소프트볼의 메카적인 역할을 가지고 있고, 그 외 테니스, 풋살 등의 각종 구기에 폭넓게 사용되고 있다. 지붕은 개폐식. 인공잔디는 모래가 들어간 것이 채용되고 있다.

슈젠지역(修善寺駅)에서 R136호를 남하, 후나바라온천(船原温泉)지역인 아마기유가시마(天城湯ケ島) 가미후나바라를 좌측에 산쪽으로 1㎞ 들어간 구릉에 위치하는 시가 운영하는 대규모 스포츠레저 시설이다. 나무들로 둘러싸인 50만㎡의 광장에, 아마기 돔, 야간경기 설비가 있는 4면을 포함하는 테니스코트 10면, 9홀의 골프코스, 축구 등의 2시합이 동시에 열릴 수 있는 다목적 종합 그라운드, 양익 100m의 대형 야구장 등의 스포츠시설과, 공원, 숙박시설, 도예를 즐길 수 있는 도예의 집 아마기(陶芸の家天城), 캠프장 등이 설치되어 있다.

북서측에서 본 모양

관객석 주변

지붕을 연 상태

동북측에서 본 외관

입구 주변의 야경

지붕을 닫은 상태

■ 시설 안내

▸ 테니스코트

인공잔디 2면, 클레이(clay) 8면 조명시설 있다. 상쾌한 숲으로 둘러싸인 전천후 코트는, 삼림욕도 즐길 수 있는 절호의 환경을 자랑한다.

잔디 코트 2면

클레이 코트 8면

▸ 골프장(쇼트코스)

아마기 돔(야외 인공잔디 소프트볼장), 테니스코트, 야구장, 캠프장 등을 가지는, 「이즈아마기후루사토 광장(伊豆天城ふるさと広場)」안에 있는, 9홀 · 퍼 28개의 쇼트코스 골프장이 「이즈후나바라 골프」이다.

▸ 야구장

백 스크린, 더그아웃 완비. 센터 122m, 양익 100m의 본격적인 대형 야구장이다. 넓은 자연 속에서의 여유있는 플레이를 즐겨볼 수 있는 시설이다. 방송설비, 백스크린, 더그아웃 시설이 구비되어 있다.

후루사토 광장 야구장

표시판

야구장 벤치, 응원석

▸ 실내 연습장

주로 야구나 소프트볼의 실내 연습장. 클레이 400㎡. 조명설비, 트레이닝룸 시설이 있다.

▸ 다목적 그라운드

클레이그라운드 175m×150m, 잔디 그라운드 175m×150m. 축구, 풋볼, 게이트볼, 소프트볼, 럭비 등 다목적으로 사용할 수 있는 그라운드이다. 2개의 시합이 동시에 가능하므로 다양한 대회 등에 최적이다.

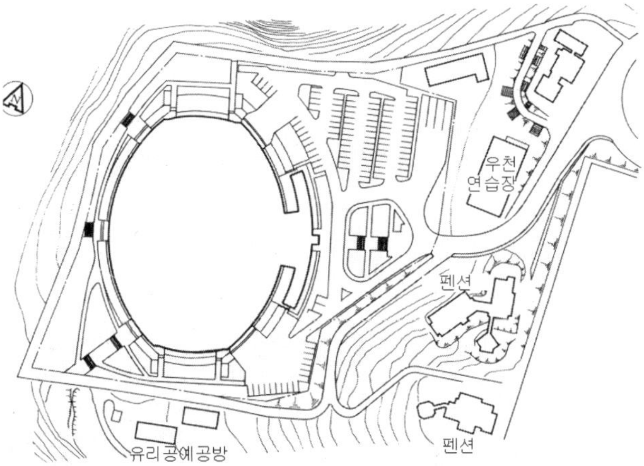

배치도

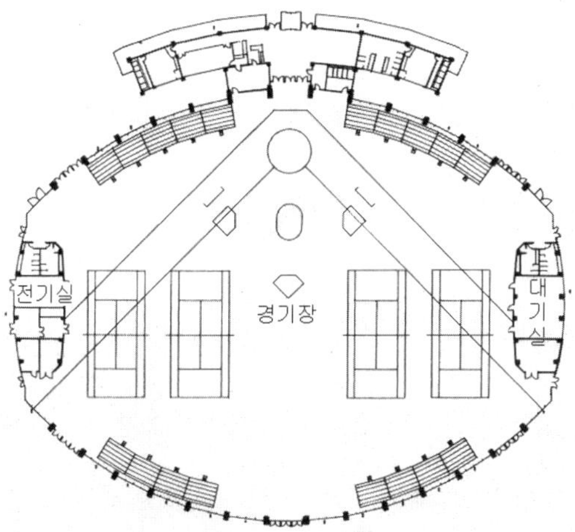

평면도

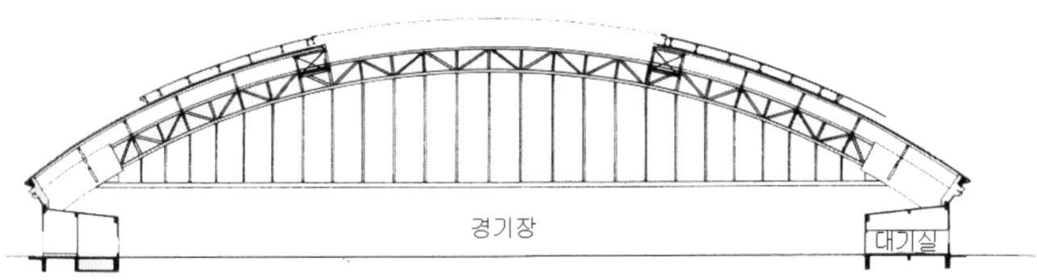

단면도

13. 고마쓰 돔 [こまつドーム][Komatsu Dome]

■ 건축 개요

① 소재지	이시카와현 고마쓰시 하야시마치(石川県小松市林町)
② 건축 면적	23,394㎡
③ 건축 규모	아레나 직경 135m, 최고부 높이 59.6m, 지붕철골 최대스팬 160m
④ 구조 형식	철골 골조 막 구조
⑤ 발주자	고마쓰시(小松市)
⑥ 설계 · 감리	디자인 · 구조 : 야마시타설계 · 다이세건설 설계공동체
⑦ 시공자	다이세건설
⑧ 시공기간	1995년 3월~1997년 4월
⑨ 참고 자료	디자인 : 돔이 시민(市民) 돔으로서 가장 큰 특징은, 개폐 지붕을 가지고 있다는 점이다. 이 개폐(開閉)를 효율적으로 실현하기 위해, 두 게이블(gable) 사이드를 들어 올려 독특한 형태가 만들어졌다. 이 형태는, 꿈을 여는 달걀(夢ひらく玉子)의 이미지가 되어, 그 후 「유메타마고(Yume tamago)」라는 애칭으로 불리고 있다. 구조 : 가벼운 개폐 지붕을 지탱(支撑)하는 역원추형 콘크리트조 벽체로 구성되는 특이한 형태는, 실은 구조적인 합리성(合理性)을 추구한 결과이다. 지붕 구배(傴背)는 활설성을 고려하여 25도 이상으로 하여, 지붕 위의 적설 하중을 저감(低減)시키고 있다. 시공 : 고마쓰 돔의 형태적인 특징인 역원추형의 사선 RC 구체와 개폐기구(70×55m)를 가지는 타원형상(장변 162m, 단변 148m)의 지붕공사에 특색(特色)이 있다. 이와 같은 특수구조 · 특수형상의 건물 시공에 대해 고안 · 주력한 점은 다음과 같다. – 3차원 CAD 및 3차원 측량에 의한 형태관리 – 사선 RC구체의 無 비계공법에 가까운 시공 – 장대 스팬의 킬 개폐 기구를 가지는 지붕 철골공사

■ 위치

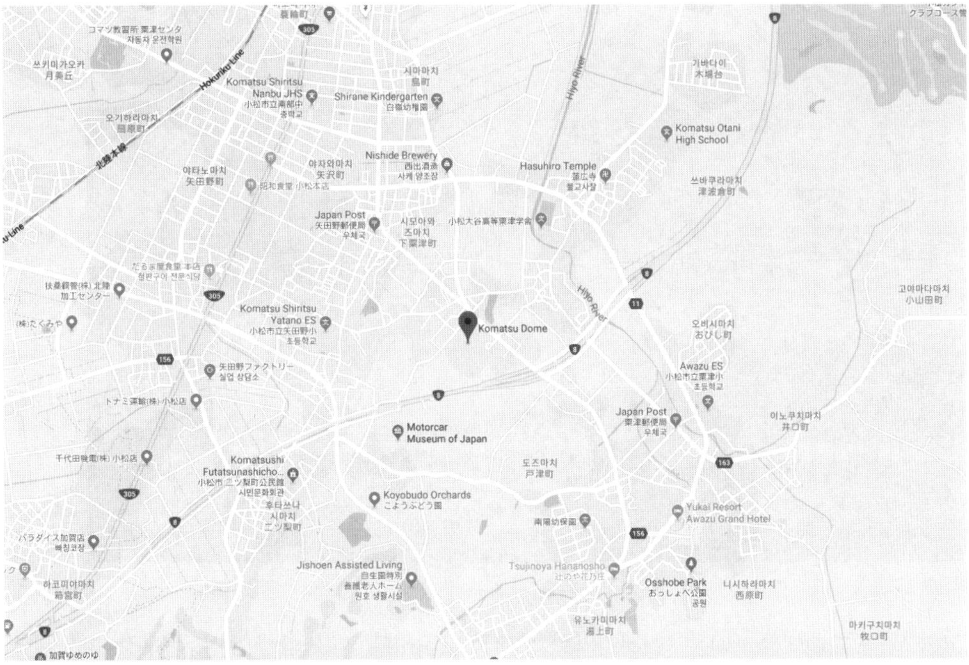

Komatsu Dome
Hokuriku Line
Komatsu Shiritsu Nanbu JHS
Shirane Kindergarten
Komatsu Otani High School
Nishide Brewery
Hasuhiro Temple
Japan Post
Hiyo River
Komatsu Shiritsu Yatano ES
Awazu ES
Motorcar Museum of Japan
Komatsushi Futatsunashicho...
Koyobudo Orchards
Yukai Resort Awazu Grand Hotel
Jishoen Assisted Living
Tsujinoya Hananosho
Osshobe Park

경기장의 내관

고마쓰 돔(こまつドーム)은, 이시카와현 고마쓰시(石川県 小松市)에 있는 돔구장이다. 애칭은 유메타마고(ゆめたまご). 시설은 고마쓰시가 소유하고, 고마쓰시 시설관리공사가 지정관리자로서 운영 관리를 맡고 있다. 스포츠, 레크리에이션, 전시회, 각종 식전, 이벤트 등에 이용 가능한 다용도의 아레나 외, 생애학습센터, 실외 그라운드를 병설한 복합시설이다.

1997년에 개장. 막지붕을 가지는 돔 시설로, 아레나 중앙부의 지붕은 개폐식으로 되어 있다. 연식야구, 소프트볼, 축구, 테니스 등 스포츠 외, 콘서트 등 이벤트에도 사용되고 있다. 단, 야구로 사용할 때의 필드 규격은 양익 87m, 중견 106m로 협소하기 때문에, 경식야구로는 사용하지 못한다.

■ 역원형(逆圓形)의 개구(開口)를 넓히다

천정의 지붕이 두 개로 분리(分離)되어 2개의 보 트러스 위를 움직여 개구가 넓어진다. 전부 열었을 때의 크기는 70m x 55m가 된다. 긴원형의 돔 지붕의 구조는 2개의 배골(背骨)을 긴 방향으로 가로 질러서 이것에 직교(直交)하는 도리를 井자 모양의 난간에 조합한 형태로 되어 있다. 고마쓰 돔은 적설기(積雪期)에도 이용할 수 있는 전천후형(全天候形) 스포츠 행사 시설이다. 건물은 경기장, 학습 센터, 워킹 갤러리로 구성되어 있다. 경기장에서는 연식 야구, 축구, 아메리칸 풋볼 등을 할 수 있다. 바닥은 모래가 섞인 인공 잔디를 깔고 있다. 천정 높이는 중앙부가 56m, 보의 하단은 39m이다. 1,500명을 수용할 수 있는 관객석은 28개의 유닛으로 분리되어 움직여 자유롭게 배치하는 것이 가능하다. 이동은 전용 포크 리프트로 한다. 경기장에는 최대로 1만 명을 수용할 수 있다. 돔의 외주를 따라서 내측에 런닝 트랙이 설치되어 있는데 한 바퀴에 400m의 조깅코스로서 사용되며 경기장보다 5m 높은 레벨에 설치되어 있어 행사시에 입석(立席)의 장소로 이용 가능하다. 하부벽체를 역원형(逆圓形)으로 세운 것은 2개의 이유가 있다. 첫 번째는 경기장 면적보다 천정 면적을 크게 해서 개구부를 넓히기 위해서이고, 다른 하나는 천정의 이런 경사를 완만하게 하기 위해서이다. 지붕의 이동거리가 연장(延長)되어도 고저차가 작아진다면 구동장치에 걸리는 부담이 적어 해결된다. 이것에 의해 런닝 코스를 억제(抑制)하고 있다. 개폐 지붕의 설계와 함께 어려웠던 것은 눈에 대한 대책이다. 고마쓰에서는 무거운 눈이 내리므로, 이 눈을 완만한 커브를 그리는 막지붕에 쌓이지 않도록 해야 할 필요가 있다.

지붕이 열린 상태

그래서 V자형으로 연결된 지붕면으로 했다. 완만한 경사면을 없애서, 눈이 떨어지기 쉽게 하고 있다. 또한 개폐 지붕의 이동용 레일에 눈이 쌓이지 않도록 유압 구동(油壓 驅動)의 셔터를 사용한 기계를 새롭게 개발하여 적용하고 있다.

고정 지붕 부분을 2중막으로 하고 벽에 유리벽을 설치하여 음향성능을 높이고 있다. 돔 주변에는 실외운동장이나 실외 광장 등 스포츠 연계 시설(連繫 施設)이 설치되어 있다.

대공간은, 콘서트홀이나 극장(劇場)과 달리, 볼륨이 방대하고, 실 형상도 그 대부분이 요곡면(凹曲面)으로 구성된다. 한편 내장 재료에도 제약(制約)이 있기 때문에, 롱패스에코 및 잔향과다 등의 음향장애가 발생하기 쉬워, 청취의 용이성, 명료성을 해친다.

고마쓰 돔(こまつドーム)은 실용적 약 600,000㎥, 아레나 직경 약 135m, 최고높이 약 60m의 이중막(일부 단층 막) 지붕의 시민 스포츠 돔으로, 지붕 중앙의 70×55m의 단층 막부가 개폐된다. 이들 돔은 모두 막지붕 구조이기 때문에, 금속지붕처럼 충분한 흡음처리를 부가(附加)할

지붕 전개시의 외관

수 없으므로, 다른 부위에서 효율적으로 흡음할 필요가 있다. 여기서는 특히 저음역의 흡음특성에 배려하여, TSUDOME(つどーむ)에서는, 그림 1에서 나타내는 바와 같이 북측의 큰 벽면을 배후공기층을 충분히 확보한 글라스 울 흡음처리(48kg/㎥, 두께 50㎜, 배후공기층 440㎜)로 하였다. 또 고마쓰 돔에서는 그림 2와 같이 박공벽 측면을 두께 100㎜의 글라스 울(24kg/㎥, 콘크리트 직접 붙임)로 흡음처리하고 있다. 부족하기 쉬운 저음역(低音域)의 흡음성능을 확보하기 위해서는, 배후공기층(背後空氣層)을 충분히 확보하는 것이 확실한 방법이라고 생각되지만, 의장 · 시공 상 혹은 강도 등도 함께 검토하여 결정할 필요가 있다.

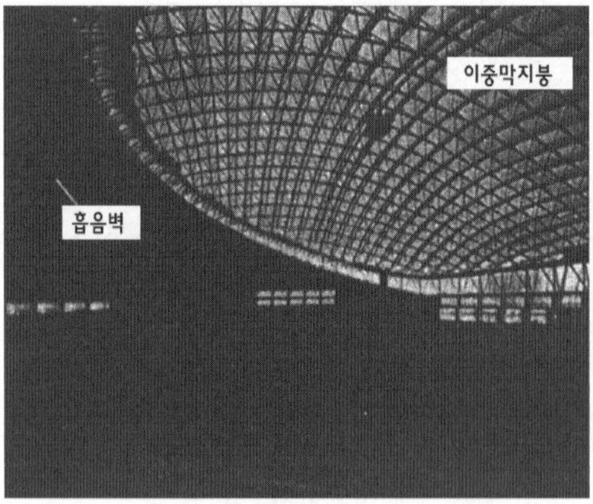

그림 1 TSUDOME 내관

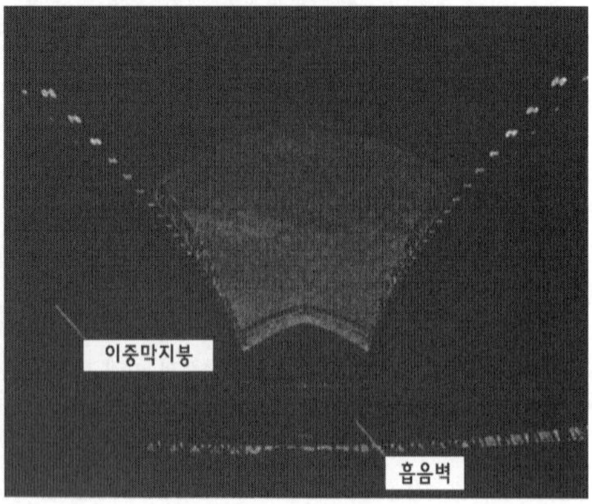

그림 2 고마쓰 돔 내관

또, 막지붕에 대해서는 그림 3에서 나타내는 바와 같이, 외막, 내막 사이에 충분한 공기층을

확보함과 동시에, 각각에 요철(凹凸)을 설치함으로써, 확산 성능과 흡음성능을 향상시켜, 지붕면에서의 강한 반사음의 저감(低減)을 꾀하고 있다.

그림 4에 두 돔의 공실 시 잔향시간 측정결과를 나타내었다. 고마쓰 돔에서는, 단층 막의 개폐부가 폐쇄 시에 잔향시간이 길어지는 경향을 확인할 수 있다.

한편, 대공간의 실내음향성능 평가지표(評價指標)로서, 청감실험을 통해「청취의 용이성」을 척량으로 하는 실용적/실표면적 비[VPS]와 잔향시간[T]와의 관계로서 권장곡선 VPS-T에 의한 설계 수법을 제안(提案)하고 있다.

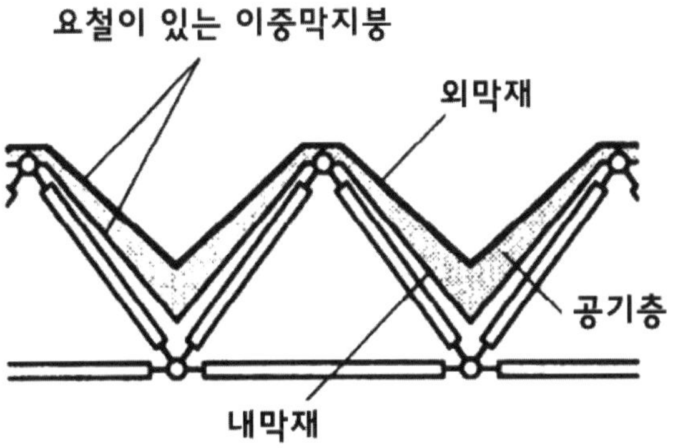

그림 3 이중막의 지붕구조

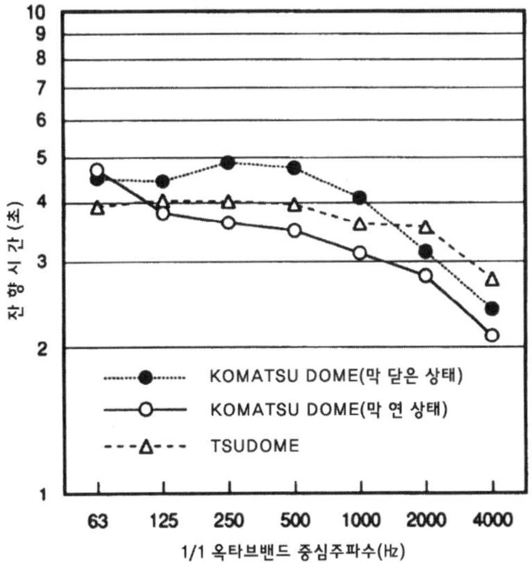

그림 4 TSUDOME, 고마쓰 돔의 잔향시간 측정결과

■ 시설 개요

주요용도	스포츠시설, 집회시설
주체 구조	아레나 : 철근콘크리트조, 철골조 막지붕 생애학습센터 철근콘크리트조
최고 높이	59.6m
아레나	■ 아레나 : 14,344㎡(직경 135m) 아레나 면에는 모래 혼입 인공잔디를 채용하여, 각종 스포츠 · 이벤트 등의 폭넓은 이용 형태에 대응 가능. • 천장높이 : 들보 하부 56m(킬 아래 중앙부 39m) • 객석 수 : 1,200석(가동식) – 가동석은 분할 가능 – 아레나부는 최대 1만 명 수용(가동석을 포함) • 바닥하중 : 5t/㎡ • 반출입구 : H=3.85m, W=5.6m(단차 없음) • 개폐 지붕 : 개구 규격 70m×55m, 개폐 시간 약 12분 • 매달기물 관계 1. 가동 캣워크 1기, 적재량 2t 2. 전동승강 배튼(가동캣워크에 내장) 길이, 수 : 16m×6개 적재하중 : 배튼 5개로 2t 제한(450㎏/개) 3. 고정 훅 : 합계 160개소 적재하중 : 훅 4점에서 1t 제한 • 스포츠 : 1. 상설코트 야구 : 1면(센터 106.2m, 라이트 · 레프트 87.7m) 축구 : 1면(105m×68m) 테니스 : 6면(10.97m×23.77m) 2. 그 외(포인트 설치) 테니스 : 10면(상설코트 6면 포함) 게이트볼 : 24면(15m×20m) 핸드볼 : 6면(20m×40m, 풋살 공통) 운동회용 트랙 250m×6코스 • 스테이지 : D=12.19m, W=23.16m, H=1.2~1.8m 분리 이용 가능 • 행사 : 1. 전시회, 2. 식전, 3. 각종 이벤트 • 조명설비 : 인공조명에 의해 야간에도 평균 750ℓx 이상의 조도를 확보. 돔 내부에서 막지붕을 비추는 환경조명을 설치.

	– 기본조명 : 메탈 할라이드램프 1000W 280등 – 환경조명 : HQI램프 150W 76등 • 음향설비 : 메인·새틀라이트 스피커 설치로, 장내 안내, BGM에 대응할 수 있는 명료한 방송이 가능. – 메인 클러스터스피커 : 저역용 스피커 6대, 고역용 스피커 10대(1세트) – 새틀라이트 스피커 : 저역용 스피커 1대, 고역용 스피커 1대(8세트) 저역용 스피커 3대, 고역용 스피커 3대(1세트) – 잔향시간 : 공석 시 4.0초(지붕 닫음), 3.3초(지붕 오픈) 6,000명 수용시 : 3.7초(지붕 닫음), 3.0초(지붕 오픈) • 대형 표시 장치 : CRT풀컬러 표시장치 (스크린사이즈 H=1.8m, W=7.2m), 각 스포츠 경기의 득점, 선수명 소개 및 각종 안내(메시지, 그래픽, 정지화상)을 표시, 45분 경기 시계 및 SBO램프 장비 • 이벤트 대응설비 이벤트용 전원 : 아레나 외주부에 전원반(7면: 총200KVA) 설치 이벤트용 전화대응설비 : 아레나 내에 단자반(1면:100회선) 설치 TV방송 대응설비 : 외부에서의 케이블 루트 및 아레나 내 연락설비(6개소) 설치 ▪ 러닝트랙(2층) : 1,100㎡ 1주 약 400m의 조깅코스로 활용. 이벤트, 스포츠 관전 공간으로 이용 가능. ▪ 전망 로비(4층) : 339㎡(높이 24.5m, 해발 35.2m) 멀리 산을 바라볼 수 있는 전망 공간. 이벤트, 스포츠 관전의 공간으로도 이용 가능. ▪ 미팅룸 : (1) 28㎡ (2) 26㎡ (3) 27㎡ (4) 22㎡ 슬라이딩 월에 의해 대회의실로서도 활용 가능. 연수, 미팅 등에 이용할 수 있다. ▪ 로커·샤워룸 (미팅 앞) / (다다미실 앞) 남자 로커룸 240개 42개 여자 로커룸 240개 42개 남자 샤워룸 5개소 여자 샤워룸 5개소 ▪ 카페테리아 : 66㎡ ▪ 사무소 : 42㎡ ▪ 그 외 : 조정실 35㎡, 대형 기구고 : 271㎡

생애학습센터

■ 워킹 갤러리 : 1층 453㎡, 2층(갤러리) 76㎡
전시공간으로 이용 가능

■ 트레이닝실 : 170㎡
바닥면은 플로링마감으로 벽면에는 거울을 설치하고 있어, 스포츠 교실 등에 이용 가능

■ 생애학습실 : 106㎡
조리대(6대)와 중앙에는 다이닝 테이블을 배치, 요리교실 등에 이용 가능

■ 다다미실 : 97㎡
다도 · 꽃꽂이 등의 서클활동 외, 연회나 소회의에도 이용 가능
32畳(1畳 = 80㎝×160㎝)

■ 회의실 : 80㎡(유효내법 치수 19m×19m)
강연회 · 음악발표회 · 파티회장으로서 이용 가능

▸ 객석 수 : 롤백체어 312석, 스태킹체어 이용 500석

▸ 전동매달기 배튼

	수	규격	매달기하중
1. 포더라이트배튼	1	12.0m	300kg
2. 서스펜션라이트배튼	1	12.0m	500kg
3. 배튼 1	1	15.6m	300kg
4. 배튼 2	1	15.6m	300kg
5. 배튼 3	1	15.6m	300kg
6. 호리촌트막 배튼	1	15.6m	200kg

▸ 영상 설비 : 반입 컴퓨터 등의 영상을 비디오 프로젝터로, 200형 스크린에 투사

1. 액정 비디오 프로젝터 1대
2. 200형 도식 스크린 1식

▸ 조명설비 : 객석과 스테이지의 조명을 사용목적에 따라 ON/OFF 또는 조광을 할 수 있다

1. 스테이지조명 : 보더라이트, 서스펜션라이트
2. 조명조정탁

▸ 음향설비 :

1. 메인스피커 2대,
2. 실링스피커 4대
3. 음향조정탁

▸ 스테이지 : D=4.87m, W=12.19m, H=0.6~0.8m
분할 이용 가능

■ 플레이룸 : 21㎡

■ 만남 코너 : 115㎡

■ 사무실 · 방재센터 : 74㎡

	▪ 그 외 : 관장실(22㎡), 대기실(26㎡), 영사실(집회실, 26㎡)
옥외 시설	▪ 그라운드 : 13,051㎡ 축구 1면, 야간경기 설비완비, 인공잔디(파일 길이 45㎜) ▪ 정면 플라자 : 1,500㎡ ▪ 주차장 : 최대 주차대수 804대 제1주차장(5,850㎡) : 보통차(220대), 마이크로버스(12대, 장애인용 3대 포함), 대형차(10대) 총 242대 제2주차장 : 보통차(291대) 제3주차장 : 보통차(271대) 주차장 합계 보통차 782대 광장 : 8,500㎡ ▪ 주륜장 : 150대(건물 내) ▪ 서비스야드 : 이벤트 시의 관리용 공간(20t 대응) 보통차 10대, 대형차 9대 ▪ 원로(園路) : 벤치, 페르골라 설치

▸ 아레나

- 면적 : 모래 포함 인공잔디 14,344㎡(직경 135m)
- 천장높이 56m, 객석수 1,500석(가동식)
- 야구 1면(센터 106.2m, 양익 87.7m)
- 축구 1면(105m×68m)
- 테니스 8면(10.97m×23.77m)
- 핸드볼 4면(20m×40m, 풋살 공통)
- 게이트볼 24면(15m×20m)
- 운동회용 트랙250m×6코스
- 2층 러닝트랙(1주 약 400m)
- 스포츠 · 전시회 · 박람회 · 견본시 · 콘서트 등

▸ 집회실

- 면적 : 444㎡
- 수용인원 : 312명(가동식객석, 수납 가능)
- 강연회, 연수회, 음악발표회, 파티장 이용

■ 아레나 이용 패턴

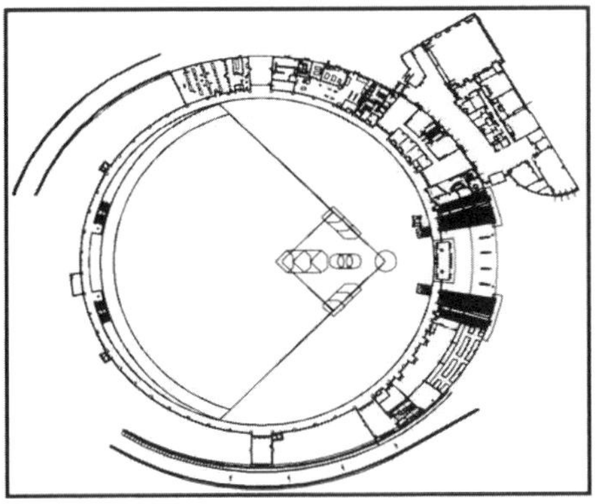

야구

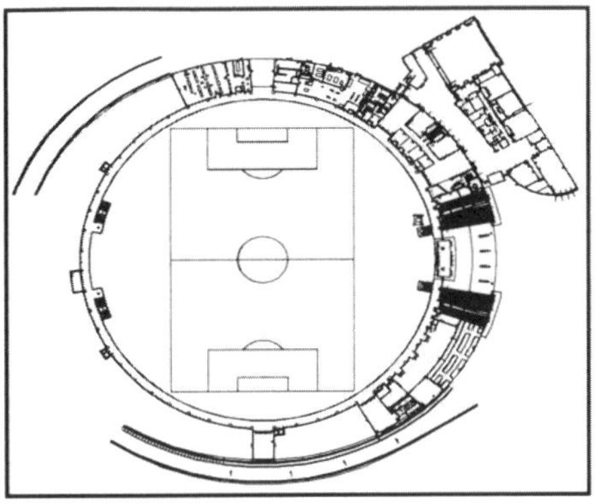

축구 코트

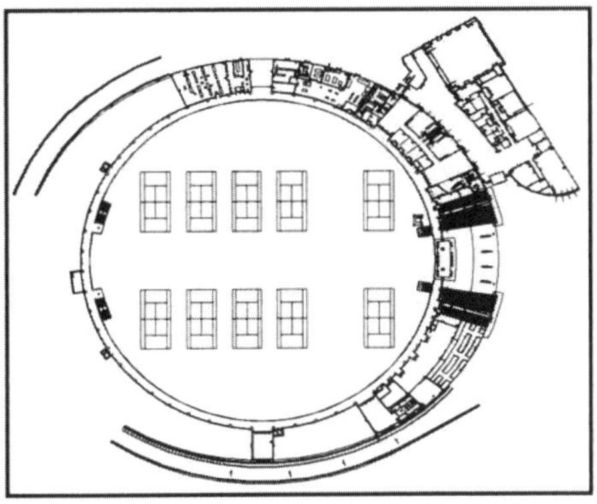

테니스코트(10면)

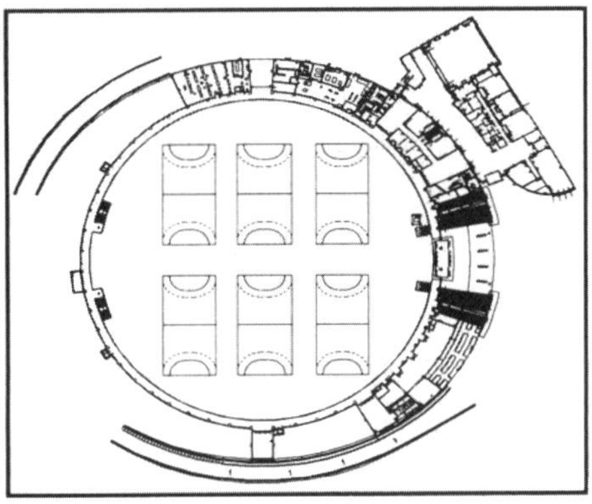

핸드볼, 풋살코트(6면)

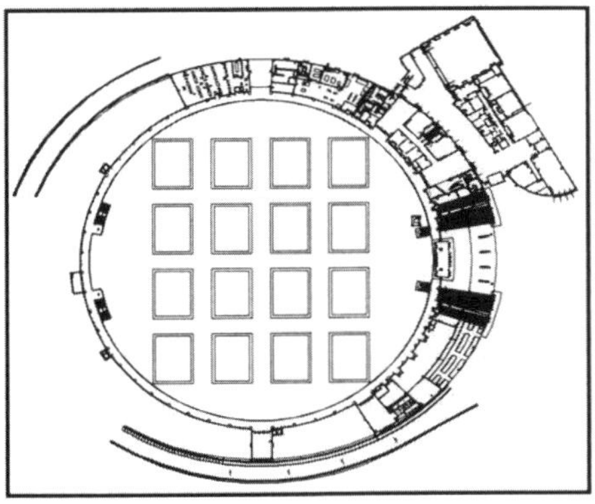

게이트볼(16면)

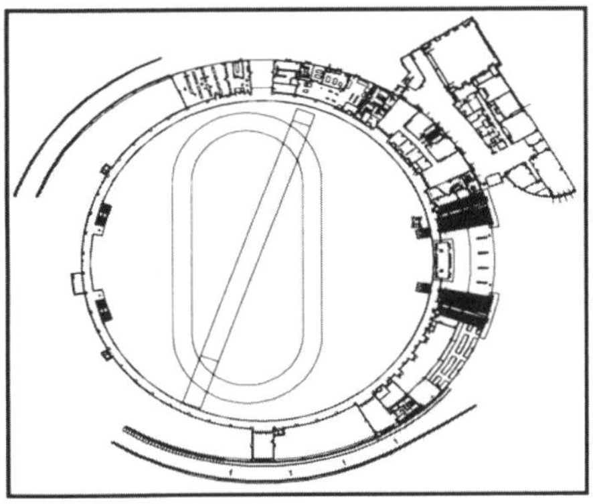

운동회용 트랙(1면)

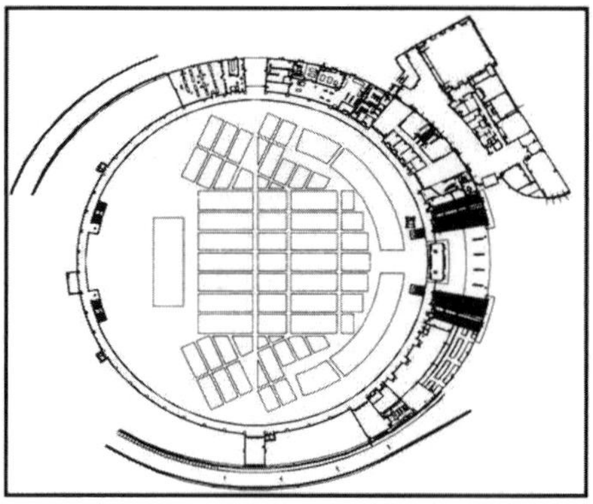

콘서트(사이드스테이지, 1만 명)

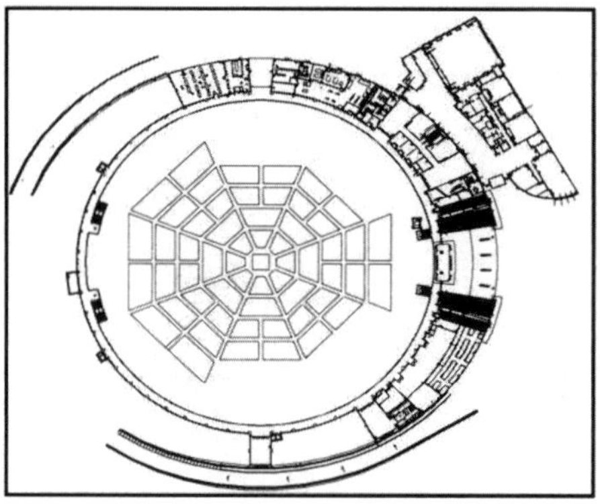

콘서트(센터스테이지)

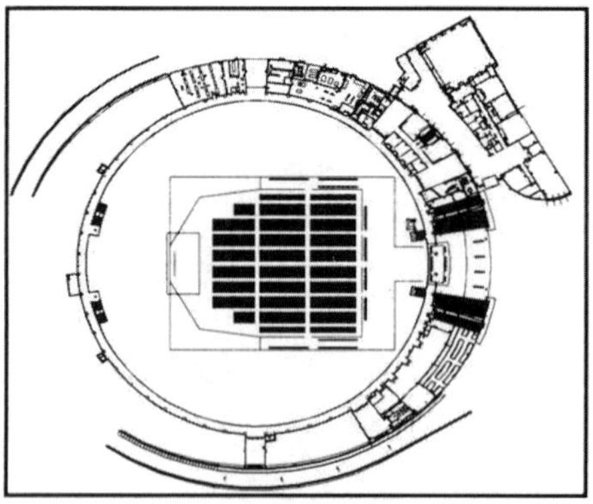

집회, 컨벤션(5,000명)

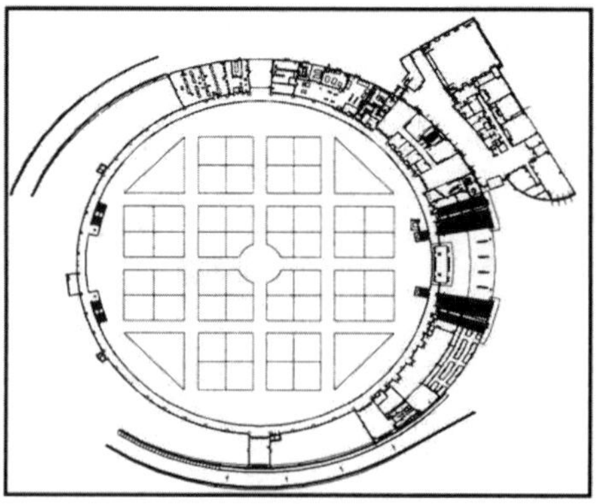

전시회

■ 집회실 이용 패턴

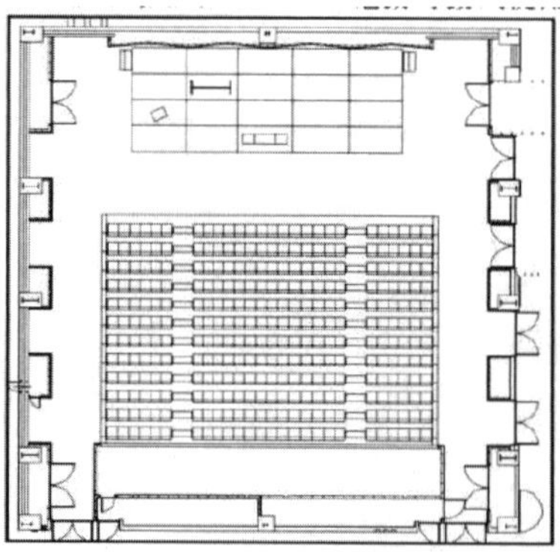

롤백체어 전동가동식 사용(312명 수용)

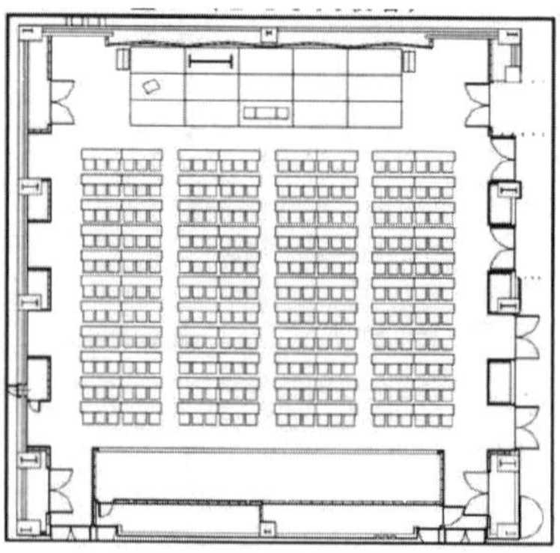

스쿨형 1(240명 수용)

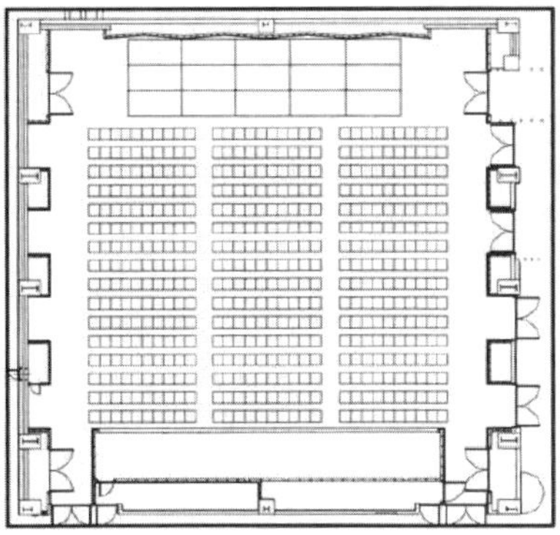

스쿨형 2(400명 수용)

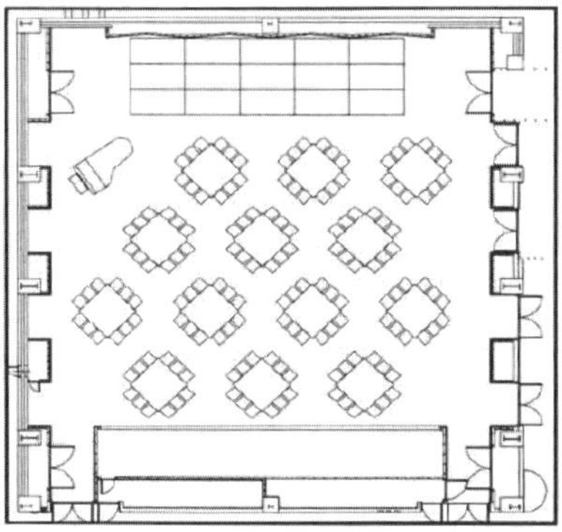

파티회장(156명 수용)

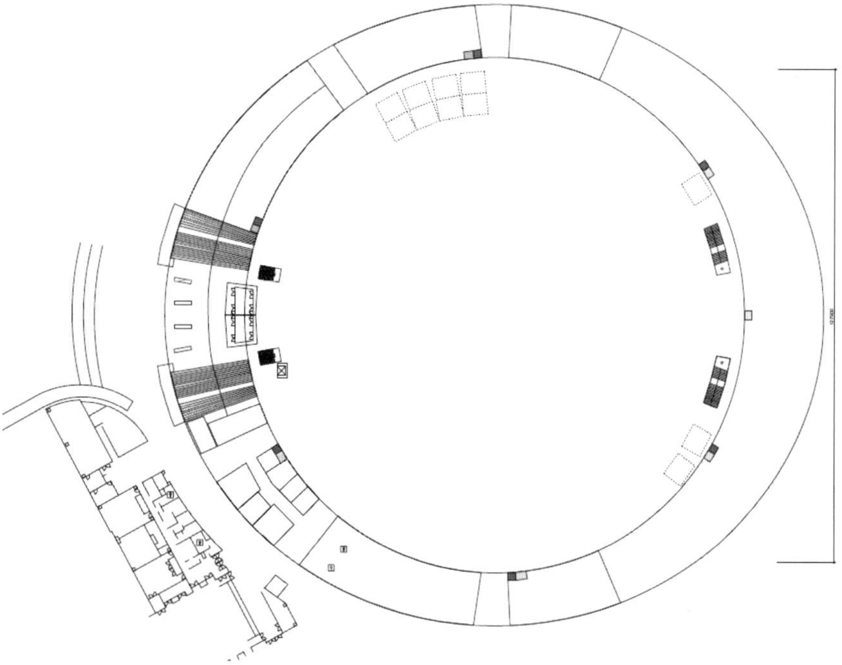

고마쓰 돔 아레나 평면도

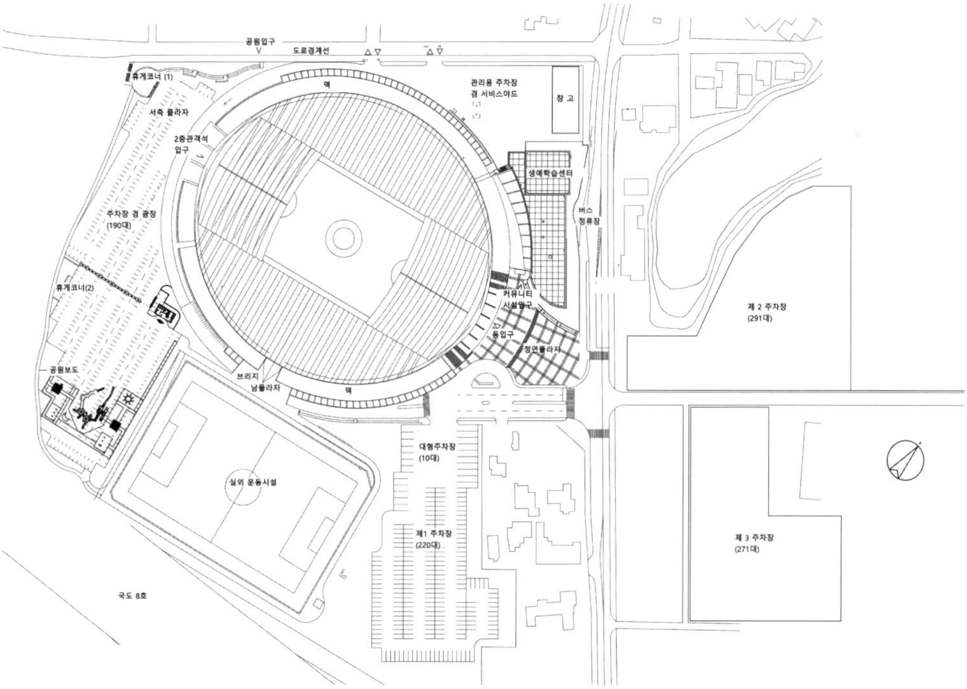

전체 평면도

14. 오사카시 중앙체육관 [大阪市中央体育館]

[Osaka Municipal Central Gymnasium]

■ 건축 개요

① 소재지	오사카후 오사카시 미나토구 타나카 3-1-40 (大阪府大阪市港区田中3-1-40)
② 건축면적	408.42㎡
③ 건축 규모	건축 규모 : 메인 아레나 - 직경 110m, 높이 30m 연면적 : 42,664.90㎡
④ 구조 형식	아레나지붕 : 콘크리트 구형 셸 구조
⑤ 발주자	오사카시
⑥ 설계 · 감리	오사카시 도시 정비국 영선부 위탁설계 · 감리 디자인 : 닛켄설계, 구조 : 닛켄설계
⑦ 시공자	오바야시구미, 니시마츠 건설, 아사누마구미 JV
⑧ 시공기간	1993년 6월~1996년 4월
⑨ 참고 자료	디자인 : 최대 1만 명 수용의 다목적(多目的) 아레나 등으로 구성되는 42,000㎡의 종합체육관을 전면 지하화(地下化)하고, 그 상부를 도시 공원으로서 도시의 공공 공간의 유효활용(有效活用)과 함께 도시의 녹지화와 환경친화형 건축을 지향한 작품이다. 밀집된 시가지(市街地) 속에서 높직한 언덕은 랜드마크가 되고 있다. 구조 : 직경 110m의 메인 아레나는, 지붕 자중, 공원의 성토 · 식재하물 등을 포함한 전체 중량 약 7만 톤(5~6t/㎡)의 대하중에 대해, 역학적으로 가장 효율이 좋은 콘크리트 구형 셸 구조로 하고, 셸 지붕부에 프리스트레스콘크리트 구조를 이용하여 그 효율을 한층 높이고, 그 외 비슷한 예를 찾아볼 수 없는 대하중을 지지하는 대스팬 지하 구조물을 실현시키고 있다. 시공 : 시공 실적이 전혀 없는, 시공 중에는 가장 불안정한 콘크리트 구형 셸 구조. 그를 위해 수많은 실험을 반복해 가면서 최첨단의 건축기술을 결집하여, 지진 대책도 포함하여 항상 선행의 안전대책에 힘씀으로써, 도중에 발생한 한신 대지진 시에도 피해를 입는 일 없이 완성시킨, 관계자 전원에 의한 「수작업의 역작」이라고 자부(自負)하고 있다.

■ 위치

호그와트 성
ホグワーツ城
유니버설시티
ユニバーサルシティ
유니버설 스튜디오 재팬
ユニバーサル・スタジオ・ジャパン
사쿠라지마
桜島
Zepp OSAKA Bayside
Aji River
Tanaka ES
大阪市立田中小
초등학교
Minato Sports Center
Maruzen Intec Arena Osaka
えんパーク朝潮橋
덴포 산
天保山
덴포잔 대관람차
天保山大観覧車
해유관
海遊館
오사카코
大阪港
지라이언 뮤지엄
ジーライオンミュージアム
Osaka Minato Central Hospital
大阪みなと中央病院
종합병원
Kosei ES
大阪市立港晴小
초등학교
고세이
港晴
Osaka Municipal Yahataya ES
大阪市立八幡屋小
초등학교
야하타야
八幡屋
가이간도리
海岸通
Life Shintenpozan Logistics
ライフ新天保山物流センター
DAIZO
(株)ダイゾー
후쿠자키
福崎
Osakashiritsubenten ES
井天小
초등학교
벤텐
弁天
벤텐초
弁天町
Osaka Furitsu Minato HS
大阪府立港高
고등학교
Namiyokedai Parking Lot
Tane General
Osaka Shintsu Ichioka JHS
大阪市立市岡中
중학교
Minamiichioka ES
大阪市立南市岡小
초등학교
Ichioka ES
大阪市立市岡小
초등학교
Minato Police Station
大阪府港警察署
경찰서
이소지
磯路
이시다
石田
大阪みなとドライビングスクール
자동차 운전학원
Konan JHS
大阪市立港南中
중학교
미사키
三先
이치오카
市岡
Osaka Taisho HS
大阪府立大正高
고등학교
Osaka Shiritsu Izuokogyokoto School
大阪市立泉尾工業高
고등학교
Izuo Park
泉尾公園
이즈오
泉尾
기타오카지마
北恩加島
Osaka Saiseikai Izuo Hospital
大阪府済生会泉尾病院
종합병원
Shirinashi River
Onami-dori

大阪市中央体育館

메인경기장과 서브경기장을 연결하는 지하 2층 통로 근처

■ 면적(面積)이 제한되었기 때문에 지하(地下)에

오사카로부터 남서로 약 7㎞, 오사카항 가까이에 있는 공원에 직경110m, 높이 16m의 녹색 언덕이 생겼다. 언덕의 표면(表面)은 잔디 등의 식물로 덮여 있다. 이 언덕 아래에 오사카시 중앙 체육관의 메인 경기장이 있다. 돔형 체육관의 지붕 위를 녹화(綠化)한다는 기발한 아이디어가 나온 것은 1977년 국체에 의해서 건축 변경된 계획이 진행되었던 시립 체육관의 부지(敷地)로부터 유물(遺物)이 발굴된 것이 그 계기이다. 대체 부지(代替敷地)로서 선택된 공원은 도시공원으로 손꼽히는 곳이지만, 공원 전체의 건축률은 7% 이하로 해야만 했다. 기존의 공원 내에 건축면적 7,800㎡의 수영장을 건설할 계획이었기 때문에 체육관용으로는 450㎡밖에 남지 않았다. 여기에서 체육관을 지하에 묻고 지상을 녹지화(綠地化)한다는 아이디어가 대두(擡頭)되었다. 1만 명을 수용하는 메인 경기장을 비롯해서 서브 경기장이나 검도장 등 모든 시설을 지하에 설치했으며 자연 채광과 통풍을 확보하고 있는 자연 친화형 체육관이다. 메인경기장의 돔은 구형의 쉘 부분, 외주부의 텐셔닝 도리, 윗부분의 컴프레셔닝 도리로 구성되어 있다. 쉘 부분은 프리케스트의 프리스트레스트 콘크리트 도리, 프리케스트 PC판, 거기에 두께 0.5~ 1.2m의 현장 타설 콘크리트를 합성(合成)시킨 구조로 되어 있다.

정면 필로티

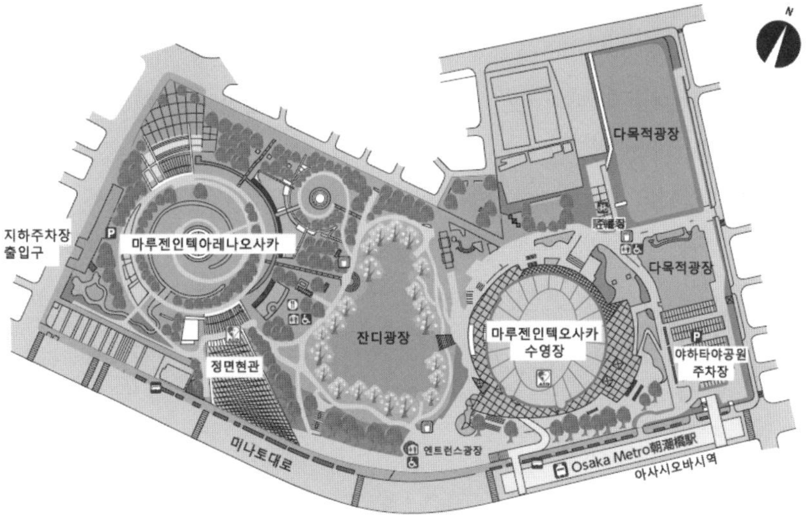

■ 풍부한 자연으로 둘러싸인, 스포츠 & 엔터테인먼트 스테이지

자연과의 조화를 콘셉트로, 신록이 풍부한 두 언덕을 모티브로 만든 「오사카시중앙체육관」 직경 110m의 넓이를 가지는 메인 아레나를 비롯해 모든 시설을 지하에 설치한 세계적으로도 보기 드문 반지하 방식을 채용한 다목적 공간이다.

오사카의 스포츠의 중심지로서, 많은 분들에게 사랑받고 있다.

지하 3층 로비

지붕의 흙의 두께는 평균 1m였다. 지붕 부분의 총 중량은 7만t이고 1m³당 5~ 6t에 상당한다. 이것이 윗부분으로부터 외주에 향한 압축력이 되고, 외주부를 팽창시키는 것과 같이 원주 방향으로 1만 수천 톤의 장력이 발생한다. 이 힘에 대항하기 위해 쉘의 기슭 부분과 텐션링부의 원주를 따라 30줄의 케이블을 배치하고 한 줄당 800t, 합계 2만 4,000t의 장력을 도입한다. 텐션링은 적층 고무의 이음부위 위에 올려놓았다.

원통형으로 시공한 지중벽은 경기장의 저면에 압력(壓力)이 걸리는 것을 방지하는 임무도 완수하고 있다. 콘크리트 쉘 위에 단열재, 누름 콘크리트, 흙이 차례로 올라간 지붕 부분의 단열성은 열관류율 0.001㎉/m²hC 와 완전단열 성능이 기대된다. 이것을 기본으로 여름철 에어컨 없이도 구장(球場)을 사용할 수 있는 공조계획을 세우고 있다.

■ 메인 아레나

직경 110m. 약 3,580㎡(77m×46m)의 플로어 면적은, 플로링 바닥으로서는 일본 최대급을 자랑하며, 약 1만 명을 수용할 수 있다.

▸ 메인 아레나 시설 개요

플로어 면적	3,580㎡(77m×46m)
관객석	고정석 5,932석, 가동석 1,390석
최대 관객 수용수	10,000명
천장높이	중앙부 26m, 주변부 19m
이용종목	농구(4면), 배구(4면), 핸드볼(2면), 테니스(4면), 탁구(30대), 배드민턴(16면) 외
부대설비	대회임원실(1 · 2 · 3), 선수대기실(1 · 2), 탈의실(1 · 2 · 3 · 4), 기자실, 의무실, VIP대기실, 방송설비(유료), 대형 영상장치(유료)

▸ 주요설비

메인 아레나

일반 관람석

휠체어전용 부스

VIP석

대형 영상장치

전광득점판

동시통역부스

음향설비

메인 경기장의 내부

자연 환기는 공기의 온도차를 이용하는 것으로 팬은 사용하지 않는다. 지하의 공기 공급 트렌치의 냉기(冷氣)를 경기장에 끌어들여 천정의 윗부분으로 온기를 배출한다. 한여름의 집회를 위해 에어컨도 설치하고 있다. 흡입구는 관객석의 의자에 설치하고 동선(動線)을 중심으로 공조한다. 지붕면의 배수계획은 표면배수와 침투배수를 병용(併用)하고 있다. 표면수는 마르고 흐름을 본뜬 소용돌이 상의 배수로로 흘려 보내진다. 폭 60㎝의 출로는 모래 밑으로 양측에 자연석을 쌓아둔다. 토양 속에는 흙은 통과시키지 않고 물만을 통과시키는 특수한 막을 사용한 침투성 도랑을 묻어 두었다. 쉘의 콘크리트를 프리케스트와 현장타설의 합성구조(合成構造)로 함으로써 쉘 부분의 부족한 부분을 가설하는 경량공사가 거의 불필요하게 됐다. 97대의 밴드 지보공 위에 8~12m 스팬의 프리케스트 PC도리를 배치하고, 그 8~11m 칸막이 도리 사이에 프리케스트 PC판을 깔아 배열한다. 그 위에 철근을 조립하고, 외주측으로부터 꼭대기를 향해 균등(均等)하게 콘크리트를 타설했다. 프리스트레스 용 케이블 4줄로 한 바퀴를 형성(形成)하고 있다. 이 4줄을 동시에 당기기 때문에, 각 케이블의 양단에 총 8대의 잭을 설치했다. 잭 부분의 하중과 변형을 계측하는 것뿐만 아니라, 쉘 내부의 600석의 응력과 변형(變形)을 측정한다.

▸ 메인 아레나 활용 사례

배구, 체조, 농구, 복싱, 풋살 등의 실내 스포츠의 경기장 및 음악 콘서트나 다양한 이벤트 등 다목적인 용도로 활용할 수 있는 메인 아레나이다.

약 10,000명을 수용할 수 있는 플로링바닥의 아레나로서는 일본 최대급이다. 2대의 대형 영상장치로는, 라이브 중계도 가능하다. 어디서든 잘 보이는 관객석은, 경기장 전체와의 일체감이 탄생된다.

▸ 사용 사례

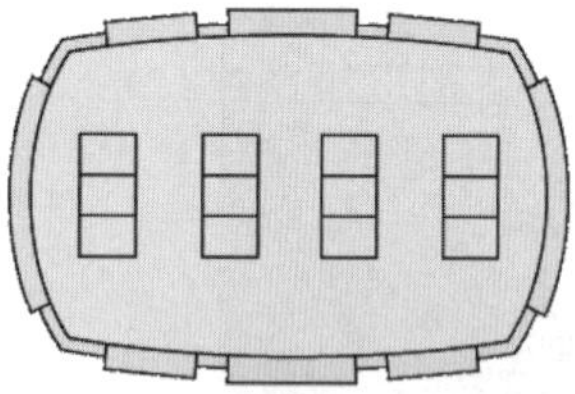
배구

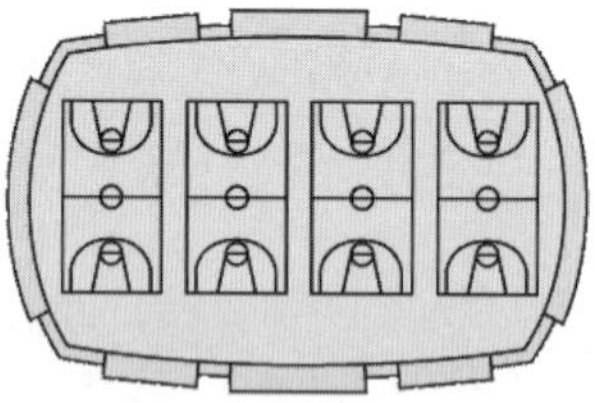
농구

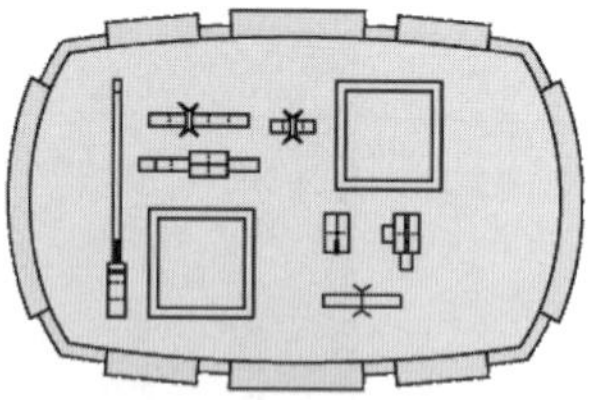
체조

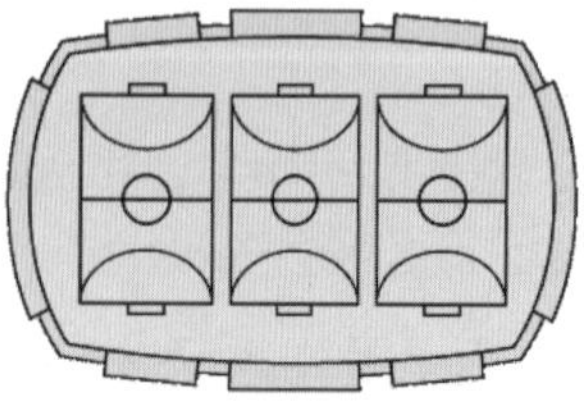
풋살

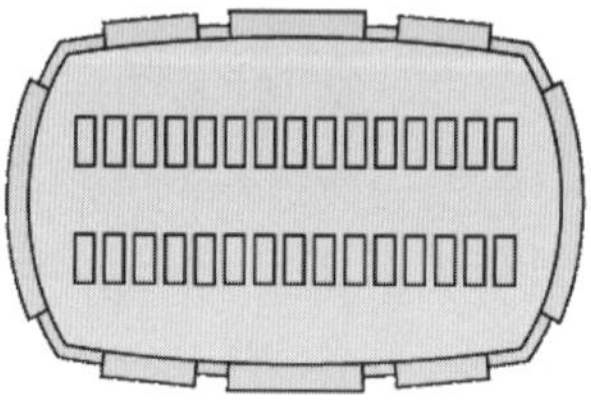
탁구

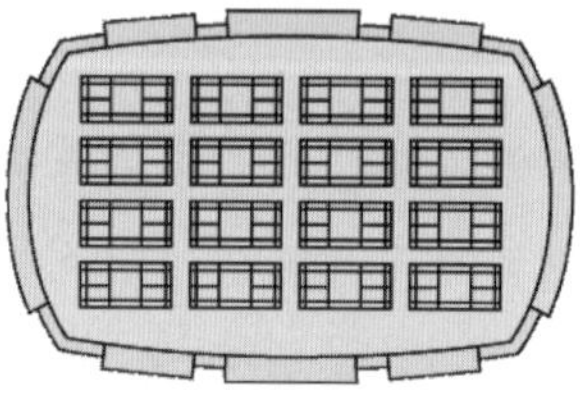
배드민턴

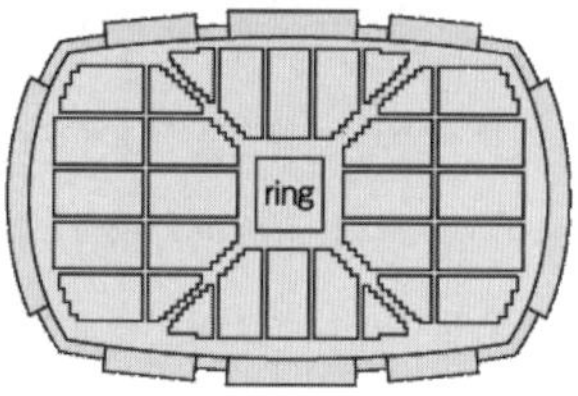

복싱

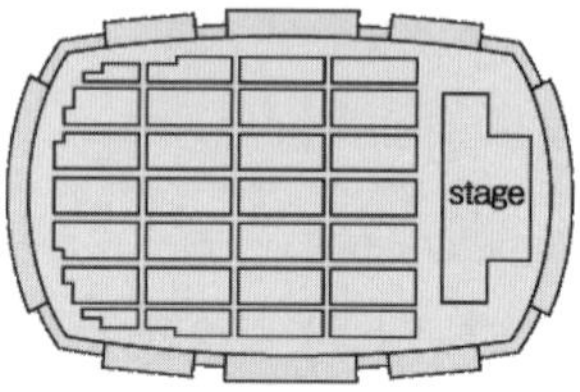

콘서트

▸ 활용 사례

2014년 10월 6일
BOSTON 콘서트

2013년 7월 15일
시원한 여름콘서트

2013년 2월 8일~11일
ISU4대륙피겨스케이팅선수권대회
2013 오사카

■ 서브 아레나

직경 52m, 약 1,540㎡(38m×35m)의 플로어 면적을 가지는 서브 아레나는, 전면 이용뿐만 아니라 반면 이용도 가능하여, 각종 스포츠대회의 개최부터 서클 활동까지 폭넓게 이용할 수 있다.

▸ 서브 아레나(제2 체육관)

소규모의 경기대회 등에 최적의 공간. 농구, 테니스, 배드민턴, 탁구 등, 다채로운 스포츠에 대응한다. 메인 아레나에서 경기가 이루어질 때에는, 선수의 워밍업 공간으로서도 이용할 수 있다.

▸ 서브아레나 시설 개요

플로어 면적	1,540㎡(38m×35m)
관객석	고정석 188석
천장높이	중앙부 16m, 주변부 12.5m
이용종목	농구(2면), 배구(2면), 테니스(1면), 탁구(18대), 배드민턴(8면), 유도(4면), 검토 4면 외
부대설비	선수대기실(188석), 탈의실(남녀 각 1실), 방송설비(유료), 선수대기실은 관객석으로서도 이용할 수 있다.

▸ 주요설비

서브 아레나

선수대기실

방송설비

배튼

■ 서브공간

로비

매점

기구고

준비실

아사시오바시역으로부터 바라본 전경

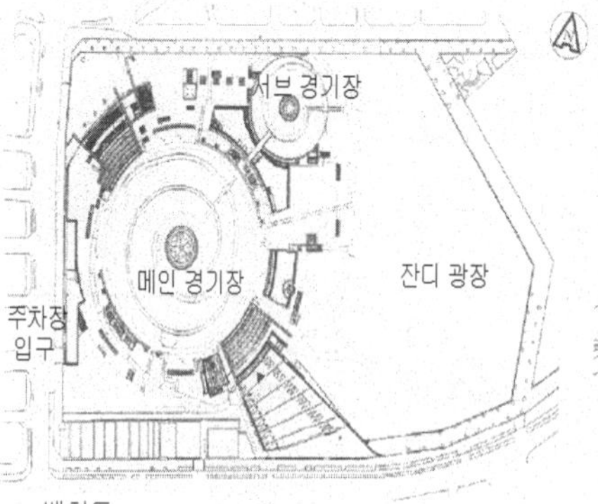

배치도

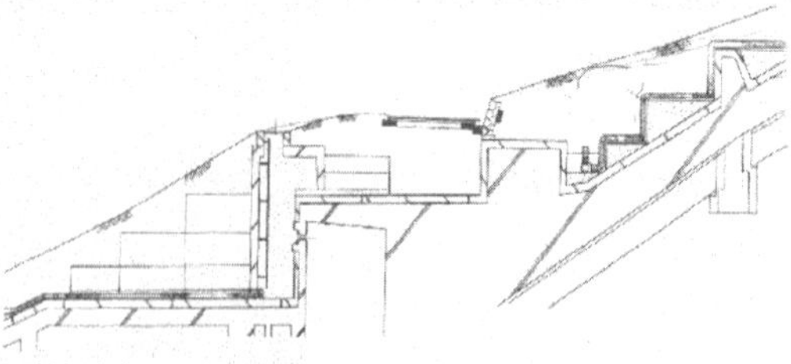

지붕 상세도

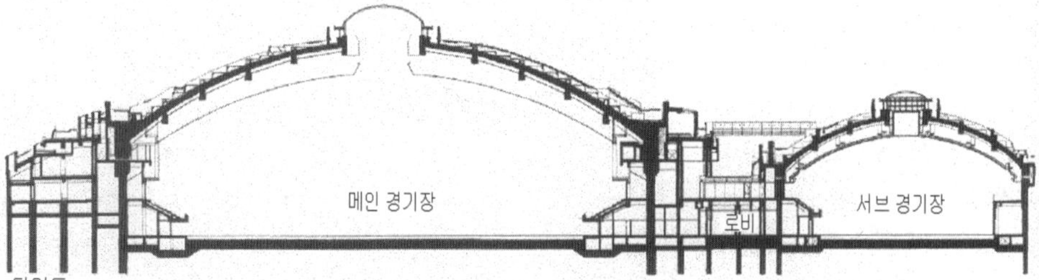

단면도

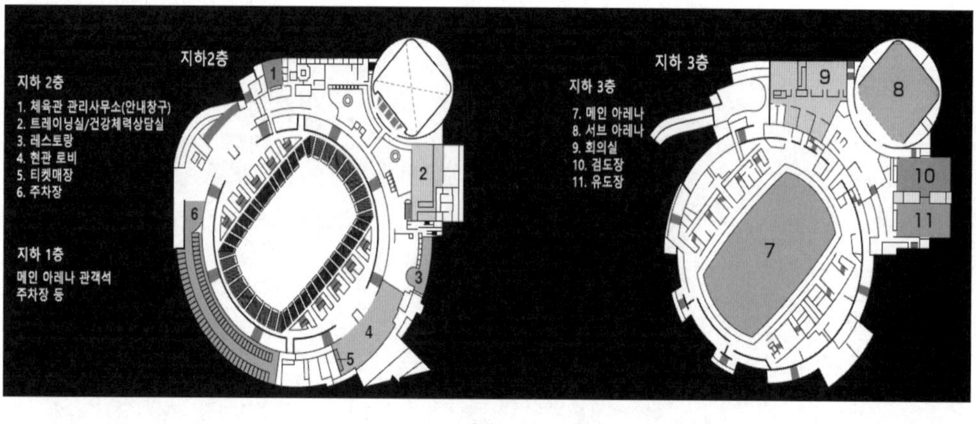

평면도

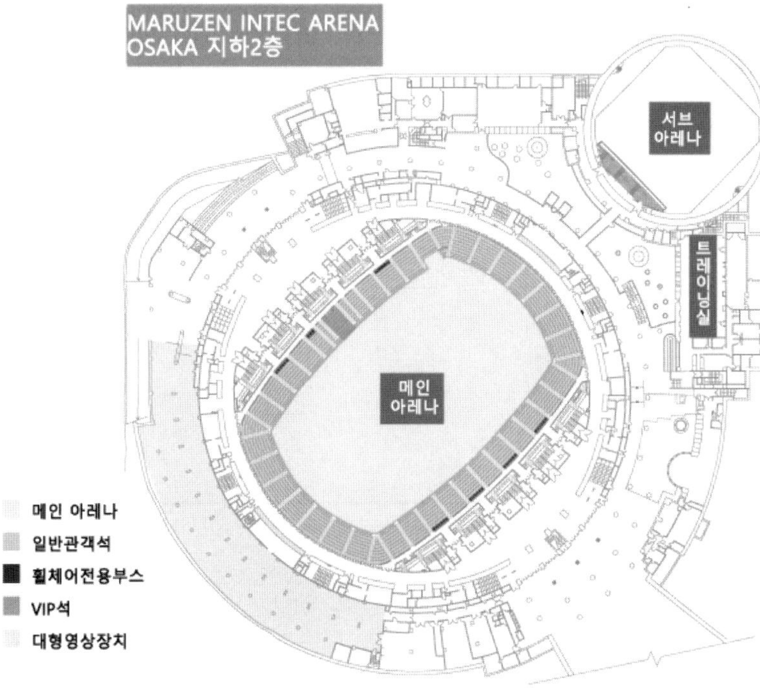
MARUZEN INTEC ARENA
OSAKA 지하2층
서브
아레나
트레이닝실
메인
아레나
메인 아레나
일반관객석
휠체어전용부스
VIP석
대형영상장치

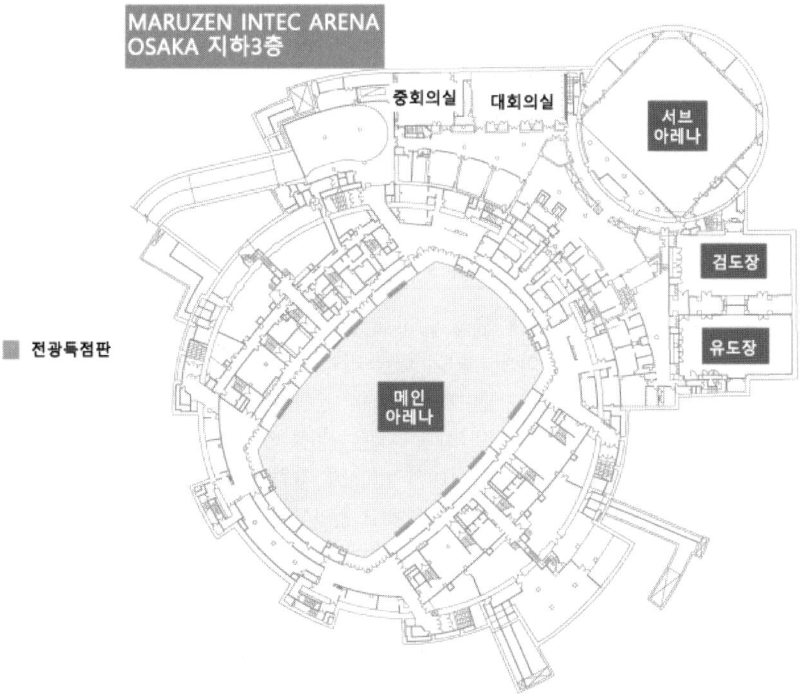
MARUZEN INTEC ARENA
OSAKA 지하3층
중회의실
대회의실
서브
아레나
검도장
유도장
메인
아레나
전광득점판

15. 도와약품 RACTAB 돔 (구 나미하야 돔)

[東和薬品RACTABドーム][TOWAYAKUHIN RACTAB DOME]
(정식명칭:오사카부립가도마스포츠센터(大阪府立門真スポーツセンター))

■ 건축개요

① 소재지	오사카후 가도마시 오아자 미츠지마 308-1 (大阪府門真市 三ツ島308-1)
② 건축 면적	24,933㎡
③ 건축 규모	125×110m, H = 42.65m
④ 구조 형식	전체구조 RC/S, 일부 SRC 조, 지붕부분 스페이스 프레임
⑤ 발주자	오사카부(大阪府)
⑥ 설계 · 감리	디자인 : 쇼와설계(昭和設計) 구조 : 쇼와설계(지도 : 가와구치 마모루(호세이대학교수))
⑦ 시공자	타케나카공무점 · 고우노이케구미(鴻池組) · 아사누마구미(淺沼組) · 스미토모건설(住友建設) · 토카이코교(東海興業) JV
⑧ 시공기간	1993년 10월~1996년 3월
⑨ 참고 자료	디자인: 오사카만의 타원(楕圓)을 모티브로 한 단면을 채용하면서, 그것을 5도 경사시킴으로써, 오사카의 미래(未來)에 대한 비약, 스포츠의 박력을 표현하였다. 또, 이에 따라 매우 개방적이고 넓이가 있는 내부 공간이 창출되고 있다(쇼와설계). 구조 :「Namihaya Dome」의 최대 특징은, 완성 후의 형상은 물론이고, 그 시공 방법에 있다. 기울어진 돔을 기울어진 방향으로 푸쉬업 한다는 상식적으로 생각하기 힘든 방법이었지만, 이 돔에 가장 적합하고 합리적인 시공방법이었다(쇼와설계). 시공 : 전체가 5도 기울어진 3차원 곡면의 타원 돔인 메인 아레나를,「판타돔 구법」으로 시공하는 것이 이 프로젝트에 있어 최대의 과제였는데, 관계자인 히데카즈(英和)에 의해, 많은 공법을 개발하여, 세계 최초로, 5도 기울어진 푸쉬업을 성공시켰다.

■ 위치

Kadoma IC
門真IC
Nishimatsuya
Moriguchiazuma
Kindergarten
Moriguchi Shiritsu
Nishiki ES
Osaka Furitsu
Moriguchishien School
Kadoma Shiritsu
Dainana JHS
Futashima ES
Sunago ES
Yukai-no-yu Kadoma
Towa Pharmaceutical
RACTAB Dome
Kadoma JCT
門真JCT
Tsurumi Ryokuchi
Park Windmill
Mitsui Outlet Park
Osaka Tsurumi
Nango Park
Shinden Nursery
Osakashiritsu
Mattanishi ES
Daito-Tsurumi IC
大東鶴見IC
Daito Shiritsu Haizuka ES
Higashimorofuku
Park
쓰루미구
鶴見区

메인 경기장 입구

입구홀

■ 이미지 콘셉트

예전에 이 지역은 '가와치만(河內湾)'이라 불리는 후미로 되어 있었다. 시대와 함께 연안선이 변천되어, 이 땅은 갯벌에서 뭍(육지)으로 바뀌어, 오사카만의 형상도 차차 현재와 같이 정리된 타원형(계란형)이 되어 왔다. 본 시설은, 이 지난날의 가와치만의 안에 있고, 새로운 오사카의 상징으로서, 오사카의 꿈을 부드럽게 감싸는 듯한 타원형상(Oval)의 'Ship'이, 미래의 대해를 향해, 지금, 바로 뛰어나갈 듯한 모습을 이미지하고 있다.

■ 기념비

완성을 기념하여 본 시설을 예술성과 문화성의 향기가 강한 시설로 만들기 위해, 기념비 설치에 대한 지명 공모를 실시하였다. 응모한 여섯 작품 가운데에서 모뉴먼트 설치검토위원회에 의한 심사 결과, 다음의 두 작품이 결정되어, 재단법인 일본 다카라쿠지협회(日本宝くじ協会) 조성금에 의해 설치되었다.

작품명 : TSURU
작자 : Sr.SEBASTIAN(1947)
크기 등 : 높이 20m, 폭 8m, 스틸제
콘셉트 : 돔으로 덮인 거대한 아레나의 건축적 언어와 조각적 언어의 대화, 형태가 가지는 개념의 일치를 표현하고, 이 정지된 「TSURU」는, 평안, 우아함, 그리고 스포츠가 가지는 독특한 긴장감을 전하고 있다.

작품명 : 화력(和力)
작자 : 기요미즈 규헤이(清水九兵衛) (1922)
크기 등 : 높이 17.5m, 폭 26.5m, 알루미늄 및 스틸제
콘셉트 : 고래, 정적인 가운데 다양한 표현이나 길을 찾아나선 일본인 특유의 감성을 중요시하고, 힘, 그리고 화(和), 바꿔 말하면, 종합력, 환희와 같은 것을 심중에 간직하여, 어딘가에 보여주는 형태로 되어 있다.

■ 공사의 특징

팬터돔 공법(메인 아레나)은, 호세이대학(法政大学)교수 가와구치 마모루(川口 衛) 박사에 의해 고안된 특허공법으로, 그 구조는 구조체에 힌지를 설치하여 낮은 위치에서 구조체를 조립하고, 잭 등에 의해 최종 형상까지 밀어 올리는 것이다. 재래공법보다 안전성이 높고, 공기도 단축할 수 있는 장점이 있다.

팬터돔의 명칭은, 그 메커니즘이 전철의 팬터그래프와 유사하다는 점에서 유래하고 있다. 오사카부립 가도마 스포츠센터(도와약품 RACTAB돔) 메인 아레나 대지붕의 잭 업(jack up)은, 1994년 11월 30일 오전 8시에 시작되어, 오후 4시 28분에 완료되었다.

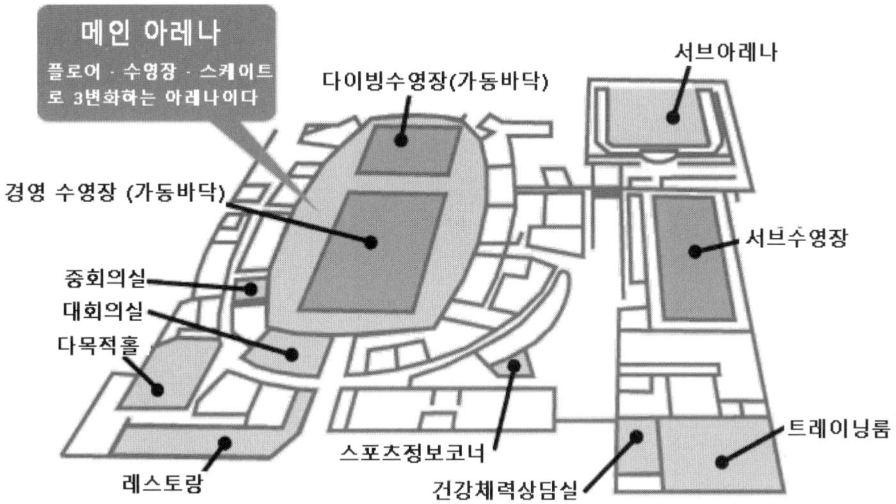

■ 오르내리는 수영장(水泳場) 바닥

오사카시 남부의 중소 공장과 주택이 혼재(混在)하는 지구에 탄생한 다목적 돔으로서 1977년에 국립으로 건설되었다. 경기장의 바닥이 가동식(可動式)으로 되어 있어서 바닥을 내리면 수영장, 평평하게 하면 배구장이나 테니스장 또는 행사장 등으로도 사용할 수 있다. 보통은 시민 수영장으로서 개방(開放)되어 있다.

겨울에는 스케이트 링크로도 사용된다. 건물의 형태는 오사카 지형을 모티브로 평면, 단면 모두 원형을 하고 있다. 형태에 박력을 주기 위해 건물의 동서 축선에 5도의 경사를 주었다. 이 경사에 의해 메인 경기장의 천정 높이는 최고부에서 43m가 되었다. 화재가 발생되었을 경우 이 큰 상부 공간에 연기를 모아 피난시간을 확보하는 설계로 되어 있다. 음향성능을 향상시키기 위해 천정 거의 전면에 흡음재를 붙인 것 외에도 좌석의 나무 위에는 쿠션을 넣어 천을 붙였다. 잔향시간은 체육시설로서는 짧은 2.7~2.8초로 콘서트에도 대응할 수 있도록 하고 있다. 시공에 있어서는 돔을 지상 가까운 부분에서 접은 격자로 조립하여 그것을 잭으로 밀어 올린다는 팬더돔 공법을 채용하고 있다. 지붕면을 구성하고 있는 것은 탄소 섬유보강 시멘트의 커튼월로서 보통의 콘크리트 계통 커튼월의 절반 정도로 중량을 제한(制限)할 수 있다. 메인 경기장의 가동 바닥은 700kg/m²의 하중에 견딜 수 있는 것으로 1분간 20cm의 속도로 오르내린다. 깊이 2m의 수영장으로부터 평평한 바닥으로 바뀌는 데 필요한 시간은 40분으로, 가설 바닥재로 마루를 조립하는 것보다 빨리 전환(轉換)할 수 있다.

1층 입구에서 2층으로 통하는 계단

남측 홀 입구

메인 입구에서 바라본 광경

경기장으로부터 입구 쪽을 본 광경

■ 메인 아레나

【천장높이】 최고 42.65m,

【관객석】 고정석 6,000석(최대 수용인원 1만 명), 난청자용 루프석 88석

■ 수영장(春期 · 夏期)

【이용 예】
국제적 · 전국 규모의 수영경기대회를 비롯해 학교 등의 수영행사에도 이용 가능하다. 또 코스를 전용으로 이용할 수 있는 「코스대여」 및 일반 개방에 의한 개인이용도 가능하다.

【메인 수영장】50m×25.5m(10코스)
수심 : 중앙부분(30m×25.5m)
(가동바닥 채용으로 조절 가능) 0~3.5m
양단부(각 10m×25.5m) 0~20m
공인 : 경영(競泳)국제공인(8코스), 경영일반공인(10코스)
싱크로나이즈 스위밍 국제공인
수구국제공인

【다이빙 수영장】25m×25m
수심 : 가동바닥 채용에 의해 조절 가능. 0~5.0m
공인 : 다이빙국제공인, 경영 단수로 일반공인(10코스)
다이빙대 : 10.0m×1대 / 7.5m×1대 / 5.0m×1대
스프링보드 : 3.0m×2대,1.0m×3대
이동식 1.0m×2대 / 연습대 0.2m×1대

【부대설비】
대형영상표시장치, 대형 전광표시장치, 대회임원실(2실, 각 2분할 가능), 선수 대기실, 구호실, 남녀 탈의실(각 5분할 가능), 남녀임원 갱의실, 자쿠지배스 등

■ 플로어(秋期)

【이용 예】
각종 실내 스포츠 경기대회 및 연습, 운동회, 또 전시회 등에도 이용할 수 있다.

【경기 플로어】 3,504㎡ (최대 84m×44m)

배구	공식 5면	농구	공식 4면
테니스	공식 5면	핸드볼	공식 2면
탁구	공식 26면	배드민턴	공식 18면

■ 스케이트링크(冬期)

【이용 예】
쇼트트랙, 아이스하키, 피겨스케이트 등의 경기대회를 비롯해 학교행사, 어린이모임 등에도 이용할 수 있다. 또, 일반 개방에 의한 개인 이용도 가능하다.

【메인 링크】 60m×30m
【서브 링크】 30m×18m
【부대설비】

대형영상표시장치	선수대기실
대형전광표시장치	구호실
대회임원실 (2실, 각 2분할 가능)	남녀 탈의실 (각 5분할 가능)
남녀임원 탈의실 등	채난실(採暖室)

■ 서브 아레나

【이용 예】
각종 스포츠대회를 비롯해 집회, 전시회 등에도 이용할 수 있다.

【천장높이】 최저 12.3m
【관객석】 고정석 835석(최대 수용인원 2,000명)
휠체어석 6석
【경기 플로어】 1,540㎡

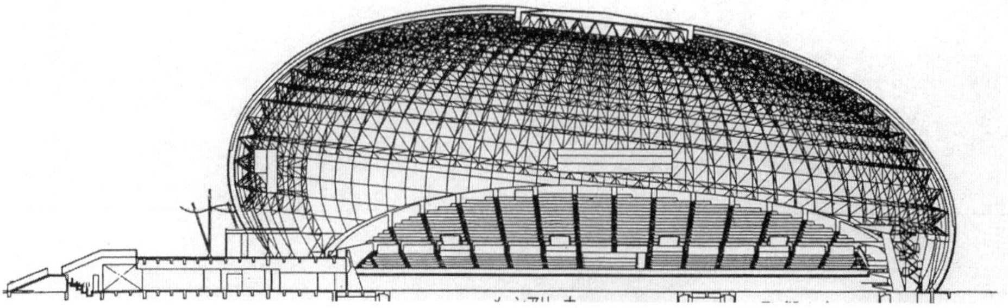

단면도

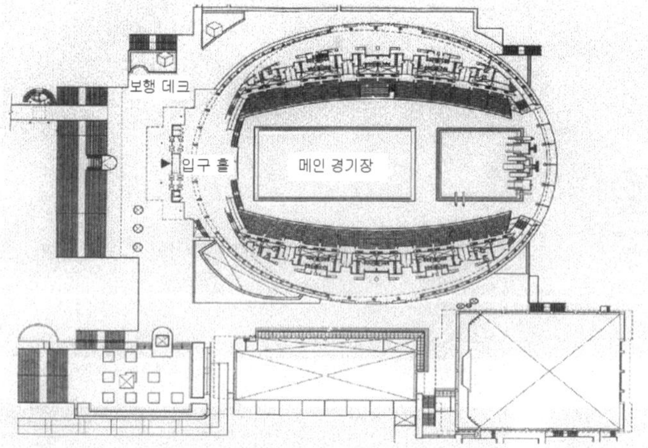

2층 평면도

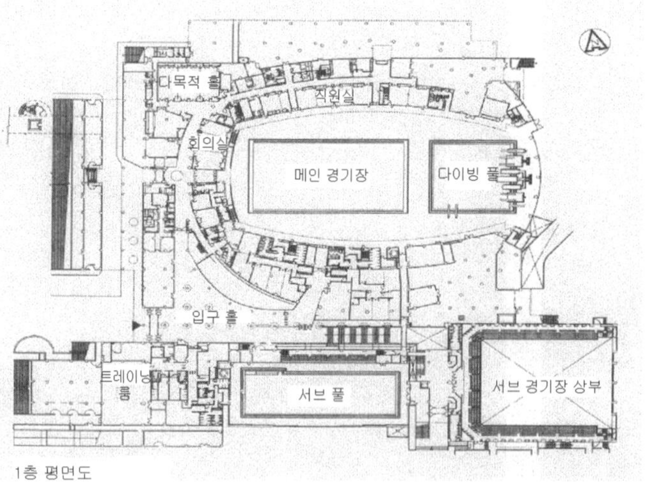

1층 평면도

16. 선 돔 후쿠이 [サンドーム福井][Sun Dome Fukui]

■ 건축 개요

① 소재지	후쿠이현 에치젠시 우류초 5-1-1(福井県越前市瓜生町5-1-1)
② 건축 면적	12,684㎡
③ 건축 규모	지붕 스팬 116.1m, 최고높이 54.8m
④ 구조 형식	지붕 S조, 하부 RC조
⑤ 발주자	후쿠이현(福井県)
⑥ 설계 · 감리	디자인 : 오카자키 시게유키(岡崎 甚幸, 후쿠이대학 교수) 구조 : 가와구치 마모루(川口 衛, 호세이대학 교수), 후쿠이현 건축설계 감리협회
⑦ 시공자	쿠마가이구미(熊谷組) · 카지마건설 · 마에다건설공업 공동기업체
⑧ 시공기간	1993년 4월 30일~1995년 3월 24일
⑨ 참고 자료	디자인: 음악회, 집회, 중량물의 산업전시, 스포츠 등이 가능한 다목적 돔. 내장 텐트 막에 의한 순백(純白)의 실내는 잔향시간 1.9초. 24만 장의 외장 타일을 개발한 기와의 기술을 시작으로 하는, 일본 종이 및 칠기(漆器), 날붙이의 전통적 지장산업 기술의 활용. 체설(滞雪)형 지붕과 구조, 설비, 디자인이 혼연일체(渾然一體)가 된 내외 디자인(오카자키 시게유키 · 교토대학교수). 구조 : 구조설계상, 매우 도전적(挑戰的)인 돔. 체설 기능과 구조 시스템의 적합, 「힘이 세고」 슬림 한 골조의 실현, 시공의 합리성, 안전성을 편성(編成)한 가구구성 등, 건축가와 엔지니어 협력의 좋은 사례(가와구치 마모루 · 호세이대학 교수) 시공 : 「Sun Dome Fukui」는 구조체와 디자인이 일체가 된 대공간 돔으로 중량 4,000t의 리프트 업을 동반하는 판타돔구법으로 시공하여, 가설비의 절감(節減), 시공정도, 안전성, 작업능률의 향상, 공기의 단축 등의 우위성(優位性)을 실증하는 시공이었다.

■ 위치

Sun Dome Fukui
Sabae clan Jinya mark
鯖江藩陣屋跡
Hoteruarufawansabae
鯖江市文化センター
鯖江市 総合体育館
스포츠 단지
Saito Hospital
Sumire Nursery
すみれ保育園
스미요시초
住吉町
히노데초
日の出町
요코에초
横江町
신요코에
新横江
Sabaehigashi ES
鯖江市鯖江東小
초등학교
Ameda River
게시초
下司町
National Institute
of Technology, Fukui...
(独)国立高等専門学校
機構 福井工業高専
Sabae Senior HS
福井県立鯖江高
고등학교
산돔니시
サンドーム西
JoyLand Amuse Park
ジョイラント鯖江店
전자오락실
許佐羅江清水
미야마에
宮前
사다쓰기초
定次町
Fukui Kenritsu
Takefushogyo HS
福井県立武生商業高
고등학교
후나쓰초
舟津町
福井鯖江線
Hokuriku Line
北陸本線
Soyokaze Nursery
そよかぜ保育園
Nitori
ニトリ 越前店
생활용품점
이에히사초
家久町
가미사바에초
上鯖江町
우류초
瓜生町
이에히사
家久
ヒマラヤスポーツ&
ゴルフ 越前店
스포츠용품점
다카기초
高木町
Iehisa Nursery
家久保育園
Iehisa Sports
オートバックス 武生店
자동차 부품 판매점
도리이초
鳥井町
아카타초
屋形町

동측에서 본 광경

후쿠이현 산업진흥시설은, 후쿠이현 에치진시(越前市)에 소재하는 다목적 이벤트 홀로, 1995년 7월 29일에 개업하였다. 애칭은 선 돔 후쿠이(サンドーム福井, Sundome Fukui)로, 공식적으로는 이 명칭이 이용되고 있다.

1995년 10월에 아시아에서 최초로 개최된 세계체조경기 선수권을 위해 1993년에 건설이 개시되어, 1995년 7월에 개장하였다. 주소는 관리회의동이 있는 에치젠시로 되어 있지만, 에치젠시와 사바에시(鯖江市)의 경계가 이벤트홀동을 관통하고 있다.

애칭인 '선 돔'은 「sun(태양)」과 「산업」, 「참가」에서 유래하여, 일본해 측 최대급의 규모를 가지며 최대 약 1만 명을 수용 가능한 이벤트홀동, 회의실 · 소홀 · 연수실 등으로 구성된 관리회의동의 두 동으로 구성된다.

협동조합 후쿠이현 건축설계 감리협회를 주체로 설계되었고, 구조설계에는 가와구치 마모루(川口 衛), 건축계획에는 후쿠이대학 오카자키연구실(岡崎研究室)이 참여하였다. 이벤트홀동에 채용된 돔 구조의 건설에는, 가와구치의 고안에 의한 「펜터 업 공법」이 채용되었다.

1994년에 설립된 재단법인 선 돔 후쿠이에 의해 관리 · 운영되고 있었지만, 2006년 3월에 본 법인은 해산. 동시에 지정관리제도를 도입하여, 2006년 4월에 재단법인 후쿠이현 산업회관에 의한 운영으로 이행되었다. 후쿠이현은 민간의 운영을 전제로 지정관리자제도를 도입하였지만, 민간으로부터 응모가 없었기 때문에 산업회관과 관리면을 통합하였다.

■ 지역 산물인 건재를 활용

눈이 많이 내리는 후쿠이 지역은 평균 적설 2m로 이것에 의한 하중은 600kg/m²가 된다. 고대부터 지역 문화가 번영했던 장소로서 전통 있는 지역산업으로 바꾸는 사람도 많다. 이 전통

관리회의동의 정원과 테라스

문화와 자연을 알리려고 애쓰던 그곳의 사람들에 의해 Sun Dome 후쿠이가 건설되었다. 오카자키 도쿄대학 교수(당시 후쿠이대학 교수)와 그 고장의 설계 사무소가 설계하고, 후쿠이 시에서 태어난 가와구치 호세이대학 교수가 돔의 구조설계를 담당했다.

산업 전시를 주로 하고 6,000석의 원형 가동석을 구비한 다목적 홀이다.

직경 116m, 높이 50m의 원형 돔의 톱라이트로부터 태양광(太陽光)을 도입한다. 야간은 반대로 톱라이트 위에 얹어진 유리 피라미드로부터 빛이 새어 들어온다. 지붕에 사각 유닛을 달아 그 위에 눈이 쌓이도록 놓아둔다. 돔의 내측은 4불화 에틸렌 수지 코팅유리 섬유 포막의 사각으로 구성되어 있다. 그 때문에 전체 가능한 청음역으로 약 1.9초라는 음역을 실현할 수 있었다. 외벽은 후쿠이현(일본 행정구역의 하나)과 설계자, 그 고장의 조합이 공동 개발한 대형타일 25만장을 사용했으며. 그밖에 손으로 만든 전통 종이(和紙), 두드리는 칼붙이의 강제 기술로 만들어낸 철제 물건, 내장 타일 등 지역 생산제품을 사용하고 있다. 지붕을 펜더돔 공법으로 들어 올리는 상황을 1만 명의 시민(市民)에게 행사로서 공개했다.

■ 돔의 지붕은 어떻게 만들어졌나

선 돔 후쿠이의 이벤트홀동의 건설에는, 후쿠이시 출신의 가와구치 마모루 호쇼대학 교수가 고안한 「팬터돔 구법」이 채용되어, 대지붕을 지상레벨에 가까운 낮은 위치에서 접은 상태로 조립하여, 32개의 유압잭으로 전체를 한 번에 들어 올려 돔을 형성하였다. 들어 올린 중량은 약 3,700t, 도쿄타워의 철골 중량에 필적할 만한 무게이다.

팬터돔 공법에서는 지상에서의 작업이 중심이 되므로, 작업을 하는 사람의 안전성과 정확도는 높아진다는 이점이 있다. 또 큰 발판도 필요가 없다는 점에서 경제적으로도 유리하다. 또,

지상에서 짜 올려 잭으로 들어 올리기 때문에 공기도 빨라진다. 또, 지붕의 움직임은 상하방향뿐으로, 다른 방향에는 큰 저항력을 가진다는 점에서, 공사 중에 지진이나 태풍이 와도 안전하다. 이 공법에 의한 건축은, 세계에서 4번째, 일본에서 2번째이다.

1) 고베 월드기념 홀 1984년 완성
2) Singapore Indoor Stadium 1989년 완성
3) Sant Jordi Palace · 메인 아레나 1990년 완성
4) 선 돔 후쿠이 이벤트홀동 1995년 완성
5) 가도마스포츠센터(門真スポーツセンター) 1997년 완성

■ 눈 대책

선 돔 후쿠이가 있는 후쿠이현은 눈이 많은 지역으로, 눈의 성질도 수분을 많이 포함하는 비중이 큰 눈이다.

따라서 이벤트홀은, 호설 시 2m의 적설에도 견딜 수 있는 설계로 되어 있다. 또, 거대한 돔에서 방대한 양의 눈이 미끌어져 떨어지면 매우 위험한 동시에, 그 눈의 처리도 매우 힘든 작업이기 때문에, 지붕에 요철을 설치하여 눈을 떨어트리지 않게 하는 고안도 이루어져 있다. 쌓인 눈은 그대로 자연 융설에 맡기도록 하였다.

サンドーム福井

현관 홀

■ 시설 안내

명칭	후쿠이현 산업진흥시설(선 돔 후쿠이)
용도	스포츠이벤트, 콘서트 전반, 발표회, 집회
수용인수	약 10,000명(전동가동석 : 6,000석, 가설 4,000석)
관리운영	재단법인 후쿠이현 산업회관(지정관리자)
구조형식	돔
규모 등	이벤트홀동 구조 : 철근콘크리트조, 철골조 지상 3층 지하 1층 관리회의동 구조 : 철근콘크리트조, 철골조 지상 3층

▪ 이벤트홀동

총 전시면적	약 8,000㎡
천장높이	1층 28~40m, 2층 15~25m
반출입구	1층 2개소 폭 4m×높이 5m 2층 화물, 반출입용 엘리베이터
관객석	2층 전동가동석 3,000석 1층 전동가동석 3,000석, 그 외 가설좌석 4,000석(3층 포함)

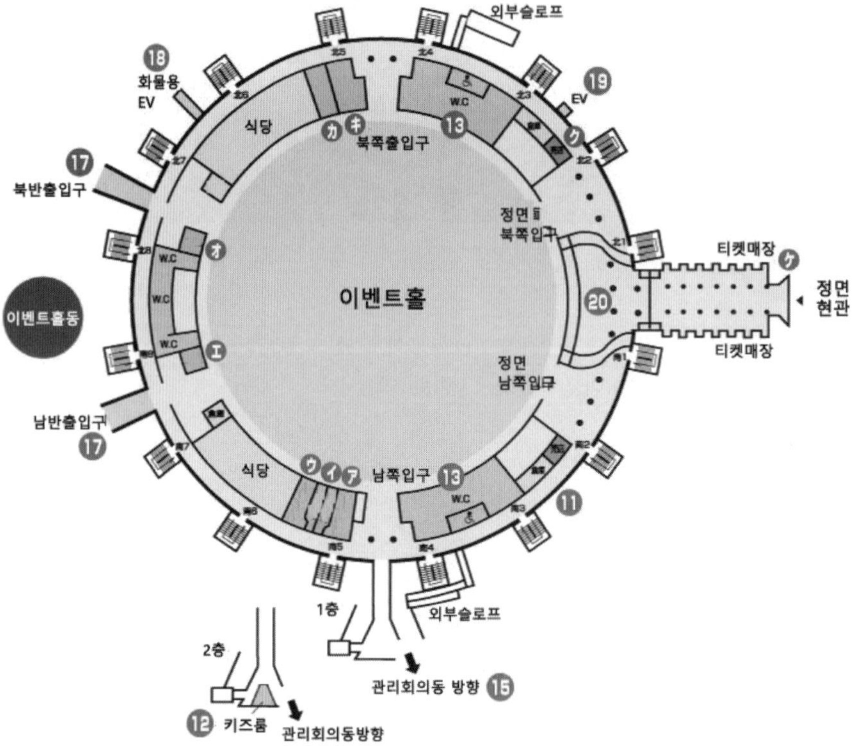

■ 음향

준공 후, 돔 내의 실제 음향상태를 파악하기 위해 각종 음향지표에 대한 측정이 이루어졌다. 잔향시간을 제외하고 대부분의 지표는, 전기음향설비를 사용하지 않은 라이브 홀에 적용되어야 한다는 것은 우선 염두에 두어야 할 것이다. 측정은 1, 2층, 총 6,000석의 가동석을 설치한 상태와 수납한 상태의 2가지 형태로 이루어졌다.

소리의 청취레벨의 장소에 따른 분포를 나타내는 지표로서의 StrengthG에 의한 음압레벨

분포에서는, 좌석이 있는 상태에서 배 거리 3.7㏈, 없는 상태에서 1.8㏈의 감쇠 직선상에 있고, 거의 거리에 따른 감쇠라는 대공간 음장의 특징이 나타난 결과가 되었다. 한편 감쇠레벨의 차이는 1층 측벽의 영향이 얼마나 큰지를 나타내는 결과라고 판단된다.

잔향시간(500㎐)은 좌석이 있는 상태에서 1.7~2.1초로 장소에 따른 변동이 있고, 그 평균값은 1.9초였다. 또 그 주파수특성은 대부분 평탄하여, 본 돔의 사용 목적을 고려한 경우 거의 이상적인 잔향특성이 확보되고 있다고 판단된다.

또 초기감쇠시간(EDT)의 결과에서 판단해 보면, 실제의 잔향시간보다도, 다소 긴 잔향감이 나타나고 있을 가능성이 있다.

스피치 등의 명료도에 대한 지표로서의 D값의 결과를 보면, 좌석이 있을 때는 거의 돔 전체에서 85~90%의 음절명료도가 확보되고, 좌석을 없애면 명료도가 저하되는 결과가 되었다.

음장 내의 도래반사음의 지향성에 관해 초지향성 마이크로폰에 의한 실측결과로부터, 돔 중앙에 음원이 있는 경우에는 특정 방향에서의 강한 소리에너지의 집중을 볼 수 있었다. 임펄스 응답 등의 결과도 함께 종합적으로 생각해 볼 때, 음원 혹은 수음 위치를 홀 중앙에 설정하는 경우에는 특별히 주의가 필요하다고 판단된다.

■ 관람석

▸ 전동가동석

이벤트홀에는, 일본에서도 최대 규모의 전동 가동석이 갖추어져 있다. 그 수는, 1층 3,000석, 2층 3,000석. 천마감·홀 사용 의자로, 여유롭게 이벤트를 감상할 수 있다.

가동석은, 1층 플로어 주변에 원형으로 좌석을 내는 경우 외에, 몇 가지 패턴으로 배치할 수 있어, 콘서트 등 다양한 용도에 대응할 수 있다.

가동석의 강도도, 록콘서트 시의 관객의 움직임에 의한 진동에도 충분히 견딜 수 있는 구조로 되어 있다.

▸ 가설좌석

선 돔 후쿠이에서는, 전동가동석(6000석) 외에 스태킹체어 3,120석, 접이식 의자 650석을 갖추고 있다. 전동가동석이 없는 1층 플로어 중앙 및 3층에 배열하여 사용할 수 있다(1층 3,000석, 3층 1,000석 설치 가능).

전동가동석, 가설좌석을 함께 사용함으로써, 대규모의 이벤트도 개최 가능하다.

■ 전원

이벤트홀에는 전시 · 조명용 전력을 공급하는 전원반이 각소에 설치되어 있어, 대규모의 설치에도 충분히 대응할 수 있다.

벽면 이외에도, 홀의 지하에 둘러쳐진 피트에서의 공급도 가능하여, 중앙 부분에서의 전원취급에도 만전이다.

단상 3선 : 100/200V(총 500KVA까지, 각 50㎾까지)

3상 3선 : 200V(총 400KVA까지, 각 40㎾까지)

■ 공급수

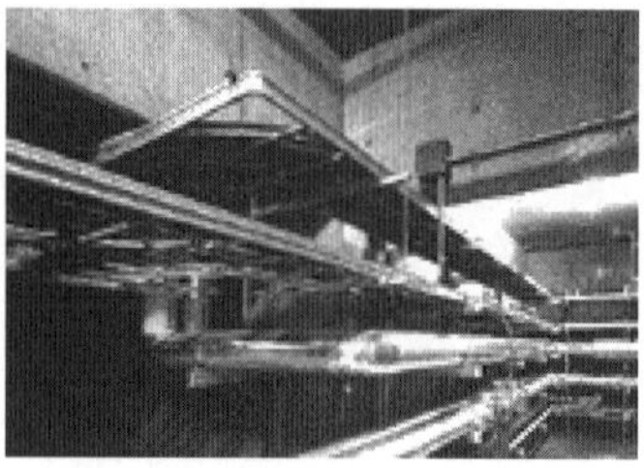

이벤트홀에는, 급배수설비도 완비되어 있어, 전시부스에서의 실연 등에도 이용할 수 있다. 벽면 이외에도, 홀의 지하에 둘러쳐진 피트에서의 공급도 가능하고, 중앙부분에서의 설치도 가능하다. 자유로운 회장 레이아웃이, 이벤트를 더욱 즐겁게 한다. 급수는 20㎜관 · 각 매분 20리터 취수 가능, 배수는 100㎜관이다.

■ TV 공청 시스템

홀 고정 카메라, 이동 카메라, 지상파 TV방송(VHF/UHF), 위성방송(BS)의 각 영상을, 시설 내 각 실의 TV단자에서 모니터할 수 있다. 이에 따라 이벤트홀, 관리회의동의 양쪽을 사용해 이벤트를 하는 경우의 연계도 만전이다.

홀의 고정카메라는, 메인홀 5대, 이벤트홀동 엔트런스 1대, 야외 광장 1대 총 7대를 설치. 보안 · 경비 등에도 이용할 수 있다. 또 홀의 이벤트 영상을, 관리회의동의 12면 멀티비전에 비출 수도 있어, 홀과의 일체 이용에 더욱 효과적이다.

■ 냉난방 · 공조

이벤트홀은, 최대 천장높이 40m, 최대 직경 116m로, 체적이 270,000㎥에 이르는 무주(無柱)의 거대 공간이다. 때문에 대지붕 천장의 32개의 방출구, 3층 벽면과 대지붕과의 접합 부분의 수평 방출구에서 공기를 내어, 아레나 주위의 리턴피트로부터 흡입, 공기의 순환을 해, 냉난방을 하고 있다.

돔 중앙에는 직경 20m의 펜트하우스가 있어, 팬으로 상승하는 난기를 아래로 내리 불고 있다.

한편, 대지붕 천장의 32개의 방출구는, 「우주」를 상징하는 돔과 관련하여, 로켓의 방출구를 본뜬 디자인으로 되어 있다.

■ 음향설비

거대 공간이기 때문에 잔향시간의 증대에 대처하기 위해, 벽면 흡음과 더불어 지붕의 요철을 이용한 천장면의 흡음 대책을 실시하고 있다. 그 결과, 500㎐에서 잔향시간 1.9초(공석시)라는 양호한 잔향특성을 자랑하며, 더 심포니홀(오사카)에 필적한다. 또 버튼 하나로 컴퓨터에 의한 패턴제어(6패턴)을 실시하여, 각종 이벤트의 최적 음장을 실현한다. 넓은 홀의 구석구석까지 양호한 음향을 확보하기 위해, 달표면 착륙용 우주선을 이미지화 한 센터스피커를 4대, 분산 스피커를 16대 설치하고 있다.

■ 조명설비

평균 500ℓx 정도부터, TV촬영이 가능한 2,000ℓx 정도까지 제어할 수 있는 조명설비를 갖추고 있다. 이 외, 연출용으로 천장면의 간접조명 및 콘서트 시에 조광 가능한 조명을 설치하고 있다. 무대조명으로서, 사이드스테이지 · 중앙스테이지용의 승강식 스포트조명을 설치하고 있다. 또, 메인 홀의 중앙부에는, 피라미드형의 톱라이트가 설치되어, 전동암막의 개폐로 자연광을 이용한 연출이 가능하다.

■ 무대 매달기물 설비

사이드스테이지, 중앙스테이지 상부에는, 각각 전동 배튼 6봉(조명용 4, 일반 매달기물용 2), 전동 배튼 4봉(조명용)을 설치하고 있다. 또, 가설 매달기물용의 훅을, 캣워크 및 그리드 부분에 다수 설치하고 있다.

■ 선 돔 후쿠이에 한걸음 들어서면, 그곳은 비일상의 세계

신비함이 가득한 돔 우주를 탐험해 보면 평소와 다른 당신을 발견할 수 있을지도 모른다.

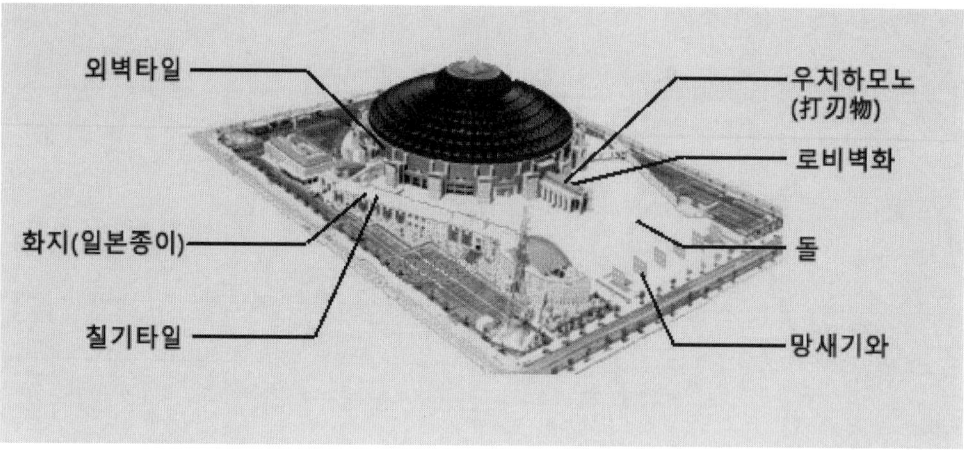

▸ 외벽 타일

이벤트홀동의 외벽에 사용되어 있는 얇은 자홍색의 타일은, 에치젠시 등 현내에서 생산되고 있는 에치젠카와라(越前瓦)의 기술을 응용하여, 후쿠이대학, 후쿠이현 공업기술센터, 후쿠이현 기와공업협동조합의 공동 개발로 완성된 것이다. 전부 24만 장 사용되고 있다.

이 타일은, 압출성형 방식으로 만들어져 있다. 가로 20㎝, 세로 15㎝의 크기로, 위의 타일이 아래 타일 위에 겹쳐져 있다. 메이지 초기까지의 갈색도, 적색도, 자색과도 전혀 관계없는 옛 에치젠기와의 색을 재현하는 것을 시도하고 있고, 빛이 닿는 정도에 따라 색상이 다르게 보이기 때문에, 「에치젠요변(燿変)타일」이라 이름 붙여졌다.

▸ 화지(和紙, 일본종이)

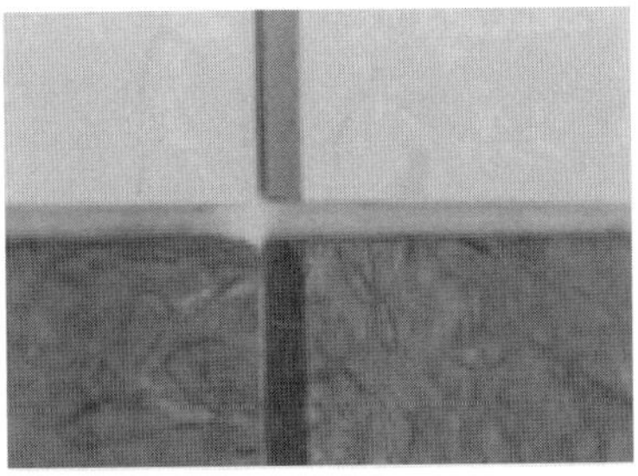

후쿠이현의 에치젠시는, 손으로 뜬 일본 종이의 생산지로서 전국 유수의 규모를 자랑하고 있다. 관리회의동 101특별실, 203 회의실, 소홀의 벽에는, 이 에치젠시의 각종 손으로 뜬 일본종이가 사용되어 있다. 이들 일본종이는, 닥나무, 삼지닥나무, 안피나무, 짚, 삼목껍질 등을 이용해, 특수기법에 의해 디자인되었다. 그 외 관리회의동의 대부분의 방에도 기계로 본 뜬 일본종이가 붙여져 있다.

▸ 칠기 타일

후쿠이현 사바에시(鯖江市)의 가와다지구(河和田地区)는, 경제산업장관 지정의 전통적 공예품인 에치젠칠기의 생산지로서 유명하다. 이 가와다지구에서 만들어진 15㎝각~30㎝각의 칠기 타일이, 이벤트홀동의 메인홀 정면입구 양 옆 벽에 사용되었다. 이 외에도 관리회의동 · 101특별실의 벽에 붙여져 있고, 그 외 양 동의 실 명찰에도 사용되어 있다. 사바에시 가와다칠기 협동조합이 제작한 것으로, 20여 차례의 밑칠을 거쳐 깊이 있는 먹빛으로 완성되었다. 또 이 먹빛은, 세월이 흐를수록 주색(주홍색)으로 변화되어 간다.

▸ 우치하모노(打刃物)

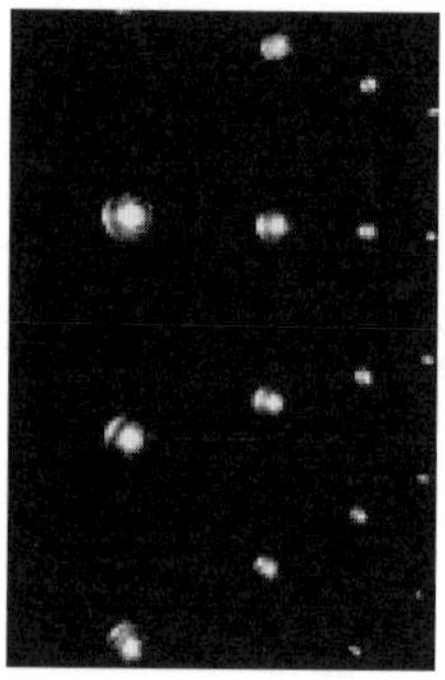

선 돔 후쿠이가 있는 후쿠이현 에치젠시는, 칼 드는 맛(정도)이 좋기로 유명한 에치젠 우치하모노의 생산지로 잘 알려져 있다. 이벤트홀동의 메인 홀 정면입구 도어의 스테인리스 거울면 위에는, 이 에치젠 우치하모노의 단조(鍛造)기술을 응용하여, 종류가 다른 금속을 여러 겹 접속해 만든 반구 형상의 금속물이 설치되어 있다. 도어에 가까이 다가가면, 얼핏 무수한 소혹성이 공중에 떠 있는 것처럼 보이는 신비한 공간이 펼쳐진다.

▸ 로비 벽화

정면 로비에서 이벤트홀동의 엔트런스에 입장하면, 머리 위 높게 장대한 벽화가 여러분을 맞이한다. 이 벽화는, 「창조의 지평」이라는 제목으로, 돔을 하나의 우주로 보고, 그곳에 반복되는 인간의 창조적 미래의 전망을 상징하는 내용이 담겨 있다.

각각, 사람 · 해 · 달 · 별 · 대지 · 바다 · 파도 · 바람 · 비 · 구름 · 무지개 · 나무 · 새 · 삼라만상과 인간의 영위를, 최장으로 56.2m의 길이의 돌에 새기고 있다.

소재로서, 남아프리카 공화국의 루스텐버그에서 채석한 검은 화강암을 사용하고 있다. 수십억 년의 잠에서 깬 돌이, 영원한 시간의 심포니를 조용하게 연주한다. 제작은 도쿄예술대학 교수 아소우 히데오(麻生秀穂)이다.

▸ 망새 기와(鬼瓦)

후쿠이현 에치젠시에는, 에도시대의 말기부터 이어져온 망새기와 전문 제작소가 있고, 현재도 많은 망새기와를 만들고 있다. 선 돔 후쿠이의 광장 입구에 서 있는 각 게이트월의 양면에는, 총 150개의 현내 생산 망새 기와가 설치되어 있다. 이 망새기와는, 노동성에서 현대의 명공으로 인정받은 기타가와 기요에(北川清栄)를 비롯해 나카무라 레이스케(中村礼助), 니시고오리 마사요시(西郡正義), 기타가와 미쓰루(北川充) 4명의 귀판사(鬼板師)의 수작업에 의한 것이다.

절이나 신사의 문앞에 세워지는 인왕상(仁王像)이나 해태(狛犬)와 같이, 이벤트홀동을 향해 우측으로 입구를 연 아(阿), 좌측에 입구를 닫은 운(吽)이 배치되어 있다. 하나하나가 다른 표정을 하고 있어, 보고 있는 것만으로도 즐거워진다.

상공으로부터의 조망

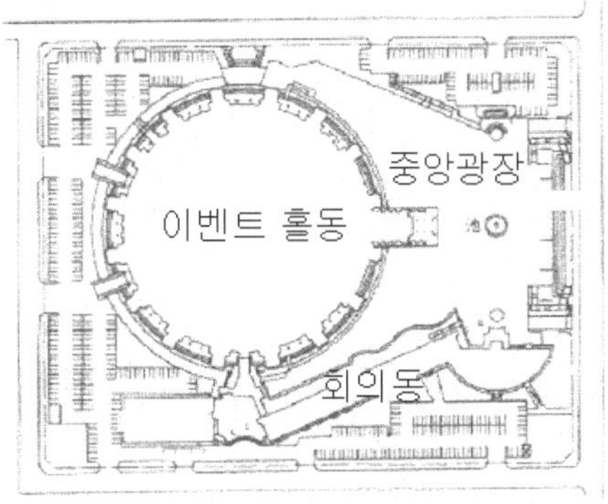

배치도

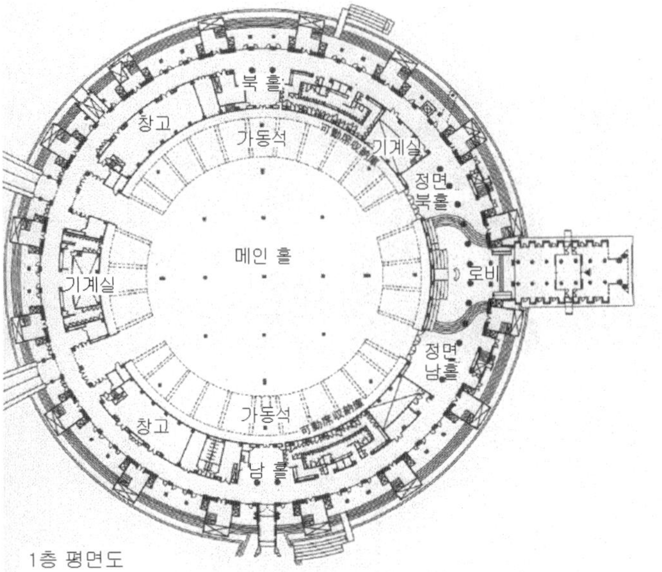

1층 평면도

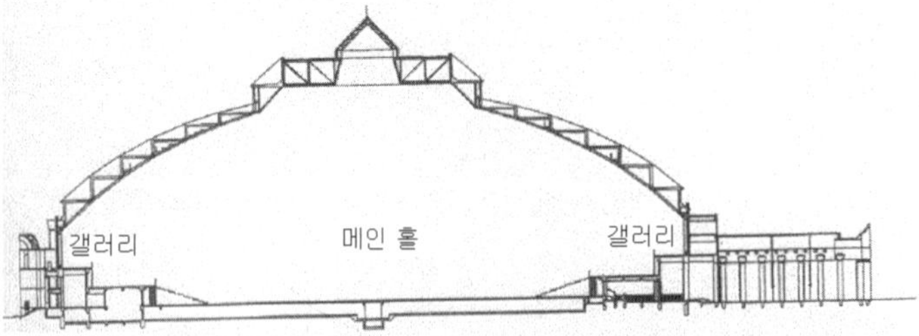

단면도

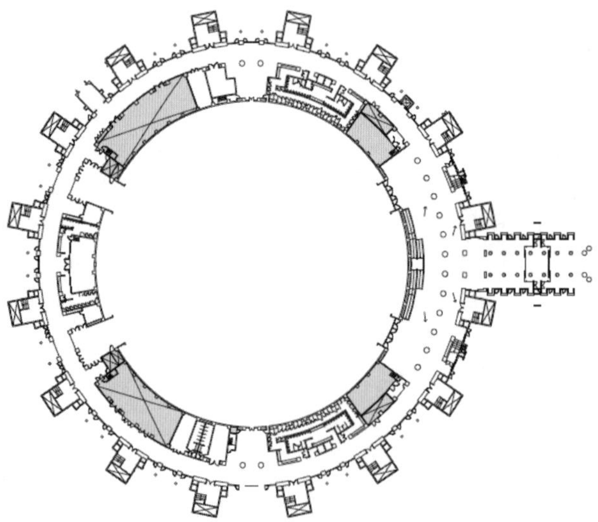

1F 평면도

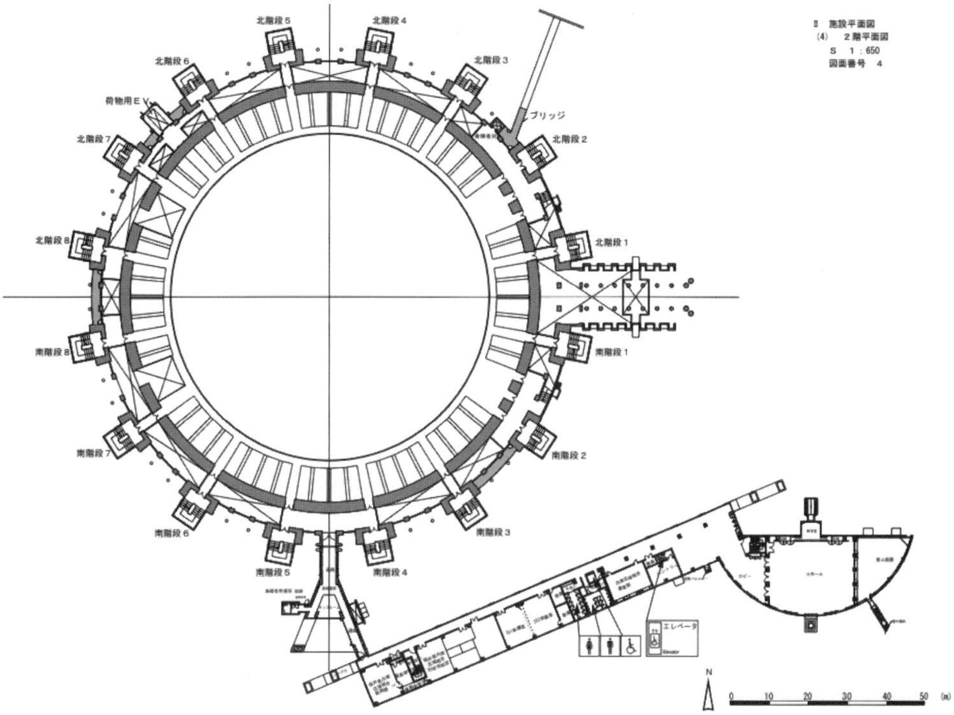

2F 평면도

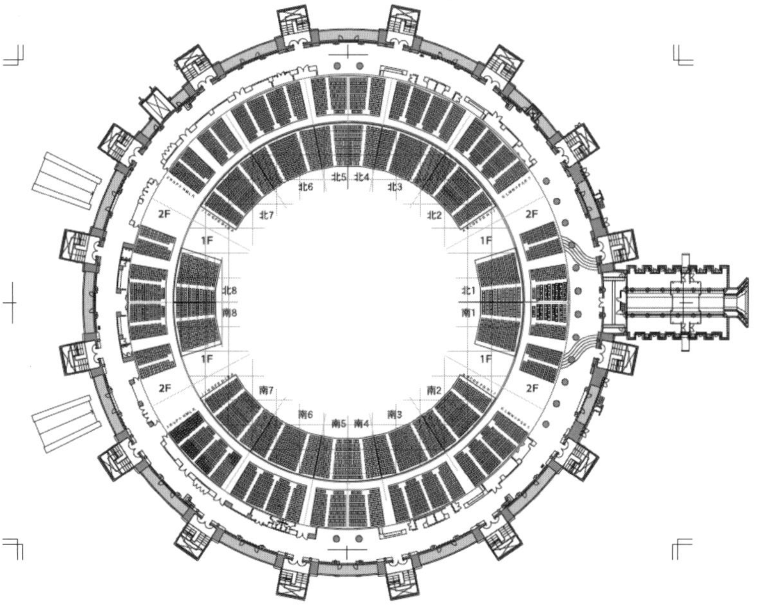

이벤트홀 가동석

17. 야마비코 돔 [やまびこドーム][Yamabiko dome]

■ 건축 개요

① 소재지	마츠모토시 오오아자 이마이 마츠모토다이라코이키 공원녹지 (松本市大字今井松本平広域公園緑地)
② 건축 면적	9,881㎡
③ 건축 규모	직경 110m, 높이 40.5m
④ 구조 형식	대단면 구조용 집성재에 의한 돔 구조
⑤ 발주자	나가노현(長野県)
⑥ 설계·감리	디자인 : KAJIMA DESIGN+사이토키무라공업(斉藤木村工業) 구조 : KAJIMA DESIGN
⑦ 시공자	카지마 관동지점+사이토키무라공업
⑧ 시공기간	1992년 7월~1993년 6월
⑨ 코멘트	디자인 : 신슈 박람회(信州博覧会)의 메인 회장(박람회 후에는 다목적 스포츠 시설)으로서 탄생하였다. 신슈산 낙엽송재에 의한 100m 돔. 알프스산맥을 배경으로, 주름판 형상의 대지붕을 콘크리트로 된 이중 열주(기둥) 위에 띄운 형태로 되어 있다. 구조 : 낙엽송재에 의한 만곡재 아치에, 직선재 소들보를 삼능직(杉綾織 ; 능직(綾織)을 변화시켜 삼목의 잎과 같은 V자 모양의 줄무늬를 연속해서 나타낸 직조법) 형상으로 쌓아 올리고, 그 들보 간관에 삼나무의 간벌재(間伐材)에 의한 서까래를 전면에 배치하여, 톱라이트로부터의 빛으로 그 패턴을 아름답게 부상시키려고 하였다. 시공 : 서까래 사이의 합판을 글라스 울 보드로 덮어 착화 위험을 제거함과 동시에, 흡음·단열에도 효과적으로 기여하는 지붕 패널로서의 시스템화를 도모하고 있다. 정상부의 링은, 8줄의 스포크재 모두 현장타설 콘크리트이다.

■ 위치

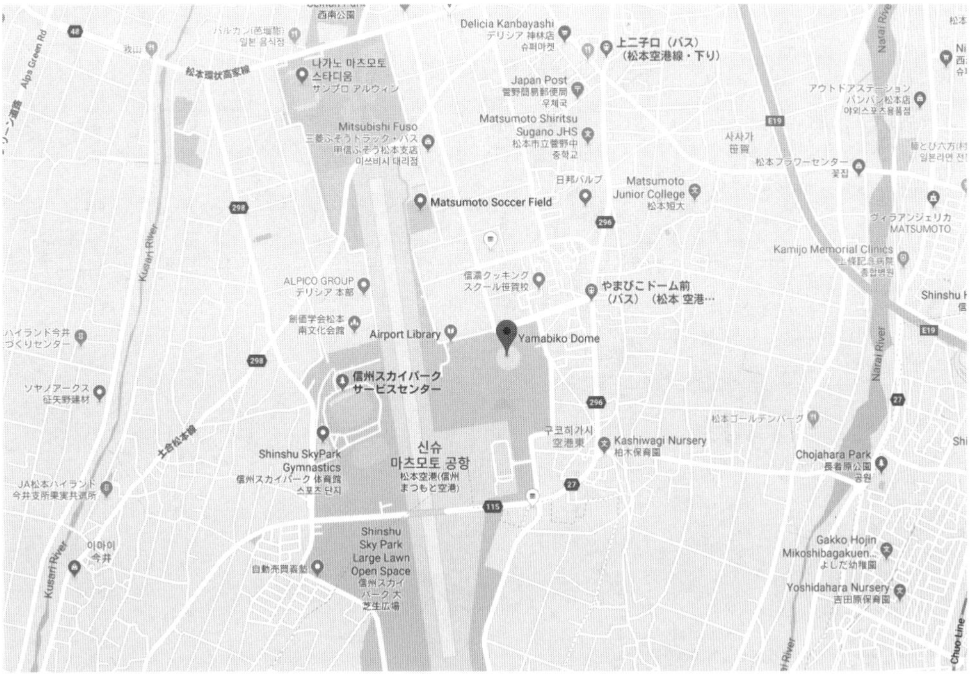

Delicia Kanbayashi
デリシア 神林店
슈퍼마켓
上二子口（バス）
（松本空港線・下り）
나가노 마츠모토
스타디움
サンプロ アルウィン
Japan Post
菅野簡易郵便局
우체국
Matsumoto Shiritsu
Sugano JHS
松本市立菅野中
중학교
Mitsubishi Fuso
三菱ふそうトラック・バス
甲信ふそう松本支店
미쓰비시 대리점
Matsumoto Soccer Field
Matsumoto
Junior College
松本短大
Alps Green Rd
Kusari River
ALPICO GROUP
デリシア 本部
信濃クッキング
スクール笹賀校
やまびこドーム前
（バス）（松本 空港…
Airport Library
Yamabiko Dome
信州スカイパーク
サービスセンター
Shinshu SkyPark
Gymnastics
信州スカイパーク 体育館
스포츠 단지
신슈
마츠모토 공항
松本空港(信州
まつもと空港)
Kashiwagi Nursery
柏木保育園
Chojahara Park
長者原公園
공원
Shinshu
Sky Park
Large Lawn
Open Space
信州スカイ
パーク 大
芝生広場
Gakko Hojin
Mikoshibagakuen...
よしだ幼稚園
Yoshidahara Nursery
吉田原保育園
Kamijo Memorial Clinics
Narai River
Chuo Line

外観

입구

■ 목재(木材)로 절판지붕을 구성

1993년에 열린 신슈박람회(信州博覽會)의 메인회장으로서 건설되어, 박람회의 종료 이후에는 도시공원 내의 스포츠 시설로서 시민에게 개방되고 있다. 일본 알프스의 산맥을 배경으로 하는 마츠모토 분지의 경관과의 조화를 생각해서 콘크리트 지붕 위에 절판면의 지붕을 올리는 이중 디자인으로 했다. 직경 110m, 높이 41m의 구조재는 신슈지역 산물(産物)인 칼라메쉬 집성재를 사용했다.

가구는 절판면을 따라 산에 닿는 부분에 반경이 다른 2개의 아치를 설치해 이것을 연결하는 작은 도리와의 간격에 삼나무 모실재와 구조합판으로 구성하는 판넬을 설치했다. 이것은 절판 구조의 유닛으로서 중앙의 강성이 높은 RC조 링 주위에 24유닛으로 배치되어 있다. 돔의 주변부에는 RC의 하부구조와 그것을 따라 아치를 입체적으로 연결하는 방법으로 설치했다. 이로 인해 돔의 수직변형을 감소시키는 동시에 수평력은 아치와 일체(一體)로 되도록 하여 변형을 방지했다. 방재와 내구성의 이유로 외부 마감재로는 목재를 거의 사용하지 않았지만, 내부에는 나뭇잎이나 줄기를 연상(聯想)시키는 목재로 마감하였으며 톱라이트로부터 자연광이 내리쬔다. 지붕에 내린 눈은 절판면의 V자를 따라 미끄러져 떨어진다. 외부 회랑을 설치하고 기둥 사이를 전면 샷시로 함으로써 내부와 외부를 시각적으로 일체화 시키고 있다. 상부 링에 자리 잡은 톱라이트는 스포츠에 필요한 명도를 확보하기 위해 직경을 20m로 했다. 조명 설비는 관리를 고려하여 톱라이트 주변의 캣워크 부분에 집중해서 설치하였다. 아치의 건축 방법은 먼저 상부의 링 지지가 부족한 부분을 가설하고 상부와 하부의 링으로부터 여기저기 아치 부재를 조립한 후에 지면에서 조립하여 올린 중간부의 아치를 올려 조립한다. 지붕널판은 아치 부분과 함께 지면에서 조립하고 스테인리스 마감재를 붙여 올린다.

경기장의 내관

관객석으로부터의 조망

2층으로 올라가는 계단 주변

1층 로비

도리와 개구부 주위

상공에서 조망한 돔

외관

■ 신슈박람회 글로벌 돔(야마비코 돔)

신슈박람회(信州博覧会)의 메인회장으로 종료 후에는, 다목적 스포츠 시설로서 이용되고 있다. 이 돔은, 신슈산(信州産) 잎갈나무재에 의한 최초의 100m급 돔이다. 외관은 알프스 산맥을 배경으로 마쓰모토다이라(松本平)의 경관과 조화를 이루면서, 주름판 모양의 대지붕을 콘크리트의 이중 열주 위에 띄운 것이다.

내부는 잎갈나무재에 의한 만곡 아치에, 직접부재 소들보를 삼목의 잎 모양의 줄무늬 모양으로 짜 올리고, 그 들보 사이에 삼나무 간벌재(間伐材)를 서까래로서 전면에 배치하여, 톱라이트에서의 빛으로 그 패턴을 아름답게 떠올리고 있다.

외관

삼목의 잎모양 형상의 돔 내부

세우기는 돔 중앙에 만들어진 가설 구대 위에 강철제 형틀을 짜 올리고 콘크리트를 터설하여 중앙 압축 링을 구축, 동시에 하부 구조도 구축한다. 이어 산형으로 지조된 하부의 아치 유닛을 방장재(方杖材)로 지지하면서 세우고, 중간부의 아치 유닛을 세워 넣어 상부의 중앙 링과 접속하고 있다.

세우기 중에는 가구의 균형을 유지한 원을 3등분하여, 대면하는 각 유닛이 각각 밸런스를 이루도록 순차적으로 세우기를 실시하고 있다.

세우기 완료 후에는 중앙 링을 지지하는 잭을 다운시킴으로써, 비로소 돔으로서의 역학계가 이루어져 완성된다.

구조상의 특징인 노지이타(野路板) 패널시스템은, 지붕하지재와구조재를 겸용하는 것으로, 새로운 발상을 토대로 개발된 것이다. 메인 아치와 삼목의 잎모양 형상의 소들보 사이에, 세밀하게 배치된 삼나무의 간벌재에 구조용 합판을 설치함으로써, 지붕면의 강성이 높아진 동시에 주름판 구조의 돔을 구성하고 있다.

하부 아치 유닛 세우기

세우기 중의 돔 외관

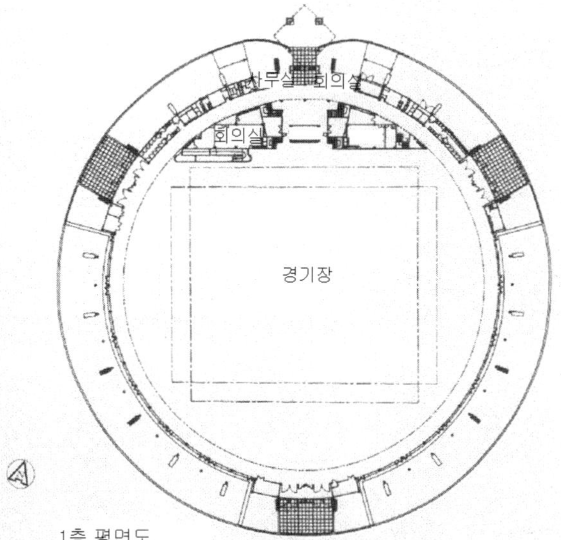

1층 평면도

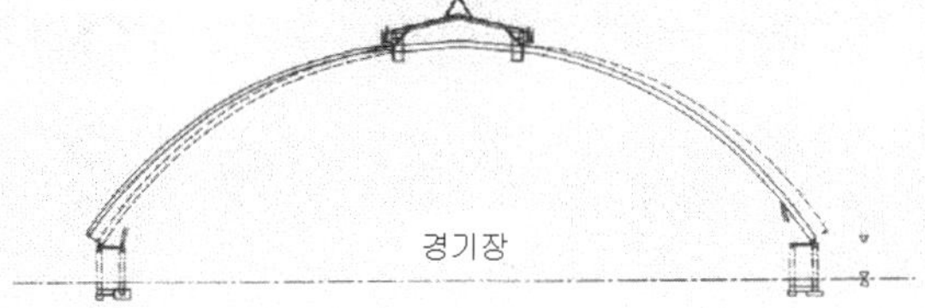

단면도

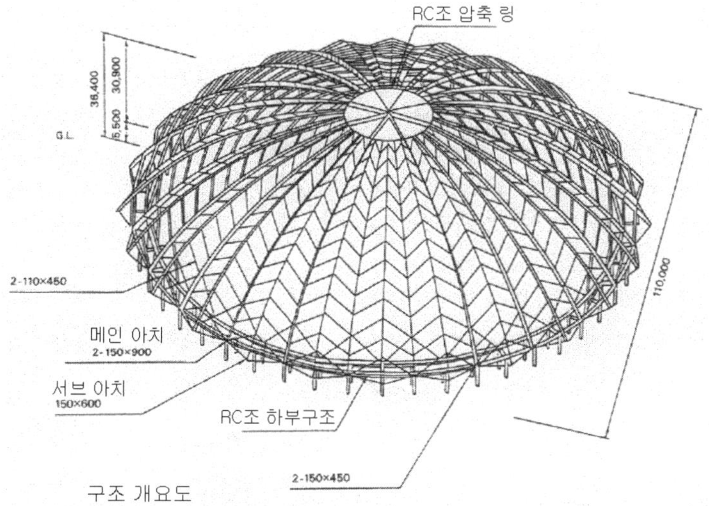

구조 개요도

18. 나가하마바이오대학 돔(나가하마 돔)

[長浜バイオ大学ドーム (長浜ドーム)]
[Nagahama Institute of Bio-Science and Technology Dome]

■ 건축 개요

① 소재지	시가현 나가하마시 다무라초 1320 (滋賀県長浜市田村町1320)
② 건축 면적	16,254. 930㎡
③ 건축 규모	폭 : 107.5m 길이 : 162m 높이 : 36.966m
④ 구조 형식	철골 트러스구조(일부 RC조)
⑤ 발주자	시가현(滋賀県)
⑥ 설계 · 감리	설계 : 구메설계(久光設計)
⑦ 시공자	구마가이(熊谷) · 자이미쓰(材光) JV
⑧ 시공기간	1989년 12월~1992년 3월
⑨ 참고 자료	시가현립 나가하마 돔(滋賀県立長浜ドーム)→2016년 1월부터 2019년 3월까지 예정으로 「나가하마바이오대학 돔(長浜バイオ大学ドーム)」의 애칭이 사용

■ 위치

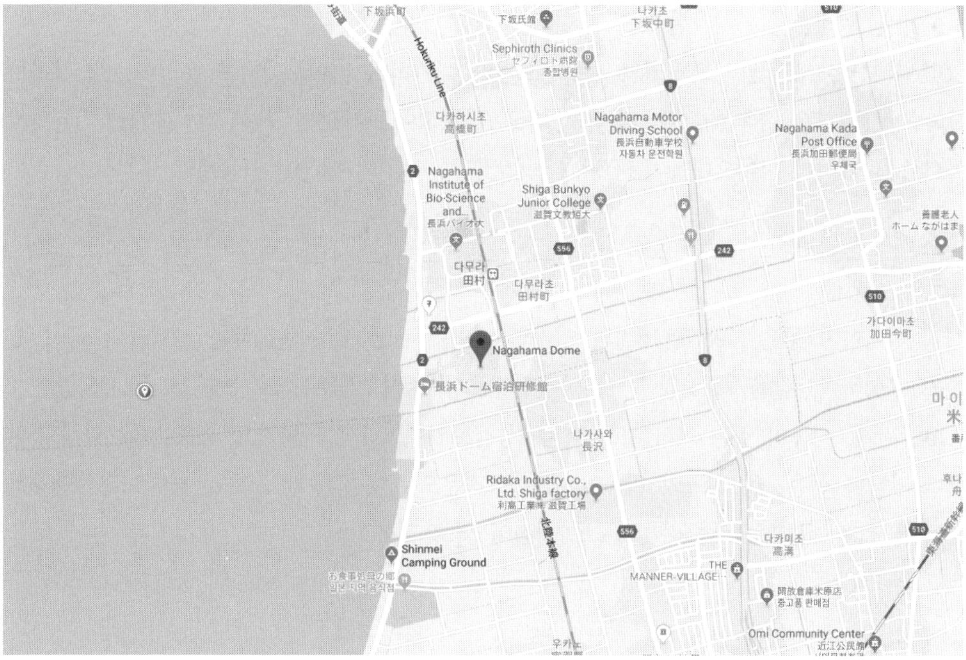

下坂浜町
Hokuriku Line
下坂氏館
나카초
下坂中町
Sephiroth Clinics
セフィロト病院
종합병원
다카하시초
高橋町
Nagahama Motor
Driving School
長浜自動車学校
자동차 운전학원
Nagahama Kada
Post Office
長浜加田郵便局
우체국
Nagahama
Institute of
Bio-Science
and...
長浜バイオ大
Shiga Bunkyo
Junior College
滋賀文教短大
다무라
田村
다무라초
田村町
가다이마초
加田今町
Nagahama Dome
長浜ドーム宿泊研修館
나가사와
長沢
Ridaka Industry Co.,
Ltd. Shiga factory
利高工業㈱ 滋賀工場
北陸本線
Shinmei
Camping Ground
다카미조
高溝
THE
MANNER-VILLAGE
開放倉庫米原店
중고품 판매점
Omi Community Center
近江公民館

시가현립 나가하마 돔(滋賀県立長浜ドーム)은, 시가현 나가하마시에 있는 현립의 실내 스포츠시설이다. 관리운영은 시가현 스포츠 협회가 맡고 있다.

2015년 11월, 모집했던 명명권의 취득후보자가 나가하마 바이오대학을 운영하는 간사이문리종합학원(関西文理総合学園)으로 결정되었다고 발표되어, 2016년 1월부터 2019년 3월까지의 예정으로 「나가하마 바이오대학 돔(長浜バイオ大学ドーム)」의 애칭이 사용된다.

■ 돔 안내

현립 나가하마 돔은, 1985년 2월의 시가현 의회에서, 국제청소년 해를 기념하여 꿈이 있는 시설을 구상하여, 같은 해 9월에 시가현 장기구상 추진조사로서 조사연구가 개시되었다. 그 후, 1987년에 「지붕이 있는 그라운드」 기본구상검토위원회가 설치되었고, 1992년에 완성되었다. 현립 나가하마 돔은, 현 최초의 지붕이 있는 그라운드로서, 각종 스포츠는 물론이고, 다양하게 이용되어, 고호쿠(湖北)의 중요한 스포츠 거점이 되고 있다.

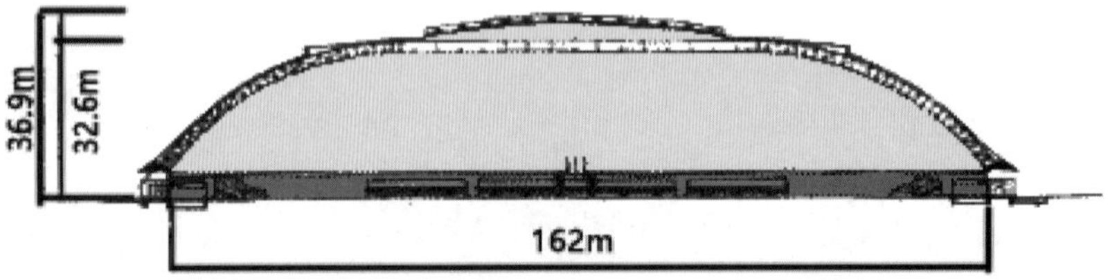

장변방향 단면도

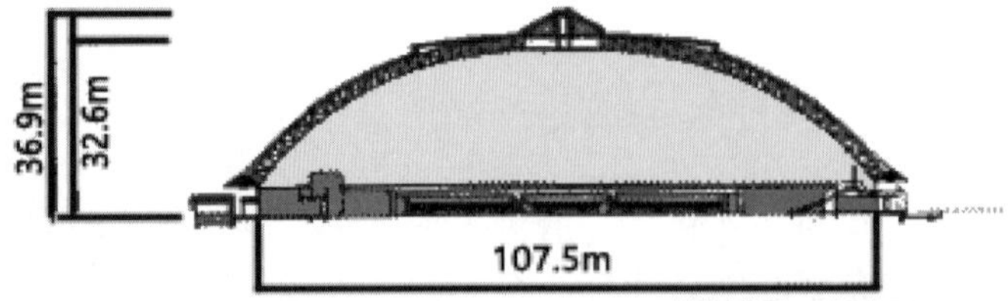

단변방향 단면도

상공에서 내려본 광경

■ 작은 판으로 된 일본의 옛 금화(金貨) 모양의 트러스 구조

호수 북쪽 지역의 이 마을은 일본에서도 얼마 안 되는 다설 지대(多雪 地帶)이다. 연간 강설 일수는 90일 가까이 되고 12월부터 2월까지는 외부에서 스포츠가 불가능하다. 그래서 기후(氣候)에 좌우되지 않고 이용할 수 있는 다목적 실내 운동 시설로서 건설되었다. 건물은 높이 37m, 단변의 길이 108m, 장변의 길이 162m로 작은 판 모양을 하고 있다. 지붕은 눈이 낙하하기 쉽도록 내구성이 있는 불소 계통 수지가공 스테인리스로 마감했다. 건물 주위에는 눈을 흘려보내는 도랑을 설치했다. 도랑과 건물 사이의 회랑(回廊)에는 추녀가 깊은 테라스를 주위에 돌려 겨울에도 자유롭게 걸어서 돌아다닐 수 있도록 하고 있다. 경기장의 중앙에 118m X 73m 크기의 모래를 섞은 인조잔디 그라운드를 설치했고 그 주위는 우레탄 강성바닥으로 깔려 있다. 그라운드는 미식축구, 소프트볼은 2면, 테니스는 9면이 된다. 또한 그라운드를 2면 또는 3면으로 칸을 막아 사용할 수 있도록 방타 그물을 매단 장치를 갖추고 있다. 관객석은 3면에 1,800석 가까이 배치되어 있으며 그라운드로부터 직접 출입할 수 있다.

천정은 가장 높은 부분은 30m이고 철골의 3면 트러스가 긴 타원형(楕圓形)으로 둘러져 있다. 중앙 상부에는 탑라이트를 설치하여 자연광이 들어와 경기장을 밝힌다. 탑라이트에 전동

블라인드를 달아 여름철 강한 일사(日射)로부터 막아주고, 공식 경기를 개최할 때 빛을 고르게 조정할 수 있다.

야간 이용 등을 위해 천정의 중층부에 고정식 라이트를 링 상에 배치하고 있고 스피커 시스템은 중앙에 달려있는 센터 스피커와 분산 배치한 서브스피커로 구성되어 있다. 환기는 사방에 개구를 크게 뚫음으로써 자연의 바람을 접하도록 하고 있다. 천정의 윗부분과 중층부에 설치한 팬으로 여름철 실내 온도상승을 억제한다.

경기장의 내관

정면의 외관

■ 실내 그라운드

면적 : 10,200㎡
천장높이 : 20~30m
아레나면 : 8,880㎡
(120m×74m) 모래 포함
인공잔디
관객석 : 1,762석
가능경기, 이벤트

테니스, 소프트테니스(12면)
풋살(6면)
그라운드 골프(32홀)
축구(1면)
미식축구(1면)
소프트볼(2면)
게이트볼(12면)
그 외 가벼운 스포츠
운동회(200m 트랙, 100m 직선)
콘서트, 전시회, 집회, 그 외 이벤트

■ 회의실

제 1 회의실 : 56㎡m, 45명
제 2 회의실 : 64㎡, 45명
제 3 회의실 : 38㎡, 27명

파티션을 제거하면 대회의실로서 이용 가능. 또 프로젝터를 구비하고 있어 연수회, 미팅에도 활용 가능하다.

■ 연습실

바닥은 플로링, 벽면에는 거울이 설치되어 있어, 에어로빅, 무용 및 요가 등에 최적이다. 면적은 160㎡이다.

■ 옥외 그라운드

흙으로 된 그라운드로 스포츠는 물론이고 임시주차장 등(400대) 다목적 이용에 대응한다. 8기의 야간 조명설비를 설치하고 있다. 면적은 8,160㎡(120m×68m)이다.

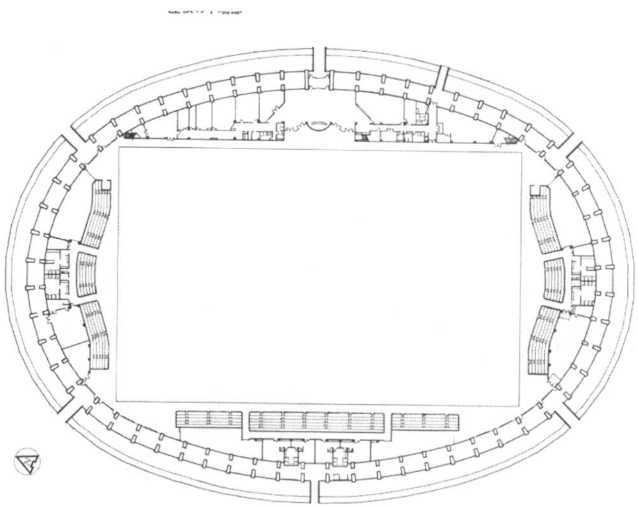

배치도

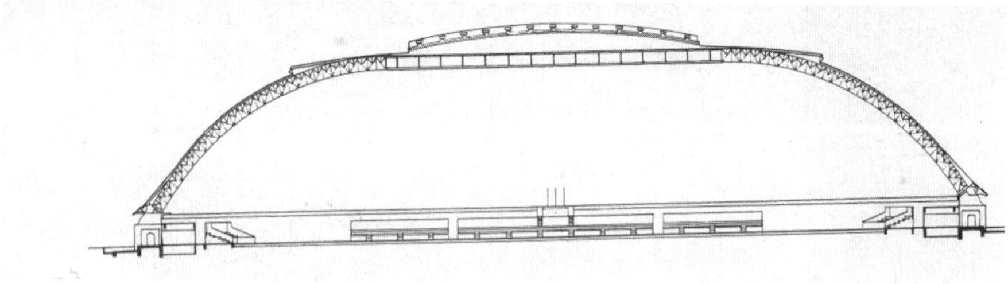

단면도

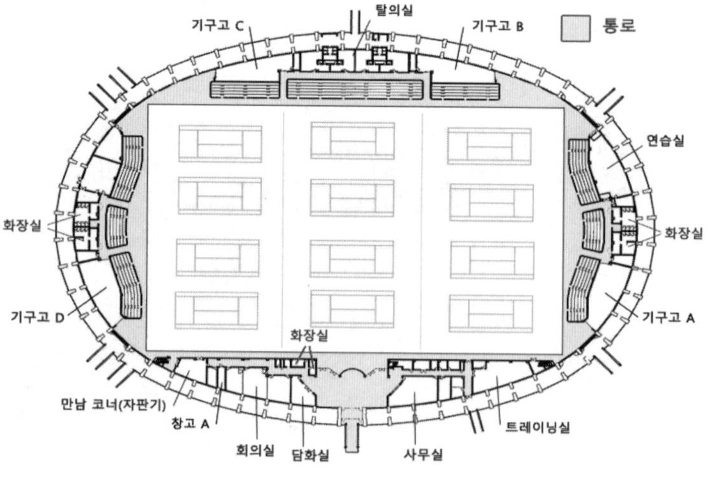
탈의실
기구고 C
기구고 B
통로
연습실
화장실
화장실
기구고 D
기구고 A
화장실
만남 코너(자판기)
창고 A
회의실
담화실
사무실
트레이닝실

19. 이즈모 돔 [出雲ドーム][Izumo Dome]

■ 건축 개요

① 소재지	이즈모시 야노쵸 내 945-2(出雲市矢野町地内945-2)
② 건축 면적	16,277.42㎡
③ 건축 규모	직경 140.7m, 최고높이 63.233m
④ 구조 형식	대단면 구조용 집성재에 의한 입체 장현 아치 막 구조 시스템
⑤ 발주자	이즈모시(出雲市)
⑥ 설계 · 감리	디자인 : KAJIMA DESIGN(외구는 H.O.K와의 협동설계) 구조 : KAJIMA DESIGN+사이토 마사오(斎藤 公男, 니혼대학교수)
⑦ 시공자	카지마 히로시마 지점
⑧ 시공기간	1990년 10월~1992년 3월
⑨ 참고 자료	디자인:이즈모 평야(平野)에 매치한 막 지붕 실루엣, 서풍으로부터 돔의 환경을 지키는 제방(堤坊)과 공원으로의 개방감, 가동 좌석 등 다목적 이용에 대응하는 기능성(機能性), 완성 후의 운영 및 유지관리(維持管理)에 대한 노력 등, 시민에게 사랑받는 시설로 되어 있다. 구조 : 방사상(放射狀)의 36개 아치와 대단면 구조용 집성재(미송)를 채용. 가로 이음재를 설치하지 않고, 아치재 내측에 배치한 링케이블 및 다이애거널(diagonal)로드 인장재에 의해, 아치재의 버클링(Buckling)과 변형(變形)을 내측으로부터 억제하는 시스템으로 하였다. 시공 : 목재의 가벼움을 최대한으로 이용한 푸쉬 업 공법을 채용. 돔의 지붕 전체를 지상에서 조립한 후, 돔 전체를 한 번에 소정(所定)의 높이까지 잭으로 눌러 올려세우는 방법을 취했다. 고소작업의 저감과 공기단축을 실현했다.

■ 위치

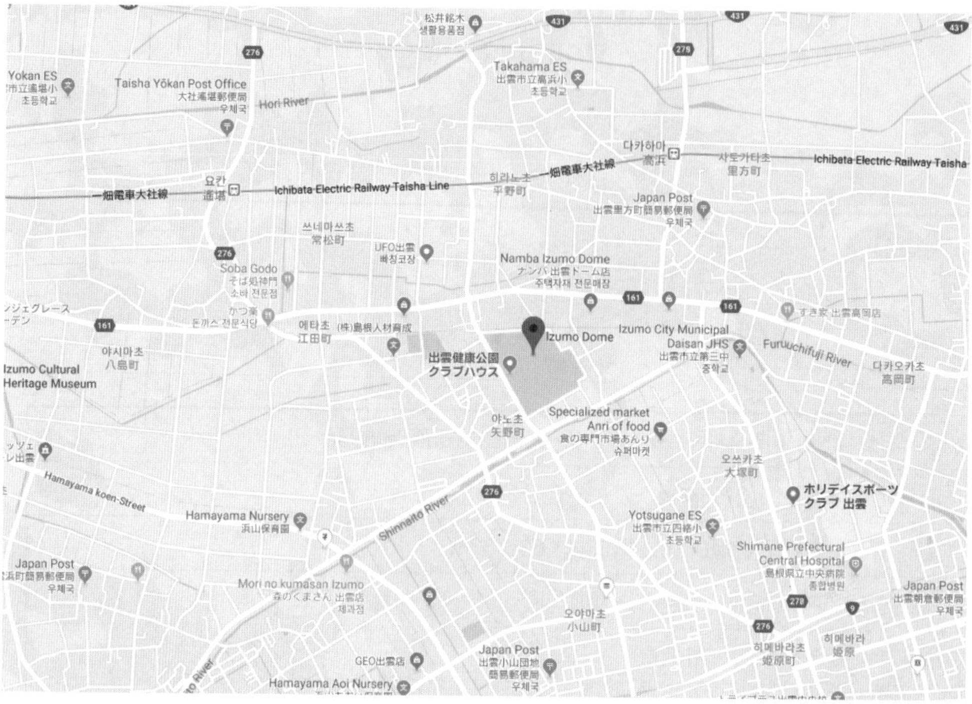

Taisha Yōkan Post Office
Hori River
Takahama ES
다카하아
Ichibata Electric Railway Taisha Line
Ichibata Electric Railway Taisha
Japan Post
UFO出雲
Soba Godo
Namba Izumo Dome
Izumo Dome
出雲健康公園
クラブハウス
Izumo City Municipal
Daisan JHS
Furuuchifuji River
Izumo Cultural
Heritage Museum
Specialized market
Anri of food
Hamayama koen-Street
Hamayama Nursery
Shinnaito River
Yotsugane ES
ホリデイスポーツ
クラブ 出雲
Shimane Prefectural
Central Hospital
Mori no kumasan Izumo
GEO出雲店
Hamayama Aoi Nursery

상공으로부터의 광경

원경

■ 집성재(集成材)와 케이블로 구성

이즈모 시 50주년 기념사업이었던 이즈모 건강공원 프로젝트의 핵심 시설이다. 이 다목적 실내 그라운드는 집성재와 케이블의 하이브리드 막구조가 특이하다. 건설 7사(社)에 의해 설계 경기를 진행시켰다. 시민 이용이 중심이지만 연간 약 40일은 이벤트를 행사하고 수익(收益)을 올리는 계획을 세우고 있다. 참가한 건설회사에 대해서는 건축가와 더불어 후원자의 조언(助言)을 받아 가와시마의 안(案)을 받아들였다. 목조(木造)로 건축한 이유는 나무 문화에 대해서 이즈모 시민의 관심이 높다는 것을 고려한 결과이다.

운동 공원과 근접해 있는 위치 때문에 시각적으로도 물리적으로도 가능한 한 외부와의 연결성을 확보하기 위해 노력했다. 이것을 통해 야구나 축구뿐만 아니라 운동회나 시민 축제, 콘서트 등 여러 가지 행사에 대응할 수 있다.

구조용 집성재의 조달과 가공은 미국의 헬므스, 오바다, 안도, 카사다우무(HOK)의 협력(協力)을 얻었다. 구조용 집성재의 총량은 약 2,100㎥로 단시간에 특수 가공을 해야만 했다. 공원 계획에서도 HOK의 노하우로 접근로나 주차장을 계획하였다. 공조는 기계설비에 의지(依支)하지 않고 환기와 통풍만으로 대응하였다. 여름에는 창문(Jalousie)을 열어 바람을 통하게 하는 동시에 윗부분의 환기 모터로 환기시킨다.

공원에 면하는 부분

내관

공원 측에 달린 대형 회전 샷시

막재의 빛 투과율(透過率)은 10%정도로 낮에는 조명(照明)이 필요 없다. 빗물과 지하수를 그라운드의 살수 용수(撒水 用水)나 화장실의 세정수, 공원의 관리용수로 이용함으로써 상수 절약에도 기여하고 있다. 이 외의 인건비를 포함한 유지관리비 약 1억 엔의 절반 이상을 사용료 수입으로 사용한다는 목표가 세워져 있다.

외부에서 방문하는 견학자도 많아 개관부터 2개월 사이에 약 6만 명이 방문했다고 한다. 돔 내에서 눈에 띄는 것은 윗부분에 달린 거대한 꽃과 같은 흡음재로 폴리에스테르 재료로 유리섬유가 포함되어 부드러운 상태로 만들어져 있다. 이것에 의해 잔향 시간은 약2.0초 정도 단축된다.

또한 그라운드 방송용의 센터 클러스터 스피커와 관객을 향한 디스트리뷰션 스피커를 배치해서 청중 가까이에서 음을 내도록 하고 있다. 이것으로 반사음이 작아지고 명료도가 상승한다. 막천장 때문에 흡음재를 설치할 수 있는 공간이 적으므로 갤러리 부분에 흡음재나 인공잔디를 넣음과 동시에 외주 링 상부에도 흡음재를 넣고 있다. 그 결과 명료도의 국제적인 지표인 RASTI(잔향시간뿐 아니라 음의 깊이나 소음등도 포함해 평가한 값. 0부터 1까지의 숫자로 표현해 0.6~0.75가 우수, 이 이상은 최우수)는 0.61로 우수 등급을 얻었다.

화재(火災)에 대해서는 광전 분리형 감지기에 의한 알림 시스템을 도입하여 중앙 링, 주변링, 갤러리에 총 39유닛의 감지기를 설치하여 조기 발견을 도모(圖謀)하고 있다. 목구조인 것을 고려하여 바닥면으로부터 높이 12m까지의 범위에는 내화 도료를 칠했으며 그 위의 아치 모든 부분에는 트랜치 설비를 설치하였다. 더욱이 건축적인 대응으로서 불이 붙기 어렵도록 RC기둥으로 지붕을 지면으로부터 4m 띄우고 있다. 또 모든 룸을 방화구획으로 해서 구조체로부터 떨어지게 배치하고 있다. 조명은 야간에만 사용한다. 계획단계에서는 야구 경기 시 공이 어떻게 보일까를 중심으로 해석하고 있으며 간접광도 고려할 수 있는 CG 시뮬레이션을 개발하고 도입하고 있다. 중앙 링의 조명은 센터 플라이 때에 눈에 들어오게 하기 위해 센터 한축의 라이트를 끈다. 외주 링상의 간접 조명은 외관의 야경(夜景)의 아름다움에도 기여(寄與)하고 있다.

회랑

■ 이즈모 돔 음향 리뉴얼

▸ 음향 리뉴얼의 필요성

이즈모 돔(出雲ドーム)은 스포츠, 콘서트, 박람회 등에 이용되고 있어, 가동률은 매우 높다. 2000년 6월, 흙의 그라운드는 인공잔디가 되어, 차노유회(茶の湯 ; 고전 라쿠고(落語 ; 만담) 공연 중 하나) 등 예능(藝能), 문화면에서 더 폭넓게 활용할 수 있게 되었다(사진 1).

여기에는 준공 당시에는 상정할 수 없는 이벤트 종류의 다양함, 이벤트 내용의 변화가 있다. 그렇게 되자, 음향설비도 시민 이용을 효과적으로 지원(支援)할 수 있도록 하는 것이 바람직하다. 그래서 우선, 돔의 운영자, 이용자로부터 지적받은 개선점, 필드 및 돔 주변부로의 명료한 확성, 사용하기 편리하고, 유지 관리가 용이한 음향설비로 리뉴얼 하게 되었다. 나아가 리뉴얼 후, 이벤트별로 잘 사용할 수 있도록, 설계 시공에 관계한 스태프가 운용 스태프를 외부에서 지원(支援)하는 시스템 구축을 지향(指向)하였다.

「망가졌기 때문에, 오래되었기 때문에 갱신(更新)한다」, 이러한 이유도 분명 있지만, 본래는 이즈모 돔과 같이 「이용자의 활동(活動)이 변화해서 리뉴얼」하는 것이 본론일 것이다.

사진 1. 스포츠 이벤트 풍경

▸ 솔루션

설계도를 그리기 전에, 먼저 이벤트 내용의 해석부터 시작했다. 시설의 1년간의 이벤트를 상정한다. 하나의 이벤트에도 개회부터 폐회까지 장면으로 편성된다. 그 장면은 화자와 청중, 연기자와 관중 등 무대를 중심으로 전개된다. 화자 및 연기자가 서는 위치와 관중(면적인 확대)을 파악한다. 장면 변화의 타이밍(큐)을 내는 방법, 필요한 음향효과, 오퍼레이터의 위치, 조작 내용을 상정한다. 이와 같은 작업을 주로 이벤트별로 진행한다.

다음으로, 각 장면에 상응(相應)하는 확성 방법, 즉 마이크로폰의 세팅, 조정 랙의 배치, 음원 스피커의 음량, 음향 지연 등을 결정해 간다. 이것으로 필요한 전원, 신호회선, 접속반, 패치반 등도 확인된다. 이제부터 설계도 작성에 들어가는데, 콘셉트는 '필요한 기능을 심플하게 실현하는 것'이었다.

'무슨 일이 있을지 모르기 때문에, 어떤 것에도 대응해 두는 것'은 비용도 고가이고, 복잡하면서 다루기 힘든 설비가 되기 쉽다. 그게 아니라 '심플한 기능을 조합시켜 상정 외의 일에 대응한다'는 개념(槪念)이다.

주요 음향설비 개선공사의 내용을 정리해보면, 이하와 같다.

1) 경년열화 기기의 갱신 또는 오버 홀
2) 확성 스피커, 이동식 음향 랙, 와이어리스 마이크 등의 증설(增設)
3) 음향 확성 패턴, 간단조작 패널의 증설
4) 기기의 동작 모니터 화면, 감시화면의 신설
5) 이벤트 지원 메인터넌스 사이트의 기획(企劃)

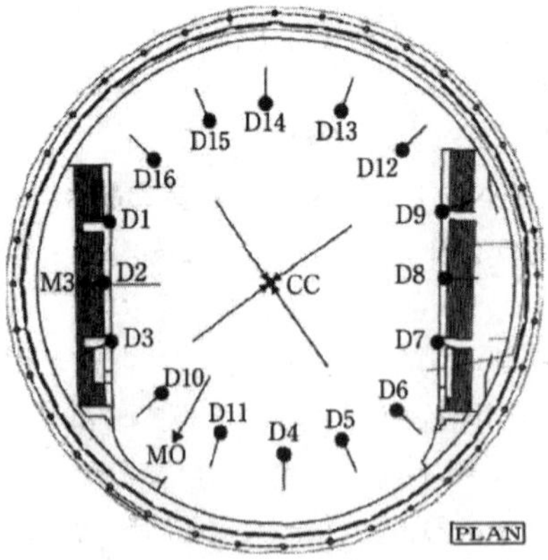

그림 1. 정비 후의 스피커 배치

균일한 확성에 관해 그림 1에서 나타내듯이, 스피커를 종래의 10개소에서, 19개소(메인 스피커 3대, 분산 스피커 16대)(사진 2~4)에 증설하였다. 객석은 야구 모드와 축구 모드가 있고, 식전 시의 주요 무대 배치는 본루 부근과 3루 부근 그리고 돔 중앙 부근의 3개소에 오는 것으로 대응하였다. 한편, 분산 배치 스피커로, 돔 주변부를 커버한다. 음압분포 시뮬레이션을 실시하여, 스피커 설치 위치, 방향 등을 결정하고 있다.

화자(話者) 방향으로 집중할 수 있는 임장감을 얻기 위해 메인 스피커와 분산 스피커의 발음 시각, 음량 등을 제어하는 음상정위형 확성방식을 이용하였다. 이것은 료고쿠국기관(両国国技館)에서도 채용되고 있다.

사진 2. 센터 스피커(CC)

사진 3. 스피커 D2, M3(위)

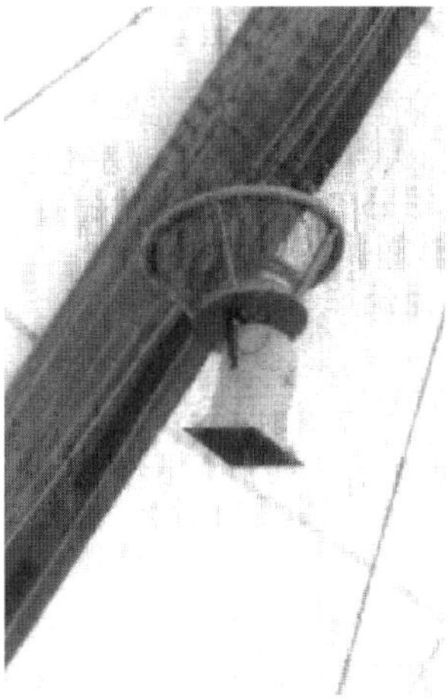

사진 4. 분산 스피커(D)

확성 패턴은 무대 위치와 가동 좌석과의 조합으로 6케이스가 있는데, 케이스별로 면밀하게 조정을 실시한다. 조정 후 데이터는 패턴 메모리에 보존(保存), 보통은 설정 버튼을 누르면 패턴을 호출(呼出)된다(사진 5).

■ 조작성(操作性)의 향상

▸ 디지털 믹서

익숙하지 않은 아날로그 믹서는 조작 실수를 일으키기 쉽고, 설정이 무너지면 복구가 어렵다. 그래서 필요 없는 조작 버튼을 시야에서 없애고, 음량 조작 등 필요한 조작만 실시할 수 있도록 하였다. 디지털 믹서 YAMAHA DME-32(사진 6)를 메모리 제어함으로써, 이 요구에 대응할 수 있다(사진 7).

▸ 이동식 왜건

스포츠 경기 등의 이벤트에서 음악 CD 재생이나 마이크 음량 조작을 장내에서 실시하는 장면에 대응한 이동식 왜건을 설치하였다. 왜건은 10개소의 콘센트 반을 통해 조정실 믹서와 연결된다. 동일한 왜건을 조정실에 두고, 소리를 내는 작업을 분산할 수 있도록 하였다(사진 8).

사진 5. 조정실 패턴 설정용 모니터

사진 6. 조정실 기기 랙

사진 7. 조정실 조작부 리모트 페이더

사진 8 조정실 조작부

음질(音質)의 향상은 음향신호의 디지털 전송에 의해, 왜곡(歪曲)이나 노이즈를 없앤다. 돔에서는 당초부터 스피커 부근에 메인 앰프를 설치하여 음질 열화를 최소화하고 있었는데, 이 디지털 전송에 의해 더욱더 고음질이 되었다.

문제가 일어나면, 보통은 실행해 보기 전까지는 원인을 모르는 경우가 많다. 그래서 간단한 유지관리를 위해 이즈모에서는 음향설비를 IT화해서 시스템을 상시 감시하고, 고장(故障) 개소를 눈으로 볼 수 있을 것(그림 2), 고장 시에 자동으로 알릴 수 있을 것, 등을 목표로 해서 자동 감시 시스템을 도입하였다. 또 디지털계통의 다운을 상정한 즉시, 아날로그 회선 교체, 전원의 순단 · 정전 시의 백업, 자동 복구 기능을 편성하였다.

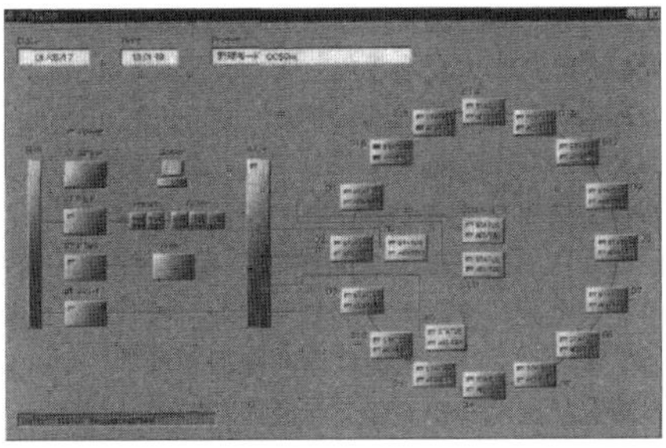

그림 2. 시스템 감시 화면 예

이상 시에는 다이얼 업 루터에 의해 메인터넌스 사이트에 통지 메일을 송신한다. 해당 루터는 통상 업무에서 사용하고 있는 전화와 회선 개입기를 사이에 두고 접속하고 있다. 메인터넌스 사이트는 해당 메일을 관계자에게 즉시 전송할 수 있도록 하였다(그림 3).

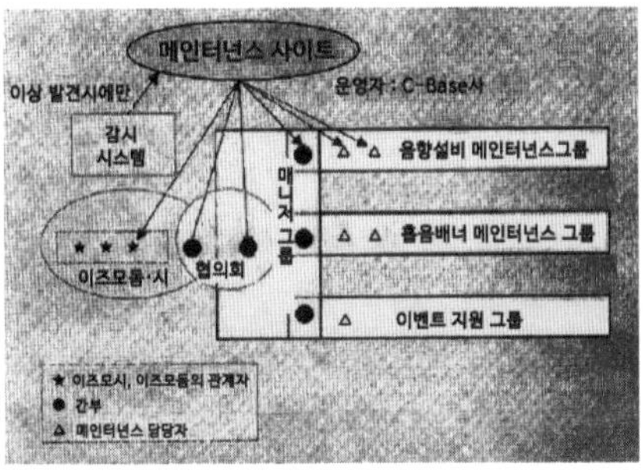

그림 3. 메인터넌스 사이트

▸ 시공(施工)

음향기기의 설치에 관해서는 디테일을 제시하였다. 음향공사의 경우, 매우 전문적인 지시가 많고, 조금의 실수가 엄청난 결과로 되돌아오기 쉽다. 그래서 공사 협력자를 작업별로 그룹화해서 그룹 멤버가 작업 스케줄, 작업 지시서 등의 작업 정보를 공유함으로써 지시(指示)의 철저를 꾀하였다.

이러한 정보를 메일로 그룹웨어 사이트(상기 「메인터넌스 사이트」)에 송신하면, 멤버 전원에게 즉각 배신된다. 메일의 열람 상황을 알 수 있으므로, 읽지 않은 사람이 있으면 메일체크를 촉구(促求)할 수 있다.

공사는 순조롭게 추이하였다. 데이터 백업, 공사 준공도서, 도입기기 일람, 설정 데이터, 매뉴얼 등을 메인터넌스 사이트에 보존(保存)하였다. 이렇게 해서, 메인터넌스 사이트에는 공사 경과가 시계열로 보존되기 때문에, 다시 기록을 남길 필요도 없고, 장래에 걸쳐 기록을 잃어버릴 걱정도 없다. 허가된 멤버는 언제 어디서든 과거의 정보에 접속할 수 있으므로, 메인터넌스 및 추가, 변경 공사 시에 만전으로 대처(對處)할 수 있다.

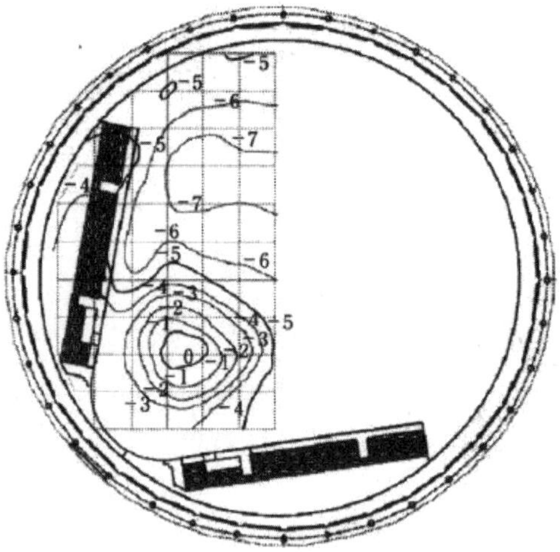

그림 4. 음압레벨(2㎑) 실측값

사진 9. 꽃과 자연의 페스티벌

사진 10. 1,000명의 마칭 밴드(marching band)

▸ 준공 시의 음향

음향설비가 양도된 후, 첫 이벤트는 2001년 4월 29일, 30일의 「꽃과 자연의 페스티벌(花と緑のフェスティバル)」이었다(사진 9).

그때, 사람이 들어간 상태에서의 음향조정(音響調整)을 실시하였다. 가동 상태에서의 음향조정은 반드시 실시할 필요가 있다. 조정 후의 데이터는 다시 메인터넌스 사이트에 보존되었다.

■ 대단면 집성재와 텐션재로 구성된 입체 장현 아치 구조에 의한 경기장 : 이즈모 돔

일본 최대 규모의 목조가, 신화의 보고, 이즈모(出雲)에 건설되었다. 이즈모 공항에서 차로 약 20분. 전원 풍경 속에, 직경 140m, 높이 49m의 비교적 라이즈가 높은 돔이, 위화감 없이 녹아들어 있다.

본 건물은 이즈모시가 기획한 시제 50주년 기념사업(건강공원 정비 프로젝트)의 핵심이 되는 시설이다.

연식 야구가 가능한 전천후형 돔과 부대시설에 의해, 지역 활성화를 추진하는 것을 목적으로 하여, 7그룹의 설계 경기에 의한 따른 결과, 본안(本案)이 채용되었다.

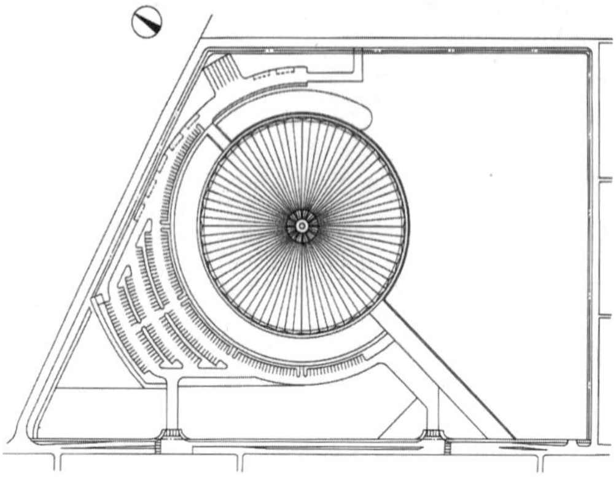

배 치 1/5000

구조 시스템에 관계하는 요구사항은, ① 이즈모시의 전통과 문화를 표하는 형태 및 가구일 것, ② 개방적이고 밝은 반야외적인 실내 환경을 실현할 것, ③ 격심한 풍설에 견딜 수 있을 것 등이었다.

이러한 요구사항을 수용하여, 최초로 목재를 직선적으로 이용하여 전통적인 골격(骨格)으로 음영이 있는 골조를 표현하면서도, '감색 · 빨강 · 검정 등의 바탕에 희고 굵은 고리 모양의 무늬가 든 종이우산'과 같은 정교하고 섬세한 이미지를 자아내는 기본 콘셉트가 정해졌다.

이 콘셉트를 바탕으로, 마감재에는 투광성이 뛰어난 막 재를 사용할 것, 또 내부는 아름다운 목재의 텍스처를 나타낼 것, 충분한 구조 성능을 가질 것, 등을 목표로 하여, 하이브리드 구조 시스템(입체 장현 아치 구조)이 고안되었다.

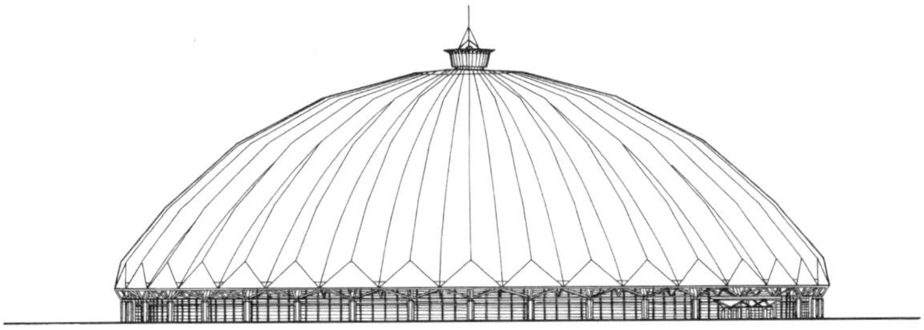

서쪽 입면

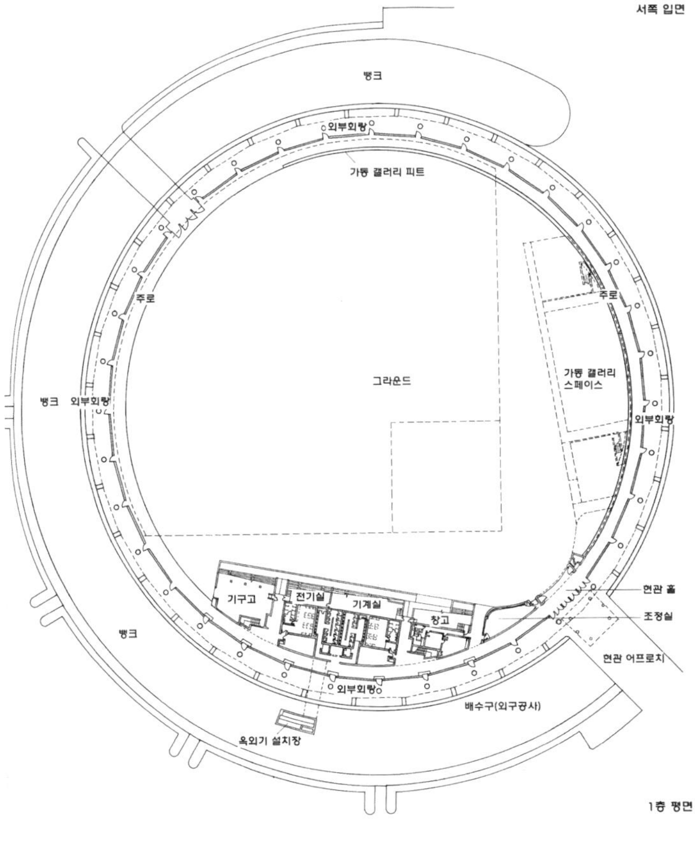

1층 평면 1/1000

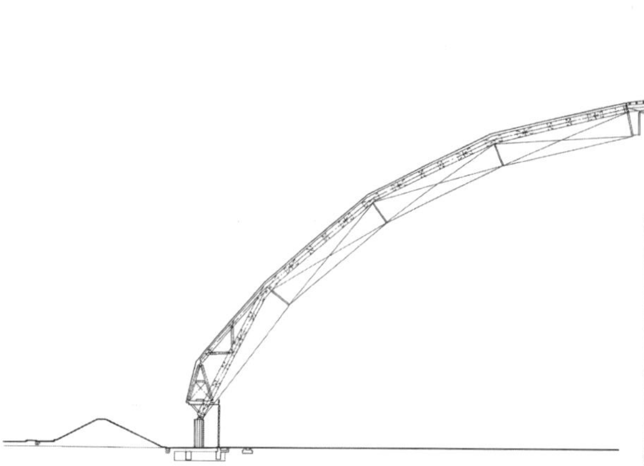

아치 단부(푸쉬 업 전)

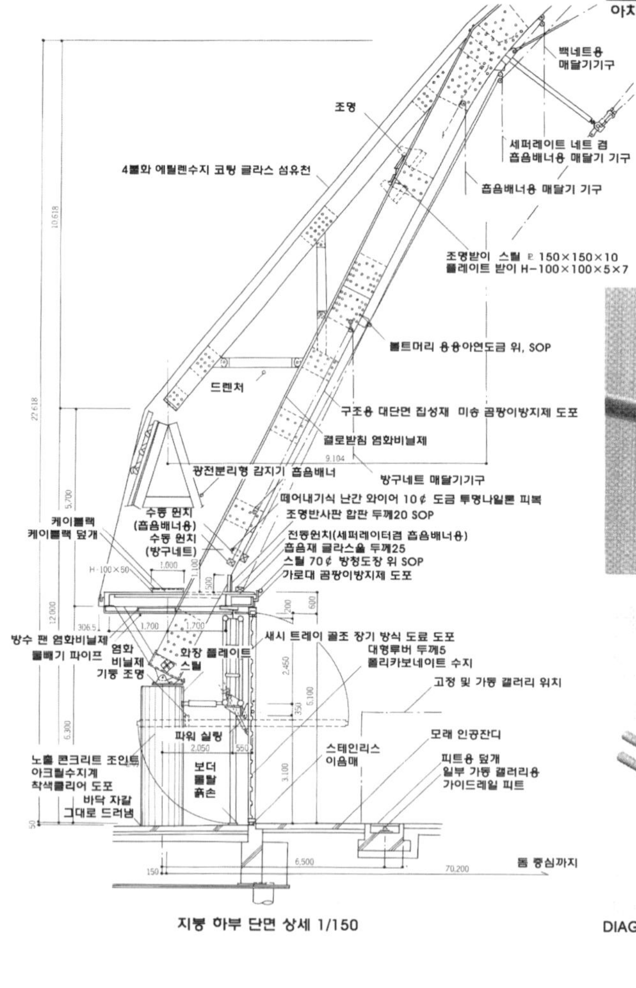

지붕 하부 단면 상세 1/150

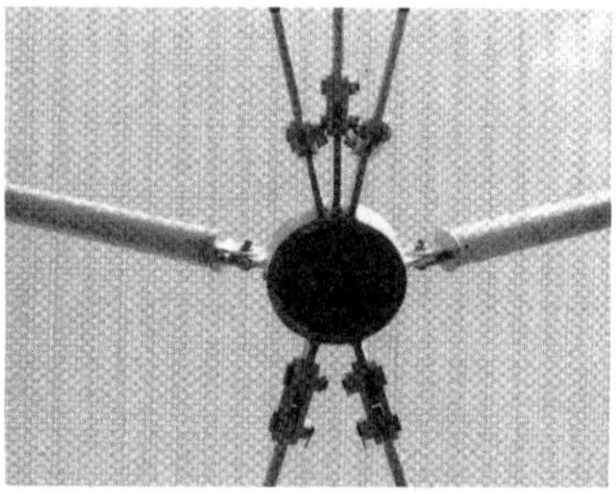

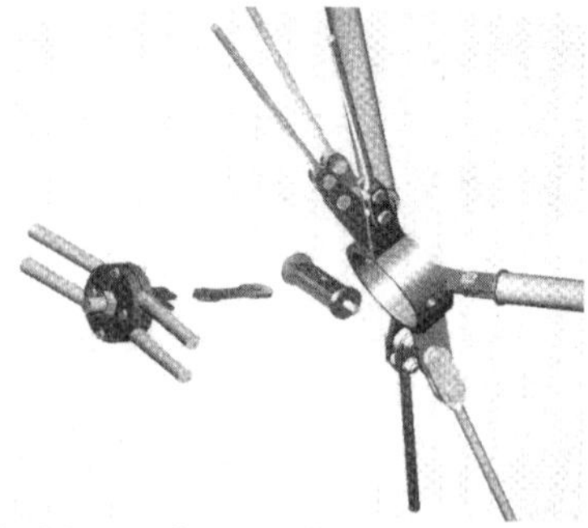

DIAGONAL rod와 링 케이블의 접합부(푸쉬업 완료 후)

집성재 접합부를 올려다 봄

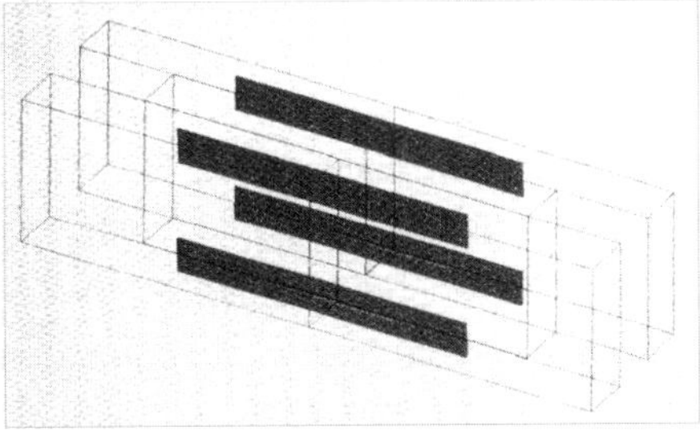

집성재 접합부의 구조

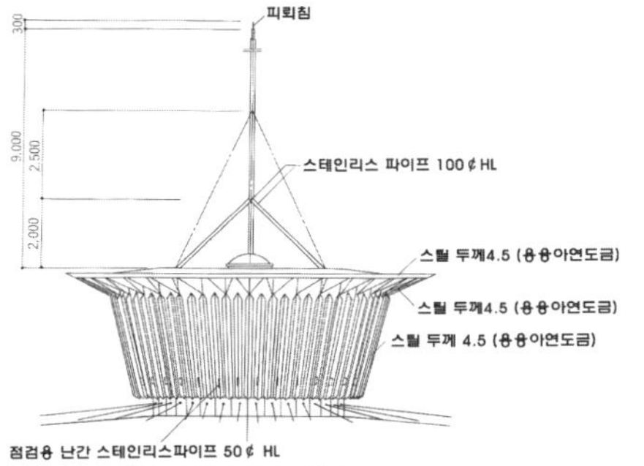

루프 모니터 입면 1/200

아치와 철골 링의 접합부(푸쉬업 전)

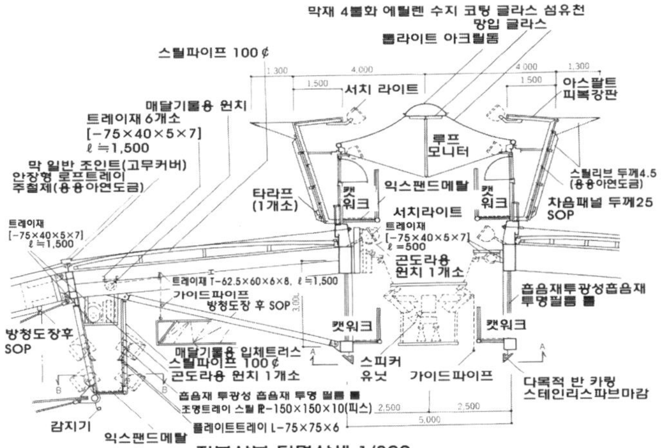

지붕상부 단면상세 1/200

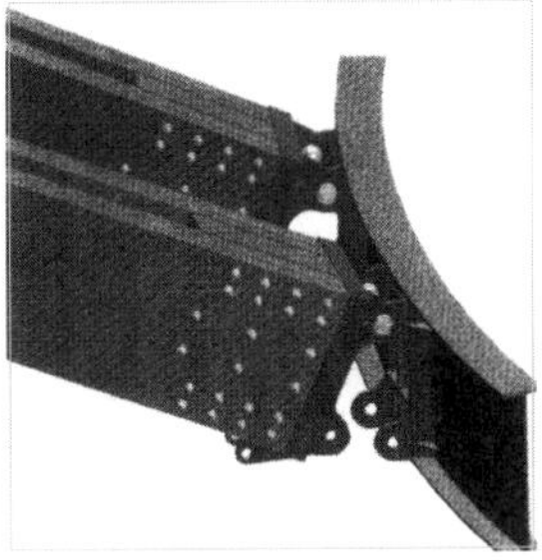

아치와 철골 링의 접합부(푸쉬업 전)

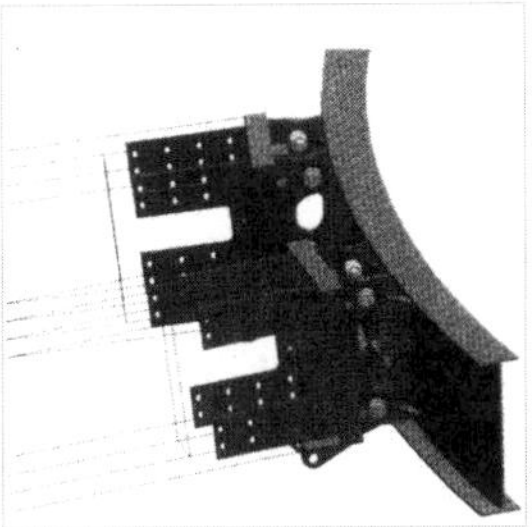

아치와 철골 링의 접합부(푸쉬업 완료시)

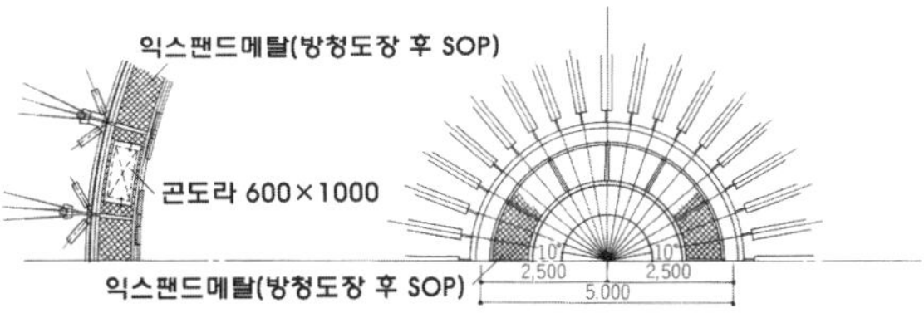

B-B 평면상세

A-A 올려봄

■ 입체 장현 아치의 특징

① 호쾌한 목조 이미지를 나타내는 대단면(大斷面) 집성재를, 방사 형태로 배치한 것(레이디얼 아치).
② 아치 위에 막을 설치함에 따라, 내부의 목조 텍스처를 나타내고 있는 것.
③ 파형(波形)의 막 면 곡부에 고정(누름)케이블을 배치함에 따라, 내설(耐雪) · 내풍(耐風) 효과를 기대한 것.
④ 돔의 경선 방향 링에 상당하는 링 케이블을 아치로부터 분리 배치하고, V자 스트러트를 이용하여 링 케이블과 집성재 아치를 연결한 것.
⑤ DIAGONAL ROD에 의해, 비대칭 하중 및 목조 클리프에 동반되는 변형에 대한 억제(抑制)를 기대한 것.

이렇게 확보된 돔의 내관은, 원주 방향으로 배치된 V자형 스트러트와 방사형상의 집성재 아치가, 외광을 부드럽게 투과시키는 막 재를 배경으로 하여, 떠올라 있다. 기하학적 배치가 많은 텐션재는 적당한 긴장감(緊張感)을 주고 있다.

레이디얼 아치는 방사 형상으로 배치된 아치는, 대단면 집성재(273㎜×914㎜)를 두 개의 조립재로 하여, 약축 범위가 충분한 휨 강성을 확보하고 있다. 아치의 재축 방향의 접합부(接合部)는, 지배력인 압축력에 대해서는 우드 터치에 의해, 휨에 동반되는 인장력에 대해서는 볼트에 의해, 각각 전달시키는 기구로 되어 있다. 아치재의 각부와 콘크리트 기둥과의 조인트는 명쾌한 응력 전달을 실현하기 위해, 핀 접합(接合)으로 되어 있다. 또한 돔의 시공 시에는, 푸쉬업 공법의 실현을 위해, 롤러 지지로 하고 있다.

텐션재는 자중 등의 대칭 하중에 대해서는 링 케이블이, 눈이나 바람 등의 비대칭 하중에 대해서는 DIAGONAL ROD가, 각각 주로 저항한다. 전자는 상시 장력이 유지되고 있는데 비해, 후자는 하중 모드에 의해 느슨해짐이 발생(發生)한다. 이러한 성상을 고려하여, 도입 장력의 설정 및 디테일이 결정된다.

본 건물은 시공에서도, 새로운 시도(試圖)가 이루어졌다. 「중앙 푸쉬 업 공법」이라 명명된 공법이다. 아치재는 2봉 1세트의 18유닛으로 지상 조립한 후, 막 재 및 설비를 먼저 설치하고, 마지막에 중앙 철골의 링을 49m 높이까지 끌어 올리는 공법이다. 아치의 형성, 막의 설치 작업 및 형상의 확인 등을 지상에서 안전하고 용이(容易)하게 실시하는 것을 목적으로 하여 고안된 것이다. 밀어 올리는 점은 중앙의 1점, 시공은 원활하게 진행되어 약 1개월로 본 작업은 종료(終了)하였다.

구조실험용 1/20 모형

구조 콘셉트 모형

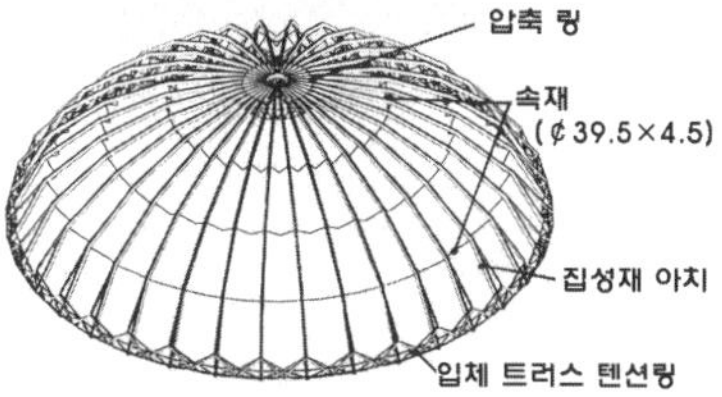

대단면 집성재에 의한 레이디얼 아치

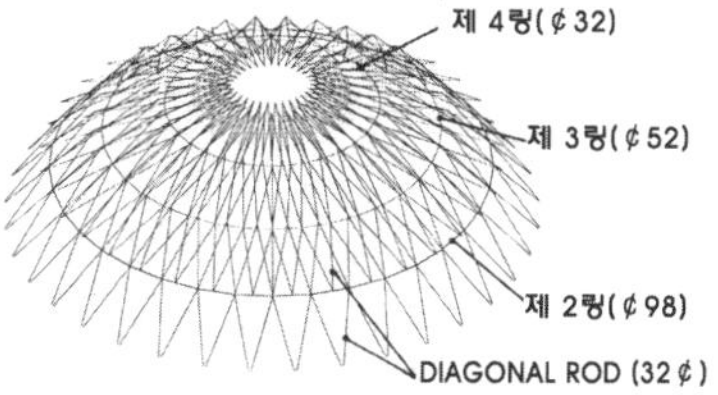

링 케이블과 DIAGONAL ROD

집성재의 가공(加工), 집성재 아치는 길이 9m의 들보를 미국에서 제조하여 단부를 커트해서 수입하였으며 가공의 대부분은 현장의 가공 장소에서 이루어졌다. 가공의 대부분 작업, 10만 개소에 이르는 구멍을 뚫는 작업이었는데, 구멍 뚫기의 정밀도(精密度) 확보를 위해 중요한 공정이었다.

아치의 지상 조립은 3단계로 나누어 이루어졌다. 제1단계는 구멍 뚫기가 끝난 2장의 들보재, 1장의 충복 재, 접합부품을 볼트로 죄이고, 길이 9m의 직선재 및 아치 의 주름 곡선 부분을 조립하는 공정이다. 제 2단계에서는, 전 단계의 부재를 아치의 축 방향으로 3봉 접속(接續)하여, 길이 27m의 연속재를 제작하였다. 마지막으로, 연속 아치 부재를 높이 15m의 벤트 발판 위에서, 최종 형상까지 조립하여, 푸쉬 업 하는 공정으로 연결되었다.

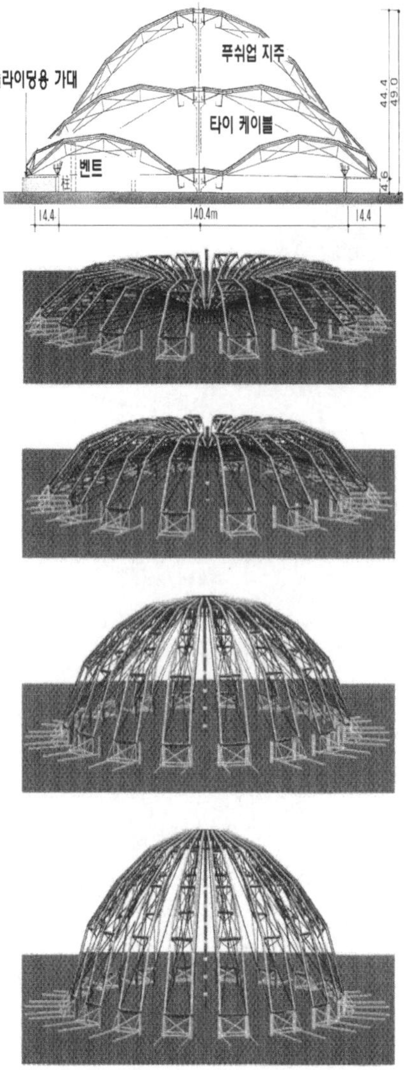

중앙 푸쉬 업 공법 이미지

① 푸쉬업 전

② 푸쉬업 도중

③ 푸쉬업 완료 시

이즈모 돔(出雲ドーム)은, 시마네현 이즈모시(島根県 出雲市)의 이즈모건강공원(出雲健康公園) 내에 있는 다목적 돔 시설이다. 시설은 이즈모시가 소유하고, NPO법인 이즈모스포츠 진흥 21(出雲スポーツ振興21)이 지정관리자로서 운영 관리를 맡고 있다.

■ 역사

시마네현과 인근 지역인 돗토리현(鳥取県)을 포함하는 산인지방(山陰地方)의 겨울철은 한랭하고 비와 눈이 오는 날이 많고, 계절풍도 강한 기상 조건이 닥쳐오지만, 1989년에 이즈모시에 취임한 이와쿠니 데츤도(岩國 哲人)는 「기후에 좌우되지 않고, 연간 내내 남녀노소를 불문하고 자유롭게 스포츠 · 레크리에이션을 즐길 수 있는 시설」이라는 콘셉트 하에, 실내형 다목적 체육시설의 건설계획을 입안하였다. 또 「건축적으로도 뛰어나고, 전국적으로도 주목받는 시설」로서, 당시 시읍면 레벨에서는 예가 없었던 「돔 형 시설」을 건설하기로 하고, 또 이즈모 지방의 전통인 목조 기술을 살려 구체를 목조로 건설하기로 결정하였다.

이와 같이 정비가 진행되어, 이즈모 돔은 1992년 4월 29일에 이즈모시 50주년을 기념하여 일본 최초의 목조 돔 시설로서 개장하였다.

구체는 직경 140.7m, 높이 48.9m로 당시 목조 건축물로는 세계 최대급이라 알려졌다. 또 그 후, 1997년 7월에 이즈모 돔보다도 규모가 큰 목조 돔인 오다테주카이 돔(大館樹海ドーム)이 아키타현의 오다테시에 완성되었다.

또 스탠드를 가동식으로 해서, 필드를 다목적으로 사용할 수 있도록 설계되어 있다. 지붕은 집성재에 의해 아치 형상으로 지탱되고 있는데, 개폐는 불가능하다. 하지만 외벽이 가동식(일부는 완전 개방 가능)으로 되어 있어, 자연 환기를 할 수 있도록 되어 있다.

현재, 이즈모 돔은 연식야구, 럭비, 축구, 소프트볼 등의 실외 구기종목을 비롯한 각종 스포츠 이벤트 및 콘서트(이즈모 돔 2,000명의 취주악 등), 프로레슬링 흥행 등에 사용되고 있다. 또, 매년 10월에 개최되는 이즈모 전일본 대학 선발 역전경주(이즈모 역전)의 골 지점이기도 하다.

이즈모 돔을 중심으로 한 건강공원은 1998년부터 원지(園地)의 확장 및 시설의 확충이 이루어졌다. 또 개장 시의 그라운드는 전면 클레이포장이었는데, 2000년에 인공잔디를 부설하였다.

이즈모 돔에서는 개장 당초, 주고쿠지구(中国地区) 고등학교 야구대회 등 고교야구 공식전(경식야구)을 1992년 봄에 개최한 적이 있는데, 필드의 야구 사용 시의 규격은 양익 90m, 중견 110m로 좁은데다, 천장도 낮기 때문에 '타구가 너무 날아간다'는 지적이 이어졌기 때문에, 그 후에는 아마추어 경식의 공식전은 열지 않고, 연습시합이나 우천 시의 연습 등에 사용되고 있다.

돔 내의 자료실에는 오노 유타카(大野 豊), 나시다 마사타카(梨田 昌孝), 사사오카 신지(佐々岡 真司), 와다 쓰요시(和田毅) 등 프로야구를 비롯한 시마네현의 스포츠선수에 관한 자료, 기념품이 전시되어 있다.

한편, 이즈모 모쿠모쿠 돔(出雲もくもくドーム)이라는 애칭으로 불리는 경우도 있다. 구체가 「목조」라는 점과, 구 지역명인 이즈모노쿠니(出雲国)에서 연유되어 구름이 뭉게뭉게 솟는 이미지에서, 시공기업 등에 의해 명명된 것인데, 시가 정한 정식 애칭은 아니다. 또 namco(현 BANDAI NAMCO Holdings)로부터 1993년 말에 발표된 패밀리 컴퓨터 소프트 「Famista '94」에서는, 4개 있는 사용 구장 중 하나로, 이즈모 돔다운 면모가 있다.

이즈모 돔의 콘셉트는 고대 최대의 목조건축 · 이즈모오야시로(出雲大社)를 가지는 이즈모시에, 일본의 전통 문화인 목조건축을 어떻게 현재의 대공간 구조로서 되살릴 것인가에 있었다. 그 해답의 힌트가 목제의 뼈대에 화지(일본종이)를 붙인 「쟈노메우산(蛇の目傘 ; 중앙과 둘레를 감색 · 적색 등으로 칠하고 중간은 백색 따위로 하여 큰 고리 모양의 무늬를 놓은 우산)」이었다.

구조상의 최대 특징은 나무와 테프론 막에 스틸을 조합시킨 하이브리드구조(장현보)이다. 돔 내에 들어서면, 스틸 부재는 마치 쟈노메 우산살을 사뜨는 가는 실처럼, 두드러지지 않고, 하이브리드막 돔으로서 세계 최대의 규모를 자랑하고 있다. 구조 시스템은 36개의 아치재를 방사형상으로 대단면 구조용 집성재(미송)를 이용하고 있다. 막을 케이블로 누름으로써 V자형의 막 형상이 되고, 가로 연결재가 없는 방사형상으로 집성재가 압축력을 부담하고 있다. 한편, 쪼구미재를 사이에 끼고 돔의 내측에 배치된 링 케이블 및 다이애거널 로드는, 인장재로서 아치의 좌굴과 변형을 내측에서 억제한다. 새로운 하이브리드구조 시스템의 입체 장현 아치 구조로 되어 있다.

집성재는 직부재로 수량 약 3,000개(약 2,000㎥), 미국에서 직접 수입되어, 현장에 가공장이 만들어져 약 10만 개소의 구멍을 뚫는 가공이 이루어졌다. 시공에는 목재의 가벼움을 최대한 이용한 세계에서도 유례가 없는 스케일의 푸쉬업 공업을 채용하고 있다. 이는 돔의 지붕 전체를 지상의 낮은 위치에, 마치 돔을 펴서 넓힌 듯이 조립한 후, 돔 전체를 한 번에 소정의 높이까지 잭으로 들어올리는 건축방식을 실시하는 공법이다.

외관

방사형상 아치의 내관

리프트업 시공

出雲ドーム
Izumo Dome
이즈모 돔

■ 시설개요

관리 · 운용자	NPO법인 이즈모스포츠진흥21(지정관리자)
그라운드	내외야 : 인공잔디(파일 길이 13㎜) 양익 : 90m, 중견 : 110m
수용능력	2,500명(좌석), 최대 5,000명, 그라운드 내 사용 10,000명
지붕	대단면 구조용 집성재에 의한 목질계 입체장현아치구조, 텐션막구조
건물높이	48.9m(최고부 높이 53.9m)
외벽	폴리카보네이트제 대형 잴루지(jalousie, 그중 8스팬은 전동식으로 회전 개방 가능)
그라운드면적	11,140.08㎡
육상경기 사용	250m 트랙, 100m 직선주로
럭비 사용	96m×64m, 인골 114m
축구 사용	100m×68m
조명설비	직접조명 · 간접조명 병용(점등 패턴에 의해 조도변경 가능)
스코어보드	LED식

20. 야마다 그린 돔 마에바시

[ヤマダグリーンドーム前橋] [Yamada Green Dome Maebashi]

■ 건축 개요

① 소재지	군마현 마에바시시 이와가미마치 1-2-1(群馬県前橋市岩神町1-2-1)
② 건축 면적	25,385㎡
③ 건축 규모	189×144m의 장원형, 처마높이 31m, 최고높이 41.2m
④ 구조 형식	지하 1층~2층 : SRC조 3층~6층 : SC조(기둥 SRC, 들보 S) 라멘구조 대지붕 : 장현보 구조
⑤ 발주자	(재)그린 돔 마에바시
⑥ 설계 · 감리	디자인 : 마츠다 히라타(松田平田) · 시미즈건설(清水建設) JV 구조 : 마츠다 히라타(松田平田) · 시미즈건설(清水建設) JV
⑦ 시공자	시미즈건설 · 사타건설(佐田建設) · KANDENKO(関電工) · 다이와설비(大和設備) · 산요칸토(三洋関東) 공동기업체
⑧ 시공기간	1988년 9월~1990년 5월
⑨ 참고 자료	디자인 : 사이클 경기를 비롯하여 컨벤션, 콘서트. 스포츠 등 다양한 이용이 가능한 다목적 돔이다. 아레나의 관객석 존을 비대칭 구성으로 하여, 다양한 이용형태와 규모에 대응하는 공간 설정이 가능한 계획으로 하고 있다. 구조 : 장원형 장현보 가구의 설계 · 시공에는 입체해석, 모형실험, 시공시 해석 등의 데이터를 포함한 설계와 시공계획에 따라, 소정의 설계 품질을 확보하고, 이 가구에 의해 디자인상 의도 하여 저 라이즈 돔을 구현화할 수 있었다.

■ 위치

Driving School
大渡自動車学校
자동차 운전학원
마에바시 시립 이와
가미 초등학교
前橋市立岩神小
Gunmadaigakuigakubu
Fuzoku Clinics
群馬大学医学部
附属病院
대학병원
Japan Post
前橋日吉郵便局
우체국
宝塔山古墳
八坂神社
総社古墳群
勘九郎地蔵
Japan Post
群馬大学前郵便局
우체국
쇼와마치
昭和町
Maebashi Shiritsu
Wakamiya ES
前橋市立若宮小
초등학교
Joetsu Line
마에바시 시립
시키시마 초등학교
前橋市立敷島小
고쿠료마치
国領町
와카미야초
若宮町
이와가미마치
岩神町
Maebashi Shiritsu
Mizuki JHS
前橋市立みずき中
중학교
소자마치
総社町
마에바시 시립
다이산 중학교
前橋市立第三中
마에바시 헤이와 우체국
前橋平和郵便局
히요시초
日吉町
Police Station
前橋警察署
경찰서
上越線
Yamada Green
Dome Maebashi
Maebashi Chamber
of Commerce
Beisia Culture H
오와타리마치
大渡町
前橋城（前橋
城）二ノ丸跡
Maebashi Chuo
Post Office
前橋中央郵便局
우체국
群馬県公社総合ビル
마에바시시중앙 아동
놀이공원 루나파크
前橋市中央児童
遊園るなぱあく
돈야마치
問屋町
Owatari Park
大渡公園
ドームパーキングプラザ
Maebashi Park
楽歩堂
前橋公園
前橋文学館
도네 강
老年病研究所附属病院
종합병원
Gunmaken Chokita
Parking Lot
지요다마치
千代田町
石倉城址
Nakayoshi Park
なかよし公園
공원
Japan Post
群馬県庁内郵便局
우체국
오테마치
大手町
Sakutaro St
Maebashi City Hall
前橋市役所
시청
APA HOTEL
MAEBASHIEKI-KITA
오도모마치
大友町
혼마치
本町
Sosha Shrine
総社神社
신사
이시쿠라마치
石倉町
Maebashishisakura
Park
さくら公園
Gunma Royal Hotel
ME外語学院
어학원
Nakagawa ES
前橋市立中川小
초등학교
Gunma Chuo Hospital
오모테초
表町
Japan Post
前橋元総社郵便局
우체국
Gunma Prefectural
Maebashi Girls HS
群馬県立前橋女子高
Japan Post
前橋石倉郵便局
우체국
Maebashi Shiritsu
Motosojaminami ES
Shonan
両毛線

상공으로부터 바라본 돔

그린 돔 마에바시(グリーンドーム前橋)는, 군마현 마에바시시에 있는 마에바시 시립의 다목적 아레나이다. 2014년 4월 1일부터 명명권에 의해 야마다 그린 돔 마에바시(ヤマダグリーンドーム前橋)라 호칭되고 있다.

그린 돔 마에바시는 노후화된 마에바시경륜장 시설로서 1990년 5월 31일에 완성되었다. 메인 아레나에는 세계선수권 자전거경기대회 등의 국제자전거경기대회(주로 국내에서는 경륜)의 개최에 대응한 자전거 경기용의 주로가 설치되어 있다. 현재는 본 개최와 우천 시의 연습의 일부에도 사용되고 있다.

시설의 소유는 마에바시시로, 관리운영은 재단법인 그린 돔 마에바시가 맡고 있었는데, 2011년부터 마에바시시의 방침으로 시내의 재단이 통합하여 발족한 일반재단법인 마에바시 도시조성 공사가 관리하고 있다. 2014년 시점에, 시설의 주요 사용목적인 경륜의 수익이 침체되어, 수지는 적자경영이 되었기 때문에, 시설의 명명권을 모집한 결과, 현내에 본사를 가진 야마다전기(ヤマダ電機)의 응모로, 그대로 명명권이 결정되었다.

메인아레나는 최대 수용인원 2만 명(스탠드 7,594명). 경륜 트랙 내측은 유효면적 5,000㎡의 아레나로 되어 있어 각종 스포츠이벤트 외 전시회나 콘서트에도 이용할 수 있다. 1999년에는, 세계실내육상선수권의 경기장이 되었다.

서브아레나는 지하 1층에 있고, 경륜 등의 이벤트 개최 시에는 출연자 대기실로서, 또 그 이외에도 콘서트나 파티, 식전 등에도 이용할 수 있도록 되어 있다. 바닥면적은 900㎡이다. 그 외로 회의실 15실 등이 구비되어 있다.

■ 시설 개요

용도	경륜, 다목적 경기장
수용인원	고정 7,594석, 가동석 5,002석
관리운영	일반재단법인 마에바시도시조성공사
구조형식	철골철근콘크리트조 및 지붕 장현보구조
층수	지상 6층 지하 1층
높이	41.2m(처마높이 31.0m)

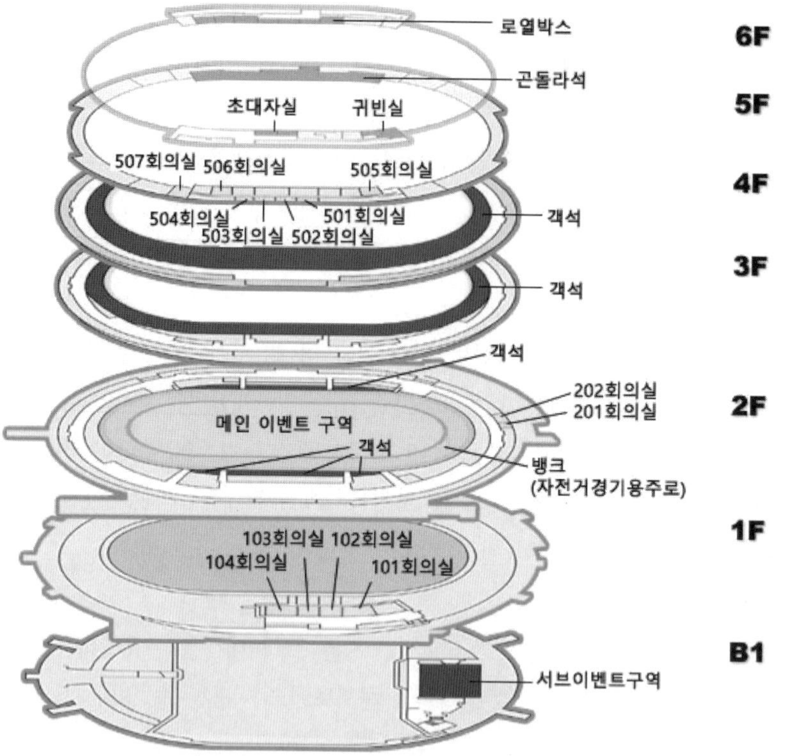
로열박스
곤돌라석
초대자실
귀빈실
507회의실
506회의실
505회의실
504회의실
501회의실
503회의실
502회의실
객석
객석
객석
202회의실
201회의실
메인 이벤트 구역
객석
뱅크
(자전거경기용주로)
103회의실
102회의실
104회의실
101회의실
서브이벤트구역
6F
5F
4F
3F
2F
1F
B1

하천 너머로 본 모양

■ 장현량(張弦梁) 들보 구조로 높이를 제한

외관

마에바시시의 거의 중간을 흐르고 있는 토네가와(利根川)의 근처에 크고 회색의 소극적인 스트라이프 모양을 가진 그린 돔 마에바시가 건설되었다.

시제(市制) 100주년 기념사업 목적으로 건설되었던 다목적 홀이다. 총면적은 약 6만㎥로 내부는 122m X 167m, 높이는 40m의 대공간이다. 거대한 건축물이 의외로 완벽하게 보이는 것은 높이를 제한한 대 지붕의 효과(效果)가 크다. 2만㎥의 무기둥 대 공간을 탄생시킨 지붕 구조로서 장현량 방식을 채용하고 있다.

이것은 활의 원리(原理)를 응용한 것으로 높이를 제한한 경쾌한 대공간 구조이며 다목적 홀, 또는 대소의 체육관에도 채용되고 있다.

통로 주변

장현량의 채용은 설계경기의 응모 조항 중에 설계안건으로서 채택되어 있었다.

장현량 구조의 특수성은 도리의 케이블 하이브리드 구조이다. 고정하중의 흐름은 지붕 구조만으로 완결하는 격자가 된다. 타원형인 장현량은 직선부와 반원으로 이루어졌다. 역학적 성질이 다른 2개의 형상을 얼마나 일체화할 수 있는가가 과제였다. 그 때문에 중앙에 강성이 높은 링 대들보를 채용하고, 또 케이블에 도입하는 장력에 관해서도 몇 번이고 시뮬레이션 시험을 하고 결정하였다. 천정의 철골 구조를 거의 전역에 걸쳐서 표시하기 위해서는 구조가 얼마나 아름답게 보이는가가 포인트가 된다.

지붕은 장변이 167m, 단변이 122m로 수평은 타원형, 단면은 원형을 하고 있다. 대들보 사이를 잇고 있는 아치형의 작음보는 형태적인 연결성을 보여주고 있다.

또 파문이 넓어지는 것 같이 리드미컬하고 쾌적한 디자인을 계획했다. 장현량의 케이블은 텐션을 맡는 중요한 요소지만 경기장으로부터 볼 때는 매우 가까운 거리에 있기 때문에 될 수 있으면 시각적인 방해가 되지 않도록 섬세함을 가지도록 했다. 때문에 한 개의 도리에 대해 얇은 케이블 2줄을 사용하는 방식을 채용했다. 이렇게 해서 케이블 한 줄당 도입 장력이 작아지고 접합부의 디테일을 확실하게 넣을 수 있었다.

중앙의 링 대들보는 강철제의 케이블 정착단을 내장하고 있다. 중앙의 링 대들보에는 이벤트용의 조명기구를 매다는 것이 가능하다. 또 케이블에 얼마나 유효하게 장력을 도입할지도 중요한 검토 결과였다.

최종적으로는 68대의 잭으로 동시에 잡아당기는 것이 가장 바람직하다는 결론에 다다랐다. 시공은 철골 지붕을 지면에서 조립해서 올린 후 중앙부에 가설한 가설 좌대에 설치한다. 그 후 케이블의 장력을 도입하는 것으로서 철근보가 지붕으로부터 떠올라 자립한다. 그 단계에서 하부공사도 병행해서 지붕의 마무리 공사를 한다. 최종적으로 이 마감재의 하중 증가분을 고려해서 케이블 장력이 유지되도록 설계했다. 설계경기의 당선자가 결정된 것은 87년 3월 말로 착공은 9월, 공기는 21개월이었다. 그린 돔을 운영하는 것은 제3지구의 마에바시공원 이벤트 홀이다. 연간 30%는 경륜, 그 밖에 국제회의나 모터쇼, 콘서트 등에 사용된다.

■ 메인이벤트 구역

아레나를 둘러싸듯 설치되어 있는 7,594석의 스탠드석과 유효면적 5,000㎡의 아레나를 가지는 광대한 메인이벤트 구역. 아레나의 지하에는 5,002석의 가동석을 보유하고 있다.

조명설비는, 국제적인 공식 스포츠경기에도 충분한 조도를 확보. 반출입구에서는 대형 트레일러가 쉽게 출입할 수 있고, 바닥하중은 0.55t/㎡~5t/㎡, 스테이지 상부에는 조명배튼·매달기물 배튼이 설비되어 있다.

너비 49.5m, 안길이 15.8m의 가동식 스테이지는 높이 최고 2.8m까지 상승이 가능. 또, 음향설비도 정비되어, 콘서트 등의 스테이지를 다채롭게 연출한다. 이 외 충실한 부속설비를 갖추고 있어 다양한 이벤트를 효과적으로 고조시킨다.

■ 사양

수은등

스탠드석(고정석)

아레나석(가동석)

반출입 슬로프

아레나	유효면적 5,000㎡, 천장높이 27m, 바닥하중 0.55~5t/㎡. 수은등 300등
좌석	고정석 7,594석, 가동석 5,002석
스테이지 대응설비	가동스테이지(너비 49.5×안길이 15.8×최고 2.8m) 조명배튼 15, 매달기물 배튼 13 조명설비 : 펄라이트 142대 외 음향설비 : 집중 분산 스피커 시스템
대형 영상 장치	1호 : 세로 4.1m×14.3m 고휘도 LED 580인치 2호 : 세로 4.1m×7.2m 고휘도 LED 320인치
전원설비	3상 4선 105V · 3상 3선 210V 이벤트용 전원반 14개소 가설용 전원반 3개소
급배수설비	이벤트용 가스설비 1개소 도시가스 13A
전화 회선	핸드홀 34개소로부터 취출 가능
콩코스	2 · 3 · 4층에 1주 500m · 폭 6m의 주회통로

내관

관객석 주변

필드부를 플랫한 상태

중앙의 링 대들보

밑으로 수납되는 가동석

가동석을 수납하면 출입구가 나타난다.

2층 메인입구 홀

■ 레이아웃 사례

▸ 집회 · 국제회의 · 음악회

최대 수용인수는 20,000명. 대규모의 강연회, 집회, 식전 등에 최적이다. 스테이지 상부에는, 조명배튼, 매달기물 배튼이 설치되어, 콘서트 등의 스테이지 연출을 고조시킨다.

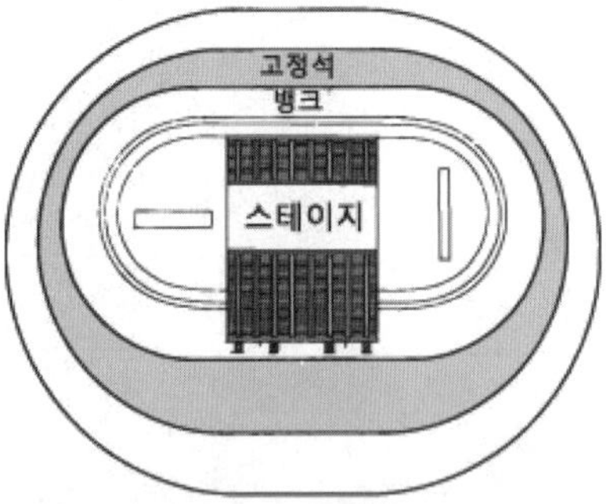

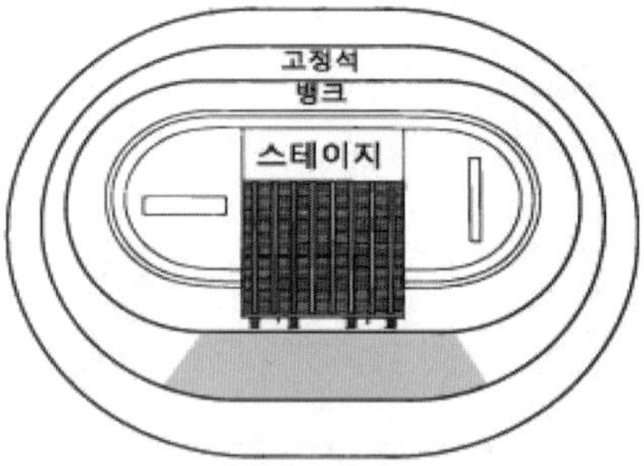

록콘서트

쇼와청춘가요제

집회

▸ 견본시 · 전시회

견본시

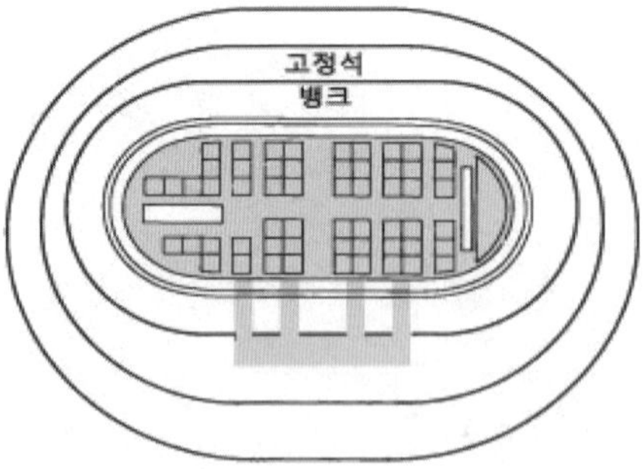

광대한 메인이벤트 구역을 이용하면 뜻대로 연출이 가능하고, 완비된 회의실에서는 그 자리에서 바로 상담에 들어갈 수 있다.

전시회

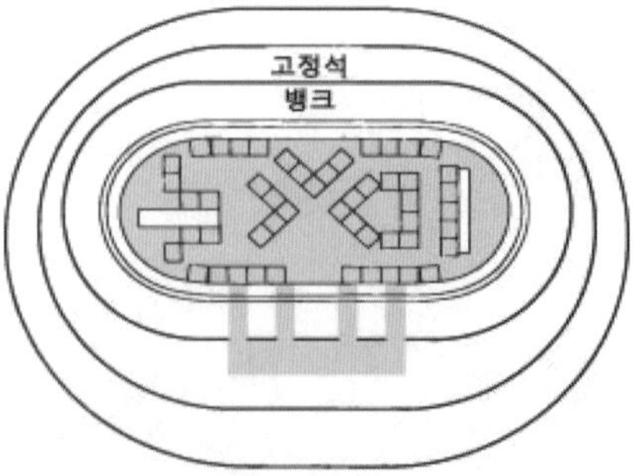

가구, 주택, 오토쇼, OA기기 등 각종 산업의 전시회에 유연하게 대응할 수 있다.

주택 페어

전시회

공작 기계실

▸ 스포츠

테니스 · 배구

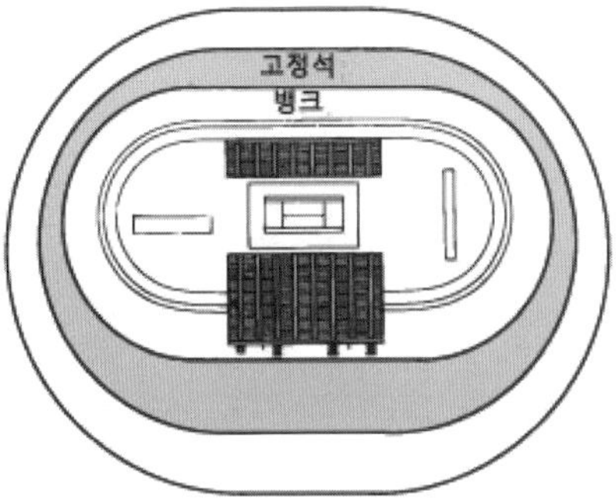

테니스 및 배구 등 다양한 스포츠경기에 대응할 수 있다.

스모(相撲) · 볼링

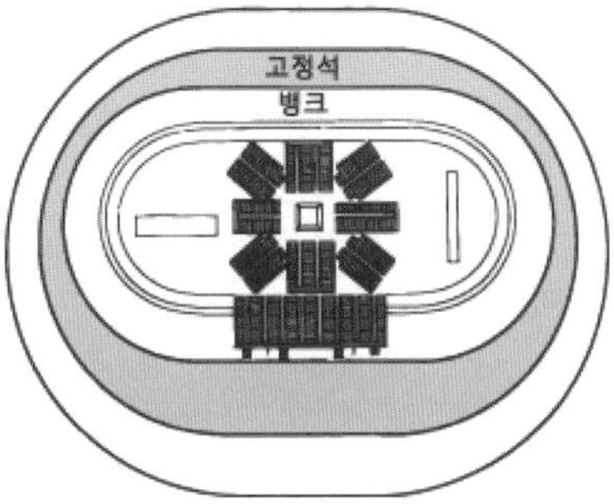

중앙부에 씨름판 · 링을 설치함으로써, 최대한의 수용인수가 예상된다.

세계 실내육상경기대회

전국 마스터즈 탁구대회

경륜

■ 그린 돔 마에바시(グリーンドーム前橋)의 음향설계

▸ 이벤트 홀 음향설계

그린 돔 마에바시(グリーンドーム前橋)는 마에바시 시제 시행 100주년을 기념하여, 국제적인 컨벤션센터로서 건설되어, 1990년 5월에 준공하였다. 이 돔은 최대 20,000명 수용 가능한 대공간 다목적 홀이며, 견본시(見本市), 전시회, 강연회, 집회, 각종 스포츠 등 폭넓은 용도(用度)에 대해 대응이 가능하다.

돔의 제원은 아래와 같다. 돔은 실용적 약 544,000㎥, 최대 천장높이는 27m이고, 자전거 경기용 주로(走路)를 갖추고 있다. 아레나부에는 승강 스테이지와 가동석을 갖추고 있어 대규모 집회(集會)에도 대응할 수 있다(그림 1~2).

그린 돔 마에바시의 제원

수용인원	20,000명(고정석 8,000)
용적(V)	541,144㎥
표면적(S)	55,111㎡
V / S	9.82㎡
바닥면적	아레나부 : 16,664㎡, 객석부 : 4,633㎡
공실 잔향시간	객석부 : 3.5초(500Hz)

▸ 음향설계

음성의 명료성과 음질의 확보를 목표로 하여, 음향설계는, ① 건축음향설계 상의 롱패스 에코 방지와 잔향처리, ② 전기 확성 설비에 의한 용도별 최적 음장제어의 2항목을 주 과제로 하여 음향설계에 임했다.

▸ 실내음향설계

20,000명 수용 시의 평균 흡음률을 0.47(RT=2.5초, 공석 시 RT=3.5초)을 목표로, 내장 사양을 결정하였다. 기둥, 벽, 객석부 바닥은 콘크리트 타설, 폴리에틸렌 성형의자(Kotobuki BLM-4152)로 계획되어 흡음 부위가 한정(限定)되었기 때문에, 천장의 흡음(그림 3)을 메인으로, 5~6층의 벽부 등의 흡음(그림 4)과 함께 외벽 창문부위에 차광겸용(遮光兼用)의 커튼 등으로 대처하였다.

▸ 소음방지설계(騷音防止設計)

소음 목표값을 NC 30~35로 하여, 공조 설비 및 외벽 등의 차음구조를 결정하였다. 지붕구조는, ALC판 위에 동판을 씌운 구조를 채용하였다(그림 3).

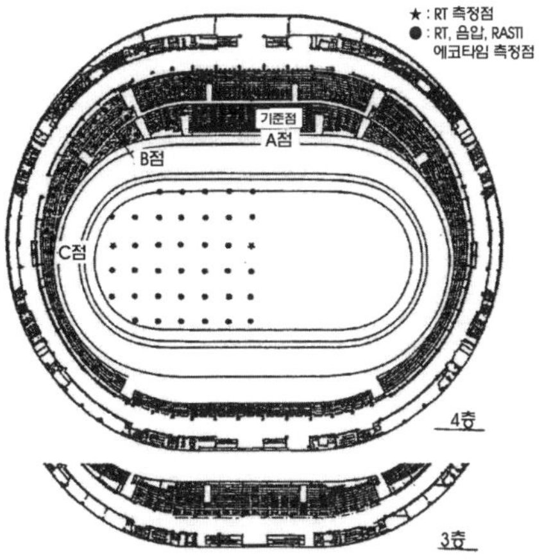

그림 1 평면도와 관측 위치

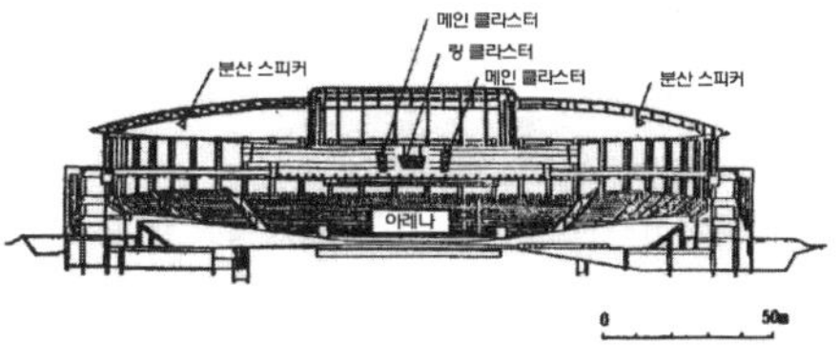

그림 2 단면도

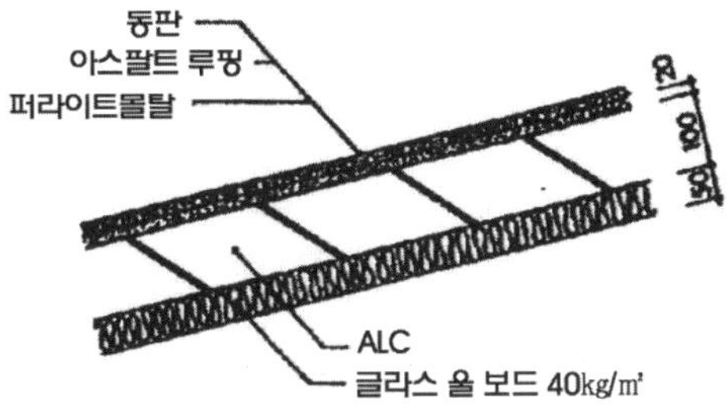

그림 3. 천장의 사양

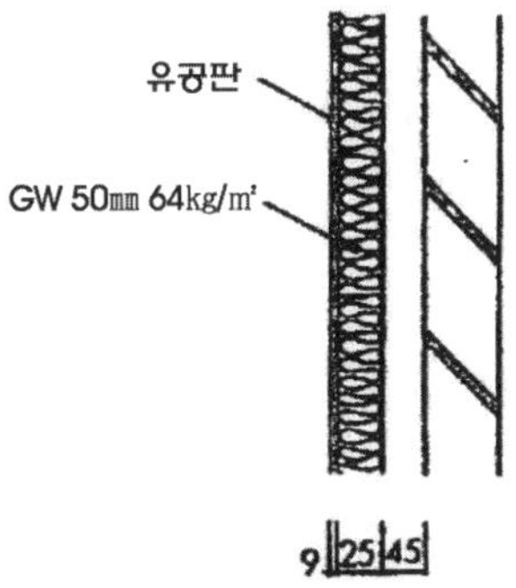

그림 4. 벽의 흡음구조

▸ 전기음향설비

스피커시스템은 각 용도에 따라 분할 사용(分割 使用)이 가능한 집중 분산 방식으로 하고, 돔 중앙에 링 스피커(혼 38, 우퍼 13)와 전동 승강이 가능한 2기의 메인 클러스터(혼 8, 우퍼 2), 천장 주위에 12의 분산 스피커(우퍼)를 배치하였다(그림 5).

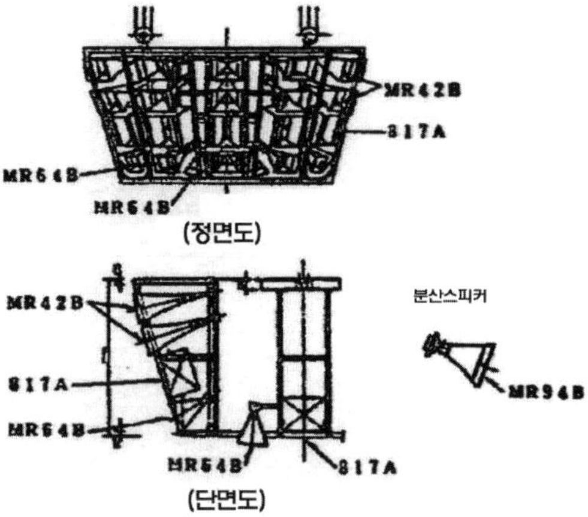

그림 5. 링 스피커와 분산 스피커

■ 음향특성(音響特性)

▸ 잔향시간

객석부 평균(5점)에서 3.6초(500㎐), 아레나부 평균(2점)에서는 3.5초(500㎐)로, 예측값과 좋은 대응을 보이고 있다(그림 6).

▸ 전기 확성의 특성

음압분포(97점)는 500~2,000㎐의 각 대역 모두 ±4㏈의 범위에 있다. RASTI 값에서는, 객석부(58점)와 아레나부(39점)의 대부분이 FAIR(0.45~0.60) 이상으로 평가되어(평균값 0.55), 경음악과 아나운스의 시청 시험에서 청감상으로도 인상(印象)이 양호하다는 것이 확인되고 있다. 에코타임패턴은, 모두 자연스러운 감쇠성 상태를 나타내고 있다(그림 8).

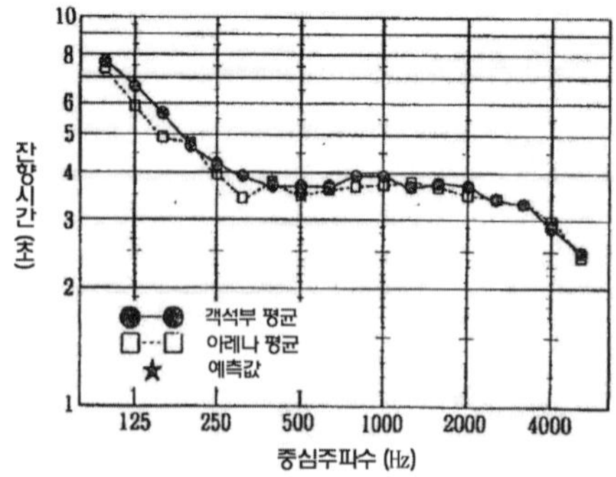

그림 6. 잔향시간 주파수특성

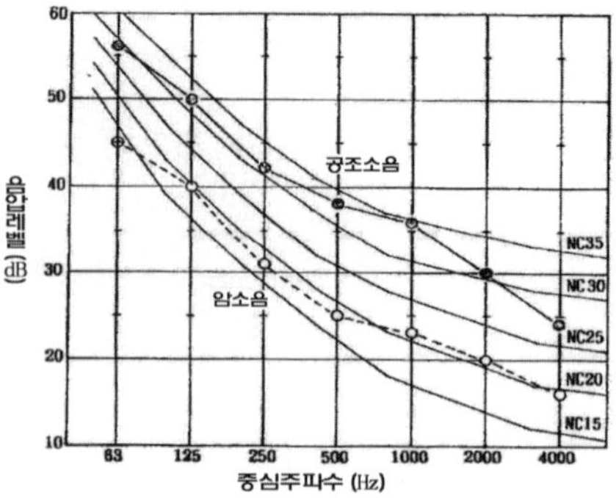

그림 7. 공조 소음 측정 위치

▸ 공조설비 소음

객석부와 아레나부의 소음은, NC 30~35로 평가되어, 목표값을 만족시키고 있다(그림 7).

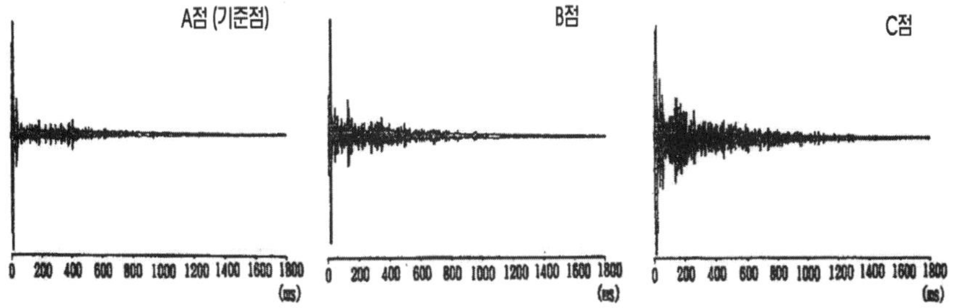

그림 8. 에코타임패턴의 예(1,000Hz)

■ 서브이벤트 구역

지하 1층의 서브이벤트 구역은, 바닥면적 900㎡. 3실로 나눠 이용하는 것도 가능하다. 미니 콘서트 · 파티 · 전시회 · 식전 등 다양한 이용방법을 고려할 수 있다. 넓은 라운지는 회의 중간의 휴식에 이용하고 있다. 샤워실이 달린 대기실 1, 2도 완비되어 있다. 또, 메인이벤트 구역에서 이벤트를 개최하고 있을 때는, 워밍업 공간, 대규모의 출연자 · 선수의 대기실 등, 서브 공간으로서도 이용 가능하다.

서브라운지

대기실 1

▸ 사양

면적	900㎡
천장높이	4m
바닥하중	0.5t / ㎡
특설 전원설비	3상 3선 105V · 상 4선 210V
LAN설비	인터넷 접속 가능

카펫을 깔고, 3분할 가능, 중 · 소규모 이벤트에 대응 가능.

▸ 평면도

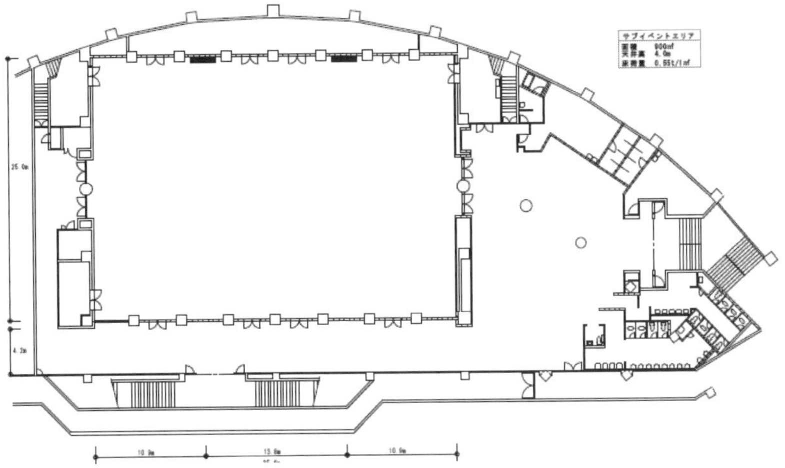

■ 레이아웃 사례

지하 1층의 서브 이벤트 구역은, 소규모의 견본시나 전시회, 파티, 강연회, 연수회 등 다목적의 이용이 가능한 공간이다.

▸ 콘서트

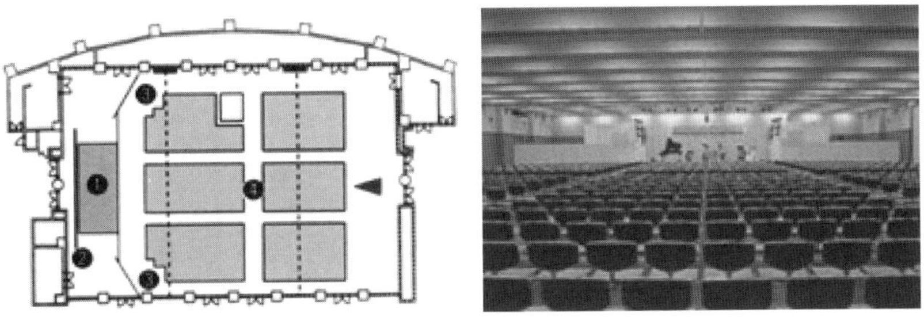

포터블(휴대용)스테이지 12각을 설치해, 조젯막과 양단에 배치한 패널로 무대스러움을 연출. 객실은 의자를 700개 배열하였다.

▸ 댄스

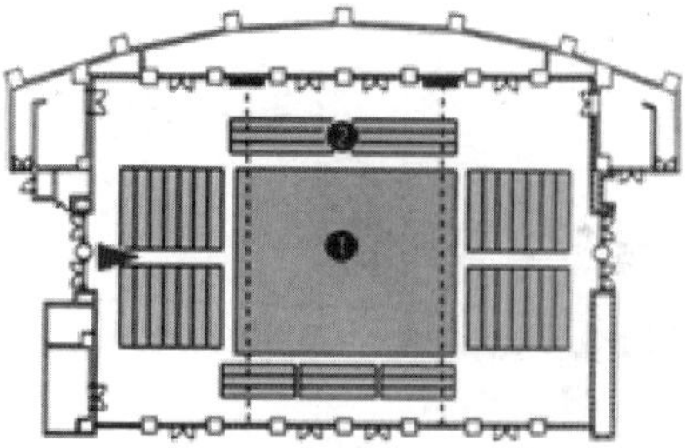

바닥 패널을 조합시켜, 중앙에 댄스플로어(1)(19m×14m)를 설치.
그 주변에 568석의 객석을 배치하여, 의자석(2)을 심사석으로 하였다.

▸ 파티

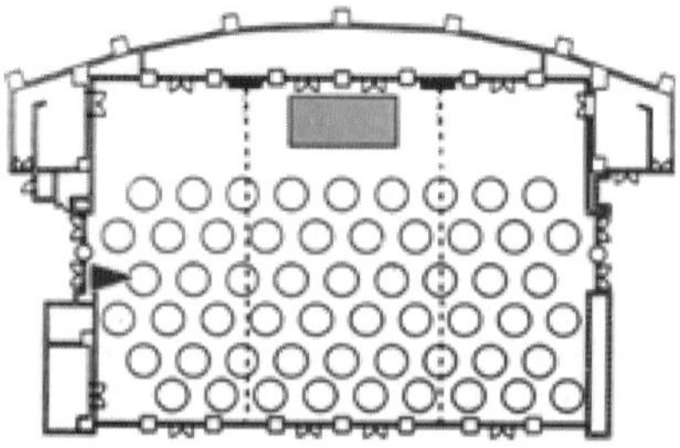

1테이블 10인용 원탁을 60대 배치한 좌식 파티에서, 약 600명이 참가.
바닥은 카펫이 깔려있어, 다인수의 파티에도 대응할 수 있다.

■ 방사형 장현보 구조에 의한 플랫 돔으로 덮인 장원형 다목적 경기장

마에바시시 시제 100주년을 기념한 다목적 이벤트 홀. 마에바시시 공원 정비구상의 중핵 시설로서 자리매김하고 있다. 설계사무소와 시공회사를 JV(Joint Venture)하는 설계경기가 실시되어, 5개의 기업체가 응모하였다.

이벤트 대응을 위한 비대칭 스탠드의 적극적 제안, 피난계획의 적절함, 장현보 구조지붕의 구조적 특성을 충분히 발휘한 건축 형태의 독창성 등이 평가받아, 본안이 채용되었다.

5개월이 채 못 되는 실시설계(건축센터 완료를 포함)를 가능하게 한 것은, 장현보 구조의 덕이 크다. 상부 구조와 하부 구조의 설계가, 독립적으로 병행하여 진행할 수 있었던 부분에 본 구조의 특징이 있다.

공기는 약 20개월. 대규모이면서 장원형이라는 혁신적인 구조가, 통상 전제되어야 하는 기술개발을 거치지 않고 실현할 수 있었던 점에 많은 시사(示唆)와 수확(收穫)이 있었다고 할 수 있다.

부지에 인접하는 토네가와(利根川)의 흐름과 웅대한 죠우모산잔(上毛三山)의 봉우리로 둘러싸인 좋은 자연환경의 입지조건 때문에, 자연과의 조화(調和)를 도모하는 것이 매우 중요했다. 샤프하면서 경쾌한 외관에는, 현대 감각과 매치함과 동시에, 보편적인 미가 추구(追求)되고 있다. 장현보 구조는, 하부 구조에 전달되는 수평 스러스트가 작고(자기조합계), 처마 하부에 큰 개구부를 설치할 수 있다. 이에 따라, 지붕의 경량감이 강조되어, 테마로 하는「빛과 바람」도 느껴진다.

이 글라스 개구부에는, 스포츠와 이벤트라는 복합 기능을 양립시키기 위해 필요한, 전동 커튼이 설치되어 있다.

실내의 기적 최소화는, 저 라이즈를 용이하게 하는 장원형 장현보에 의해 실현되어, 유지비의 저감을 꾀할 수 있었다. 완만한 호를 그리는 대들보와, 이 사이에 삽입된 섬세한 파장모양의 소들보의 조합으로, 장원형 돔의 전체적인 통일감을 확보하는 것을 의도(意圖)하고 있다.

조명 및 설비 기기를 위해 중앙 링을 유효하게 이용. 섬세한 페어케이블과 함께, 긴장감이 넘치는 내부 공간이 실현되고 있다.

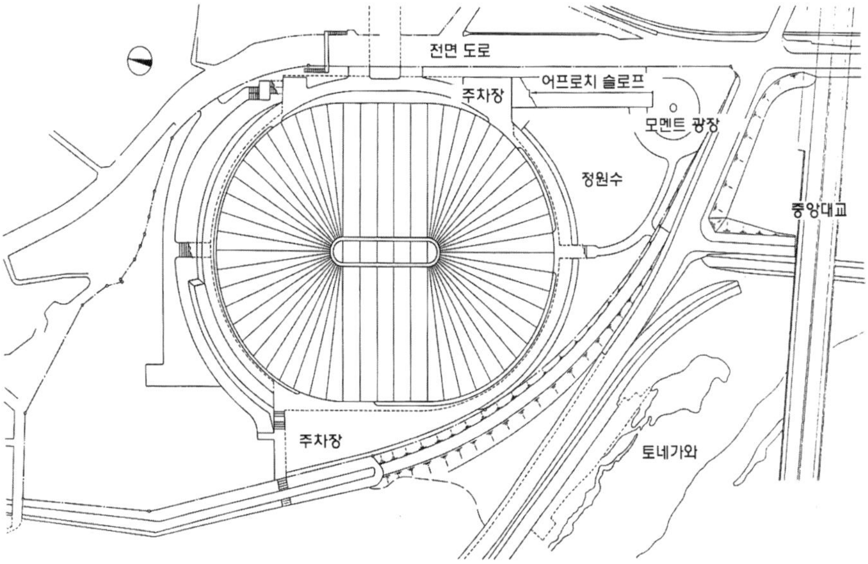

배 치 1/3000

■ 평면도

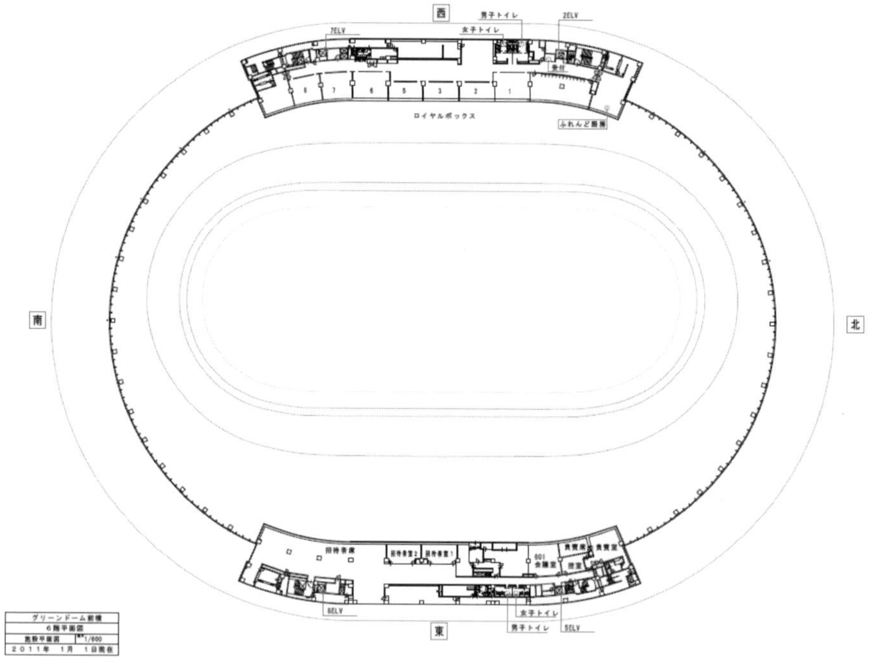

6F

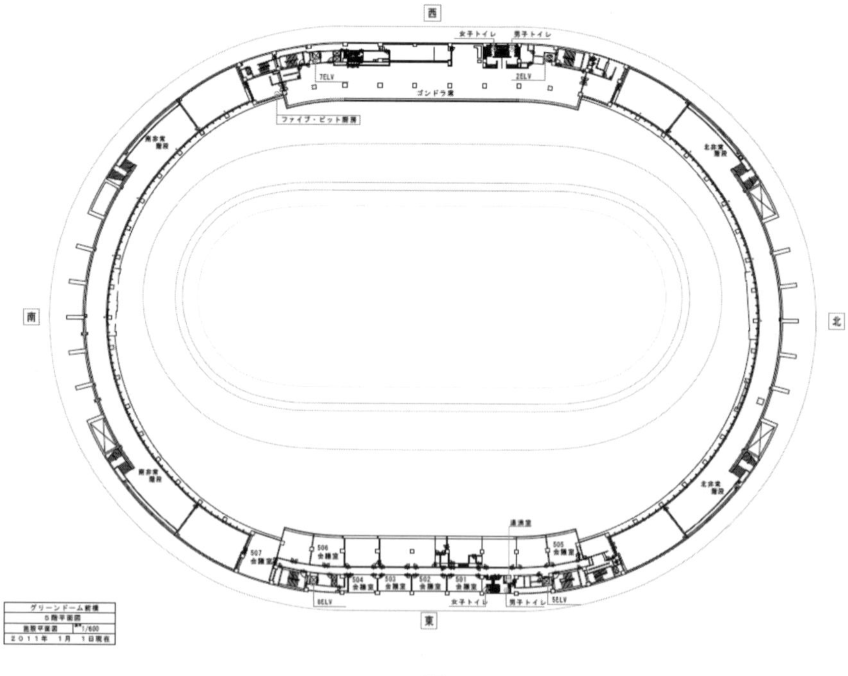

5F

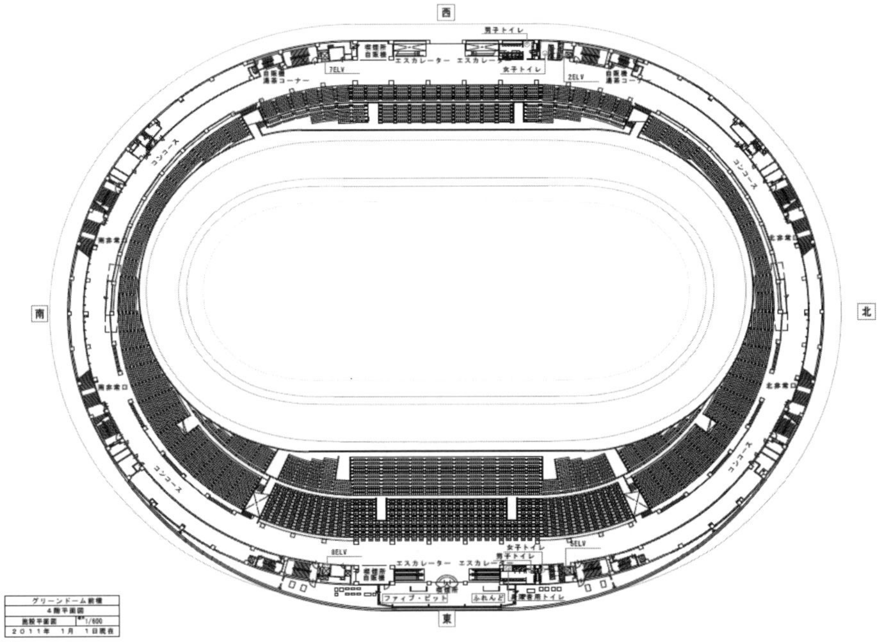
西
南
北
東
グリーンドーム前橋
4階平面図
施設平面図
1/600
2011年 1月 1日現在

4F

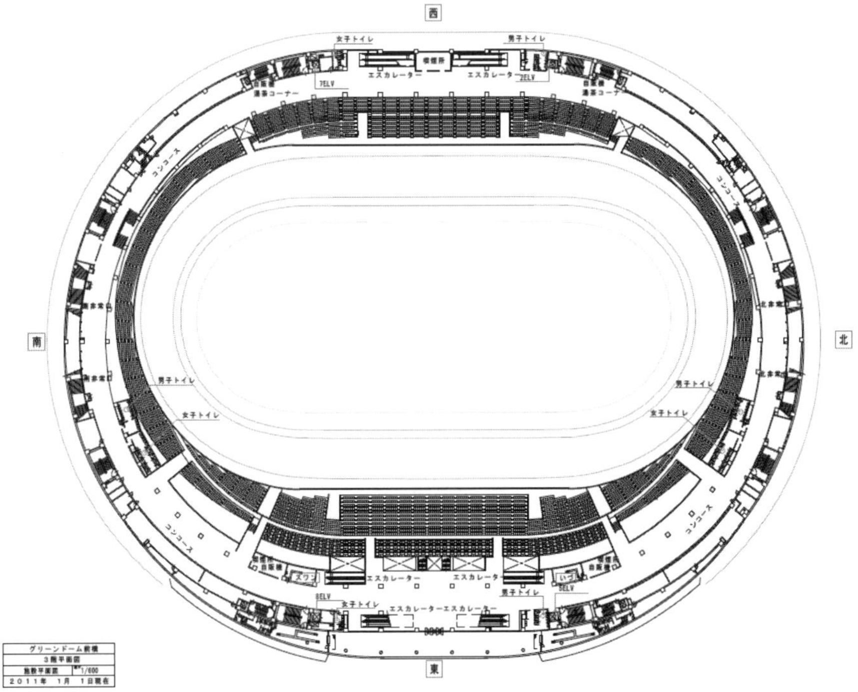
西
南
北
東
グリーンドーム前橋
3階平面図
施設平面図
1/600
2011年 1月 1日現在

3F

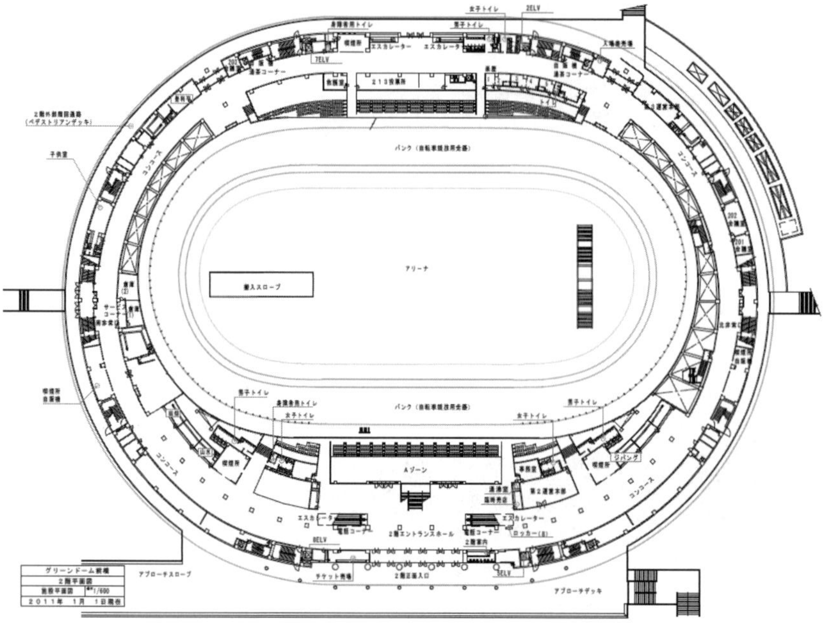

2F

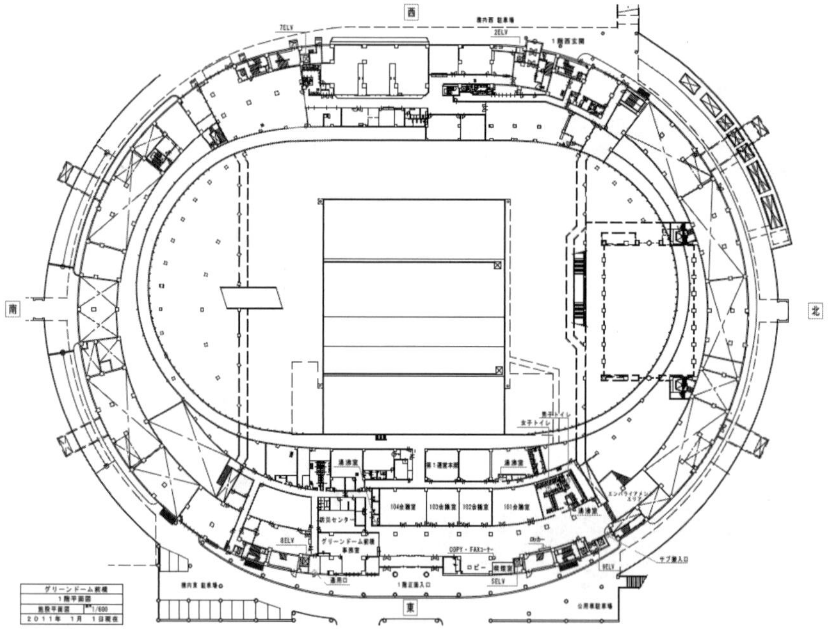

1F

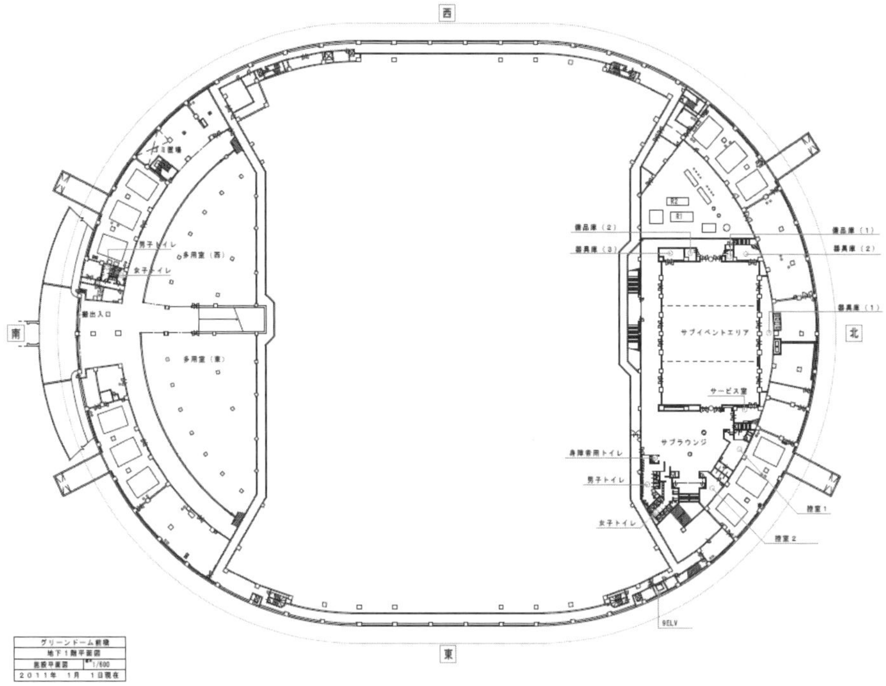
西
東
南
北
備品庫（2）
器具庫（3）
備品庫（1）
器具庫（2）
器具庫（1）
サブイベントエリア
サービス室
サブラウンジ
身障者用トイレ
男子トイレ
女子トイレ
控室1
控室2
9ELV
男子トイレ
多用室（西）
女子トイレ
搬出入口
多用室（東）
グリーンドーム前橋
地下1階平面図
1/600
2011年 1月 1日現在

B1F

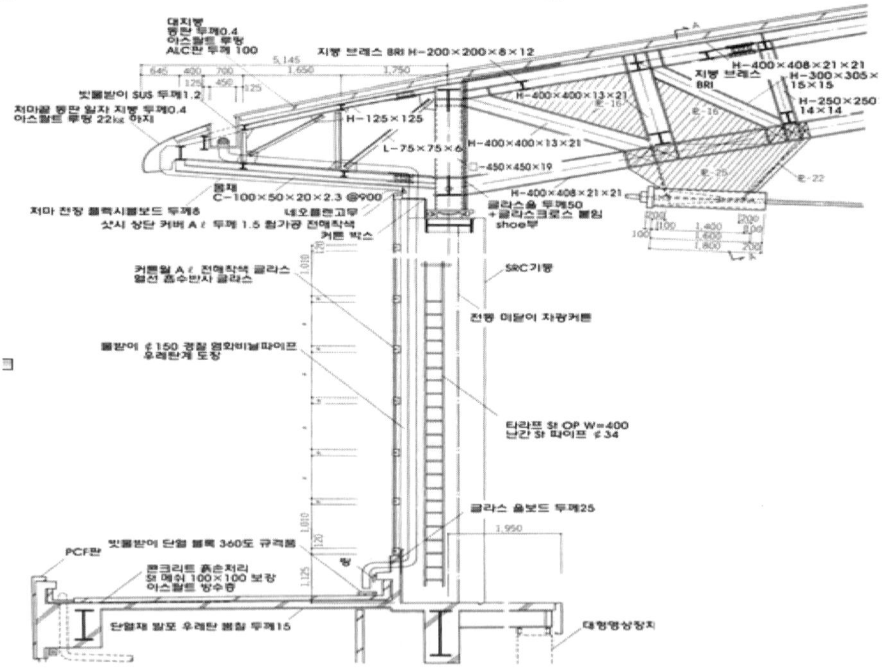

장현보 대지붕 주변 단면 상세 1/100

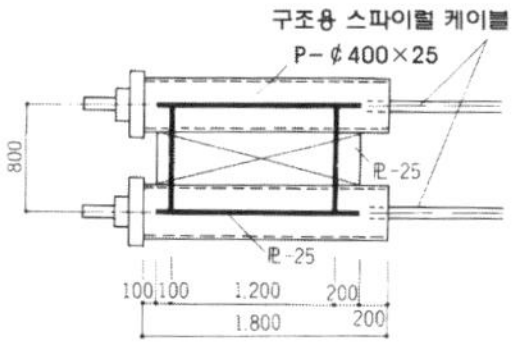

외주 케이블 단부 정착부

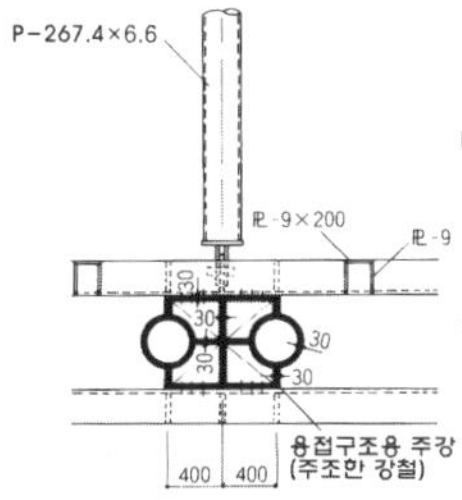

중앙 링 케이블 단부 정착부

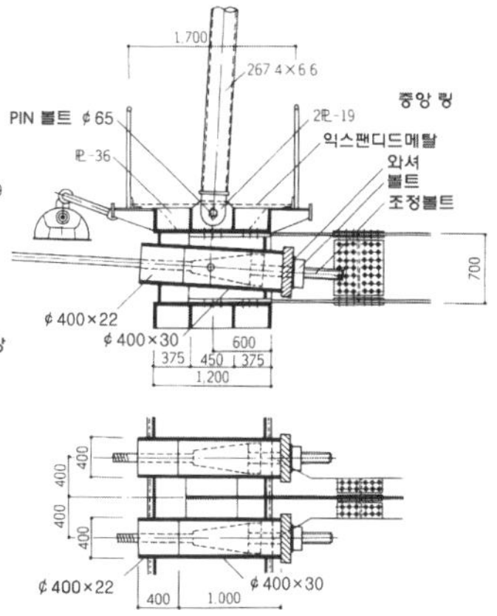

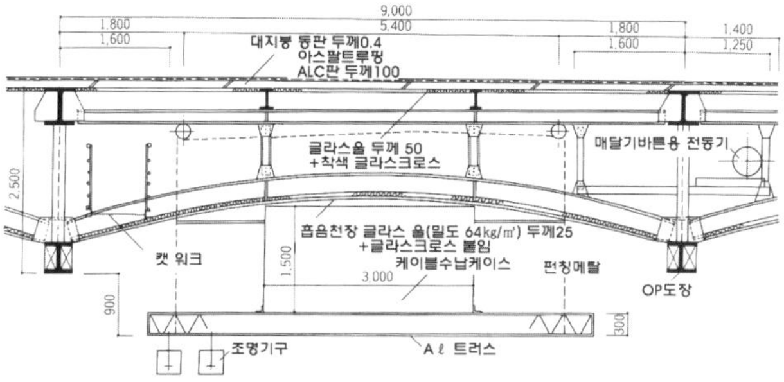

소들보 아치 주변 단면 상세 1/100

케이블 중앙 링의 설치

케이블단부 처리

소들보 아치와 조명용 매달기 트러스

▸ 장현보 구조

구조적 합리성뿐만 아니라, 제작 · 시공 · 운반 등도 포함한, 종합적인 의미에서의 현대적 합리성을 지향하여 1970년대 후반에 고안된 장현보 구조는, 많은 사례, 바리에이션에 적용되면서, 세련화 된 기술로서 성숙(成熟)해 왔다.

이 건물에서는, 편평한 원호상의 가구라는 점, 평면 형상이 장방형과 원형을 조합시킨 장원형을 취하고 있다는 점, 그리고 지금까지 없었던 대 스팬에 적용되었다는 점에서, 주목할 필요가 있다.

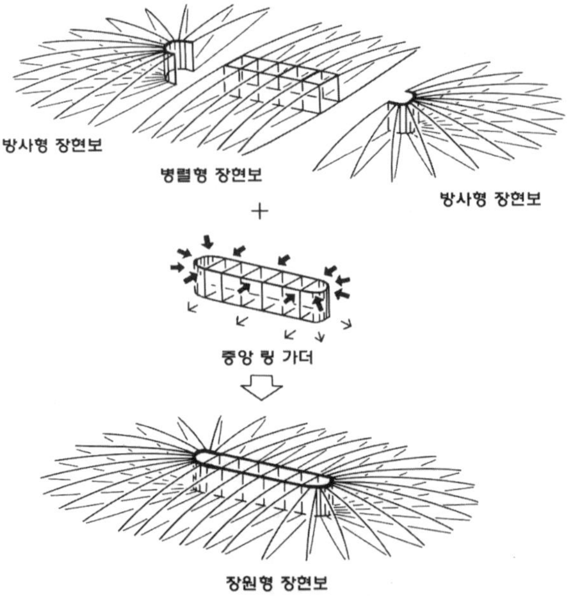

장원형 지붕가구의 고안

▸ 구조 기본계획

평면 168m×122m(약 2만 ㎡), 높이 40m의 장원형 장현보에 대한 기본계획의 포인트는, 기능 · 구조 · 조형의 융합을 도모한다는 점에 있다.

구조 모형

구조 설계상의 주요 테마를 다음과 같이 나타낸다.

① 돔 감각을 확보하는 대들보의 형상 · 사이즈와, 긴장감을 잃지 않는 케이블서클과의 밸런스.
② 대들보의 간격 확대에 따른 시공성의 향상. 이 결과, 페어 케이블 방식이 탄생.
③ 장원형 돔의 전체적인 통일감과 리듬감을 확보하기 위해, 삽입한 파문 위의 서브 아치(소들보).
④ 케이블 정착부의 디자인과 온도 응력을 고려한 지승부(支承部=shoe).

▸ 장원형 장현보

강성이 높은 중앙 링 가더(GUARDER)를 설치함으로써, 장방형부와 양측 반원부의 2종류의 장현보가 원활하게 편성되어, 일체화 할 수 있다. 이 2종류의 형태 경계부에서의 들보 방향과 간격의 설정은, 역학적으로도 시각적으로도 연속성을 유지하기 위해 중요하다.

▸ 페어 케이블 방식

케이블은 시각적으로 방해되지 않는 섬세함이 요구되어, 하나의 들보에 대해 케이블을 2줄 이용하는 방식이 채용되어, 장력과 케이블 직경의 감소를 도모하였다. 이에 따라, 케이블 단부의 정착을 깔끔하게 처리할 수 있었고, 시공적으로도 잭의 용량이 작아져 취급이 용이해지는 등의 이점도 생겼다. 장현보 구조의 최대 특징은, 케이블로의 장력 도입으로, 빔의 응력 제어와 변형 제어를 실시하는 것에 있다. 이에 따라 이 구조 형식의 합리성이 발휘된다. 이 때문에 시공계획을 책정할 때에는, PS 도입의 시기, 도입량, 도입 방법이 최대의 포인트가 된다.

이 테마에 대해 검토를 실시하기 위해, 컴퓨터를 이용한 시공 시 해석 시뮬레이션을 실시하였다. 이는 케이블 장력 도입량의 크기와 지붕 시공 순서를 파라미터로 한 것으로, 공법결정의 열쇠가 되었다. 이와 같은 상세 검토가 21개월이라는 단기간 공기의 실현에 미치는 역할은 크다.

이 결과를 바탕으로, 구조 설계 시에 설정한 최적 케이블 장력에서 역산한 시공 시 도입 장력, 시공 시의 관리 항목 및 관리 목표치, 소들보 및 브레스 등 2차 부재의 도입 시기 등이 결정되어, 시공 계획에 반영되었다. 장력 도입은, 장력의 밸런스와 신뢰성을 고려하여, 68줄의 전체 케이블에 유압잭을 설치하여, 하중 자동 제어에 의한「동시 일제 장력 도입 시스템」을 이용하여 실시하였다. 장력 도입 공사는, 케이블 장력, 변위(變位), 응력(應力) 등의 계측을 리얼타임으로 실시하고, 해석에 따른 추정치와의 비교를 하면서, 진행했다. 본 공사는 불과 3일 만에 완료되었고, 돔은 가설무대로부터 올려졌다. 마감 공사와 철골의 묶음 작업도 순차적으로 진행되어, 지붕 완료 시의 케이블 장력과 지붕 형상은, 충분히 만족할 수 있는 결과가 되었다.

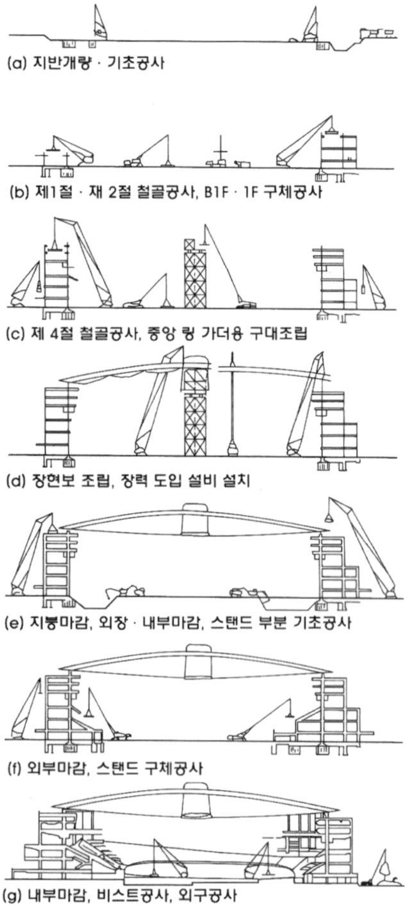

전체시공계획

중앙 링 가더에 들보 트러스를 설치한다.

방사부의 유닛도 하나 건너 하나씩 구성하고, 유닛 사이의 소들보, 브레스를 가설한다.

■ 각종 설비

전기설비 : 도쿄전력에서 수전(6,600V 계약 2,400㎾)하여, 대형공조기·동력용(400V), 조명용(240V), 소형 공조기용(200V), 콘센트용(100V)에 배전한다. 피크 시의 보충용·비상용으로 발전기(1,200㎾)를 운전

발전기설비 : 비상용 또는 보충용 전원을 확보하기 위한 발전기가 2기 있다. 출력 600㎾, 총 1,200㎾를 발전할 수 있다.

공조설비 : 가스·배열 냉온수 발생기를 열원으로 해서, 여름 겨울의 냉난방을 하고 있다.
700,000㎥의 대공간에 냉·난기를 효율적으로 순환시키기 위해, 이벤트의 내용에 따라, 공조의 범위를 아레나 중심과 객석 중심으로 변환할 수 있다.

위생설비 : 급수는 음료용으로 상수, 화장실 세정용으로 재생 빗물을 병용. 지붕면의 빗물을 4개의 저류조(총 1,120㎥)에 모으고, 염소멸균, 여과 등의 처리 후, 사용한다. 화장실은 관내 83개소 있고, 장애인용도 3개소 설치되었다.

전화설비 : 외부와의 정보통신에는, 광섬유케이블로 음성·화상·데이터 등의 정보를 전송하는 광액세스 시스템을 도입. 고속이면서 대량·고품질의 통신이 가능하다. 관내에는 내선 176, 이벤트용 임시전화의 설치도 용이하다.

소화설비 : 소방법에 근거해 각소에 소화전, 스프링클러, 할로겐화물소화설비, 연결송수관, 소방용수 등을 완비. 나아가 아레나부분의 소화설비로서 M5 층에 방수총 4기를 설치하여, 방재센터에서 집중관리하고 있다.

승강설비 : 엘리베이터는 전부 10대 있고, 승강용 2대, 비상용 2대, 업무용 5대, 외부 엘리베이터 1대. 에스컬레이터는 2층부터 4층에 걸쳐 설치되고, 동쪽 8대, 서쪽 4대 총 12대가, 인파에 맞춰 배치되어 있다.

음향설비 : 아레나의 음향은, 국내 최대급의 링스피커와 메인스피커 2기를 설치한 집중분산 스피커 시스템. 대공간에 균일하고 충분한 음량을 확보하여, 이벤트에 맞춘 음향연출이 가능하다.

조명설비 : 아레나 조명은 수은등(2㎾×300등)을 사용. 그 외 콘서트 등 행사의 대응설비로서, 펄라이트 142등, 커터 스폿 30등, 핀스폿 2대 등이 있어, 다채로운 연출 조명이 가능하도록 되어 있다.

배튼설비 : 조명기구 및 깃발, 간판 등의 무대미술품, 가림막 등을 매다는 알루미늄제 삼각트러스. 다양한 무대연출을 가능하게 한다.

대형영상장치 : 대형 영상장치는 남북으로 각각 1개소씩 있고, 고휘도 LED로 선명한 화상을 전달한다.

21. 아키타 스카이 돔 [あきたスカイドーム] [Akita Sky Dome]

■ 건축 개요

① 소재지	아키타현 카와베군 유와마치 츠바키카와아자 코마이타다이 4-1 (秋田県川辺郡雄和町椿川字駒板台 4 - 1)
② 건축 면적	12,124㎡
③ 건축 규모	장변 122m, 단변 101m, 높이 31.9m
④ 구조 형식	철골 골조 막 구조
⑤ 발주자	아키타현(秋田県)
⑥ 설계 · 감리	디자인 · 구조 : KAJIMA DESIGN
⑦ 시공자	카지마 토호구(東北)지점
⑧ 시공기간	1988년 6월 ~ 1990년 1월
⑨ 참고 자료	디자인:옥외 감각의 스포츠 공간으로서, 이 시설에서는 투광성의 확보를 중시하여, 1중막, 지붕 위의 적설을 신속히 떨어트리는 다양한 고안. 더불어 외부로의 개방감을 확보하는 방법을 채용. 여름에는 나무그늘의 시원함 아래 문밖으로의 연결성을 확보하였다. 구조 : 골조는 강관을 채용. 그리드패턴의 입체 아치로 활설 방향에 비렌딜(Vierendeel)아치, 대개구 방향은 단재 아치로 구성. 강관은 겨울은 활설을 유발시키기 위해 갈풍(渴風)을 보내는 덕트로서 채용하고 있다. 시공 : 경계 구조는 2개의 대형 아치, 수평 아치, 타이 빔으로 구성되어 있으며, 강고한 강성이 높은 RC조로 하고 있다. 기초는 현장 타설 콘크리트 말뚝(어스드릴 공법)을 사용. N값 50 이상의 견고한 실트암으로 지지하고 있다.

■ 위치

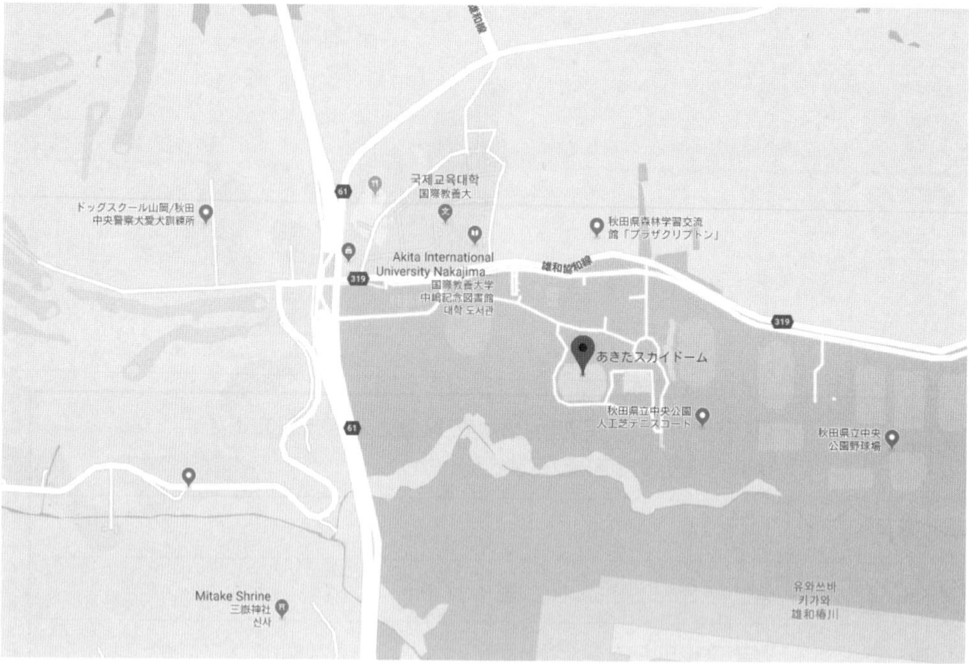
국제교육대학
国際教養大
ドッグスクール山岡/秋田
中央警察犬愛犬訓練所
秋田県森林学習交流
館「プラザクリプトン」
Akita International
University Nakajima...
国際教養大学
中嶋記念図書館
대학 도서관
あきたスカイドーム
秋田県立中央公園
人工芝テニスコート
秋田県立中央
公園野球場
Mitake Shrine
三嶽神社
신사
유와쓰바
키가와
雄和椿川
61
319

P8

상공으로부터의 조망

막지붕의 하단부

개구부 주변

외주부와 만나는 통로

■ 강관 덕트로 결로(結露)를 방지

아키타 시립 중앙공원 안에 스포츠지역의 중심시설로서 위치하고 있다. 설계경기의 안건(案件)으로 건조한 그라운드와 실외(室外)를 감상하기 위한 공간배치라는 2가지 요건은 확실하게 설정되어 있었다.

실외 감상이 가능하고 스포츠가 가능한 장소로 만들기 위해 투광성의 확보가 무엇보다도 중요했다. 그 때문에 지붕 위의 눈을 빨리 떨어뜨리는 것이 중요하게 되었다. 양 측면에는 유리와 플라스틱 루버로 만든 거대한 개방면을 두었다.

골조와 2차 장력을 도입하는 케이블로 지붕 단면은 V자형으로 되어 있다. 이 형태로 인해 지붕 위의 눈이 미끄러져 떨어진다. 단층(單層)의 막으로 되어 있는 지붕은 투과성은 높지만 결로가 생기기 쉽다. 이것을 해결하는 수단으로서 강관을 덕트에 전용하고 강관을 따뜻하게 하는 동시에 막면 근처를 함께 데워주는 시스템을 고안해서 채용했다. 한낮의 눈이 녹아 물이 흐르는 현상(現象)을 방지하기 위해 막의 최하단부나 측상부 등의 디테일을 고안하였다.

여름에는 투광율 10%의 막이 천재지변의 환경으로부터 그라운드면을 보호하고, 양 측면을 완전 개방하면 자연통풍을 가져오는 동시에 외부와 연결된 공간이 된다. 또한 강관덕트를 배열하여 운전(運轉)하는 것으로 서늘함을 거듭 높이는 것도 가능하다.

갤러리

측벽의 외관

P8
Senken

■ 비렌딜 아치(Vierendeel arch)와 장력 막 구조로 구성된 유키구니(雪国)의 체육관 : 아키타 스카이 돔

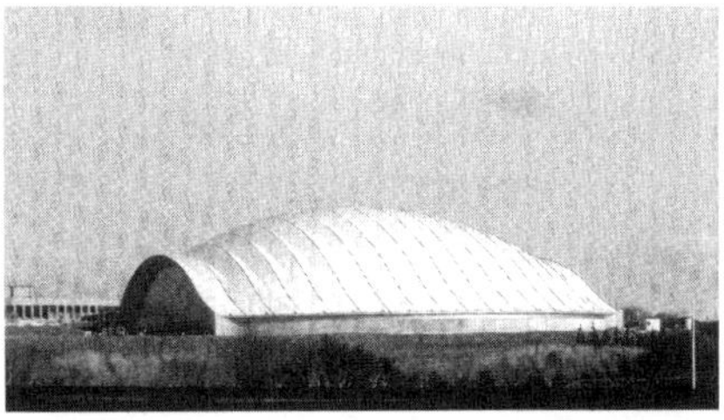

8,700㎡의 그라운드를, 막 구조 지붕으로 덮은 스포츠 시설. 아키타현이 종합건설회사 6社에 의한 설계경기를 실시. 「겨울철 강설 시에도 밝고, 여름은 시원하고 개방적인 스포츠 공간을」이라는, 다설 지역에서의 막 구조 도전에 대해, 「무리가 없는 구조계획으로, 막 지붕의 메리트를 살리고 있다.」고 평가받아, 본안이 채용되었다. 곡면 구성은 매우 독특하며, 융설에 대한 형태도 포함하여, 새로운 막 공간 창출에 성공하였다. 지붕의 형상은 구체의 일부를 잘라낸 것으로, 디자인의 모티브는 가마쿠라(아키타현에서 음력 1월 15일에 어린이들이 하는 행사. 눈으로 집을 지어 제단을 만드는 일. 또는 그 집)이다. 곡선이 다용되고는 있지만, 심플한 디자인으로 되어 있다.

본 건물은 RC조의 경계구조, 강관 입체가구, 텐션 막의 요소를 일체화하여, 경쾌하면서 부드러운 곡면이 확보되고 있다. 지붕의 마룻대와 직각인 면은, 글라스와 투명 플라스틱 루버에 의한 거대한 개방 면으로 되어 있어, 밝은 자연광을 수용함과 동시에, 실내 공간을 시각적으로 외부에 개방하고 있다.

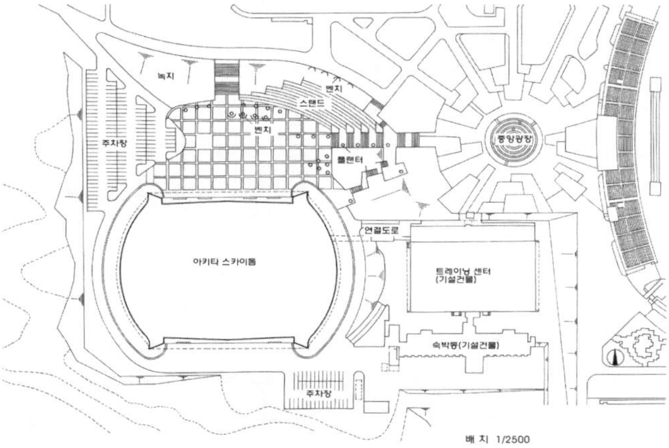

배 치 1/2500

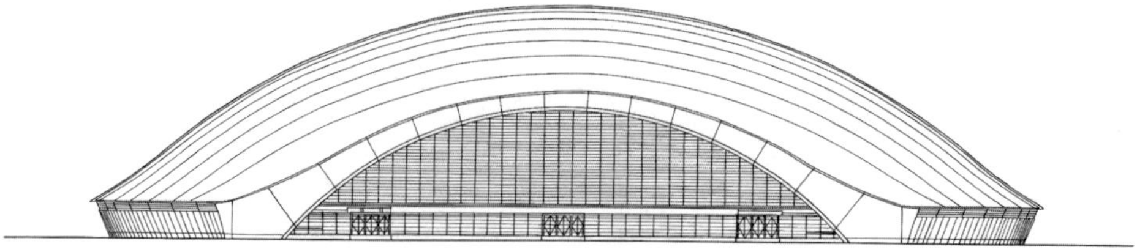

북쪽 입면

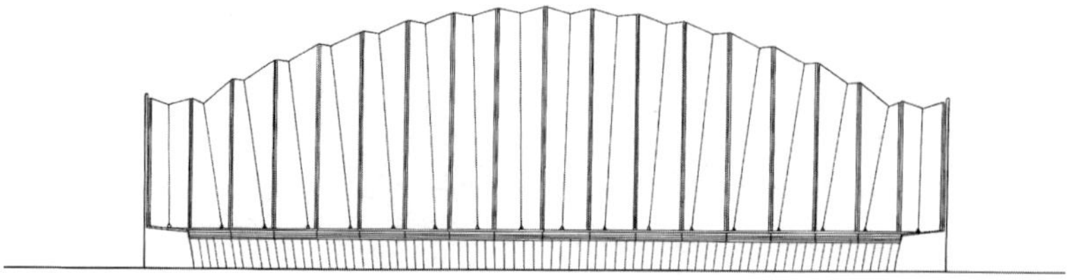

서쪽 입면

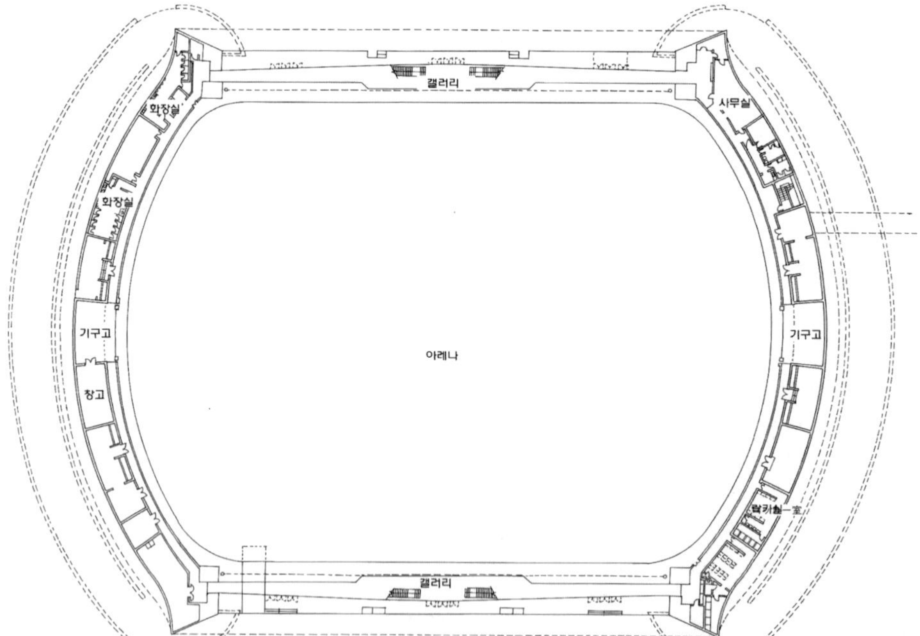

1층 평면 1/900

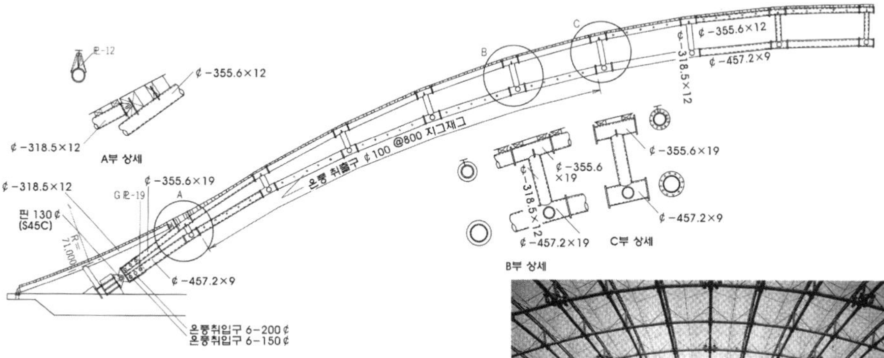

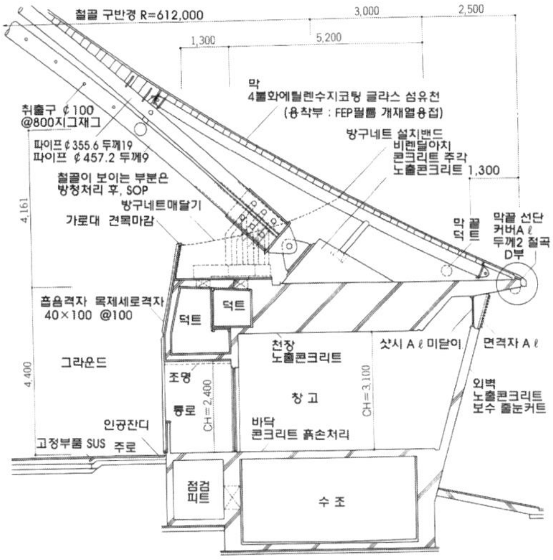

막 꼬리(끝) C부 구계 1/150

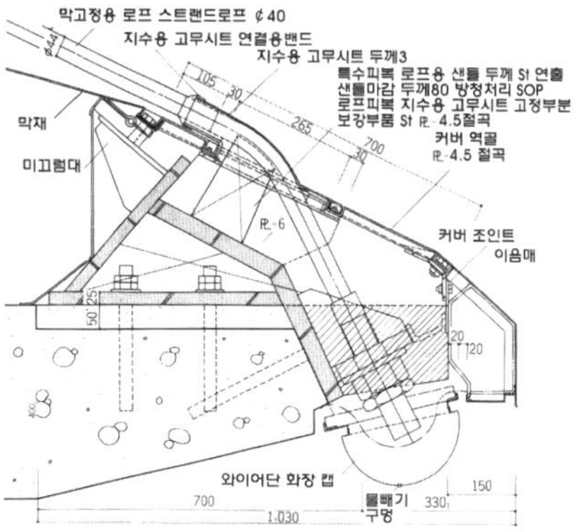

D부 상세 1/15

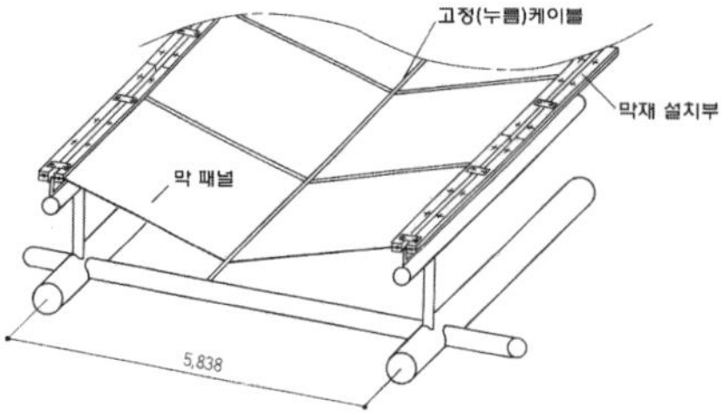

막 패널 유닛의 구성

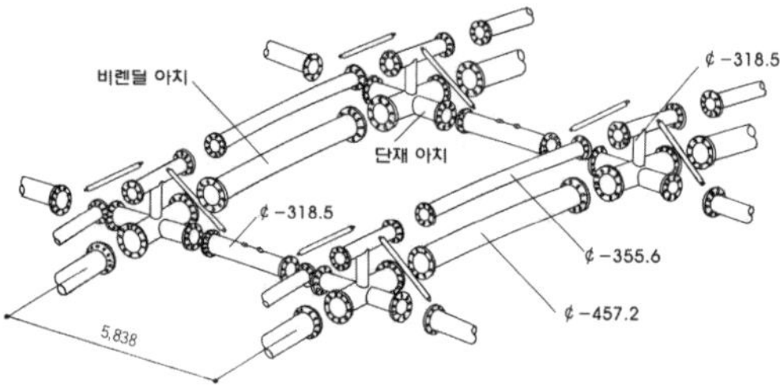

아치 유닛의 구성

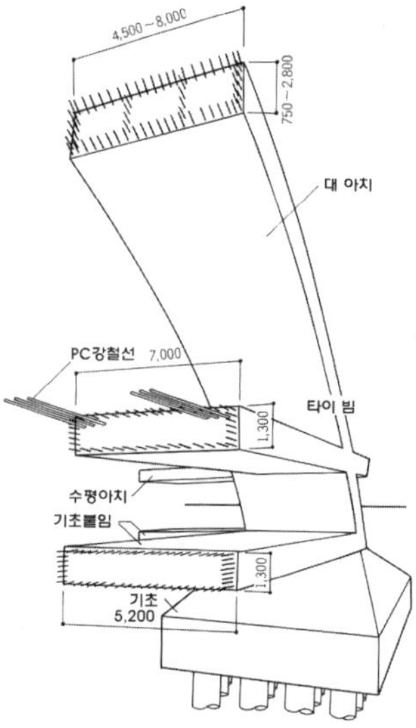

경계구조의 구성

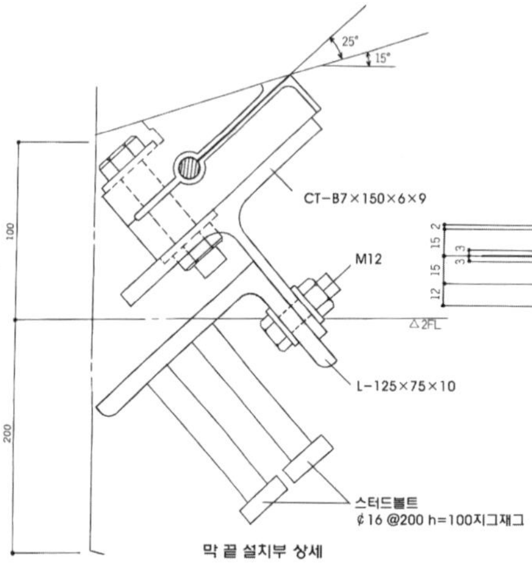

막 끝 설치부 상세

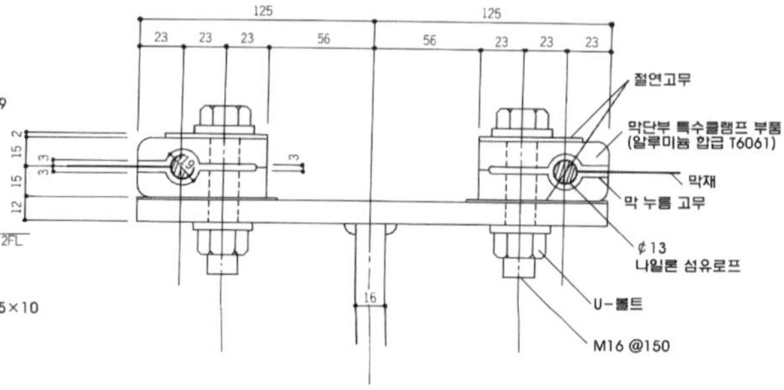

비렌딜 상막 설치부 상세

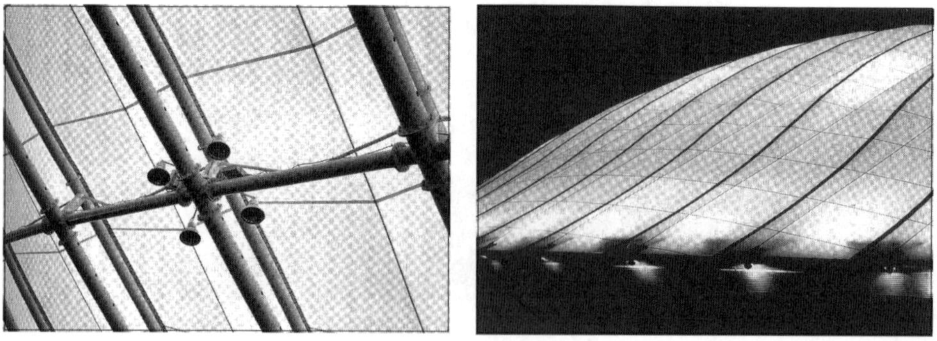

비렌딜 아치와 온풍 취출구

다설 지역에 막 구조를 무리 없이 적용시지키기 위해, 구조면뿐만 아니라, 설비 면에서도 새로운 시스템이 제안되고 있다.

▸ 융설 · 활설(滑雪) 시스템

적설 시에도 막의 투광성을 유지하기 위해서는, 막 면상에 눈을 올리지 않는 것이 최대 과제이다. 주 구조인 비렌딜 아치를 덕트로도 활용하여, 강관에 열린 구멍으로부터 막 면에 온풍을 흘려보냄으로써, 융설과 활설을 촉구하는 방법을 채용하고 있다.

강관 아치 다기능 덕트라고 이름 붙여진 이 덕트는 융설 활설의 기능 외에 막 면과 강관의 결로 방지와 그라운드 전체 난방을 통해 추위를 방지하여, 경기 시간이 긴 경기가 가능한 환경을 만들고 있다. 또한, 여름에는 나무 그늘의 시원함 아래 전면 개방할 수 있는 지붕의 마룻대와 직각을 이루는 양면을 통한 자연통풍과 옥외로의 시각적인 연속성을 실현하고 있다. 강관 덕트를 배열(配列) 운전시킴으로써 시원함을 높일 수도 있다.

▸ 전체 가구

본 건물은 텐션 막 구조, 적설에 견딜 수 있는 강관 입체 구조, 하층 부분의 RC 경계구조로 구성된다.

▸ 텐션 막 구조

막 면은 약 6m 폭의 띠 형태 유닛으로 구성되어 있다. 각 유닛 중앙부에는 케이블을 배치하고, 케이블에 장력을 도입함으로써, 단면을 V 형으로 하고, 눈이 잘 떨어지기 쉬운 형태로 되

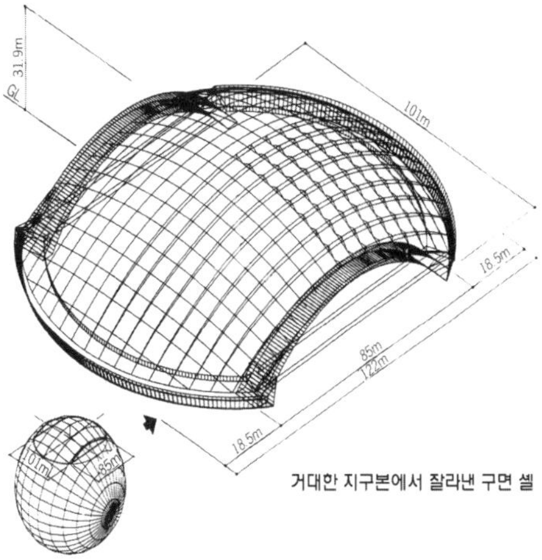

거대한 지구본에서 잘라낸 구면 셸

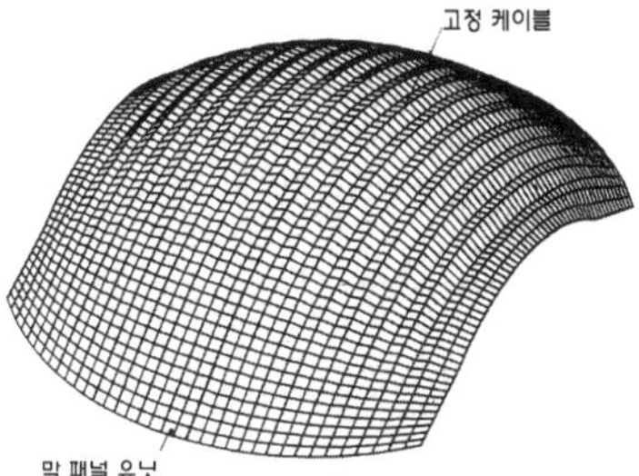

텐션 막구조

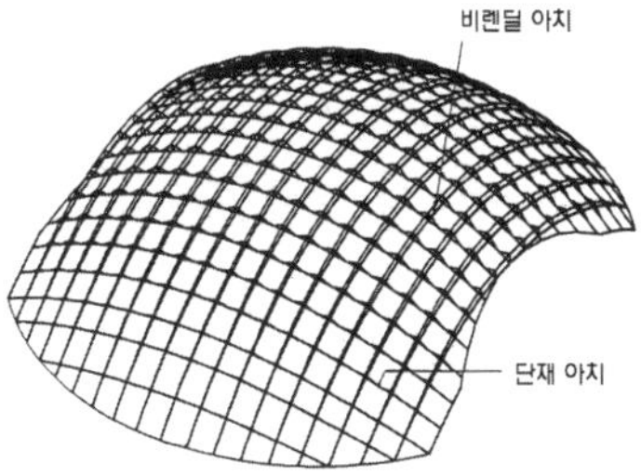

스페이스 프레임

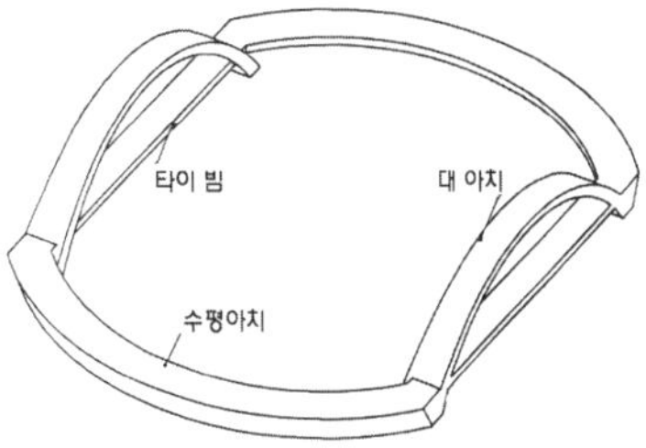

경계구조

어 있다. 막 유닛 상호의 접합부에는, 클램프 형식에 의해, 막 모재(膜 母材) 이상의 강도를 가진다.

구조모형

▸ 강관 입체구조

강관 입체 가구는, 활설이 이루어지는 장변 방향으로 비렌딜 아치, 단변 방향으로는 단재 아치를 배치하고 있다. 강관의 교차부는 모두 강접합(强接合)시킴으로써, 수평 브레스를 필요 없게 한다.

막 패널의 전장 · 설치

▸ 경계 구조

하층의 경계구조는, 2개의 대 아치, 수평 아치, 타이 빔으로 구성되어, 강성과 강도가 높은 RC조로 하고 있다. 기초(基礎)는 현장 타설 콘크리트 말뚝(어스드릴공법)을 사용. 실트암으로 지지시킨다.

고정(누름)케이블의 설치

구의 일부를 잘라낸 형상이기 때문에, 강관 아치 형상은 모두 다르다. 직선 근사를 실시하였지만, 건방 정도의 확보는 어려웠다. 막재의 설치에도, 고소 작업에 대한 새로운 방법이 채용되고 있다.

▸ 철골 공사

비렌딜 아치는 2줄 분을, 3분할 또는 5분할하여 지상 작업을 하고, 4기의 철골 가지지대(벤트)로 받치면서, 150t의 크롤러 크레인으로 가설. 플랜지 조인트부를 고정한 후, 잭 다운. 벤트를 다음 스팬으로 옮기고, 단재 아치를 연결하는 스텝을 반복하는 공법을 채용하였다.

가설 후의 철골은, 각 점의 좌표가 순차 측정되어, 해석 값과 비교하고 결과를 바탕으로 조정해 가면서 작업을 진행하여, 건방 정도의 확보를 위해 노력하였다.

▸ 막공사

막 공사에서는 크레인이 닿지 않는 존에서의 작업, 강풍 시의 양생 대책, 막재의 전장 방법 등에 대해 미리 검토를 진행하여, 불과 2개월 만에 막 공사의 공기가 실현되었다. 막 패널 1장의 크기는, 130m×6m. 패널을 감은 스프레더(Spreader)는 직경 2m 정도의 원통형으로 되었다. 크레인을 이용한 종래의 방법 대신, 아치의 상현재 막 받침 부품을 레일로 한 자주식 스프레더를 개발하여, 사용하고 있다. 강풍 시의 대책은, 막의 전장과 설치를 2m 할 때마다, 발포 스티로폼제 흔들림 방지용 양생 매트를 곡부에 세트하는 방법을 채용하였다.

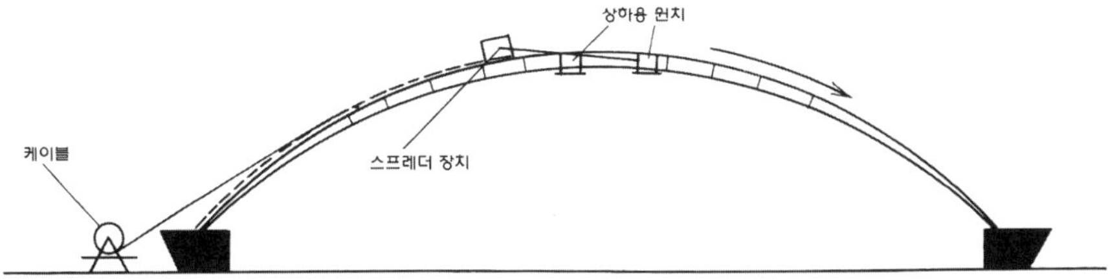

막 패널의 전장

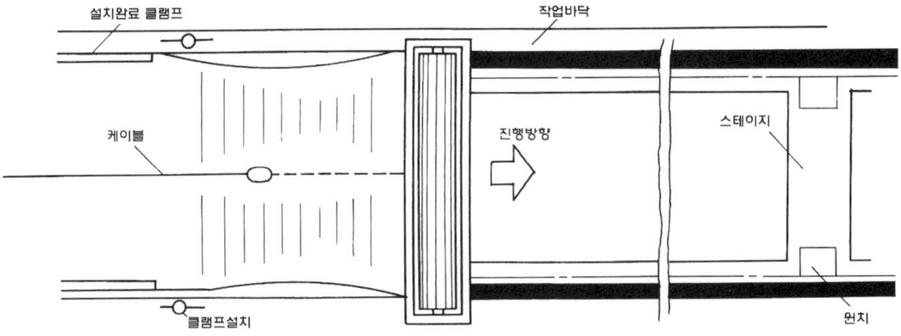

이동식 스프레더 방식

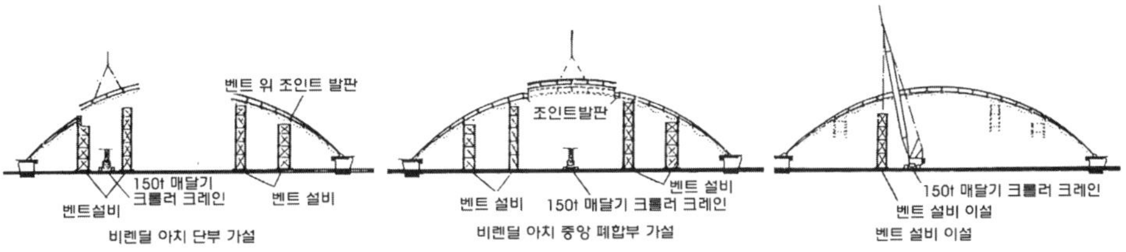

철골 건방요령

22. 마쿠하리 이벤트 홀(마쿠하리 멧세)

[幕張イベントホール(Makuhari Messe)][Makuhari Event hall]

■ 건축 개요

① 소재지	지바현 지바시 미하마구 나카세 2-1 (千葉県千葉市美浜区中瀬二丁目1)
② 건축 면적	9,357m²(건폐율 35%), 아레나면적 3,098m²
③ 건축 규모	최고높이 27m(지상 3층)
④ 구조 형식	RC, S조
⑤ 발주자	지바현(千葉県), 일본컨벤션센터
⑥ 설계 · 감리	건축 : 마키종합계획사무소(槇総合計画事務所) 구조 : 기무라 도시히코+구조설계단(SDG) 설비 : 종합설비계획 NTT
⑦ 시공자	시미즈(清水)건설, 가지마건설, 다케나카공무점(국제전시장), 도비시마건설(국제전시장) 공동기업체(JV), 오바야시구미(大林組), 아사히건설(旭建設)
⑧ 시공기간	1987년 10월~1989년 9월
⑨ 참고 자료	외부마감 지붕 : 스테인리스 외벽 : 노출콘크리트 창호 : 알루미늄 새시

■ 위치

Round One Narashino
ラウンドワン 習志野店
오락실
Wangan Makuhari PA uplink
湾岸幕張PA 上り
Keiyo Line
KATOJI イオン
AEON Mall Makuhari Shintoshin
Chibashi Toyosuna Park
千葉市 豊砂公園
Yamada Denki
칸다외어대학
神田外語大
Makuhari Post Office
幕張郵便局
우체국
Shibuya Kyōiku Gakuen Makuhari...
渋谷教育学園幕張中高
Swallow Park Kaihinmakuhari Dai 2...
Makuhari International Training Center
Wangan-Chiba IC
湾岸千葉IC
Makuhari Event Hall
Karaoke COTE D'AZUL Kaihimmakuhari
Chiba Prefectural Makuhari Sohgoh HS
千葉県立幕張総合高
고등학교
Marines Museum
マリーンズ・ミュージアム
ZOZO마린스타디움
ZOZOマリンスタジアム
Chiba Prefecture Makuhari Seaside Park
千葉県立幕張海浜公園
幕張海浜公園駐車場D
京葉線
Hanami River
Chiba Prefectural Kemigawa HS
千葉県立検見川高
고등학교
Utase JHS
千葉市立打瀬中
중학교
Jotokugakuenisobe Kindergarten

상공으로부터 바라본 돔

■ 곡면과 곡선의 다용

마쿠하리 컨벤션 센터의 한 면에 지어져 있다. 근처에 거대한 국제전시장이 있기 때문에 의외의 작은 파장이 일어나고 있다.

형태는 비슷하지만 대공간을 지지하는 구조는 다르게 되어있고 마쿠하리 이벤트 홀은 뱀 모양의 지붕 전체가 입체 트러스로 구성되어 있다.

천정 높이는 27m, 최대 9,000명을 수용하는 이벤트 공간이다. 주변(周邊) 부분의 가동 객석과 경기장 부분의 가설 객석으로 되어있으며 개구부로부터 자연광이 채광된다. 롤 블라인드를 구비하여 채광(採光)을 조절하는 것이 가능하다.

전체(全體)의 형태는 곡면(曲面)과 곡선(曲線)이 바탕이 되어 있다. 내부도 콘크리트의 원주(圓柱)를 설치하는 등 곡면을 많이 이용하고 있다. 그 때문에 각 포인트는 3차원 좌표(座標)로 구하지 않으면 안 되어 설계과정과 시공에도 모두 컴퓨터가 활약하였다.

마쿠하리 메세(幕張メッセ, Makuhari Messe)는, 지바현 지바시 미하마구의 마쿠하리 신도

심에 위치하는 일본 최대급의 컨벤션 센터이다. 국제전시장 2동 11홀, 국제회의장, 마쿠하리 이벤트홀을 가지는 아시아 지역 유수의 국제 견본시회장 및 MICE시설. 국제전시장의 정식명칭은 지바현 일본 컨벤션센터 국제전시장이다. 노후화 및 교통 편리성이 좋지 않았던 도쿄국제견본시회장(폐장)의 대체 및 마쿠하리 신도심 개발의 일환으로서, 1989년 10월 9일에 지바현 일본 컨벤션센터 국제전시장(마쿠하리메세국제전시장)이 지바현 지바시 미하마구 나카세 2-1에 완성되었다. 국제전시장 1~8홀, 국제전시장 9~11(북홀), 국제회의장, 마쿠하리 이벤트홀의 4개의 건물로 구성되어 있다.

설계는 마키 후미히코(槇 文彦). 구조설계는 기무라 도시히코(木村 俊彦) 및 주식회사 구조설계집단. 운영회사는 1986년 4월 30일에 설립되어, 2005년 7월 1일에 사명을 주식회사 일본컨벤션센터(Nippon Convention Center)에서 주식회사 마쿠하리메세로 변경하였다.

■ 마쿠하리 이벤트홀 시설 개요

콘서트, 식전 · 집회부터 스포츠 이벤트, 전시회, 강연회까지 다목적 이용이 가능한 돔 형의 홀이다. 최대 9,000명의 수용이 가능하다.

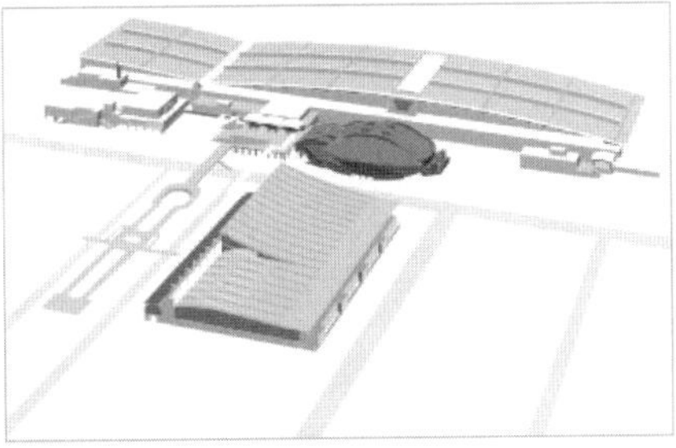

아레나 면적	3,098㎡(5t/㎡)
고정객석	3,948석(박스석 포함)
가동객석	912석
가설좌석	약 3,000석(집회 타입)
※ 실내스포츠 이용의 경우	
실내육상경기	160m 트랙, 60m 직선주로
농구코트	3면
배구코트	3면
핸드볼 코트	1면

1층 입구 홀(경기장 입구)

2층 입구 홀

경기장에서 입구 방향을 본 모양

메인 경기장

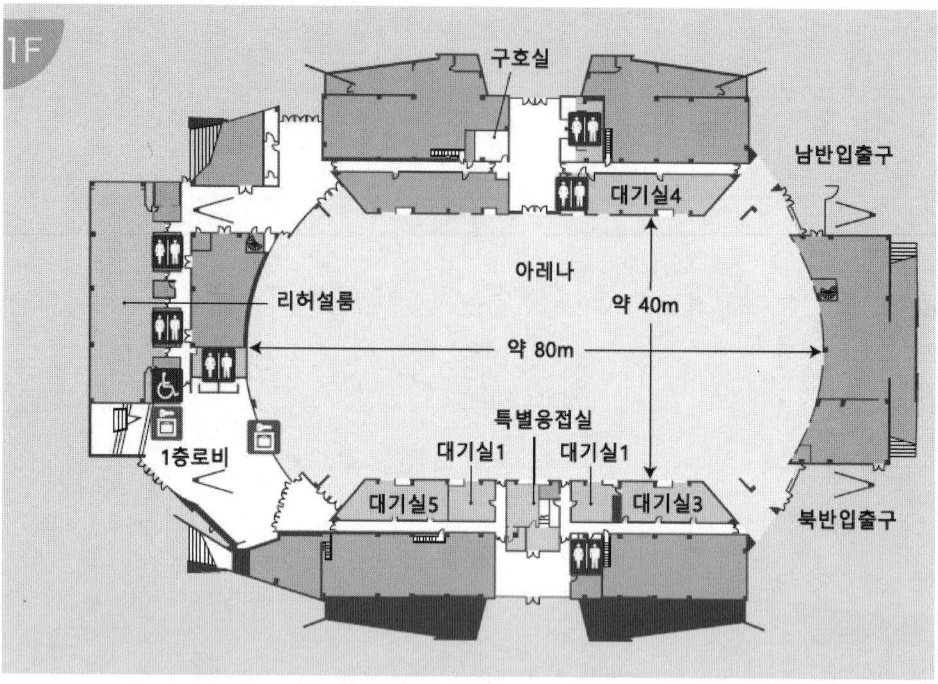
1F
구호실
남반입출구
대기실4
아레나
리허설룸
약 40m
약 80m
특별응접실
대기실1
대기실1
1층로비
대기실5
대기실3
북반입출구

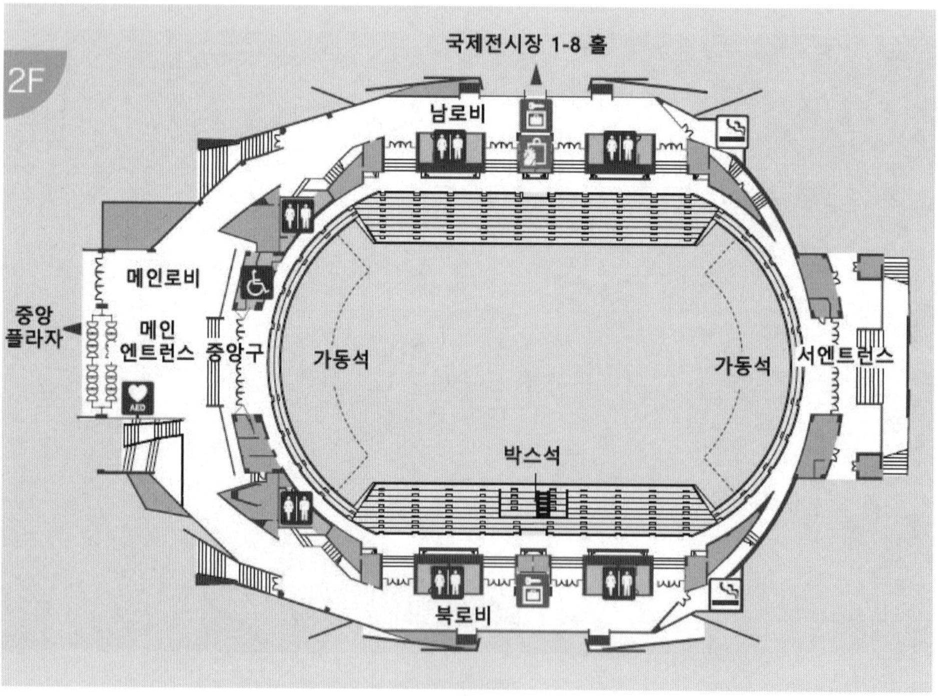
2F
국제전시장 1-8 홀
남로비
메인로비
중앙
플라자
메인
엔트런스
중앙구
가동석
가동석
서엔트런스
박스석
북로비

■ 도면

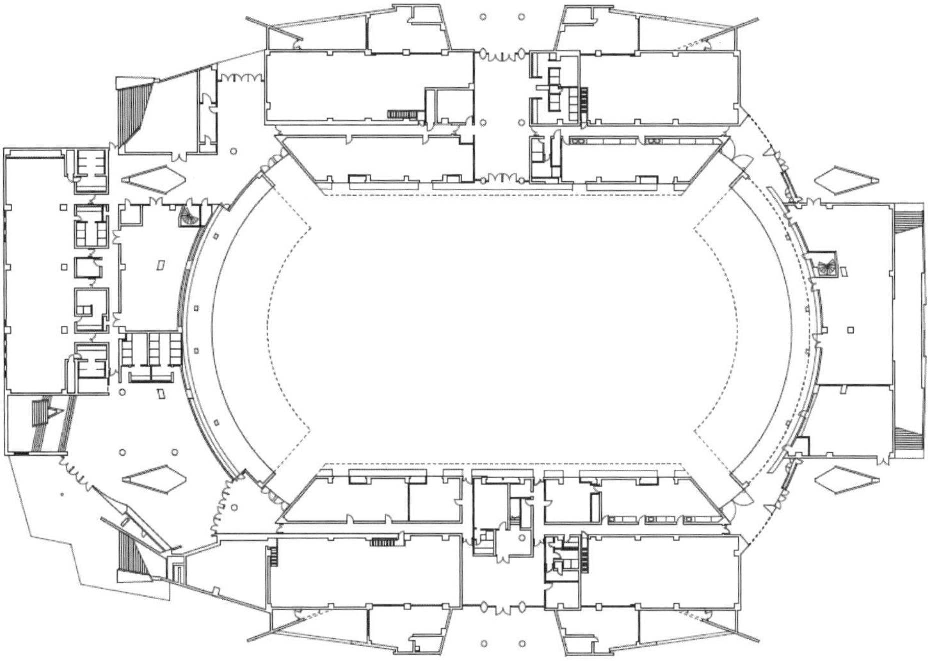

1F

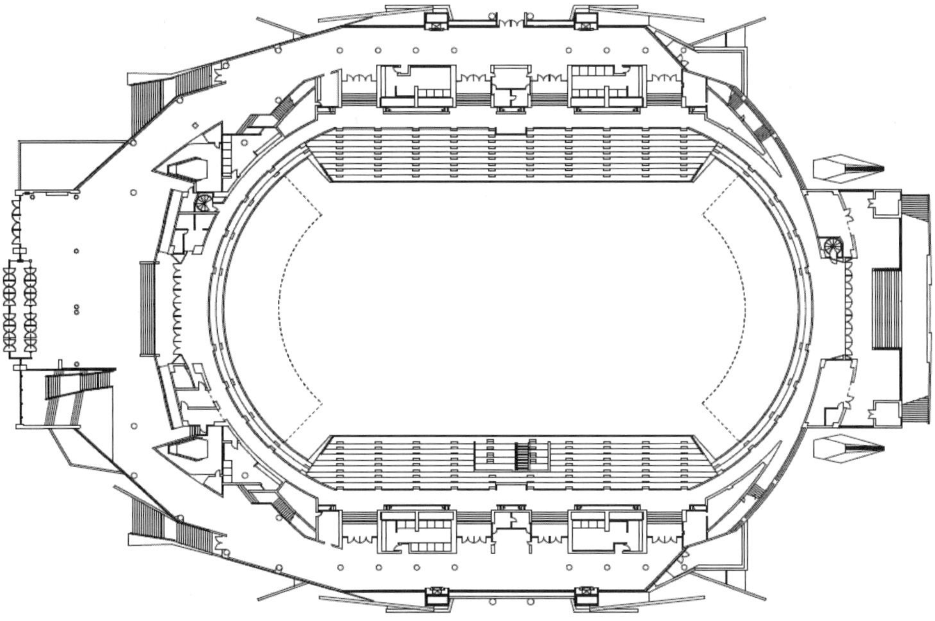

2F

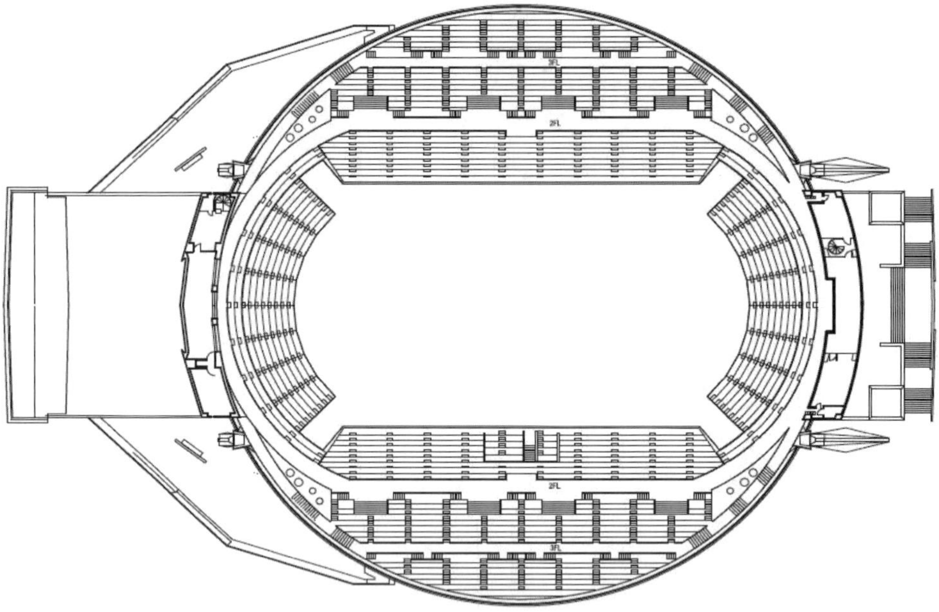

3F

마쿠하리메세 국제전시장 1-8 홀 및
마쿠하리이벤트홀 입구

마쿠하리이벤트홀

23. 삿포로 돔 [札幌ドーム][Sapporo Dome]

■ 건축 개요

① 소재지	삿포로시 토요히라구 히츠지가오카 1(札幌市豊平区羊ヶ丘 1)
② 건축 면적	53,620㎡(연면적 91,073㎡)
③ 건축 규모	최장 245m, 최단 227m, 최고높이 68m(필드 면으로부터)
④ 구조 형식	셸 형 지붕, RC조, SRC조, S조, 지상 4F 지하 2F
⑤ 발주자	삿포로시(札幌市)
⑥ 설계 · 감리	하라 히로시(原 広司) 아틀리에 파이 건축연구소, 아틀리에 BNK
⑦ 시공자	다이세건설, 타케나카공무점, Schal Bovis, Inc. JV
⑧ 시공기간	1998년 6월 초~2001년 5월 말
⑨ 참고 자료	디자인 : 시가지와 농지의 접점에 있는 부지 전체를, 식생과 생태계에 배려한 「스포츠 정원」으로서 계획되어 있다. 돔도 자연현상과 같이 나타날 수 있도록 단순한 형태로 되어 있지만, 이것은 동시에 원활한 기류에 의한 지붕면의 적설제어의 검토에 근거하고 있다. 구조 : 쇠형(蓑形)을 취한 거대 돔의 개구 부분에 보우 브리치라 불리는 자기균형계의 경계구조를 도입하여, 클로번(Cloven) 돔이라 이름 붙여진 합리적인 전체 역학계로 통합시킴으로써, 경쾌하고 투명감(透明感)이 높은 개방형 돔을 실현한 것이다. 시공 : 적설 한랭지(寒冷地) 특유의 제한 속에서, 타이트한 공정, 높은 요구 품질에 대해 기업체의 총력(總力)을 결집하여 대응한다. 또, 안전을 우선으로 한 공법을 적극적으로 채용하여, 타협이 없는 안전 관리를 실시하여, 무사고 · 무재해로 시민들이 기대하는 돔을 인계하였다.

■ 위치

Sapporo Dome
Sapporo Shiritsu Hitsujigaoka ES
Sapporo Shiritsu Fukuzumi ES
NPD Satsuporo Dome Zen Parking Lot
Ito Yokado Fukuzumi Shop
Navi Park Fukuzumi Ichijo 1-chome Dai 1...
Aeon Sapporo Nishioka
Tsukisamunishiwanpaku Nursery
Ayameno ES
Hakko Gakuen Iris Garden
Japan Post
Sapporosoka Kindergarten
Toyohira-ku, gymnasium
Sapporo Shirakaba Dai Hospital
Social Care Keiwakai Hospital
Shirakabadai ES
Sapporo Daichi HS
히츠지가오카 거리
후쿠즈미 3 조
福住3条
후쿠즈미 공원
福住公園
쓰키사무 온천
月寒温泉
홋카이도 농업연구센터
니시오카 4 조
西岡4条
羊ヶ丘養護園
Iryo Hojin Shadan Es Es Jay...

지금까지 세계에는 다양한 스테이디엄과 돔이 건설되어 왔다. 그러한 역사 속에서 삿포로 돔은 다음과 같은 특징을 갖고 있다.

- 옥외(屋外)와 옥내(屋內)의 경기장이 연결된 스테이디엄
  → 듀얼 경기장(Dual Arena)
- 2개의 연결된 경기장 사이로 축구 필드가 공기압을 활용해서 이동, 회전
  → Hovering(헬리콥터의 공중 정지 상태처럼 부유되어 있는 상태) Stage
- 야구, 축구, 전람회, 콘서트 등의 이벤트에 맞춰서 8,777석의 좌석 배치전환 가능
  → Movable Stand(가동 스탠드)
- 높은 위치로부터 전체를 내려다볼 수 있는 실내 전망대가 있고 에스컬레이터가 연결되어 있음
  → Hanging Observatory(실내 현수 전망대)
- 브리지에 의해 균형(均衡)을 유지하는 주변을 향해 개방된 돔 형상의 지붕
  → Clopen Shell

■ 하늘과 공기

삿포로 돔은 공기를 한껏 품은 풍선처럼 경쾌한 형태를 형상화해서 만들어졌다. 그 형태는 바람에 의해 지붕에 눈이 잘 쌓이지 않게 하는 모양이기도 하다. 온화한 계절에는 돔 안을 바람이 통과한다. Hovering Stage도 공기압으로 부상한다. 삿포로 돔에서는 '공기의 설계'가 하나의 중요한 테마이다.

단면도

■ 눈(雪)

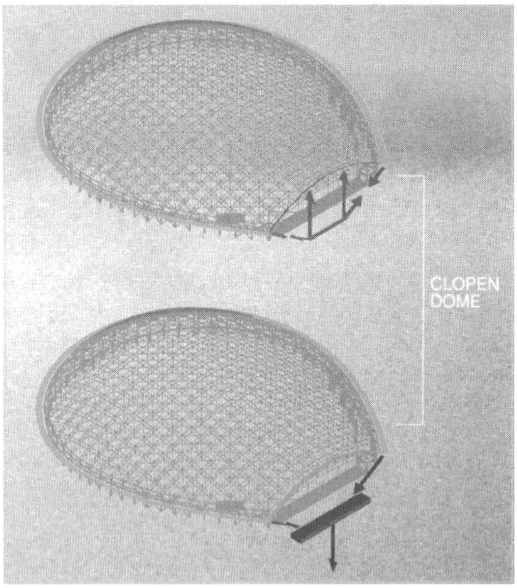

삿포로 돔의 실내(室內) 경기장은 장방향 지름 245m, 단방향 지름 227m의 거대한 곡면 지붕으로 덮여 있고, 기나긴 겨울철의 적설로부터 보호된다. 동결된 눈의 하중에 견딜 수 있도록 지붕에는 다양한 기술적인 고안(考案)이 반영되어 있다. 그중의 하나가 두 개의 경기장 사이에 걸쳐져 있는 길이 90m의 브리지이다.

이 브리지는 Hovering Stage가 통과하는 게이트의 역할을 담당함과 동시에 곡면 지붕의 역학적인 균형을 유지하는 역할을 한다. 곡면 지붕은 적설의 상태에 대응해서 그 형태가 미묘하게 변화한다. 눈이 하나의 자연적인 리듬이라고 한다면 돔의 지붕은 그 리듬에 맞춰서 움직이고 있다고도 할 수 있다.

■ 호흡(呼吸)

경기장은 지하수면(地下水面)에 위치하고 있다. 43,000명의 호흡은 지중의 관을 통해 이뤄진다. 주변에 서 있는 환기탑(換氣塔)들은 돔의 호흡을 보여주고 있다.

■ 듀얼 경기장

삿포로 돔은 실내와 옥외의 2개의 경기장이 쌍(雙)을 이루는 돔이다. 지붕을 제거하면 안경과 같은 형태의 평면이 나타난다. 안과 밖의 경기장은 둘 다 반경 73.2m의 원으로 같은 형태를 취하고 있다. [Dual]은 대칭을 이루고 있는 형태를 가리키지만, 안과 밖, 단상의 스탠드와 잔디 스탠드라는 대비도 보인다.

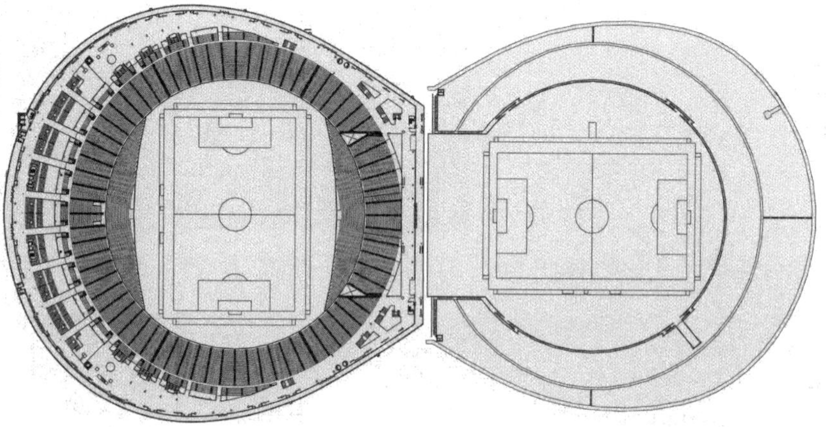

■ 실외 경기장

실외 경기장은 축구 필드의 잔디를 태양에 노출시키는 장소이다. 추운 계절 동안, 잔디는 눈 밑에서 동면한다. 봄이 되면 스탠드는 잔디를 둘러싼 일본 전통적인 회유식 정원(연못 위에 다리를 여러 개 놓아 마음대로 이곳저곳으로 이동할 수 있게 하는 방식)이 된다. 물론 실외 축구도 가능하다. 축구가 실내에서 행해지기 전후에는 이곳에서 Hovering Stage가 배와 같이 돔 안으로 움직이는 장면을 볼 수 있다.

■ 실내 경기장

삿포로 돔은 다양한 이벤트에 대비한 다목적 돔이다. 야구나 축구와 같은 스포츠를 위한 시설이기도 하고, 콘서트나 뮤지컬에 대응한 극장, 또한 대규모의 전시회장이기도 하다. 사용 목적에 맞춰서 자연광을 활용할 수 있다. 움직이는 스탠드와 가동벽 등의 가동 장치에 의해 경기장의 형태를 바꾸거나 좌석 배치를 변경할 수도 있다. 스탠드 상부에 전망대가 있어서 그곳으로부터 삿포로시 중심부의 원경과 경기장 전체의 전경을 즐길 수 있다.

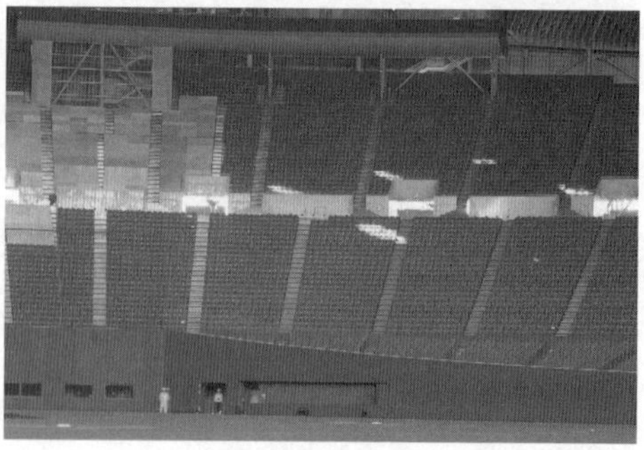

■ 야구 Mode

삿포로 돔의 대표적인 사용 형태로서 야구 모드가 있다. 이 경우, 바닥에는 인공 잔디가 깔리고 경기장에 매립된 마운드와 4개의 베이스가 자동적으로 조작되어 바닥면까지 상승한다. 홈 베이스로부터 좌측 및 우측 스탠드까지의 거리는 약 99m, 백 스탠드까지는 약 122m이다. 외야 펜스의 높이는 5.75m이다. 유리면, 조명 기구 등은 비구(Flying ball)에 대해 안전하게 설계되어 있다.

■ 축구 Mode

삿포로 돔의 가장 독특한 특징은 공기압으로 부상해서 움직이는 축구 필드(Hovering Stage)이다. 축구 경기 시에는 우선 보통 실외에 있는 Hovering Stage를 실내로 직선적으로 이동시키고, 그 후에 메인 스탠드와 긴 모서리를 맞추기 위해 90° 회전한다. 이때, 2개의 초승달 형태의 가동 스탠드도 Stage와 함께 회전한다. 실외 경기장에서도 시합이 가능하다. Hovering Stage 외에도 부지 내에는 잔디와 인공 잔디의 축구 필드가 있어서 많은 사람들이 축구를 즐길 수 있다.

■ Mode 전환

실내 경기장에서는 움직이는 장치를 활용해서 다양한 이벤트에 대응한 좌석 배치가 전개되고 자연광의 상태가 조정된다. 한 이벤트로부터 다음 이벤트로의 모드 전환은 Hovering Stage와 스탠드가 움직이면서 그 자체가 흥미 있는 볼거리를 제공한다. 야구 모드에서 축구 모드로의 전환은 기본이 되는 전환의 일례이다.

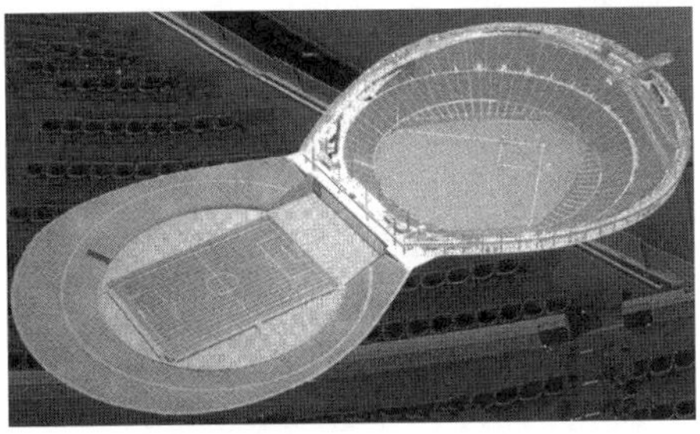

1. 실내 경기장은 야구모드.
   Hovering Stage는 실외경기장에 있다.

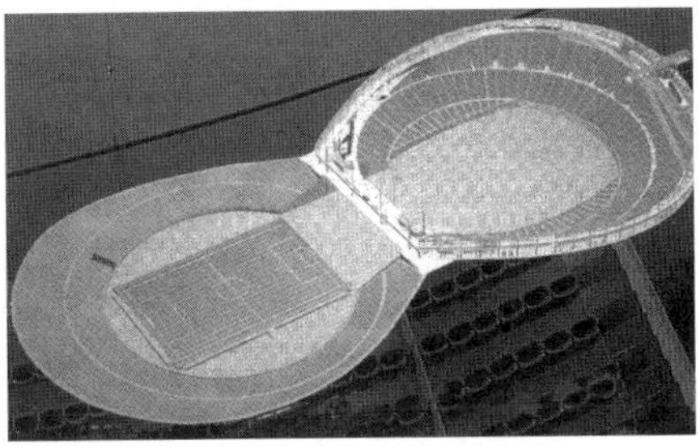

2. 인공잔디가 제거된다. 가동벽이 열리고
   개폐식스탠드가 접혀서 수납된다.

3. Hovering Stage가 전진해서 브리지
   아래를 통과한다.

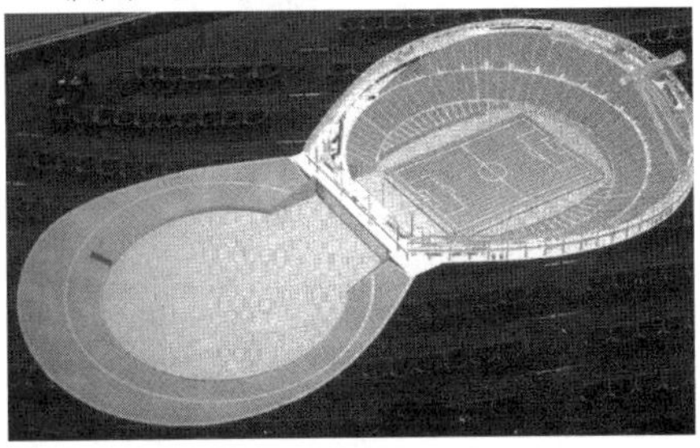

4. Hovering Stage가 실내경기장의 중앙까지
   전진, 가동벽이 닫힌다.

5. Hovering Stage와 선회식 스탠드가 연동해서 90도 회전한다.

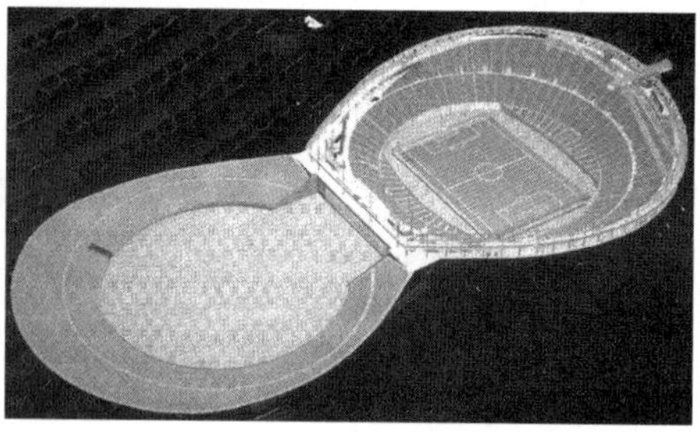

6. 접혀진 개폐식 스탠드가 펴져서 스탠드로 세팅된다.

■ 가동 장치

야구 모드, 축구 모드, 콘서트 모드의 다양한 모드는 일련의 가동 장치를 통해 실현된다. 이들 가동 장치는 '코타츠(아랫면에 난방 기구가 달린 테이블)'와 '스다레(대나무 차양)' 등 일본의 전통적인 시설에서 유래한다.

■ Hovering Stage(축구 필드)

Hovering Stage는 움직이는 천연 잔디 축구 필드이다. 그 넓이는 85m×120m이고, 높이는 1.38m이다. 1.09 기압의 공기압으로 부상(浮上)한 후, 34개의 바퀴로 직진하고 회전하는 2개의 동작 방식을 보인다. 총 중량은 8,300톤인데, 공기압으로 부상하면 바퀴에 미치는 하중은 약 10분의 1로 줄어든다. 이동의 속도는 직진 시 4m/분, 회전 시에는 90°를 약 25분에 걸쳐 천천히 이동한다. 직진은 바닥에 매립된 신호를 센서로 감지하면서 이뤄지고, 회전은 경기장의 바닥면으로부터 기립하는 축을 중심으로 이뤄진다.

잔디는 눈 밑에서 동면하지만 봄에 눈이 녹을 때 얼어서 죽을 염려가 있으므로 잔디를 따뜻하게 데우는 장치가 설치되어 있다.

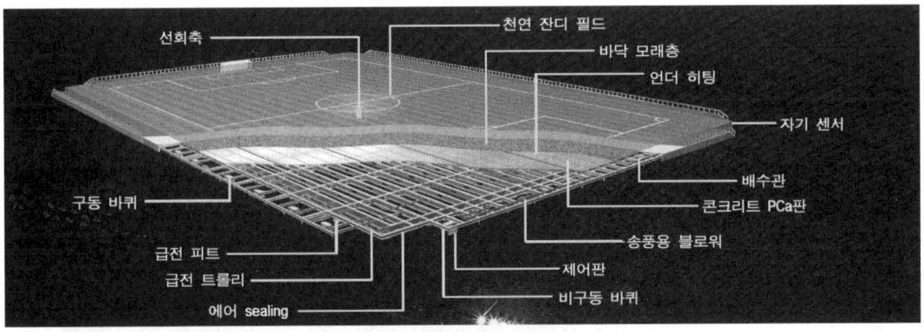

■ 가동(可動) 스탠드

가동(可動) 스탠드에는 「선회식 가동 스탠드」와 「개폐식 가동 스탠드」의 2종류가 있다. 「선회식 가동 스탠드」는 초승달 모양으로 2개로 나눠져 있고 원형의 경기장 벽(야구의 내 · 외야 펜스)을 따라 회전한다. 「개폐식 가동 스탠드」는 Hovering Stage를 넣고 뺄 때에 실내와 실외의 2개 경기장을 연결하기 위한 장치이다. 브리지의 중앙에서 이분되어 스탠드는 접혀서 양측의 스탠드 아래에 수납된다. 이들 가동 스탠드는 레일 위를 회전 · 이동한다. 전체적으로 8,777석이 움직이고, 다양한 용도에 대응하는 좌석 배치가 가능하다.

1. 브리지 주변의 스탠드로 사용되고 있는 형태

2. 좌석의 단상은 4분절되고 두 번째 단이 접혀서 수잡된다. 3 · 4번째 단이 수평이 된다.

3. 3 · 4번째 단이 대와 함께 주구조 안에 수납된다.

4. 첫 번째 단이 내려지고, 주 구조체가 원형궤도 위를 움직여서 양측의 고정스탠드 속으로 수납된다.

■ 브리지(Bridge)

실외 경기장과 실내 경기장과의 경계에는 2개 층의 브리지가 가로지르고 있다. 이 90m의 브리지는 정원의 북측과 남측을 연결하는 동시에 Hovering Stage가 통과하는 게이트이기도 하다. 그 아래에는 축구 필드를 비추는 높이 15m의 가동벽이 있다. 브리지의 2층에는 2개의 경기장을 내려다볼 수 있는 「Bow Bridge 카페가 있어서 방문객들이 휴식을 취할 수 있다.

■ 메인 스탠드(Grand Stand)

삿포로 돔의 스탠드는 하나의 사면에 위치하기 때문에 모든 좌석으로부터 경기장은 물론 스탠드 전체를 전망할 수 있다. 이것은 대규모로 군집된 사람들의 경관을 아름답게 전개하기 위한 스탠드 형식이다. 돔에서는 선수들은 물론이고 관객도 주역이 된다. 돌출된 스탠드에는 귀빈석이나 이벤트 진행을 위한 조정실이 위치한다.

■ 음과 실내 기후

돔은 콘서트와 이벤트가 열리는 극장이기도 하다. 대규모 공간의 음 상태를 조정하기 위해서 천정에는 흡음(吸音) 배플이 매달려 있다. 천정에는 4m 깊이의 움푹 패인 라인이 있다. 잔향시간은 500Hz에서 4.6초이다.

또한 돔의 실내 기후는 자연의 힘을 활용해서 공기의 흐름을 촉진하여 쾌적한 상태를 만들어 내도록 고안(考案)되어 있다. 동절기에는 가동 스탠드를 포함해서 좌석의 아래로부터 온풍을 송출하여 효과적인 난방이 이뤄진다.

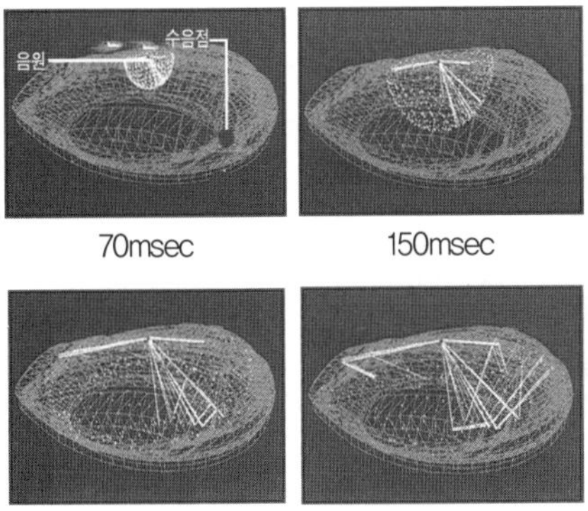

300msec 550msec
경기장 음향 시뮬레이션

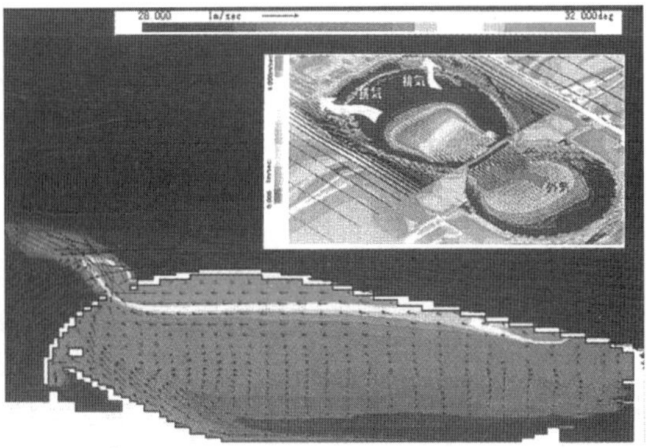

중간기(자연환기시)
습도, 기류 분포 시뮬레이션

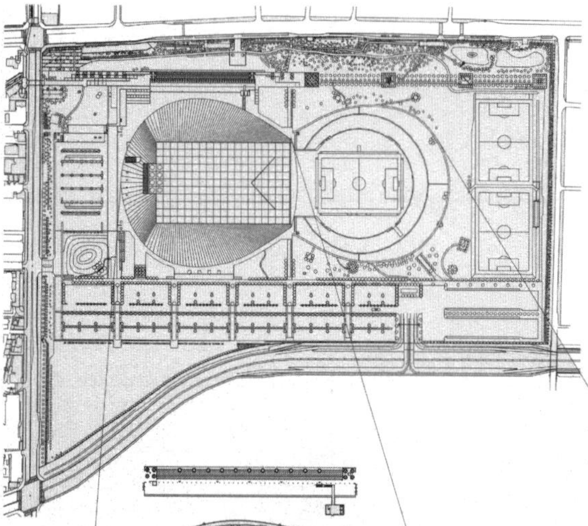

배치도

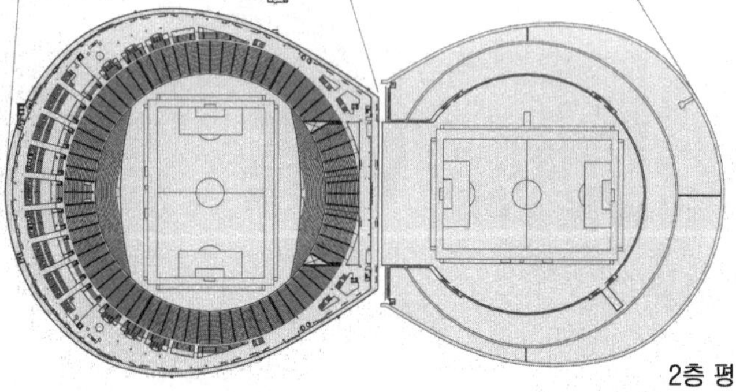

2층 평면도

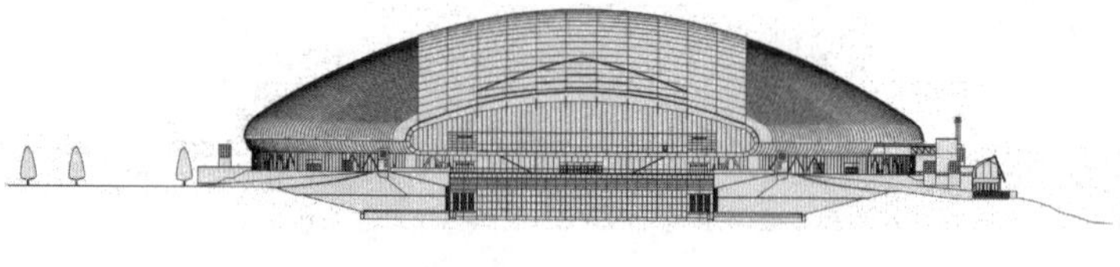

동쪽 입면도

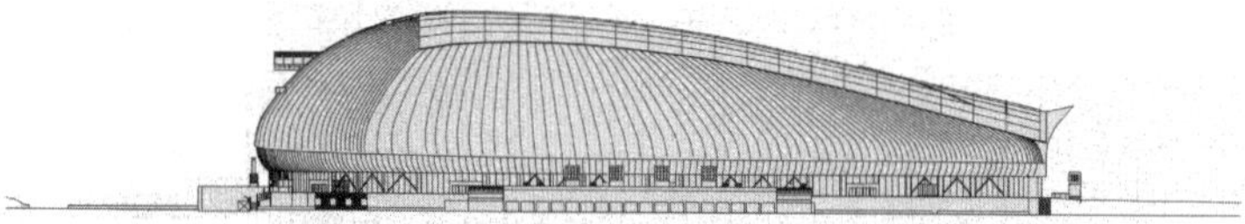

남쪽 입면도

단면도

■ 참고 / 인용 문헌 (參考, 引用 文獻)

1. 『ドーム建築のすべて 』,
2. 『SAPPORO DOME』
3. 『スポーツ音響の設計マニュアル』
4. 『柱のない空間―スポーツ・イベント・展示ホール』
5. 「グリーンドーム前橋の音響設計」,
6. 「開閉式屋根をもつ大規模スタジアムの建設-福岡ドーム-」
7. 「巨大ドーム建築の音響模型実験」
8. 「多目的ドームの現状と将来展望」
9. 「ドーム建築」
10. 「ドーム空間における音響測定結果」
11. 「さいたまスーパーアリーナ」
12. 「日本の空間構造(ドーム)」
13. 「いま、大阪にも巨大ドームが完成」
14. 각 돔 시설 홈페이지 참조

설계단계
Designing

■ 차음 계획
. 공간 운영 및 용도 검토
. 외부 발생 소음에 대한 검토
. 실내 소음/차음 설계 목표 설정 검토
. 각 구성부분 차음 소재 선정 검토
. 차음 및 소음 유입 시뮬레이션 검토

■ 건축음향 계획
. 공간 운영 및 용도 검토
. 음향 목표 수립
. 적정 규모에 의한 평면, 단면 계획
. 주요 마감재 선정
. 음향 시뮬레이션 검토

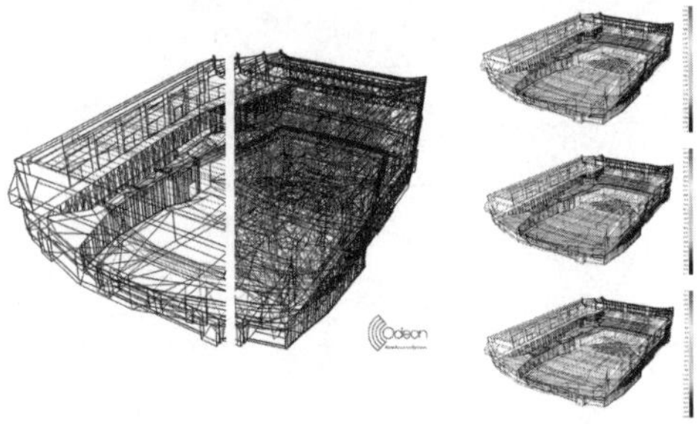

시공단계
Construction

■ 시공 중 미세 조정 실시
. 실시 설계도면 검토 및 보완
. 현장 시공 예정 마감재 등 제품 적정성 검토
. 음향, 기계, 조명 장비의 적정 여부 재확인

■ 건축음향 측정
. 배경 소음 측정
. 플로터에코(Flutter Echo) 발생 검토
. 단계별 실내 음향 성능 측정
. 각 구간별 차음 성능 측정

준공단계
Completion

■ 실내 음향 최종 측정 평가
. 플로터에코(Flutter Echo) 발생 검토
. 실의 잔향감 및 명료도 측정

■ 차음 성능 최종 측정 평가
. 배경 소음 측정
. 각 구간별 차음 성능 측정

시설관리
Facility Managemen

■ 정기 점검 실시
. 건축음향 : 시공물에 대한 관리 확인
. 전기음향 : 배관 배선 및 장비 관리 확인
. 무대설비 : 배관 배선 및 장비 관리 확인

■ 건축음향 측정
. 음향 성능 유지 확인을 위한 점검
. 사용감에 따른 차음 손실 여부 확인(실내 소음도 유지)
. 음향 제조건 유지 확인을 위한 측정(잔향감 및 명료도)